精簡本

管理資訊系統

管理數位化公司

Management Information Systems – managing the digital firm

12th Edition

Kenneth C. Laudon , Jane P. Laudon 著

周宣光 編譯

PEARSON 台灣培生教育出版股份有限公司
Pearson Education Taiwan Ltd.

國家圖書館出版品預行編目資料

管理資訊系統：管理數位化公司（精簡本）/Kenneth C. Laudon, Jane P. Laudon 著； 周宣光編譯 . -- 二版 . -- 臺北市：臺灣培生教育，2011.12

408 面；19x26 公分

譯自：Management information systems : managing the digital firm, 12th ed.

ISBN 978-986-280-089-8（平裝）

1. 管理資訊系統

494.8　　　　100024876

管理資訊系統—管理數位化公司 精簡本

Management Information Systems — managing the digital firm, 12th Edition

原　　著　Kenneth C. Laudon , Jane P. Laudon
編　　譯　周宣光
出 版 者　台灣培生教育出版股份有限公司
地址／231 新北市新店區北新路三段 219 號 11 樓 D 室
電話／02-2918-8368
傳真／02-2913-3258
網址／www.pearson.com.tw
E-mail／Hed.srv.TW@pearson.com
台灣東華書局股份有限公司
地址／台北市重慶南路一段 147 號 3 樓
電話／02-2311-4027
傳真／02-2311-6615
網址／www.tunghua.com.tw
E-mail／service@tunghua.com.tw
總 經 銷　台灣東華書局股份有限公司
出版日期　2011 年 12 月 二版一刷
2014 年 7 月 二版五刷
I S B N　978-986-280-089-8

譯者序

離翻譯第十一版不到兩年的時間又接到第十二版，在這期間資訊應用的手法與方式又有了新的方向，在上一版中稍微提及的雲端運算，現在已成為顯學，各式各樣的雲端應用與新的企業經營模式不斷的推陳出新，而資訊科技的應用也更趨近於公用化，如同家裡的用電與自來水般方便與計費。過去令人頭痛的軟硬體採購、人員訓練與更替，以及固定的資本投入等都漸漸不是問題。也因為資訊科技變得如此方便，過去以資訊科技來創造領先優勢的作法已不再管用，每一個企業不論大小都要考慮資訊平台上的競爭，領導者的資訊素養成為企業決勝的關鍵因素。另一方面在智慧手機的迅速發展上，其功能已直逼筆記型電腦，不論在上網、查詢後端資料的能力，以及雲端提供的各式應用功能，都讓人們走向了真正的行動運算與商務。iPhone 的大賣與不斷的更新版本更加速了行動商務的發展。此外網路社群的快速興起也引發了從政治、商務、個人交友與日常生活的巨大轉變。MySpace、Facebook、YouTube、Twitter 等社群網站所形成的社群網路更是深入大多數人的生活之中，2011 年中東發生的茉莉花運動造成中東專制政權的動搖，與埃及穆巴拉克政權的瓦解讓人印象深刻。同年八月初的英國暴動，透過黑莓機來傳遞訊息，避開政府的追蹤，也令政治家們頭痛不已。資訊科技已不再僅是上網找資料、發表自己的意見與傳送電子郵件，而是政治運動、商業推銷、聚集同好等的有利工具。企業面對人類群聚工具與行為的變遷，會令多少產業式微，更產生了多少商機，主其事者能不深思嗎？

當然 Laudon 的書也隨著這些新的應用更新了書中幾乎所有的案例。不論是每章的開場故事、互動部分與每章的結尾案例，都是這兩年發生的事。看了這些案例更讓我們警惕，二十一世紀的競爭會來自於每個人使用資訊的密度與創意，而非傳統的資源競爭。尤其在第二章開場案例中美國的帆船隊在甲骨文的老闆支持下，利用資訊科技輕鬆的擊敗瑞士隊的作法，給了我們資訊已是無所不在的印象與啟發。不論個人或是企業甚至體育和音樂的競爭，都將來自於對資訊科技與應用的體認。在二十一世紀，如何提升全民的資訊素養，將成為國家競爭力的一個主要議題。

第十二版的案例更進一步詮釋了數位世界的發展與變化，要完全了解其真正的意義以掌握未來的趨勢會需要更多的思考。不論是課堂的講授和討論，或是企業界在經營管理上的參考，都是一本值得閱讀的好書。對如何發展出各自企業未來的走向與競爭的模式也將是另一項艱難的挑戰。

翻譯資訊科技的書是一件很痛苦且深具挑戰性的工作，除了要面對層出不窮的新科技產品、名詞、模式與應用外，每一個案例與應用都牽涉到各行各業的專業知識，要了解其涵意，才能深入淺出的讓不同層次的讀者看懂。由於本書的內容豐富，個案包含各行各業，再加上時間有限，錯誤及疏漏之處在所難免，還請各位讀者海涵，也請閱讀本書的老師、同學和業界先進，多多給予指教。

最後由衷感謝南亞技術學院資訊管理學系文德蘭和侯望倫教授，以及在業界工作的賴志明、李易霖、張明諭與張明瑾等在翻譯本書時之大力幫忙。最後再次感謝東華書局的大力支持與幫助，使本書能在最短期間內與讀者見面。

2011.8.10 於政大

前　言

我們是為了需要更深入檢視企業如何使用資訊科技與系統來達成公司的目標的商管學院學生而撰寫本書。資訊系統是企業經理人用來達成卓越的營運績效、開發新產品與服務、改善決策制定及造成競爭優勢主要的工具之一。學生們可以在這本書裡看到現今企業所採用的資訊管理系統，最新且最完整的概況。

當與可能雇用的員工面談時，通常公司會希望新雇員工懂得使用資訊系統與科技來完成企業最基本的要求。不論你是主修會計、財務、管理、作業管理、行銷或資訊系統，本書的資訊與知識在你的職業生涯中都會非常有價值的。

這一版新增的內容

現　況

第十二版與以往不同的特點為新增了許多開放式、封閉式與互動式的個案研討。文字、圖、表與個案皆為來自產業與管理資訊系統研究至 2010 年 11 月的最新訊息。

新的特色

- 每章有更多的問題討論。
- 本書中處處可見管理清單，它是設計用來協助未來的管理者做出更佳的決策。

新的主題

- 探討範圍延伸至商業智慧與商業分析
- 協同系統與工具
- 雲端運算
- 以雲端為基礎的軟體服務和工具
- Windows 7 與行動作業系統
- 新興的行動數位平台
- Office 2010 與 Google 的小應用程式（Apps）
- 綠色運算
- 4G 網路
- 網路中立
- 一致性管理

- 擴增實境
- 搜尋引擎優化（SEO）
- 電子商務的免費增值訂價模式
- 集體創作與群眾智慧
- 電子商務獲利模式
- 建立一個電子商務網站
- 企業流程管理
- 雲端與行動平台的安全性問題

管理資訊系統有哪些新知

非常多。資訊技術不斷創新的這股趨勢正在改變傳統的企業界。因為科技、管理與企業流程上不斷的改變讓資訊管理成為商學院最令人興奮的領域（在第一章會對這些改變有更詳細的描述）。

管理者可以運用技術轉變來達成企業目標，一些例子包括雲端運算的興起，基於智慧型手機、小筆電與社群網路等使得行動數位商業平台不斷的成長。大多數的改變都來自於最近幾年。這些創新讓企業家與具有創意的傳統公司可以創造出新的產品與服務、發展新的經營模式與改變每天做生意的方式。在這個潮流之下，一些老的公司或是產業被摧毀，而一些新的企業開始興起與茁壯。

舉例來說，由上百萬喜好 iPod 與 MP3 播放器的使用者推動的線上音樂商店，永久地改變了以往使用實體裝置及零售通路配銷唱片與 CD 等音樂的經營模式。向當地的那些音樂商店道別吧！透過 Netflix 串流好萊塢的電影改變了電影透過電影院播放，透過實體店面出租 DVD 的流通模式。跟百視達道別吧！雲端運算的成長與龐大的資料中心，加上高速寬頻連網到戶的服務，支援了這兩種經營模式的改變。

電子商務又開始興盛，在 2010 年創造了 2,550 億美元的營收，預估會持續成長至 2014 年將超過 3,540 億美元。儘管大環境仍不景氣，但至 2010 年 6 月 30 日止，過去十二個月裡，Amazon 的營收成長了 39%，而非線上的零售業僅成長 5%。電子商務改變了公司設計、生產與送交它們的產品與服務的方式。電子商務的重新改頭換面，重挫了傳統的行銷與廣告產業，讓主要的媒體與內容製作公司陷入危險的境地。Facebook 及其他社群網站如 YouTube、Twitter 與 Second Life 等驗證了二十一世紀電子商務的新面貌。它們都在銷售服務。而通常我們想到電子商務都會想到是銷售實體產品。雖然人們腦海中對電子商務有著刻板印象，但在美國電子商務仍是成長最快的零售形式，電子商務是銷售服務而非銷售實體產品這樣的一個全新的價值趨勢應運而生。資訊系統與科技是以服務為主的新型態電子商務的基礎。

同樣地，企業的管理模式也在改變：新的智慧型手機、高速 Wi-Fi 網路與無線上網的筆記型電腦，使得管理者可以隨時詢問並監督遠在外地奔走的業務人員。移動中的管理者還是可以直接持續地與幕僚人員聯絡。存有豐富資料的企業資訊系統的成長，意味著管理者不再是在混亂的迷霧中經營企業，透過連線作業，更能立刻存取他們做出正確且即時的決策所需要的重要資訊。除了公眾用的網路外，維基與部落格等都成為公司溝通、合作與資訊分享的重要工具。

第十二版：管理資訊系統學程的全方位解決方案

從出版開始，這本書便幫助定義全球管理資訊系統課程。這一版會持續其權威性，但是會較以往更為客製化、且更有彈性，以符合不同學院、大學與個別教師的需求。完整的學習計畫包含核心教學內容和網站上豐富的補充資料，本書也成為其中的一部分。

核心教學內容

核心文章提供了管理資訊系統的基本概念整理，用一個整體的架構來描述並分析資訊系統。這個架構顯示出資訊系統是由管理、組織與技術等元件所組成。學生專案與個案研究中更強化了這個架構。

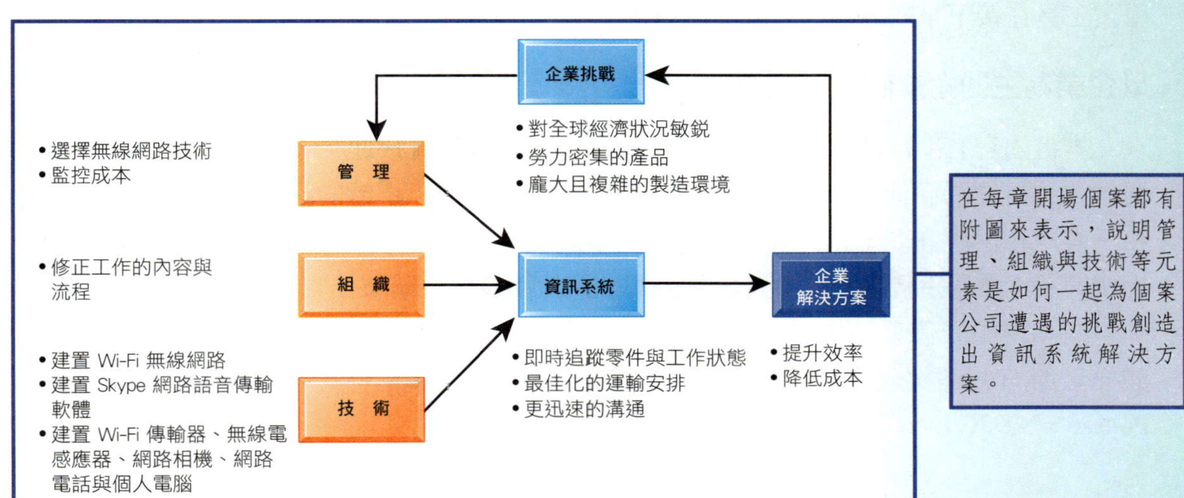

在每章開場個案都有附圖來表示，說明管理、組織與技術等元素是如何一起為個案公司遭遇的挑戰創造出資訊系統解決方案。

章節組織

每一章包含下列內容：

- 每章一個開場個案，描述一個真實世界中的組織來建立該章的主題與重點。
- 一個開場個案的圖示，從本書內容談到的管理、組織與技術模式的角度來分析這個個案。
- 一連串的學習目標。
- 兩個互動部分與個案研究問題和管理資訊系統的行動專案。
- 一個管理資訊系統專案的實務演練部分，敘述兩個管理決策問題、一個應用軟體實務演練的專案，另一個發展網際網路技巧的專案。
- 追蹤學習的部分則指出了 MyMISLab 網站上的補充教學素材。
- 每章摘要回顧部分與學習目標緊密連結。
- 學生可以用來複習觀念的專有名詞整理。
- 可以用來測試學生對本章教材了解程度的複習問題。
- 由該章各式各樣的主題衍生出來的問題討論。
- 一個可用來發展團隊合作及簡報技巧的群組專案，同時提供可使用不同開放軟體的合作工具選項。
- 每一章節結尾都有一個個案研究，讓學生們可以複習本章的觀念。

第十二版的特色

我們加強了重點內容，讓它更具互動性、更先進，以吸引學生和講師。這些特色與學習工具在接下來的章節會有詳細地描述。

以企業為主的企業個案與範例

本書內容有助於讓學生理解資訊系統與企業績效的直接連結。書裡描述了全世界主要的企業目標因而促進公司內部資訊系統與科技的運用：卓越的經營成效、新產品與服務、客戶和供應商間緊密的關係、改善決策制定、競爭優勢與永續經營。在書中描述的範例與個案讓學生們可以了解特定的公司如何使用資訊系統來達成它的目標。

在本書中我們只使用最近（2010 年）企業與公共組織的範例來說明每章中的重要觀念。所有的個案研究都以學生熟悉的著名公司或組織為例，如 Google、Facebook、Ponsse、NTUC Income 與 Wal-Mart。

互動性

學習管理資訊系統沒有比實際去做管理資訊系統更好的方法了！我們提供了不同類型的實務演練個案，使學生可以用現實世界的企業情境與資料，學習管理資訊系統最新的樣貌。在這令人興奮的主題下，這些個案強化了學生的參與感。

- 管理決策問題。每一章都包含兩題新的管理決策問題，教導學生如何將各章的觀念運用於真實世界裡需要分析與制定決策的企業情境中。

管理決策問題

1. Applebee's 是世界最大的休閒連鎖餐廳，在美國及世界其他 20 個國家共有 1,970 家店，菜單包含牛肉、雞肉與豬肉料理，也有漢堡、義大利麵和海鮮。Applebee's 的執行長希望開發更美味也包含更多顧客想吃的餐點的新菜單，且願意負擔汽油與農產品不斷地上升的成本，以提升這間餐廳的獲利。資訊系統如何協助管理階層執行這樣的策略？ Applebee's 需要蒐集哪些部分的資料？哪些類型的報告有助於管理階層針對如何改進菜單與改善獲利率做出決策？

每一章都有兩個真實世界中的企業情境，提供學生運用本章的觀念與練習管理決策制定的機會。

- 群組專案。每一章都有一個具有特色的群組專案，鼓勵學生團隊合作，運用 Google 的網站、Google Docs 與其他開放系統的協同工具。第一章裡第一組的專案要求學生建立一個協同性的 Google 網站。
- 管理資訊系統專案的實務演練。每一章都以管理資訊系統專案的實務演練作為結尾，它包含三種類型的專案：兩個管理決策問題；一個使用微軟 Excel 與 Access 的實務演練應用軟體習題，或設計網頁與部落格的工具；以及一發展網際網路技巧的專案。在

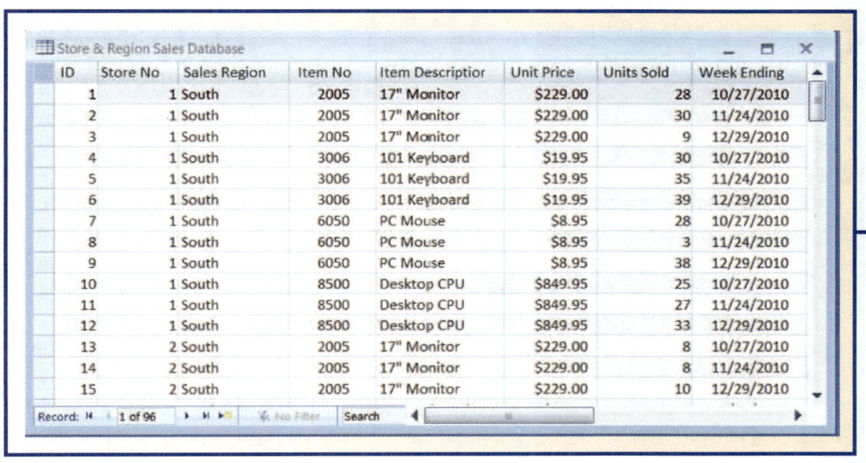
Store & Region Sales Database

ID	Store No	Sales Region	Item No	Item Descriptior	Unit Price	Units Sold	Week Ending
1	1	South	2005	17" Monitor	$229.00	28	10/27/2010
2	1	South	2005	17" Monitor	$229.00	30	11/24/2010
3	1	South	2005	17" Monitor	$229.00	9	12/29/2010
4	1	South	3006	101 Keyboard	$19.95	30	10/27/2010
5	1	South	3006	101 Keyboard	$19.95	35	11/24/2010
6	1	South	3006	101 Keyboard	$19.95	39	12/29/2010
7	1	South	6050	PC Mouse	$8.95	28	10/27/2010
8	1	South	6050	PC Mouse	$8.95	3	11/24/2010
9	1	South	6050	PC Mouse	$8.95	38	12/29/2010
10	1	South	8500	Desktop CPU	$849.95	25	10/27/2010
11	1	South	8500	Desktop CPU	$849.95	27	11/24/2010
12	1	South	8500	Desktop CPU	$849.95	33	12/29/2010
13	2	South	2005	17" Monitor	$229.00	8	10/27/2010
14	2	South	2005	17" Monitor	$229.00	8	11/24/2010
15	2	South	2005	17" Monitor	$229.00	10	12/29/2010

Record: 1 of 96 No Filter Search

學生可以練習在真實世界的情境中，運用軟體以達成卓越的經營並強化決策制定。

每一章中都有一個特色專案來發展網際網路技巧以存取資訊、進行研究與執行線上計算和分析。

改善決策制定：運用智慧代理人進行比較式購物

軟體技能：網路瀏覽器與購物 bot 軟體

企業技能：產品評估與選擇

這個計畫會讓你體驗到運用購物 bot 上網搜尋產品、尋找產品訊息並找到最好的價錢與銷售的廠商。

你已經決定要買一台新的數位相機了，選擇一台你想買的數位相機像是 Canon PowerShot S95 或 Olympus Stylus 7040。想用較低的價錢買到想買的相機，你可以試著在會自動幫你比較價錢的購物 bot 網站找找看。到 My Simon（www.mysimon.com）、BizRate.com（www.bizrate.com）與 Google 產品搜尋等網站看看。從是否便於使用、提供的貨品數量、獲取資訊的速度、產品與賣家資訊的完整性及價格選擇等幾個方面對這些購物網站做比較。你會使用哪個或哪些網站？為什麼？你會選擇哪一台相機？為什麼？這些網站有助於你做決策嗎？

MyMISLab 上，有一個美國 Dirt Bikes 的連續案例為每一章提供了額外的實務演練方案。

- 互動部分。每一章有兩個重新設計較短的個案，可以用在課堂上（或是網際網路討論

每一章包含兩個互動部分著重於管理、組織或科技，以真實世界的公司來說明該章的觀念與議題。

互動部分：組織

徵信機構的錯誤——民眾的大問題

你已經找到夢想中的車，你有不錯的工作與足夠的金錢付頭期款，你所需的就只有一項 1 萬 4,000 美元的汽車貸款。你有一些信用卡帳單，而你也勤奮地每一個月都繳款。但當你申請貸款時卻被拒絕了。當你詢問原因，你被告知在銀行有你從不知道的未繳貸款。你已經成為被信用記錄公司資訊系統中錯誤與過時資料所害的數百萬人之一。

美國消費者信用記錄的大部分資料被三家全國性的徵信機構所蒐集與維護，分別是 Experian、Equifax 與 TransUnion。這些組織從不同來源蒐集資料以建立個人借貸與繳款習慣的詳細記錄，這些資訊可以協助借款人取得個人信用價值、償還貸款的能力，並會影響利率與貸款的其他條件如該貸款是否被放到第一順位。它甚至會影響尋找與保住工作的機會，因為至少有三分之一的雇主在做出雇用、解雇或升遷決定時會參考信用報告。

美國的徵信機構從不同來源蒐集個人資訊與財務資料，包括債權人、放款人、公用事業、收帳機構與法院。這些資料被整合與儲存到由這些信用機構維護的大型資料庫中。然後信用機構將這些資訊賣給公司用作為信評等。

徵信機構宣稱他們知道每位消費者皮夾中有哪些信用卡、有多少到期的貸款與是否準時支付電子帳單。但如果該系統蒐集到錯誤的資訊，不論是來自身分竊賊或借款人傳送上的錯誤，注意！要解開這團混亂幾乎是不可能的。

這些機構知道提供借款人與消費者正確資訊的重要，但他們也了解自己的系統要為許多信用報告錯誤負責。有些錯誤的發生是因為比對貸款與個人信用報告的程序。

從借款人傳送給徵信機構的資訊量增加了犯錯的可能性，例如 Experian 每天更新 3,000 萬份的信用報告與每個月 20 億份的信用報告。它將信貸申請或信用帳戶中的個人識別資訊與消費者信用檔案中的個人識別資訊比對，個人識別資訊包括的項目如姓名（名字、姓氏與中間名）、完整現居地址與郵遞區號、完整先前居住地址與郵遞區號，以及社會安全號碼。新的信用資訊會進入最吻合的消費者信用檔案中。

個案研究問題

1. 評估徵信機構資料品質問題對徵信機構、借款人與個人的商業影響。
2. 徵信機構資料品質的問題是否引起了任何道德議題？解釋你的答案。
3. 分析徵信機構資料品質問題的管理、組織與科技因素。
4. 要如何解決這些問題？

管理資訊系統的行動

前往 Experian 的網站（www.experian.com）並瀏覽該網站，特別注意它對企業與小型企業的服務。

接著回答下列問題：

1. 列出與描述對企業的五種服務與解釋每一種如何使用消費者資料。描述使用這些服務的企業類別。
2. 解釋每一種服務如何被不正確的消費者資料影響。

個案研究問題與管理資訊系統的行動鼓勵學生去學習更多有關案例中的公司和其中探討的議題。

區）刺激學生產生興趣並誘發主動學習。每一個個案會以兩種方式結尾：個案研究問題與管理資訊系統的行動。個案研究問題可成為課堂討論、網際網路討論與書面作業的主題。管理資訊系統的行動以網頁上的實務演練為主，可作為發掘更深入地討論個案的議題。

評估與 AACSB 評估規範

國際商管學院促進協會（Association to Advance Collegiate Schools of Business, AACSB）是一個非營利的社團法人，主要由尋求改善商管教育的教育機構、社團法人或其他組織而組成，為大專院校商管科系提供認證。國際商管學院促進協會另開發出學習保證計畫，為認證活動的一部分，以確保這些商管學院確實教導學生該學院所承諾的。申請認證的學院被要求必須清楚地載明該學院的任務，開發一套連貫的商管教育計畫，確認學生的學習目標，然後證明透過這樣的教育學生確實達成了這樣的目標。

在本書中，我們試圖支持國際商管學院促進協會努力的成果，鼓勵經過評估認證的教育。教學資源與 MyMISLab 網站提供了一個更完整也更詳細的評估表，表格上列了每一章的學習目標，並指出所有可以確保學生達成學習目標的評估工具。因為每一個學院都不一樣，也有不同的教學任務與學習目標，很難以一個單一文件適用於所有的情形。因此，作者們對講師們如何在該學院中使用本書提出客製化的建議。講師們可以寫電子郵件給作者們，或是聯絡當地的 Pearson 教育機構的代表索取聯絡方式。

若需要更多有關於國際商管學院促進協會學習保證計畫以及本書如何支持經過評估認證的學習的話，可以到 MyMISLab 網站上看看。

客製化與彈性：新的追蹤學習模組

我們追蹤學習模組的特色給予講師們一些彈性，可以針對他們所選擇的主題進行更深入的探討。本書提供講師們與學生們超過 40 個追蹤學習模組。在每章結尾的追蹤學習模組引導學生到 MyMISLab 網站上的一些短篇論文或是其他章節。這些補充教材帶領學生更深入地探討管理資訊系統的一些議題、觀念與爭議之處；複習硬體、軟體、資料庫設計、通訊與其他領域等的基本科技概念；並提供軟體指令上的實務演練。第十二版包含雲端運算的新追蹤學習模組、知識管理與協同合作、運用微軟的 Excel、PowerPoint 創造樞紐試算表、行動數位平台與企業流程管理。

致 謝

任何一本書的誕生總是需要許多人寶貴的貢獻。我們要感謝所有編輯多年來的鼓勵、洞察力並給予我們最有力的支持。我們要感謝 Bob Horan 指導這一版的開發，以及 Kelly Loftusy 扮演著管理本計畫的角色。我們也對 Karalyn Holland 監督製作本計畫深表感激。

我們還要特別感謝補充教材的作者和他們的貢獻。我們也要對 William Anderson 協助撰寫教科書內容與製作及 Megan Miller 在製作過程的貢獻致上敬意。我們還要感謝 Diana R. Craig 協助處理資料庫和軟體相關的主題。

特別感謝紐約大學 Stern School of Business 的同仁，Stevens Institute of Technology 的 Edward Stohr 教授、Baruch 學院與紐約大學的 Al Croker 及 Michael Palley 教授，Western Illinois University 的 Lawrence Andrew 教授，University of Cologne 的 Detlef Schoder 教授，University of St. Gallen 的 Walter Brenner 教授，University of Gottingen 的 Lutz Kolbe 教授，International Institute for Management Development 的 Donald Marchand 教授，以及 Stellenbosch University 的 Daniel Botha 教授提供額外的改善建議。也感謝 University of California at Irvine 的 Ken Kraemer 教授與 University of Michigan 的 John King 教授在過去十多年在資訊系統與組織方面的討論。還要對 University of Indiana 多年同事兼好友的 Rob Kling 教授獻上最特別的懷念與感謝。

我們也要對給予本書建議及協助本書改進的相關審稿者致上謝意。這一版協助審閱的有：

Edward J. Cherian, *George Washington University*

Sherry L. Fowler, *North Carolona State University*

Richard Grenci, *John Carroll University*

Dorest Harvey, *University of Nebraska Omaha*

Shohreh Hashemi, *University of Houston—Downtown*
Duke Hutchings, *Elon University*
Ingyu Lee, *Troy University*
Jeffrey Livermore, *Walsh College*
Sue McDaniel, *Bellevue University*
Michelle Parker, *Indiana University—Purdue University Fort Wayne*
Peter A. Rosen, *University of Evansville*
Donna M. Schaeffer, *Marymount University*
Werner Schenk, *University of Rochester*
Jon C. Timlinson, *University of Northwestern Ohio*
Marie A. Wright, *Western Connecticut State University*
James H. Yu, *Santa Clara University*
Fan Zhao, *Floria Gulf Coast University*

我們也要感謝以下各位貢獻與審閱國際個案的學者：

個案貢獻者

Hassan Abbas, *Kuwait University*
Roeland Aernoudts, *Erasmus University*
Jonas Hedman, *Copenhagen Business School*
Ari Heiskanen, *University of Oulu*
Stefan Henningsson, *Copenhagen Business School*
Andy Jones, *Staffordshire University*
Faouzi Kamoun, *University of Dubai*
Daniel Ortiz-Arroyo, *Aalborg University*
Upasana Gitanjali Singh, *University of KwaZulu-Natal*

國際案例審閱者

Hanifa Abdullah, *University of South Africa*
Peter Blanchfield, *University of Nottingham*
Bert de Brock, *University of Groningen*
Ananth Chiravuri, *American University of Sharjah*
Alex Siow Yuen Khong, *National University of Singapore*

Karsten Boye Rasmussen, *University of Southern Denmark*

Wendy Gan Siew Wei, *University of Nottingham, Malaysia Campus*

K.C.L

J.P.L

目　錄

附 錄 323

Chapter 1

當今國際企業中的資訊系統

學習目標

在讀完本章之後，您將能夠回答下列問題：

1. 資訊系統如何改變企業？它與全球化有什麼關係？
2. 為什麼資訊系統對現今企業的運作與管理如此重要？
3. 資訊系統究竟是什麼？它如何運作？它的管理、組織與技術要素為何？
4. 什麼是互補性資產？為什麼互補性資產能確保資訊系統為組織提供真正的價值？
5. 什麼樣的學科被用於研究資訊系統？它們各對了解資訊系統有何貢獻？什麼是社會技術系統觀點？

互動部分

管理資訊系統就在你的口袋裡

優比速運用資訊科技於全球競爭

本章大綱

1.1 資訊系統在今日企業中的角色

資訊系統如何轉變企業？

什麼是管理資訊系統的新事件？

全球化的挑戰與機會：一個扁平化的世界

數位公司的出現

資訊系統的策略性企業目標

1.2 透視資訊系統

什麼是資訊系統？

資訊系統的各個面向

不僅是科技：資訊系統的企業觀點

互補性資產：組織資本與正確的經營模式

1.3 資訊系統的當代觀點

技術觀點

行為觀點

本書觀點：社會技術系統

1.4 管理資訊系統專案的實務演練

管理決策問題

改善決策制定：運用資料庫分析銷售趨勢

改善決策制定：運用網際網路找出要具備資訊系統知識的工作

追蹤學習模組

資訊科技有多重要？

資訊系統與你的生涯規劃

新興的行動數位平台

資訊系統提高伐木業的效率

芬蘭是伐木機具產業的領導者。芬蘭的Ponsse公司是橡膠輪胎定長鋸切機械最大的製造商之一。伐木業運用兩種鋸樹方法：定長鋸切與樹長鋸切。定長鋸切法是在森林中就將樹幹依照不同的用途鋸成各種尺寸大小的木料，如鋸木或是紙漿用木料。樹長鋸切法是在森林中將樹幹鋸下，然後整棵樹木或幾近整棵樹木運到製造廠再進行加工。在製造廠中，再根據用途將樹幹切成一塊一塊。全世界約有45%的伐木量是運用像Ponsse生產的那些定長鋸切機具進行砍伐的，而其中的35%是運用Ponsse的定長鋸切系統。這意味著運用Ponsse定長鋸切系統而獲得的木料約占全世界木料收穫量的16%。

Ponsse的主要產品是伐木機、伐木機的削切刀頭、木料運輸機與吊車。伐木機是類似牽引機的機械用來砍伐木料。它有一台吊車還有削切刀頭。削切刀頭可以抓住樹幹，運用鋸子進行第一次砍伐。然後，削切刀頭會將樹幹移動到它的鋸口，找出下一次砍伐的點。在移動的過程中，削切刀頭還會把樹幹上的小枝椏除去。林業用的木料運輸機是一種特別設計用於森林中的牽引機，還具有吊車的功能可以更有效地蒐集砍伐下來的樹幹與運送木材。

Ponsse也為客戶提供一整組精密的資訊系統。資訊系統產品經理Hanna Vilkman說：「Ponsse希望了解客戶的商業運作，因為它銷售林業機械與資訊系統給這個物流鏈裡的所有夥伴。」這一套資訊系統支援了整個林木業採購鏈。這個採購鏈的第一步是估計對於各種不同型態、尺寸的木料的需求，通常需求預估都是在木料採購組織的林場辦公室完成。透過資訊系統的協助，將類似區域的資料預先輸進系統中，以擬定對某特定林區能讓收穫量達到最佳的伐木計畫。也會產生伐木地圖並提供工作說明給伐木機的操作者，地圖上標明了伐木範圍的界線與被保護的區域。如果有哪一棵樹不能被砍伐，會以人工的方式圍起塑膠布條。

伐木機的操作者可以透過用在伐木者的資訊系統與木料採購組織之間傳輸資料的專用電子郵件系統，看到地圖與工作說明。工作說明與地圖會放在伐木工人小屋的佈告欄上。伐木機資訊系統有一個特別的功能，在伐木的過程中，能夠有效率地將木料切成最適大小，也就是說在木材從樹幹上被砍伐下來，通過削切刀的時候，這套資訊系統便可以計算出最適的裁切處。在依照工作說明將樹木砍下來之後，伐木機操作者便透過專屬的電子郵件系統，將伐木資訊傳送到林場辦公室。通常木材可以依五種不同的長度分為十種不同的類型。伐木機為每一種型態、長度的木料標上不同顏色的點，方便木料運輸機可以把每種木料送往正確的木堆中。

木料運輸機（林業專用牽引機）運用地圖應用程式和衛星定位系統將裁切好的木料從林場運送到路旁。這樣的作業模式也提升了安全性，因為當機具接近電力輸送線這類可能產生危險的事物時，系統會先警告操作人員。然後，再由卡車運用資訊系統找出到工廠最適合的路線，將裁切好的木堆從路邊運送過去。

收穫木材的駕駛員與森林管理者可以學到運用 3D 模擬訓練裝置模擬現實狀況來操作機械的技術。駕駛員可以坐在一台模擬訓練機械前，就像在林場一樣，運用控制桿操作機器。林場的地貌以 3D 影像投影在帆布上，操作者可以在此次收穫木料的區域內自由地移動，從不同角度觀看森林。

本個案由 University of Oulu 的 Ari Heiskanen 所提供。

資料來源：Quotes and other information from interview with Simo Taurianinen, 2010, Software Chief Designer, Ponsse, www.ponsse.com.

Ponsse 有功能完備、具合作性的資訊系統可以與木料製造及採購鏈的其他人員連結，像是林場的所有人、木料購買組織、林業機械所有人和操作人員與運用林場砍伐的木料製造廠。這套系統讓所有人都受惠。有些 Ponsse 提供的資訊系統，像是伐木機與運輸機具所裝設的系統等，已經成為整個林業機械設備不可或缺的部分；其他的那些系統也可以一併購買。資訊會自動地在這些相關人員間傳輸。有了這類資訊系統增加了 Ponsse 主要產品林業機械的銷量。

木料採伐資訊系統協助引導機械，並可蒐集有關機械操作與產量詳細資料的實際資訊。例如擁有林業機械的公司可以監視機械的使用情況與工作時間和順序的分佈。伐木機的駕駛員可以根據他或她個人的喜好，調整伐木操作的設

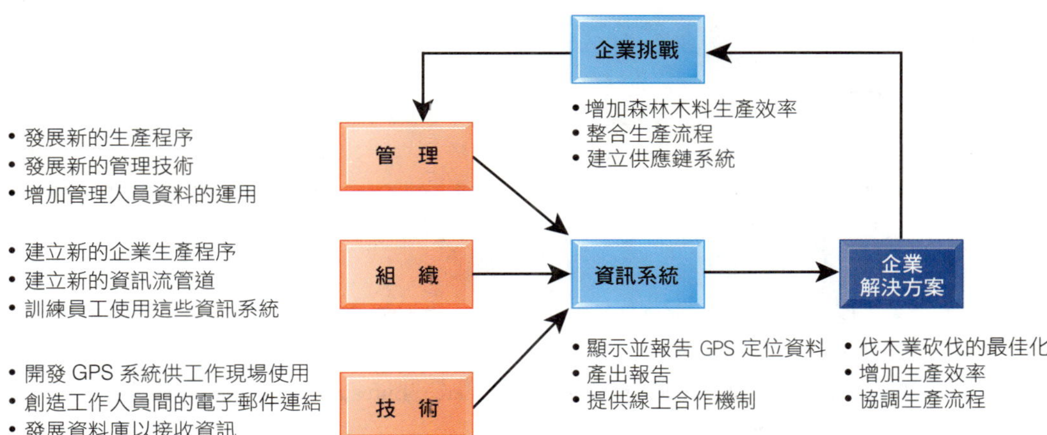

定。林場辦公室可以從林場中執行砍伐的工作者、運送的卡車或工廠等各個來源獲取資訊。這些資訊系統的應用讓管理者能更有效率地管理木料採購鏈中的各個階段。砍伐者與運送者資訊系統將部分應避免破壞的區域標示起來，對森林的生態保護更有幫助。

1.1 資訊系統在今日企業中的角色

在美國或其他全球的經濟體系中，做生意已經和以往完全不一樣了。在2010年，美國企業在資訊系統的硬體、軟體和電信通訊設備上的花費將超過5,620億美元。此外，它們還投資了8,000億美元在企業管理顧問與服務上，其中大部分的顧問服務是針對利用新科技的優勢重新設計公司的業務運作。圖1-1顯示，1980到2009年間，私人企業在資訊科技方面的投資，包含硬體、軟體與通訊設備，占所有資本投資的百分比由32%成長到52%。

圖 1-1 資訊科技資本投資

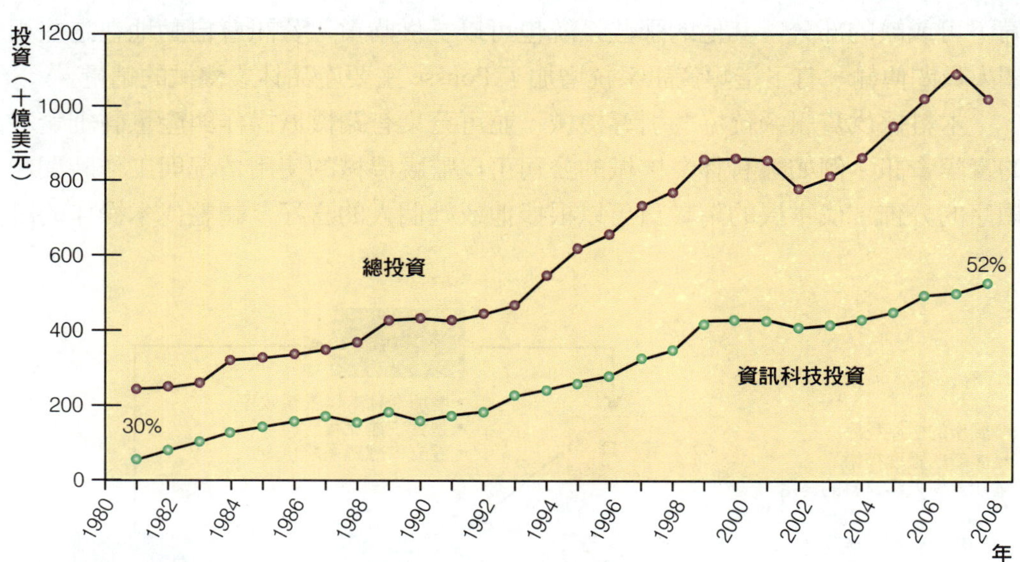

資訊科技的資本投資，由硬體、軟體與通訊設備組成，從1980年到2009年由占所有企業資本投資的32%成長至52%。

資料來源：Based on data in U.S. Department of Commerce, Bureau of Economic Analysis, *National Income and Product Accounts*, 2009.

身為管理者，大多數會在大量密集運用資訊系統或大量投資於資訊科技的公司服務。當然你會想知道如何將資金進行最明智的投資。如果你做了明智的選擇，你的企業會超越競爭者對手。但如果你做了拙劣的選擇，將會浪費了寶貴的資金。本書的目的在於協助你在資訊科技與資訊系統上做出睿智的決策。

▶ 資訊系統如何轉變企業？

透過觀察人們如何經營企業，每天你都會看到生活周遭大量投資於資訊科技與系統的結果。2009 年，新開通的無線手機門號比一般的有線電話號碼還要多。手機、黑莓機（BlackBerry）、iPhone、電子郵件與透過網際網路進行線上會議都已經成為經營企業的重要工具。在美國，2010 年有 8,900 萬人透過行行動裝置連上網際網路，約占總網路使用人口的一半（eMarketer, 2010）。美國行動電話用戶達到 2 億 8,500 萬人，全球則有近 50 億人使用行動電話（Dataxis, 2010）。

到 2010 年 6 月，全球超過 9,900 萬家企業有自己的網路並登記有網址（Verisign, 2010）。今日，在美國有 1 億 6,200 萬人會瀏覽線上商店，其中有 1 億 3,300 萬人在線上商店購物。每天約有 4,100 萬美國人在網路上找尋商品或服務。

2009 年，聯邦快遞（FedEx）每天在美國境內運送的包裹超過 340 萬件，大部分是隔夜送達，而優比速（United Parcel Service, UPS）每天在全世界運送超過 1,500 萬件包裹。企業致力於察覺並反映消費者快速改變的需求，將存貨降低到最低可能的狀態，以達到更高的營運效率。供應鏈的腳步變得更快，大大小小的公司都仰賴即時（Just-in-time, JIT）的存貨管理策略，以減少間接成本並追求能更快速地將產品推到市場上。

報紙的閱讀人數持續下滑，超過 7,800 萬人從網路接收線上新聞。約有 3,900 萬美國人每天都會上網收看影片，6,600 萬美國人閱讀部落格（Blog），1,600 萬美國人會寫部落格，部落格的興盛讓新作家暴增，並形成新的顧客回應形式，而這些現象在五年前都還不存在（Pew, 2010）。社群網站 Facebook 於 2010 年在美國每個月吸引 1 億 3,400 萬人上線，全世界超過 5 億人瀏覽。因此企業開始使用社群網路工具來連結公司散佈在全世界的員工、客戶與管理者。許多財星 500 大企業現在都有 Facebook。

雖然不景氣，但是電子商務和網路廣告持續擴張成長，2009 年 Google 線上廣告收益超過 250 億美元，整體網際網路廣告量更以每年超過 10% 的速度成長，2010 年收益達到 250 億美元。

美國新的聯邦證券與會計法案，要求許多企業必須將往來的電子郵件保留五年，而現行的職業與健康法案要求企業將雇員接觸化學藥品的相關資料最久需保存六十年，這些規定刺激了數位資訊的成長，預估目前每年儲存量會成長 5 exabytes（10^{18} byte），相當於 37,000 個新國會圖書館。

▶ 什麼是管理資訊系統的新事件？

一定很多！科技持續的改變、管理階層使用科技與對公司事業發展成功的衝擊讓管理資訊系統成為企業最受矚目的議題。新的生意與產業的誕生讓老舊產業逐漸沒落，學習如何使用新科技的公司才會成為成功的企業。表 1-1 歸納出企業使用資訊系統的重要新議題。這些議題會在本書所有的章節中出現，所以現在就應該花一些時間與你的教授或是同學們討論這些議題。

在技術的領域，有三種相互關聯的變化：(1) 新興移動式數位平台；(2) 線上服務軟體的成長；與 (3) 雲端運算的成長，讓更多企業能夠直接在網際網路上執行商業應用軟體。

iPhone、iPad、黑莓機與可以上網的平板電腦不僅僅只是小玩意或是娛樂的工具。它們代表了一系列由新的軟硬體科技而產生的新興電腦運算平台。愈來愈多的企業將電腦運算的功能從個人電腦和桌上型的機器移到這些行動裝置上。管理者也逐漸懂得運用這些行動裝置來協調工作、與員工溝通並提供決策所需的資訊。我們稱這些新開發的應用為「新興行動數位平台」。

管理者常使用像是社群網路、協同開發工具和維基百科這類所謂 “Web 2.0” 的網路科技，以求能做出更快且更好的決策。隨著管理行為的改變，如何組織工作、協調與評量也跟著改變。社群網路正是將團隊或專案中一同工作的員工連結起來，完成任務、共同執行計畫與管理人員進行各項管理工作的地方。即使員工在不同的洲或跨越不同時區，協同的空間可以讓員工相見並交換意見的地方。

雲端運算的力量與數位行動網路平台的成長意味著組織可以更依賴電信溝通與遠端會議的工作方式，進行分散式的決策制定。這相同的平台意味著企業能夠將更多的工作外包出去、依賴市場（而非員工）建立企業的價值。也就是說公司可以與其供應商和客戶創造許多新的產品，或是讓現有的產品變得更有效率。

在互動部分管理篇你可以看到工作上的這些趨勢，數百萬名管理者愈來愈

表 1-1　管理資訊系統的創新

改　變	影響結果
技　術	
雲端運算平台崛起於商業領域的創新應用	在網際網路上，將電腦作一種彈性的集合以執行傳統需在公司電腦進行的工作。
軟體服務（SaaS）的成長	主要的商業應用模式現在可以線上直接傳送網際網路的服務，而不是以往購買套裝軟體或是客製化的系統。
行動數位平台的崛起與個人電腦在商業系統的競爭	蘋果電腦將 iPhone 的原始開發軟體開放給開發者，然後在 iTunes 上開了一家銷售應用軟體的商店，讓使用者可以下載數百種的應用軟體去支援協同合作、在地服務和同事之間傳遞訊息。重量輕、低成本、以網路為主的小型可攜式筆電已經成為筆電市場上的主要類型。iPad 是第一個成功的筆記本大小的電腦運算裝置，所附工具軟體不僅可以支援娛樂，也可以提升企業的生產力。
管　理	
管理者採用線上協同合作與社群網路軟體來改善協調、合作與知識分享的方式	Google 應用軟體、Google 協作平台、微軟的 Windows SharePoint 服務與 IBM Lotus Connections 被全世界超過 1 億個專業經理人用以支援部落格、專案管理、線上會議、個人輪廓資料、社會性網路書籤與線上社群等。
加速商業智慧的應用	功能更強大的數據分析與互動數位看板提供管理者即時的績效資訊，來加強決策的制定。
虛擬會議的廣泛使用	管理者採用遠距出席的視訊會議與網路會議科技，以減少差旅的時間和成本，同時並能改善協同合作與決策制定。
組　織	
公司廣泛地採用 Web 2.0 的應用模式	以網路為主的服務讓員工可以使用部落格、維基百科、電子郵件和即時短訊服務與網路社群互動。Facebook 與 MySpace 也為企業創造了新的機會可以與客戶和供應商之間協同合作。
無線上網讓工作環境更具動力	網際網路、網路電腦、iPad、iPhone 與黑莓機讓愈來愈多人可以到辦公室以外的地方工作。55% 的美國企業提供某些形式的遠端工作方案。
共同創造企業價值	企業價值的來源從產品轉移到解決方案與經驗，由內部資源轉移到供應商網路與客戶的協同合作。跟過去相比，供應鏈與產品開發變得更全球化且需互相合作；與客戶的互動也協助公司定義新產品與服務。

互動部分：管理

管理資訊系統就在你的口袋裡

你可以在你的口袋外經營你的公司嗎？也許不盡然，但是現在運用 iPhone、黑莓機或是其他可攜式行動裝置可以執行很多功能。智慧型手機被稱為「數位時代的瑞士刀」，只要手指輕輕地敲打，智慧型手機就可以變成網路瀏覽器、電話、相機、音樂或影片播放器、可接收電子郵件與訊息的裝置，有時候還可以變成進入公司資訊系統的入口。新的連結社群網路與銷售管理（客戶關係管理）的軟體應用程式更讓這些行動裝置變成企業營運更成熟的工具。

黑莓機已經成為商業人士偏愛的行動裝置，因為它經過設計適於接收電子郵件與訊息，同時兼顧安全性，並搭載可連上公司內部網路的工具。現在這樣的情況正在產生變化。不論大小公司都開始運用蘋果電腦的 iPhone 處理更多他們的工作。有時候這些可攜式行動裝置已經成為必需品了。

Doylestown 醫院是費城附近的一間社區型醫療中心，擁有 360 位獨立的醫生可以為數千位病人提供治療。醫生們運用 iPhone 3G 可以日夜不間斷地與醫院內的工作人員、同事聯繫，並可以連結至病人的資訊。Doylestown 的醫生運用 iPhone 的功能，如電子郵件、行事曆與聯絡人等透過微軟 Exchange ActiveSync 來聯繫。iPhone 讓醫生們可以即時接收醫院寄來緊急電子郵件警示。語音的溝通也很重要，iPhone 讓醫生們不管在哪裡都可以隨傳隨到。

Doylestown 醫院將 iPhone 客製化，以提供醫生們不管在世界的哪一個角落，都可以很安全地連上醫院的電子化醫療紀錄系統 MEDITECH。MEDITECH 可以將重要的症狀、治療所用的藥物、實驗室檢驗結果、過敏現象、護士的紀錄、治療結果與病患的特殊飲食等資訊傳送到醫生們 iPhone 的螢幕上。Doylestown 醫院的副院長兼醫療長 Scott Levy 醫生說：「每位病患的 X 光影像、每份專家的口述報告現在都可以透過 iPhone 取得。」Doylestown 醫院的醫生們在病患的床邊也會用 iPhone 連上 Epocrates Essentials 這類醫療參考應用系統，協助他們解讀實驗室檢驗的結果並獲取醫療資訊。

Doylestown 醫院的資訊系統部門可以建立同樣嚴密的安全性，在維護醫院所有網路為主的醫療紀錄應用系統時，可以確認系統的使用者，並追蹤使用者的活動。資訊很安全地被儲存在醫院自己的伺服器電腦中。

D. W. Morgan 的總部設在加州的 Pleasanton，為 AT&T、蘋果電腦、嬌生、洛克希德馬丁公司與雪弗龍提供供應鏈顧問和運輸與物流服務的供應商。它在四大洲 85 個國家都設有營運單位，運用即時管理系統，將重要的庫存貨品移動到工廠裡。在即時管理系統中，零售商與製造商幾乎都維持著不超過現有庫存量，仰賴供應商在需要的時候快速地傳送原料、零件或產品。

在這樣的生產環境中，知道送貨卡車抵達的正確時間就變得非常重要。在過去要提供顧客精準到分鐘的資訊，需要打很多通電話與耗費很多人力。企業可以為 30 位駕駛員開發一套稱為 ChainLinq Mobile 的應用系統，這個系統可以隨時更新貨物運送的資訊、蒐集簽名，並提供「全球定位系統」所追蹤每箱貨物運送的狀況。

當 Morgan 的駕駛員運送貨物時，他們運用 ChainLinq Mobile 記錄上貨與狀態。當他們抵達目的地時，他們用 iPhone 螢幕記錄簽名。沿路在每個點都不斷地蒐集資料，包含 GPS 定位系統會在 Google 地圖上標出精確的位置、日期與時間，這些資料都會上傳到公司的伺服器。顧客可以透過公司的網站查詢伺服器儲存的這些資料。Morgan 的競爭者要花 20 分鐘到半天的時間才能提供顧客貨物送達的證明；Morgan 則可以立即提供。

TCHO 是一家運用客製化開發出來的機器創造獨特巧克力口味的新公司，老闆 Timonthy Childs 開發出一套 iPhone 的應用程式，可從遠距登入每一台製造巧克力的機器，控制時間與溫度，開關機器，並可以接收何時應該調整溫度的提醒訊息。他還可以透過這套 iPhone 的應用程式以幾個監視攝影機觀看 TCHO FlavorLab 的動態。TCHO 的員工也可以使用 iPhone 交換照片、互通電子郵件與文字訊息。

蘋果 iPad 的出現也成為一項企業工具，運用 iPad 可以透過網路做筆記、分享檔案、做文書處理，並迅速進行大量複雜的運算。已有數以百計與企業生產力有關的應用程式被開發出來，這些工具適用於網路視訊會議、文書處理、試算表與電子簡報軟體等。只要正確地設定，iPad 可以安全地連上公司網路收取電子郵件訊息、觀看行事曆的記事與聯絡人。

資料來源："Apple iPhone in Business Profiles," www.apple.com, accessed May 10, 2010; Steve Lohr, Cisco Cheng, "The Ipad Has Business Potential," *PC World*, April 26, 2010; and "Smartphone Rises Fast from Gadget to Necessity," *The New York Times*, June 10, 2009.

個案研究問題

1. 這個個案中描述了哪一些應用程式？它們支援哪些企業功能？這些應用程式如何提升經營績效與改善決策制定？
2. 指出在這個個案中企業運用行動數位裝置解決了哪些問題？
3. 讓員工們配置如 iPhone、iPad 與黑莓機這些行動數位裝置，對哪些類型的企業較能受惠？
4. 執行長 D. W. Morgan 說：「iPhone 不只改變遊戲，它改變了整個產業，它改變了你與你的顧客和供應商互動的方式。」試討論這段話背後的意義。

管理資訊系統的行動

研究蘋果電腦的 iPhone、iPad，黑莓機與摩托羅拉 Droid 的網站，接著回答以下問題：

1. 列出並描述每一種行動裝置的功能，並試著舉出它們被應用於企業運作中的例子。
2. 針對每一種行動裝置，試著列出並描述三種可以下載的企業應用程式，並說明它們的商業利益。

倚賴透過這些行動數位平台協調供應商與貨運、滿足客戶的需求與管理員工。真令人不敢想像如果哪天企業沒有了這些行動裝置也無法上網的話會怎麼樣。當你在閱讀這個個案時，應該特別注意這些新興的行動平台如何大幅提升正確性、速度與決策的豐富性。

▶ 全球化的挑戰與機會：一個扁平化的世界

1492 年，哥倫布驗證了天文學家長久以來所說：地球是圓的，大海可以安全地航行。當年，世界上居住的人們與語言幾乎是完全互相隔離的，各自擁有不同的經濟與科學的發展。隨著哥倫布偉大的航行而開始產生世界貿易，使得不同種族與文化逐漸拉近。由於各國之間的貿易擴張，使「工業革命」成為全球性的現象。

2005 年記者 Thomas Friedman 出版具有影響力的鉅著《世界是平的》，他指出網際網路與全球通訊已經大幅降低已開發國家的經濟與文化優勢。他認為美國與歐洲等先進國家正為它們國家的經濟而奮鬥，在全球和未開發國家及低薪資地區受過高等教育且積極的人競爭工作機會、市場、資源與創意（Friedman, 2007）。「全球化」為企業帶來挑戰與機會。

美國與其他先進的歐洲和亞洲等工業經濟體系，倚重進出口的比重愈來愈高。2010 年，美國經濟結構中超過 33% 是來自進出口貿易。在歐洲與亞洲則超過 50%。許多名列財星 500 大的美國企業半數以上的營收來自海外的經營。舉例來說，英特爾 2010 年有半數以上的營收來自海外處理器晶片的銷售。80% 在美國銷售的玩具是中國製造，90% 的個人電腦由中國代工製造，但其中使用了英特爾或是超微（Advanced Micro Design, AMD）的處理器晶片。

跨越國境並不只有貨物而已。工作機會也一樣，有些高階的工作機會，薪水高，需要大學以上的學位。在過去十年間，美國本土有好幾百萬個製造相關的工作機會轉移到美國境外薪資相對較低的生產者。但目前美國從事製造相關的工作者，在整體的就業結構中比重很小（少於 12% 且仍持續下滑中）。通常每年有 30 萬個服務相關的工作轉移到海外薪資較低的國家，其中大多是專業技能較低的資訊系統職缺，但是也包含一些「可被交易的服務」的工作機會，從建築、金融服務、客服中心、顧問、工程師與放射醫學相關的領域都有。

在好的方面，通常在非不景氣的年代，美國每年創造 350 萬個新的工作機會。與資訊系統相關和上述其他服務業的職缺也有增加，且薪資穩定。工作委外更加速了美國與世界各地新系統的開發。

企業所使用的 iPhone 和 iPad 應用程式：
1. Salesforce.com
2. FedEx Mobile
3. iTimeSheet
4. QuickOffice Connect
5. Documents to Go
6. GoodReader
7. Evernote
8. Web Ex

不論有沒有參加線上會議、確認訂單、編輯檔案和文件或獲取企業情報，蘋果電腦推出的 iPhone 與 iPad 為企業用戶提供無限可能。這兩個行動裝置都有令人驚嘆的多點觸控顯示、完整的網路瀏覽功能、可接收訊息、傳輸影片與聲音，以及文件管理。這些功能讓 iPhone 與 iPad 成為具有完整功能的行動運算平台。

所以，對商學院的學生來說，他們面臨的挑戰是在接受教育的過程與工作經驗的累積當中發展高階而不能被委外的專業技能。對於企業的挑戰是避免推出能在海外低成本市場中生產的產品或服務。其實機會還是均等且無限的。在本書中，你會發現有許多有關公司或個人為了適應新的全球環境而採用資訊系統成功或失敗的案例。

透過管理資訊系統全球化可以做些什麼？答案很簡單：所有的事都可以做。網際網路的興起逐漸成為發展成熟的國際通訊系統，讓全球營運與交易的成本急遽地降低。在上海的製造工廠與位在美國南達科他州 Rapid Falls 物流中心之間的通訊，可以是即時且完全免費。消費者可以在全世界各地的市場消費，更可以在一天 24 小時的任何時間透過網路得知可靠的價格與品質等資訊。以全球規模生產產品或是提供服務的公司，能藉由尋找低成本的供應商，並透過管理資訊系統管理在其他國家的生產設備，減少下來的成本相當驚人。另外，提供消費者網際網路服務的公司，如 Google 與 eBay，不需要重新設計昂貴的固定資訊系統等基礎設施，就能將其經營模式與網路服務複製到全世界其他的國家。2011 年 eBay（和通用汽車）有一半的營收是來自美國以外的國家。總而言之，資訊系統促進了全球化。

▶ 數位公司的出現

以上我們所描述的改變，伴隨著同等重要的組織重設計，已為全數位化公司創造了一個適合的環境。我們可以從幾個面向來定義一家**數位公司**（digital firm）。數位公司是一家公司裡幾乎所有重要的商業關係，包括對客戶、供應商與員工，都可以數位化的方式傳輸。核心的商業程序也是透過數位化的網路，延展至整個組織或連結到許多組織。

企業流程（business process）指的是組織花費許多時間而發展出來的一套邏輯上相關聯的工作與行為，旨在產出特定的商業成果與組織、協調這些活動的獨特手法。開發一個新產品、產生和完成一張訂單、創造一個行銷計畫與雇用一個員工都是企業流程的例證，組織完成企業流程的方法也是競爭優勢的來源之一（第二章會有關於企業流程的詳細討論）。

重要的企業資產——智慧財產、核心能力、財務與人力資產都可以透過數位方式來管理。在數位企業中，任何關鍵的企業決策所需的資訊隨時隨地都可以在公司內部取得。

數位公司對環境的敏銳度與回應都比傳統公司要快速得多，也讓數位公司在紛亂的時代更具彈性以求生存。數位公司為更有彈性的全球化組織和管理提供了更多的機會。在數位公司裡，時間與空間的轉移都是常態。時間轉移指的是企業的經營管理是不間斷地，一週七天，一天二十四小時，而不僅是朝九晚五狹義的「工作日」。空間轉移指的是工作不只發生在國家的範圍裡，也同時發生在全球各地。實際上工作會在世界上最適合完成的地方完成。

許多公司像思科（Cisco Systems）、3M 與 IBM 很接近一家數位公司的型態，它們運用網際網路來推動各方面的業務。其他大多數的企業並非全然數位化，但它們也朝著與供應商、客戶與員工發展更緊密的數位整合方向邁進。舉例來說，許多公司正透過使用視訊與網路會議科技以「虛擬」會議來取代傳統面對面的會議（參閱第二章）。

▶ 資訊系統的策略性企業目標

是什麼因素使得今日的資訊系統變得這麼重要？為什麼企業要在資訊系統及資訊科技上投資這麼多？在美國，超過 2,300 萬名經理人和 1 億 1,300 萬名員工靠資訊系統完成工作。在美國及其他先進國家，資訊系統不僅對處理每日的業務很重要，對達成策略性的企業目標也不可或缺。

在一個經濟體中，對資訊系統若沒有重大的投資簡直是不可思議。所有電子商務公司如 Amazon、eBay、Google 與 E*Trade 若沒有大量的資訊科技投資就不會存在了。今日的服務業——金融、保險、房地產與個人服務業如旅遊、醫療與教育——沒有資訊系統都無法營運。同樣地，零售業者如威名百貨（Wal-Mart）與西爾斯百貨（Sears），以及製造商如通用汽車（General Motors）與奇異電子（General Electric）等，也都需要資訊系統才能生存與壯大。就如同辦公室、電話、檔案櫃與有效率的電梯大樓曾是二十世紀企業的基礎，而資訊科技則是二十一世紀企業的基石。

企業使用資訊科技的能力與執行企業策略以達成企業目標的能力兩者之間的關係愈來愈緊密（參閱圖 1-2）。企業想要在五年內做的事，往往決定於其資訊系統能做到的程度。增加市場占有率、成為高品質或低成本的生產者、開發新產品與增加員工生產力等，愈來愈取決於組織中資訊系統的種類與品質。你愈了解這種關係，身為管理者的你價值就愈高。

特別是那些對資訊系統大量投資的企業，希望達成下列六個策略性目標：卓越的經營成效；新的產品、服務與經營模式；與客戶和供應商的緊密關係；改善決策制定；競爭優勢；以及永續經營。

卓越的經營成效

企業不斷地尋求增進經營效率的方式，以達成較高的獲利率。資訊系統與資訊科技是管理者欲達成企業營運的高效率與高生產力時的重要工具，特別是在企業運作方式與管理行為產生改變的時候。

全球最大的零售業者威名百貨（Wal-Mart）印證了資訊系統的力量，加上

圖 1-2　組織與資訊系統的相互依存關係

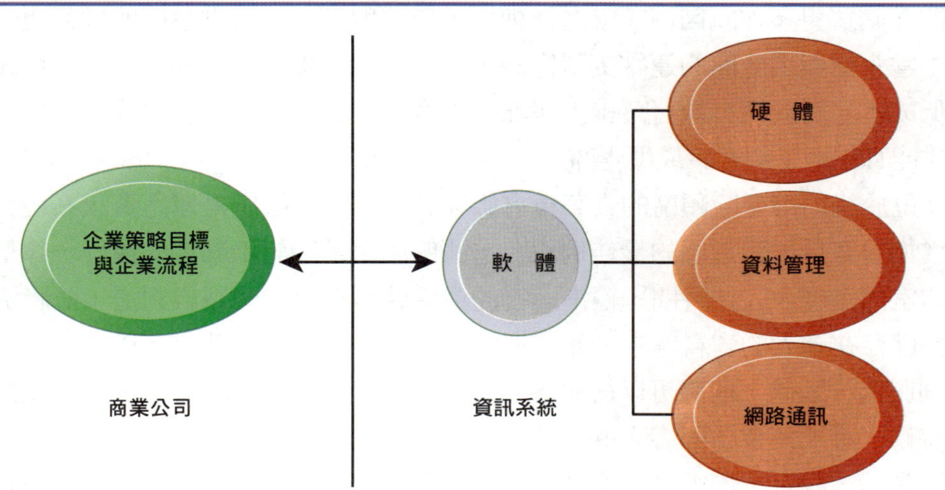

在現代化的系統中，公司的資訊系統與其企業能力之間的相互依存的關係愈來愈緊密。為因應策略、法規與企業流程的改變，硬體、軟體、資料庫與網路通訊也逐漸需要改變。往往組織想要做的事取決於資訊系統是否允許它們這樣做。

優越的企業執行力和全力支持的管理階層，達成了世界級的經營效率。在 2010 會計年度，威名百貨的銷售額超過 4,080 億美元——相當於美國零售業銷售額的十分之一，而大部分的業績是因為它的零售連結（Retail Link）系統，這套系統透過數位化將供應商與威名百貨全球的分店連結起來。只要客戶買走一項物品，供應商從監視系統中就知道要在貨架上補上另一個。威名百貨是零售業最有效率的業者，每平方英呎銷售額超過 28 美元，而第二名的競爭者 Target，每平方英呎銷售額 23 美元，而其他零售業者每平方英呎的銷售額則低於 12 美元。

新產品、服務與經營模式

資訊系統與科技是一個主要的驅動工具，讓公司得以創造新產品與服務，甚至是創造出全新的**經營模式**（business model）。經營模式是描述一家公司如何生產、運送與銷售一項商品或服務以創造財富的模式。

今日的音樂產業與十年前大不相同。蘋果電腦公司（Apple Inc.）將原本以黑膠唱片、錄音帶與 CD 為主的音樂流通模式，以其 iPod 的技術平台轉換到線上合法分送的模式。蘋果電腦也從 iPod 不斷創新的潮流中獲得成功，包括 iPod、iTunes 音樂服務、iPad 與 iPhone。

與客戶和供應商的緊密關係

當一個企業清楚地了解客戶，並提供客戶很好的服務時，通常顧客會重複上門並購買更多作為回應。就這樣創造了營收與利潤。與供應商的關係也是一樣：當企業與供應商的連結更緊密時，供應商也會提供關鍵的輸入。這樣才能降低成本。對於擁有數百萬線上與非線上客戶的企業，最重要的問題是要怎麼做才能真正地了解客戶或供應商。

位於紐約市曼哈頓區的文華東方飯店和其他高級飯店是運用資訊系統與科技增加對客戶的親近感的最佳例證。這些飯店用電腦記錄顧客的偏好，像是喜歡的室內溫度、入住時間、經常撥打的電話號碼與收看的電視頻道，並將這些資料儲存在龐大的資料庫中。飯店裡的每一個房間都可以連結上中央電腦的網路伺服器，因此，他們可以從遠端監看或控制。當一位客人抵達其中一間飯店的時候，系統便會依照客人的數位輪廓，自動地改變房間的狀況，像是將燈光略為調暗、設定室內溫度或選擇適當的音樂。飯店也透過分析客戶資料來找出最好的客人，並依照他們的喜好發展個別的行銷活動。

JCPenney 的案例也印證了資訊系統增進與供應商之間緊密關係的好處。每次在美國 JCPenney 的任一間分店賣出一件男用襯衫，這筆銷售紀錄會立刻出現在香港供應商聯業製衣（TAL Apparel Ltd.）的電腦中，聯業製衣是 JCPenney 最大的合約製造商，所生產的襯衫占美國市場八分之一的銷量。聯業製衣利用特別開發的一套電腦系統運算數量，並決定需生產多少數量、何種型態、顏色與尺寸的襯衫用來補貨。聯業製衣再將這些成品運送到 JCPenney 的每一間分店，這種方式完全跳過零售業的倉儲。換句話說，JCPenney 的襯衫庫存近乎於零，倉儲成本也幾乎等於零。

改善決策制定

許多企業管理者彷彿在資訊的迷霧中運作，從未真正地在正確的時機得到正確的資訊然後根據資訊做出決策。管理者做決策反而多仰賴預估、最佳的猜測與運氣。結果常造成產品或服務的生產過剩或是不足、資源的錯誤配置與回應需求的時間不足。這些糟糕的結果提高了成本，也造成客戶的流失。過去十年來，資訊系統與科技讓管理者在決策的時候，能夠馬上運用來自市場即時的資料。

例如，Verizon 電信公司是美國最大的電信公司之一，運用網路上的數位儀表板，為管理者提供精準且即時的顧客抱怨資料、各個服務區域的網路績效，與線路中斷或是風災造成線路破壞的情形。運用這些資訊，管理者可以立刻將維修資源分配到受影響的區域，告知消費者修復的狀況，並迅速恢復服務。

競爭優勢

當公司達成一個或是多個企業目標的時候——卓越的經營成效；新產品、服務與新的經營模式；與客戶和供應商建立緊密的關係；以及改善決策制定——很可能也因此創造了競爭優勢。比你的競爭者做得更好、更高級的產品，售價卻更低，同時還能即時回應客戶與供應商，這些作為都會提高銷售及利潤，也讓你的競爭者難以望其項背。本章後半段所描述的蘋果電腦（Apple Inc.）、威名百貨（Walmart）與優比速（UPS）都知道如何運用資訊系統以造成競爭優勢，而成為該業界的領導品牌，

永續經營

企業也會投資資訊系統與科技，因為它們已成為經營企業的必需品。有時候這些「必需品」是隨著產業面的改變而來。舉例來說，1977 年花旗銀行在紐

約地區推出了第一台自動櫃員機（ATMs），以更高品質的服務吸引客戶，其他競爭者立即追隨花旗銀行的腳步也為它們的客戶提供自動櫃員機的服務。時至今日，美國所有的銀行都有區域性的自動櫃員機，並且與全國或國際的自動櫃員機系統相連結，像 CIRRUS 就是一例。提供自動櫃員機的服務給客戶已經是個人消費金融領域生存的必要條件了。

許多聯邦和州的法令規章已將保留紀錄（包括電子紀錄）規範為企業及其員工的法律責任。比方說，1976 年通過的有毒物質控制法案，規範美國勞工於工作上需接觸有毒化學物質時，企業需將此紀錄保留三十年，此法案明訂的有毒化學物質超過 75,000 種。2002 年沙賓法案（Sarbanes-Oxley Act）更進一步地提高了上市公司及其查帳會計師的責任，要求負責上市公司查帳具有合格認證的會計師事務所將所有的工作文件及紀錄，包括所有的電子郵件，保留五年以上。許多聯邦及各州在健康照護、金融服務、教育與隱私權保護的法律中，也加強美國企業對重要資訊的留存與報告的要求。企業轉向運用資訊系統與科技來提供回應這些挑戰的能力。

1.2 透視資訊系統

到目前為止，我們雖然還沒對資訊系統與科技這個名詞下定義，但已經非正式地提到很多次了。**資訊科技**（information technology, IT）由公司為達成企業目標所需要的軟硬體所組成。不只包含電腦、儲存裝置與掌上型個人數位助理，還包含軟體，如 Windows 或 Linux 作業系統、微軟的辦公室桌上套裝軟體，以及在傳統的大公司裡常可發現的數以千計的電腦程式。「資訊系統」則更複雜，要了解資訊系統最好的方式便是透過技術與企業觀點來檢視。

▶ 什麼是資訊系統？

資訊系統（information system）在技術上可以定義為包含了相互關聯的一組可以蒐集（或擷取）、處理、儲存與傳播資訊之單元，以支援組織內的決策與控制。除了支援決策制定、協調與控制外，資訊系統也可以幫助管理者與工作人員分析問題、將複雜的目標具象化並創造新產品。

資訊系統中包含了組織內或企業四周重要的人、地與事物等相關資訊。**資訊**（information）是資料已被整理成對人們有意義且有用的格式。相反地，**資料**（data）則只是一串原始的數據，代表組織中或是周遭所發生的事件，尚未整理或安排成人們能了解或使用的格式。

用一個簡短的例子便可以說明資訊與資料截然不同。超級市場的收銀台掃描代表每項產品的條碼，輸入數百萬筆資料。這些資料可以被加總、分析成為有意義的資訊，例如在某一特定商店售出的洗碗精總數，其中哪一種牌子的洗碗精賣得最快；或是這個牌子的洗碗精在該商店或區域內的總銷售量（參閱圖 1-3）。

組織中需要用來做決策、控制作業、分析問題與創造新產品或服務等的資訊是由資訊系統中的三個活動所產生，它們是輸入、處理與輸出（參閱圖 1-4）。**輸入**（input）是從組織中或外界環境裡擷取或蒐集原始資料。**處理**（processing）是將這些輸入的原始資料轉換成有意義的格式。**輸出**（output）是將處理過的資訊傳送給需要使用的人或活動。資訊系統也需要**回饋**（feedback），它是將輸出的資訊回送到組織中適當的成員手中，協助他們評估或改正輸入之用。

在典型的線上售票網站上，原始輸入包含購票資料，如購票者的姓名、地址、信用卡卡號、訂購的票數與所購門票的日期場次。電腦儲存並處理這些資料，以計算所有售出的票數、追蹤售出的門票，並向信用卡公司請款。輸出則

圖 1-3　資料與資訊

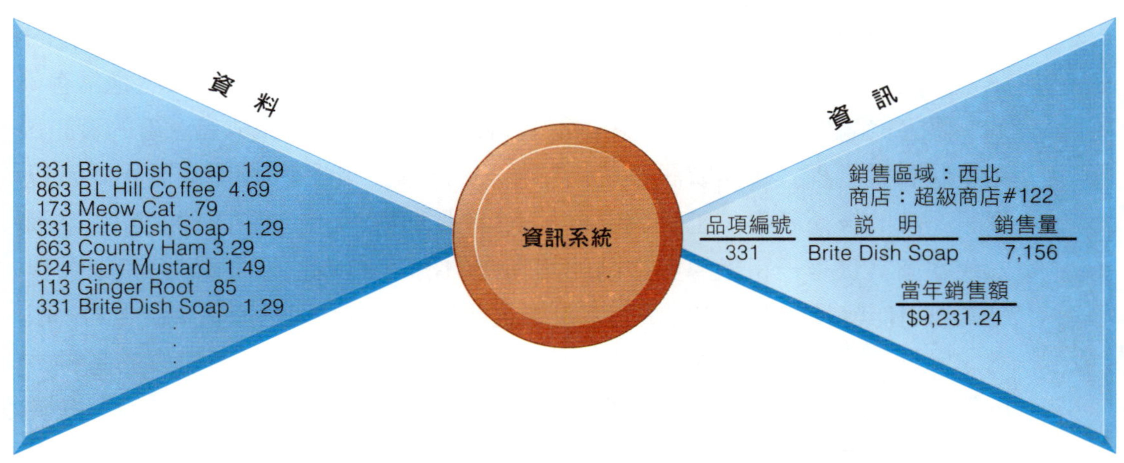

來自超級市場結帳櫃台的原始資料，可以被處理與重組成有意義的資訊，例如洗碗精的總銷售量，或是在特定商店或特定地區中洗碗精的總銷售收入。

圖 1-4 資訊系統的功能

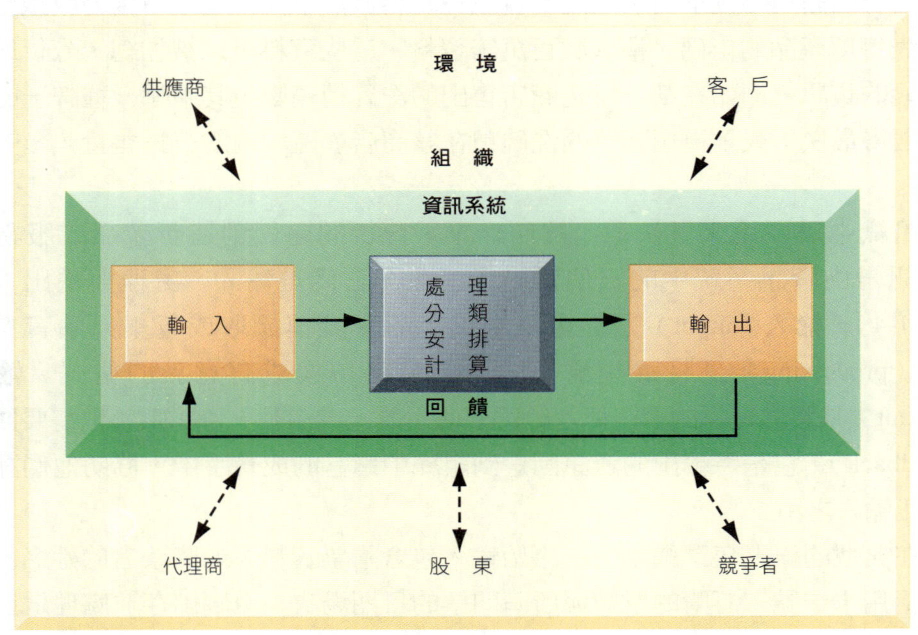

資訊系統含括了與組織及其周遭環境相關的資訊。三個基本功能——輸入、處理與輸出——產生組織所需的資訊。回饋是由輸出回送至組織中適當的人或活動，以供評估及調整輸入之用。環境的參與者如客戶、供應商、競爭者、股東與代理商等，都與組織與其資訊系統產生互動。

包含了將票列印出來、訂票收據與線上訂票的報告。這套系統提供有意義的資訊，像是某一場比賽售出的票數、每年售出的門票總數與哪些消費者是常客。

儘管電腦化的資訊系統是藉由電腦科技將原始資料轉化成有意義的資訊，不過電腦和電腦程式，與資訊系統仍有顯著的不同。電腦和相關軟體程式是現代資訊系統的技術基礎、工具與素材。電腦提供儲存與處理資訊的設備。電腦程式或軟體其實是一組指導與控制硬體動作的指令。因此，了解電腦與電腦程式是如何運作對設計組織的解決方案是很重要的。但電腦只是資訊系統中的一環。

房子是一個適當的類比。鐵鎚、釘子與木材都是蓋房子所需要的基材，但單靠這些並沒有辦法把房子蓋起來。還需要建築學、設計、室內裝潢、庭園設計與所有創造出屋子各個部分特色的決策才能蓋出屋子，也才能解決屋頂是如何放上去的問題。電腦與電腦程式其實就相當於電腦化資訊系統的鐵鎚、釘子與木材，單靠這些並不能產生某一特定組織所需的資訊。要了解資訊系統，必須先了解資訊系統所欲解決的問題、資訊系統的架構與設計組成要件，同時還要了解組織流程才能真正解決問題。

▶ 資訊系統的各個面向

要完全了解資訊系統，你需要由系統層面廣泛地了解組織、管理與資訊技術（參閱圖 1-5），以及它們對於解決企業運作的環境中所面臨的問題和挑戰，提出解決方案的能力。我們將這種對資訊系統廣泛地認識稱之為**資訊系統素養**（information systems literacy），它包括了對系統的管理、組織層面與技術層面的了解。相反地，**電腦素養**（computer literacy）主要是著重在資訊科技的知識上。

管理資訊系統（management information systems, MIS）的研究領域著重在達成廣泛地資訊系統素養。管理資訊系統主要是處理企業中管理人員與員工所使用的資訊系統，在系統的發展、使用與衝擊方面相關的行為與技術問題。

接著，讓我們來檢視資訊系統的每一個面向——組織、管理與資訊科技。

組　織

資訊系統是組織整體的一部分。事實上，對於某些公司而言，如信用調查

圖 1-5　資訊系統不只是電腦

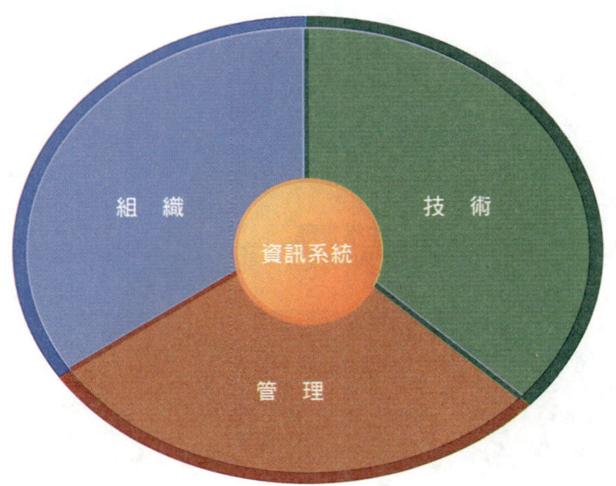

為能有效地利用資訊系統，必須要了解能影響系統的組織、管理與資訊科技。資訊系統就是組織和管理上的解決方案，用以面對來自環境的挑戰並為公司創造價值。

公司，沒有資訊系統就沒有業務。組織的關鍵要素是員工、結構、企業流程、政治與文化。在此我們會介紹組織的要素，並在第二及三章中有更詳細的介紹。

組織是由不同的層級與專業架構而成。這種組織架構下的人員層級界限分得很清楚。企業裡的職掌與責任是以層級節制或類似金字塔的方式向上組成。上層是一些管理、專業與技術人員，下層則為作業人員。

高階管理者（senior management）負責產品與服務長遠的策略規劃，並確保公司的財務績效。**中階管理者**（middle management）則負責執行高階管理者的計畫，而**作業管理者**（operational management）則負責監控公司的日常運作。**知識工作者**（knowledge workers）如工程師、科學家或建築師則設計產品或服務為公司創造新知，而**資料工作者**（data workers）如秘書或職員則協助公司所有層級的人員安排時間表並進行溝通協調。**生產或服務工作者**（production or service workers）則負責實際生產產品與提供服務（參閱圖 1-6）。

企業為不同的功能而雇用並訓練專業人員。這些主要的**企業功能**（business functions）或是由企業組織所執行的專業性工作，包括業務與行銷、製造與生產、財務與會計，以及人力資源（參閱表 1-2）。第二章提供關於這些企業功能

圖 1-6　公司裡的層級

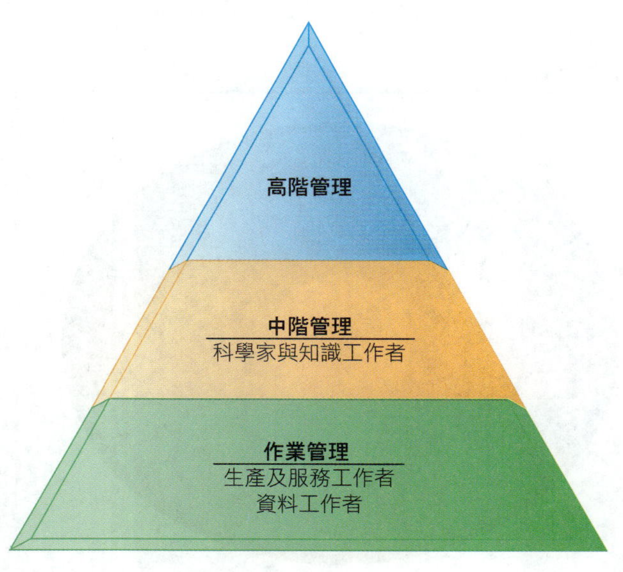

企業組織是由三個主要階層所組成的層級結構：高階管理、中階管理與作業管理。資訊系統提供服務給三個階層，科學家及知識工作者經常與中階管理者一起工作。

表 1-2　企業的主要功能

功　能	主要目的
業務與行銷	銷售組織的產品與服務
製造與生產	生產並遞送產品與服務
財務與會計	管理組織的財務資產並維護組織的財務紀錄
人力資源	吸引、發展並維持組織的人力；維護員工紀錄

更詳細的內容與資訊系統如何支援這些功能。

組織經由階層架構與企業流程來協調工作，邏輯上企業流程是完成工作相關的任務與行為。開發新產品、履行訂單或雇用新員工都是企業流程的例子。

大多數組織的企業流程包括了正式的準則，這些準則多是長久以來組織為完成任務所發展出來的規則。這些規則指導了員工的各項程序，由如何寫一張請款單到回應顧客抱怨。部分的企業流程已被清楚地寫下，有些則仍是非正式的工作慣例，像是回覆同事或客戶來電時該怎麼做並沒有被書面化。資訊系統讓很多企業流程可以自動運作。舉例來說，客戶要怎麼收到紅利點數，或是客戶該付多少錢，是由一套包含了許多正式企業流程的資訊系統決定的。

每一個組織都有其獨特的**文化**（culture）或是一組基本的假設、價值觀與行事風格，而且為大部分的組織成員所接受。你看看你的學校便可以體會到職場上的組織文化。大學生活的一些基礎假設如教授懂得的比學生多、學生進大學就是為了要學習，以及課程都依照固定的時間表來排定。

在資訊系統中，常可以發現部分組織文化融入其中。比方說，我們會發現 UPS 最在意的顧客至上的組織文化就表現在其公司的包裹追蹤資訊系統中，本章後段會有詳細的描述。

組織中不同的層級與專業各有不同的利益與觀點。對企業應該如何經營，資源或報酬應該如何分配，觀點常常是相衝突的。衝突就是組織內政治問題的根源。資訊系統就是從這些充滿不同觀點、衝突、妥協與共識的組織本質中產生出來的。這些組織特性與其在資訊系統發展上的角色，將於本書第三章中再做詳細討論。

管　理

管理者的工作是要了解組織所面對許多情況、做出決策，並規劃出行動方案以解決組織的問題。管理者必須清楚地認知環境為企業帶來的挑戰，然後制定組織策略以回應挑戰；並分配人力、財力等資源去協調工作以成功達成任務。總而言之，管理者必須表現出負責任的領導能力。本書所描述的企業資訊系統將反映出真實世界中管理者的希望、夢想與現實。

不過，管理者要做的事遠多於現有的工作。他們也要能開發新產品與服務，並在適當時機重新調整企業組織。因此，管理任務中有一個非常重要的工作，就是要能利用新知識與新資訊來從事一些具創意性的工作。資訊科技在協助經理人設計與提供新產品和服務，重新設計組織並賦予其新方向上扮演著重要的角色。

資訊科技

資訊科技是管理者應付改變的許多工具之一。**電腦硬體**（computer hardware）指的是資訊系統中進行資料的輸入、處理與輸出的實體設備。它包括下列設備：各種不同尺寸和外型的電腦（包括手持行動裝置）、各種型式的輸入、輸出與儲存裝置；以及將這些電腦連接在一起的各式電信設備。

電腦軟體（computer software）指的是詳細且已經程式化的指令，用以控制與協調資訊系統中的電腦硬體元件。第五章將對目前企業所使用的電腦軟體與硬體平台做詳盡的說明。

資料管理科技（data management technology）指的是在實體儲存載體上，管理組織資料的軟體。

網路連線與電信技術（networking and telecommunications technology），包括實體設備與軟體，可以連結不同的硬體，並可以將資料由一地傳送到另一地。電腦與通訊設備可以透過網路連結以分享語音、資料、影像、聲音與影片。**網路**（network）可以連結兩部以上的電腦以分享資料或印表機等資源。

世界上最大與最廣被使用的網路就是**網際網路**（Internet）。網際網路是一個全球性的「網路中的網路」，以國際通用的標準規格連結全世界 230 多個國家數以百萬計的網路及 14 億個使用者。

網際網路開創了一個新的「通用」科技平台，在這個平台上可以建立各種新產品、服務、策略與經營模式。同樣的科技平台也可用於企業內部，在公司內部連結不同的系統與網路。使用網際網路技術連結企業內部的網路稱為**企業內部網路**（intranets）。而私人企業內部網路延伸到組織外部授權的使用者，稱為**企業間網路**（extranets），企業可以使用這種網路與其他公司協調如採購、協同設計與其他企業間作業等各種活動。對今日大多數的企業而言，使用網際網路科技不僅是商業所需，也成為一種競爭優勢。

全球資訊網（World Wide Web）是一項運用網際網路所提供的服務，以國際通用的標準規格儲存、擷取、格式化，並以頁面形式於網際網路環境中顯示資訊。網頁可包含文字、圖形、動畫、聲音與影像，還可以連結到其他的網頁。只要點選網頁上特別標示的文字或按鈕，就可以連到相關頁面找到進一步的資訊，或是再連結到網路上的其他地方。全球資訊網成為了新型態資訊系統的基礎，例如，UPS 使用以網路為主的包裹追蹤系統，在互動部分將有詳細的描述。

所有這些科技不僅是讓整個組織分享的資源，也需要人們的操作與管理，這些科技形成了公司的**資訊科技基礎建設**（information technology infrastructure）。資訊科技基礎建設提供了讓企業建立特定資訊系統的基礎或平台。每一個組織都必須仔細地規劃與管理自己的資訊科技基礎建設，而組織就會有一套科技服務，透過它們就可以藉由資訊系統完成各項工作。

互動部分技術篇中描述了一些今日常被用於電腦資訊系統上典型的科技。UPS 大量投資於資訊系統的技術以使其企業更有效率也更符合客戶導向。UPS 運用一系列的資訊科技，包括條碼標籤掃描系統、無線網路、大型中央電腦、掌上型電腦、網際網路、許多不同功能的軟體，以追蹤包裹、計算運費、維持客戶紀錄並管理物流。

我們再回顧剛才所談到的 UPS 的包裹追蹤系統，並探討其中組織、管理與技術的課題。在組織觀點上，UPS 將其包裹追蹤系統定位在銷售與生產的功能上（UPS 的主要產品是包裹遞送服務）。它藉著包裹追蹤系統讓客戶與業務人員在特定的程序下，能掌握包裹及送件人與收件人的資訊、包裹的儲存、追蹤遞送路徑，以及提供包裹運送狀態報告給客戶與客戶服務代表。

這套系統也可以提供資訊以滿足管理者或工作人員的需求。UPS 的貨車司機必須接受包裹收發程序及使用這套包裹追蹤系統的訓練，使工作更有效率也更有效。UPS 的客戶也需要一些訓練學習使用 UPS 的包裹追蹤軟體，或是透過 UPS 的網站來查詢資訊。

UPS 的管理階層負責監控服務水準與成本，並推動公司低成本與高服務品質的經營策略。因此管理階層決定運用電腦系統讓透過 UPS 寄送包裹、確認遞送狀況的操作更為簡便，以減少遞送成本和增加營業收入。

支援這個系統的技術有掌上型電腦、條碼掃描器、有線和無線通訊網路、

互動部分：技術

優比速運用資訊科技於全球競爭

優比速公司（United Parcel Services, UPS）創立於 1907 年時只有一個衣櫃大小的地下室辦公室。兩個來自西雅圖的十來歲年輕小夥子 Jim Casey 與 Claude Ryan，只有兩輛單車和一具電話，承諾要提供顧客「最好的服務品質與最低廉的收費」。秉持著這樣的經營理念，UPS 成功地度過了 100 個年頭，並且成為世界最大的陸空包裹遞送公司。現在它已是一個全球化的企業，擁有超過 40 萬 8,000 名員工，9 萬 6,000 輛車，並且是全世界第九大航空公司。

今天，UPS 每天遞送超過 1,500 萬個包裹與文件，遞送範圍不僅只於美國各地並遍及超過 200 個國家與地區。透過對於先進資訊科技的大量投資，該公司可以在面對來自聯邦快遞（Federal Express）與 Airborne Express 的激烈競爭下，仍能保持在小件包裹遞送上的領先地位。UPS 每年花費超過 10 億美元以維持高水準的客戶服務，同時保持低成本且讓整體作業更流暢。

這一切始於一個黏貼在包裹上的可掃描式條碼標籤（bar-coded label），該條碼記載著關於寄送者、寄送目的地與包裹應抵達時間等詳細資訊。客戶可以運用 UPS 所提供的特殊軟體或上 UPS 網站下載並列印出他們自己的標籤。甚至在包裹還未被 UPS 收取之前，「智慧」標籤上的資訊已經傳送到位在紐澤西 Mahwah 或喬治亞州 Alpharetta 其中一個 UPS 的電腦中心，並且傳送到最靠近該包裹最終寄送目的地的配送中心。該中心的派送人員下載該標籤資料，並且使用特別的軟體為該次寄送建立出考量交通、氣候狀況與每次停留位置的最有效寄送途徑。UPS 估計由於使用了此項科技，該公司的送貨卡車每年少跑了 2,800 萬英哩與少消耗了 300 萬加侖的燃油。為更節省成本且增加安全性，駕駛人員必須接受使用「340 種方法」的訓練，「340 種方法」是由工業工程師所開發的軟體，可以使每項任務從搬貨、裝箱到從卡車的貨架上選擇一個棧板，整個流程的績效最佳化。

每一天 UPS 的駕駛人員第一個拿起的東西就是一款名叫 DIAD（Delivery Information Acquisition Device）的掌上型電腦，該電腦可以存取手機所使用的無線網路。只要駕駛人員一登入，他或她當天的運送路徑便會下載到掌上型電腦中。DIAD 還可以自動地記錄客戶的簽名與收件、寄件等資訊。而包裹追蹤資訊會被傳送到 UPS 的電腦網路中儲存並處理。在那裡，資訊可以被全世界存取，以提供客戶送達證明或回應客戶的詢問。通常司機在 DIAD 上按下「完成」到該筆資訊能在網路上被使用通常只需不到 60 秒的時間。

透過自動包裹追蹤系統，UPS 可以監控，甚至在遞送過程中改變遞送路徑。從寄件人到收件人的整個遞送過程中有許多管制點，藉由條碼機讀取標籤上記載的資料，然後將包裹處理的資訊回傳到中央電腦。客服人員可以透過任一台桌上型電腦與主機連線，就能輕易地追蹤包裹的遞送狀態，立刻回覆客戶的詢問。UPS 的客戶也可以利用自己的電腦或行動電話從 UPS 的網站上查到資訊。

任何透過 UPS 寄送包裹的人都可以利用 UPS 的網站來查詢包裹的運送路徑、計算運費、決定運送時間、印出標籤、安排收件時程與追蹤包裹。從 UPS 網站上蒐集到的資料會傳回到 UPS 的中央電腦主機，並在處理完成後通知客戶。UPS 也提供工具給其客戶，如思科公司，讓他們可以將 UPS 提供的功能，如追蹤與費用計算等加入其企業內部的網站，因此他們不必上 UPS 的網站就可以追蹤交運狀況。

2009 年 6 月，UPS 推出一套新的網路版售後訂單管理系統（Order Management System, OMS），用來管理運送關鍵零組件的全球服務訂單與存貨清單。這套系統可以運送高科技電子產品、航太產品、醫療設備，與世界各地運送關鍵零組件的其他公司都可以快速地估算並編製關鍵零組件的清單、決定最適合的運送路徑策略以達成顧客的需求、線上開出訂單，並可以追蹤零組件從離開倉儲開始到最後抵達收件人手裡。在貨物經過每個重要的運送點時，自動化電子郵件或傳真會通知顧客，或提供任何有關運載此貨品航空貨運班機時間變更等通知。一旦完成訂單，公司可以用多種語言列印標籤和提貨單等文件。

UPS 現在利用數十年在管理本身全球遞送網路的專業技術，為其他公司管理物流與供應鏈活動。UPS 最近設立了 UPS 供應鏈解決方案部門，提供完整的標準化服務，讓有需要的企業能以比自行建置系統與基礎設施所需花費成本低廉許多的價格購買此套解決方案。這套服務除物流服務外，還包含供應鏈設計與管理、貨物承攬、報關、郵件服務、多類型運輸與金融服務。

Servalite 是位於美國伊利諾州東 Moline 的綑綁材料的製造商，它銷售 4 萬多種不同的產品給五金行以及較大型的居家修繕商店。這家公司使用多家倉儲中心，以便於全國各地提供隔天送達的服務。UPS 為這家公司創造一個新的物流計畫，成功地縮短貨物運送的時間並將庫存合併。感謝這些改善措施，Servalite 不但維持了保證隔天送達的承諾，還降低了倉儲與庫存的成本。

資料來源：Jennifer Levitz, "UPS Thinks Out of the Box on Driver Training," *The Wall Street Journal*, April 6, 2010; United Parcel Service, "In a Tighter Economy, a Manufacturer Fastens Down Its Logistics," *UPS Compass*, accessed May 5, 2010; Agam Shah , "UPS Invests $1 Billion in Technology to Cut Costs," *Bloomberg Businessweek*, March 25, 2010; UPS, "UPS Delivers New App for Google's Android," April 12, 2010; Chris Murphy, "In for the Long Haul," *Information Week*, January 19, 2009; United Parcel Services, "UPS Unveils Global Technology for Critical Parts Fulfillment," June 16, 2009; and www.ups.com, accessed May 5, 2010.

個案研究問題

1. UPS 包裹追蹤系統的輸入、處理與輸出是什麼？
2. UPS 用了什麼科技？這些技術與 UPS 的企業策略有什麼關係？
3. UPS 的資訊系統達成了哪些策略性的企業目標？
4. 如果 UPS 沒有這套資訊系統會發生什麼情況？

管理資訊系統的行動

瀏覽 UPS 的網站（www.ups.com）並回答下列的問題：

1. UPS 的網站對個人、小型企業與大型企業各提供了哪些資訊與服務？把這些服務列出來。
2. 到 UPS 網站的企業解決方案頁面。瀏覽 UPS 企業解決方案的分類（像是貨物裝運遞送、退回或國際貿易），並從中找一個類別描述所有 UPS 提供的服務。試解釋一個企業將如何從這些服務中受惠。
3. 解釋網站如何協助 UPS 達成本章之前所提過的某些或是所有的策略性企業目標。如果沒有網站，對 UPS 的業務會有什麼樣的衝擊？

桌上型電腦、UPS 的資料中心、包裹遞送資料的儲存技術、UPS 內部包裹追蹤軟體，以及連上全球資訊網的軟體。這套資訊系統解決方案的成果便是以高品質低成本的服務來面對競爭和挑戰。

▶ 不僅是科技：資訊系統的企業觀點

管理者與公司投資在資訊科技與系統，是因為它們對公司提供實質的經濟價值。建置或維護資訊系統的決策是假設在這方面的投資報酬會高於投資在建物、機具或其他資產上。這些超額報酬會表現在提高生產力與增加營收上（這些會提高公司的股市價值），或是讓公司在某些市場中有較優越的長期策略地位（在未來可以產生較高的營收）。

我們從企業的觀點而言，資訊系統是替公司創造價值的重要工具。資訊系統藉由提供資訊協助管理者制定更好的決策或改善企業流程的執行，讓企業可以增加營收或減低成本。例如，圖 1-3 描述資訊系統分析超級市場收銀台的資料，協助管理者訂出更好決策，以決定在超級市場中應有哪些庫存，又該促銷哪些產品以增加公司的獲利。

每一個企業都有一個資訊價值鏈，如圖 1-7 所示，在這個價值鏈裡，有系統地取得原始資訊後，經過不同階段的轉換，增加資訊的價值。資訊系統對企業的價值與公司對新資訊系統的投資決策一樣，極大部分都取決於該系統是否能讓公司有較佳的管理決策、較有效率的企業流程與較高的企業獲利率。雖然

靠著一款名叫 DIAD（Delivery Information Acquisition Device）的掌上型電腦，UPS 的司機們可以自動取得顧客的簽名，與收件、送交及時間卡等相關資訊。UPS 的資訊系統運用這些資料便可以在包裹運送的過程中進行追蹤。

圖 1-7　企業資訊價值鏈

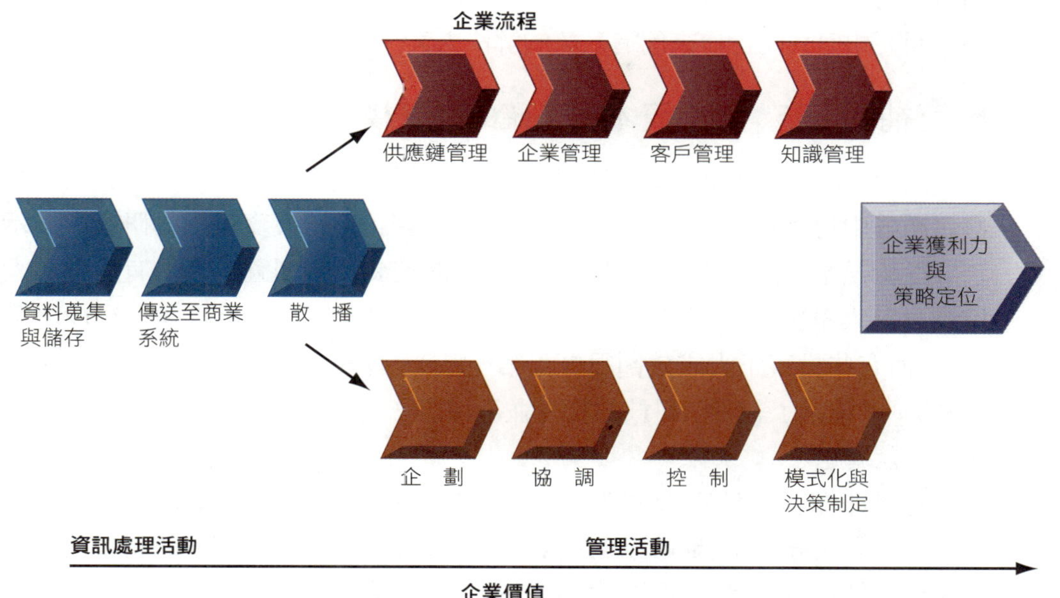

從企業的角度來看，資訊系統是一系列為取得、轉換與配送資訊以增加企業價值活動的一部分，而管理者可使用這些資訊以改善決策制定、增進組織成效，並且最終增強公司的獲利能力。

有相當多其他理由促成資訊系統的建置，但主要的目的還是希望對公司價值有所貢獻。

從企業的角度來看，資訊系統是一系列為取得、轉換與分配資訊，以增加企業價值活動的一部分，而管理者可使用這些資訊以改善決策制定、增進組織成效，並且最終增強公司的獲利能力。

企業的觀點乃是將注意力放在資訊系統組織與管理的本質上。資訊系統代表著為了對抗外在環境的挑戰或問題，以資訊科技為基礎的一套組織和管理上的解決方案。本書每一章的開頭有一篇開場案例說明了這種概念。而每一章開始的圖表，則描繪了企業面對環境的挑戰與管理及組織決策之間的關係，並以資訊科技作為解決方法。你可以運用這些圖表作為起點，去分析任何資訊系統或是你所接觸到的資訊系統的問題。

重新檢視本章開始的圖表。這張圖展示了 Ponsse 的伐木公司系統解決了為整合伐木與製造流程的需求而產生的企業問題。這些系統利用新的互動式數位科技，並掌握了如 GPS 這類新科技所創造的機會來提供解決方案。Ponsse 開發出新的方法以協調伐木、製造與銷售。這張圖也描述了管理、技術與組織等元素之間要如何共同合作來創造系統的解決方案。

▶ 互補性資產：組織資本與正確的經營模式

知道資訊系統的組織面與管理面，可以幫助我們了解為什麼有些公司能從資訊系統中得到比其他公司更好的成效。在資訊系統投資報酬的研究中顯示，企業從資訊系統中所得到的收益也有顯著的差異（參閱圖 1-8）。有些公司大量投資也有大量獲益（第二區）；有些公司也做相同的投資但收益卻很少（第四區）。而有些投資不大成效卻很好（第一區），有些公司投資得少收益也少（第三區）。這暗示了對資訊科技的投資並不保證一定有良好的回報。是什麼原因造成這些差異呢？

答案即在互補性資產的概念當中。除非在組織中一起建立支持的價值觀念、架構與組織的行為模式與其他的互補性資產，否則僅有資訊科技的投資並無法使組織與管理者們獲得更好的成效。在企業能真正地從新的資訊科技中獲

圖 1-8　資訊科技投資回報的差異

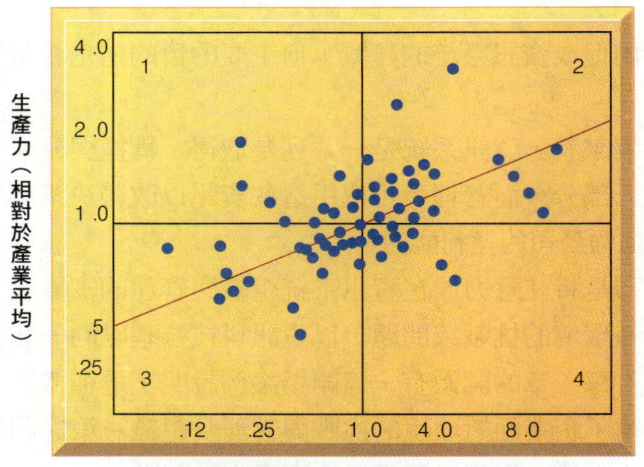

雖然，平均而言，資訊科技的投資報酬會遠高於其他方面的投資，不過在企業間還是有相當大的差異。

資料來源：Based on Brynjolfsson and Hitt (2000)。

得好處之前，企業必須要改變經營的方式。

有些企業未能採用適合新科技的正確經營模式，或者堅持要沿用註定被新科技所淘汰的舊有經營模式。比方說，唱片公司拒絕改變原本的經營模式，仍以實體音樂行為主要的配銷系統，無法接受新的線上配送模式。結果，線上合法的音樂銷售市場並不是由唱片公司所主導，而是由科技公司的蘋果電腦來主導。

互補性資產（complementary assets）是需要從主要投資中產生價值的資產（Teece, 1988）。例如要實現汽車的價值，需要有大量的互補性投資於高速公路、道路、加油站、維修設備與法律規範結構來設定標準及管理駕駛人。

最近在企業資訊科技投資的研究指出，公司有投資於支持科技投資的互補性資產，如新的經營模式、新的企業流程、管理行為、組織文化或是訓練，會獲得優渥的報酬，對互補性資產沒有投資的企業得到很少或者根本沒有任何獲益（Brynjolfsson, 2003; Brynjolfsson and Hitt, 2000; Davern and Kauffman, 2000; Laudon, 1974）。這些在組織與管理上的投資也稱為**組織與管理資本**（organizational and management capital）。

表 1-3 列出了公司為獲得資訊科技投資的價值所需要的幾項重要的互補性投資。有些投資牽涉到有形資產，如建築物、機器與工具。然而，資訊科技投

表 1-3　資訊科技投資報酬最佳化所需的互補性社會、管理與組織資產

組織性資產	重視效率與效能的支持性組織文化 適當的經營模式 有效率的企業流程 層級授權 分散的決策制定權 堅強的資訊系統發展團隊
管理性資產	來自高階主管對科技投資與變革的強力支持 管理創新的激勵 團隊工作與協同合作的環境 強化管理決策技巧的訓練課程 重視彈性與以知識為基礎制定決策的管理文化
社會性資產	網際網路與電信基礎建設 增強資訊科技的教育課程以提高勞動人口的電腦素養 標準（政府與私部門） 創造公平與穩定市場環境的法律與規範 於相關市場中協助執行的科技與服務公司

資的價值取決於在管理與組織上大量的互補性投資。

組織互補性投資的關鍵包含一種重視效率與效能的支持性企業文化、一個適當的經營模式、有效率的企業流程、分層授權、高度分散的決策權與一個堅強的資訊系統開發團隊。

重要的管理性互補資產有強力支持變革的管理階層、監督與回報個人創新的獎勵機制、對團隊合作與協調的注重、訓練計畫與重視彈性與知識的管理文化。

重要的社會性投資（不是由該公司進行的投資，而是由社會整體、其他公司、政府與其他重要的市場參與者所進行的投資）包括了網際網路與支持網際網路的文化、教育體系、網路與運算標準、規範與法令與科技與服務公司的存在。

本書中我們強調的分析架構包含了技術性、管理面與組織性資產及其之間的互動。或許本書中最重要的一個主題，會在個案研討與習題中呈現出來，就是管理者需要更廣泛地思考資訊系統的組織面與管理面以了解目前的問題，並能從資訊科技投資中得到豐富且高於平均的回收。正如你在本書中所見到的，投資於資訊科技相關面向的公司，平均來說，會獲得更多報酬。

1.3 資訊系統的當代觀點

資訊系統的研究是一個包含了各種知識素養的領域。並非一種理論或觀點可主導。圖 1-9 描繪出與資訊系統研究相關的問題、議題與解決方案的主要素養。一般而言，該領域可被劃分為技術與行為兩個觀點。資訊系統是社會技術系統。雖然，表面上看來，資訊系統是由機器、設備與「實體」的技術所組合而成，其中仍需要社會、組織與智慧上可觀的投資才能正常運作。

► 技術觀點

資訊系統的技術觀點著重以數學模式對資訊系統、實體技術與系統的能力進行研究。技術相關的學科包括了資訊科學、管理科學與作業研究等。

資訊科學著重於建立計算理論、計算方法與有效率的資料儲存和存取。管理科學則著眼於決策與管理執行模式的發展。而作業研究則致力於運用數學技能來求出組織選取的參數的最佳解，如運輸、存貨控制與交易成本。

圖 1-9　資訊系統的當代觀點

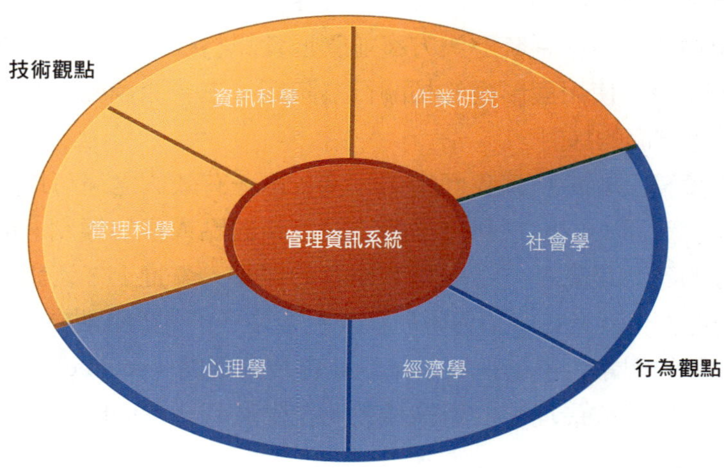

資訊系統的研究主要是在處理由技術觀點與行為觀點所產生的課題與觀察。

➤ 行為觀點

行為觀點的問題在資訊系統的發展及長期維護上是一個重要的部分。許多行為觀點的問題如策略性的企業整合、設計、實行、運用與管理等，均無法以技術觀點的模式來加以解釋。其他的行為學科也提供了重要的觀念及方法。

例如，社會學家研究資訊系統是著眼於團隊與組織如何影響系統開發及資訊系統對個人、團體與組織所產生的影響。而心理學家有興趣的部分在於決策者如何察覺並運用正式資訊。經濟學家則針對了解數位化產品的生產、數位市場的動態與新的資訊系統如何改變公司內部的控制和成本結構進行相關的研究。

行為觀點並沒有忽略技術。實際上，行為面的問題或議題的浮現常導因於資訊系統技術所帶來的刺激。但一般而言，行為觀點的重心並不在於科技的解決方案。相反地，它著重於研究態度、管理與組織政策與行為上的改變。

➤ 本書觀點：社會技術系統

在本書中你會發現很多案例都有四種主要的參與者：軟硬體的供應商（科技專家）；投資科技並希望從中獲得價值的企業；希望達成企業價值（或其他目標）的管理者與員工；以及當代法律、社會與文化背景（公司的環境）。這些角色合在一起產生了我們所稱的*管理資訊系統*。

管理資訊系統的研究主要是著重於企業與政府機關所使用的電腦資訊系統。管理資訊系統是一項結合資訊科學、管理科學與作業研究的成果，以實務導向來針對現實問題發展系統解決方案並管理資訊科技的資源。它同時也注意到受資訊系統開發、使用與影響的相關行為議題，主要透過社會學、經濟學與心理學等進行這方面的探討。

就學理與實務上的經驗讓我們相信，沒有單一有效的途徑可以找出資訊系統的真實面貌。資訊的成敗很難完全歸因於技術觀點或行為觀點。因此，我們對學生們最好的建議是要多方了解相關學科的觀點。事實上，資訊系統最富挑戰性與刺激的地方也就是它必須懂得欣賞並包容許多不同的觀點。

本書中採用的觀點可被描繪為系統的**社會技術觀點**（sociotechnical view）。以此觀點來看，要達成最理想的組織績效，在生產時必須同時達成社會與技術系統的最適化。

採用社會技術系統的觀點可以避免人們以純技術的眼光來看資訊系統。例如，資訊科技的成本快速下滑，但能力卻大幅上升，這樣的事實卻不必然或者說並不容易轉換成生產力的提升或是結算後利潤的提高。實際上，剛安裝了企業財報系統的公司不代表有使用或是會使用這套系統。同樣地，剛導入新的企業程序與流程的公司，卻不投資執行這些流程所需的新資訊系統時，員工不一定會更有生產力。

本書強調企業效能必須做整體的提升。科技和行為層面的因素都應該注意。這意味著技術必須配合組織與個人的需求來改變與設計。有時為了更符合組織與個人的需求，也應該不惜「降低最適化」。例如，行動電話的使用者因個人需要使用了這樣技術，結果卻使得廠商要快速地調整技術以符合使用者的期望。組織與個人也應藉由訓練、學習與規劃好的組織變革去改變，讓科技得以成功地運作。圖 1-10 說明了社會技術系統中相互調整的過程。

圖 1-10　資訊系統之社會技術觀點

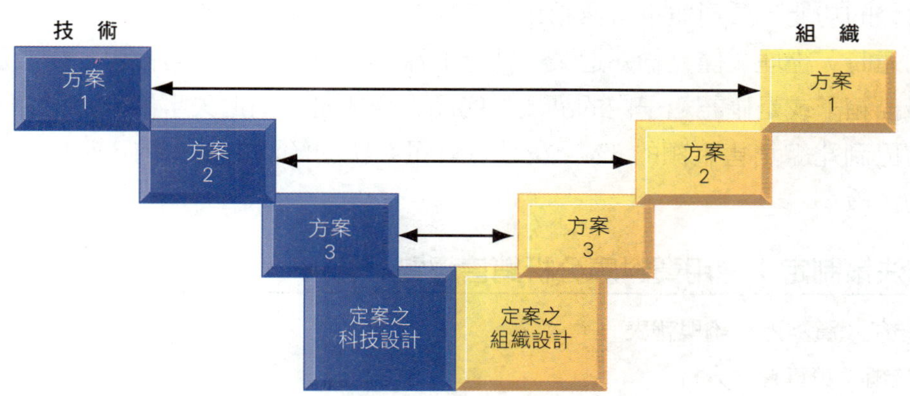

由社會技術觀點來說，當技術與組織互相調整直到獲得令人滿意的配合方式時，系統便達到了最完美的成效。

1.4 管理資訊系統專案的實務演練

本單元的這個專案提供你在分析財務報表與庫存管理問題方面實際演練的經驗，運用資料管理軟體來改善關於增加銷售和使用網際網路軟體來發展交貨預算的管理決策制定。

管理決策問題

1. Snyders of Hanover 公司每年銷售超過 7,800 萬包的椒鹽脆餅、洋芋片與水果乾等零食，它的財務部門使用試算表與人工來處理資料的蒐集與報表的製作。Hanover 的財務分析人員在每一個月底需要花一整個禮拜去蒐集分散在世界各地 50 個分公司總部的試算表，彙整後再重新輸入所有的資料到另一個試算表中，再據以計算公司每月的損益表。如果有一個單位在送出試算表到總公司後要更新它的資料，分析師必須退還原始的試算表，同時等待這個單位重新送資料來，然後更新彙總的文件之後再送出去。評量這種情形對企業的績效與管理決策制定的衝擊。
2. Dollar General Corporation 經營大折扣商店（一元商店）提供家庭廚房餐廳用品、清潔用品、衣服、健康與美容保養品，以及包裝食物等，其中大多數的品項僅賣 1 美元。它的經營模式係要保持成本愈低愈好。雖然公司使用資訊系統（如銷售點系統來追蹤櫃台的銷售），但是為了將費用降到最低僅導入最省錢的功能，公司並沒有自動化的系統來追蹤各個店鋪的存貨。當一部卡車到達時，經理人僅大約知道某一特定的產品會有多少箱，店裡也缺少設備來掃描箱子或是確認箱子內的品項。商品失竊或是其他遺失事件一直增加，目前已到達總銷售金額的 3%。在投資資訊系統的解決方案之前，應做什麼樣的決策？

改善決策制定：運用資料庫分析銷售趨勢

軟體技術：資料庫查詢與報表

商業技術：銷售趨勢分析

有效的資訊系統可以將資料轉換成有意義的資訊來幫助決策以改善企業的績效。在 MyMISLab 網站中，你可以找到一個店鋪與區域銷售的資料庫，裡面有不同銷售區域每週各個店鋪銷售電腦設備的資料。下表是一個樣本，但是 MyMISLab 會有這個習題最近版本的資料。資料庫的欄位有店鋪碼、銷售區域碼、品項碼、品項說明、單價、單位銷售與每週銷售資料。開發一些報表與查詢問題使得這些資訊對企業的經營更有幫助。嘗試著用資料庫中的資訊來支援一些決策，如哪些產品該進貨、哪些店鋪與區域從額外的行銷與促銷活動中受益、在一年之中哪些時間不打折和哪些時間要打折。如果有需要的話，請修正資料庫中的表格，以提供所有你需要的資料，並列印出你的報告與查詢的結果。

Store & Region Sales Database

ID	Store No	Sales Region	Item No	Item Descriptior	Unit Price	Units Sold	Week Ending
1	1	South	2005	17" Monitor	$229.00	28	10/27/2010
2	1	South	2005	17" Monitor	$229.00	30	11/24/2010
3	1	South	2005	17" Monitor	$229.00	9	12/29/2010
4	1	South	3006	101 Keyboard	$19.95	30	10/27/2010
5	1	South	3006	101 Keyboard	$19.95	35	11/24/2010
6	1	South	3006	101 Keyboard	$19.95	39	12/29/2010
7	1	South	6050	PC Mouse	$8.95	28	10/27/2010
8	1	South	6050	PC Mouse	$8.95	3	11/24/2010
9	1	South	6050	PC Mouse	$8.95	38	12/29/2010
10	1	South	8500	Desktop CPU	$849.95	25	10/27/2010
11	1	South	8500	Desktop CPU	$849.95	27	11/24/2010
12	1	South	8500	Desktop CPU	$849.95	33	12/29/2010
13	2	South	2005	17" Monitor	$229.00	8	10/27/2010
14	2	South	2005	17" Monitor	$229.00	8	11/24/2010
15	2	South	2005	17" Monitor	$229.00	10	12/29/2010

Record: 1 of 96 No Filter Search

改善決策制定：運用網際網路找出要具備資訊系統知識的工作

軟體技術：網際網路上的軟體

商業技術：找工作

瀏覽求職網站如 Monster.com 或 CareerBuilder.com。花一些時間檢視有關會計、財務、業務、行銷與人力資源等方面的職缺。找出兩三個在工作說明中需要一些資訊系統知識的工作。它們需要怎樣的資訊系統知識？如果要應徵這個工作，你需要怎樣的準備？寫一兩頁的報告彙整你的發現。

追蹤學習模組

以下的追蹤學習單元提供與本章內容相關的題目：

1. 資訊科技有多重要？
2. 資訊系統與你的生涯規劃。
3. 新興的行動數位平台。

摘要

1. 資訊系統如何改變企業？它與全球化有什麼關係？

電子郵件、線上會議與手機已經成為做生意的重要工具。資訊系統是快速調配供應鏈的基礎。網際網路讓許多企業可以在線上進行購買、銷售、廣告與徵求客戶意見回饋。透過數位化來強化核心的企業流程與進化成為數位化公司，讓組織變得更有競爭力且更有效率。網際網路急遽地減少了生產、採購與全球銷售產品的成本，激發了全球化的發展。新資訊系統的趨勢包括行動數位平台的出現、線上軟體服務與雲端運算。

2. 為什麼資訊系統對現今企業的運作與管理如此重要？

資訊系統是今日企業營運的基礎。在許多產業中，若沒有廣泛地使用資訊科技，企業便難以生存，也難以達成企業的策略目標。今日企業運用資訊系統以達成六個主要的目標：卓越的經營成效；新的產品、服務與經營模式；與客戶和供應商的緊密關係；改善決策制定；競爭優勢；以及永續經營。

3. 資訊系統究竟是什麼？它如何運作？它的管理、組織與技術要素為何？

從技術的觀點，資訊系統的目的在於從組織環境或內部作業中蒐集、儲存並傳播資訊，以支援組織的功能與決策制定、溝通、協調、控制、分析與視覺化。資訊系統透過三個基本動作：輸入、處理與輸出，將未經整理的資料轉化為有用的資訊。

從企業的觀點而言，資訊系統為公司所面對的問題或挑戰提供一套解決方案，且是以管理、組織和技術元素的組合來呈現的。資訊系統的管理面向所含的議題諸如領導、策略與管理行為。技術面向由電腦硬體、軟體、資料管理技術與網路／通訊技術（包括網際網路）組成。資訊系統的組織面向包含了諸如組織的管理階層、專業分工、企業流程、文化與政治利益團體等議題。

4. 什麼是互補性資產？為什麼互補性資產能確保資訊系統為組織提供真正的價值？

為了從資訊系統獲得有意義的價值，組織們必須支持它們的資訊投資，且須伴隨著在組織與管理上適當的互補性資產的投資。這些互補性資產包括了新的經營模式與企業流程，支持變革的組織文化與管理行為，適當的科技標準、規定與法律。除非企業做了一些適當的管理與組織變革以支持科技，否則新的資訊科技投資無法產生高報酬。

5. 什麼樣的學科被用於研究資訊系統？它們各對了解資訊系統有何貢獻？什麼是社會技術系統觀點？

資訊系統的研究主要在處理來自科技與行為科學的問題與觀點。與科技觀點相關學科專注在正式的模型與系統性能，如電腦科學、管理科學與作業研究。與行為觀點相關的學科專注在系統的設計、導入、管理與對企業的衝擊，如心理學、社會學與經濟學。社會系統性觀點考量系統的技術性與社會性的面向，且認為最好的解決方案乃是能恰當地符合這兩者的方案。

專有名詞

數位公司　11
企業流程　12
經營模式　14
資訊科技　16
資訊系統　16
資訊　16
資料　16
輸入　17
處理　17
輸出　17
回饋　17
資訊系統素養　19
電腦素養　19
管理資訊系統　19
高階管理者　20
中階管理者　20
作業管理者　20
知識工作者　20
資料工作者　20
生產或服務工作者　20
企業功能　20
文化　21
電腦硬體　22
電腦軟體　22
資料管理科技　22
網路連線與電信技術　22
網路　22
網際網路　22
企業內部網路　22
企業間網路　22
全球資訊網　23
資訊科技基礎建設　23
互補性資產　29
組織與管理資本　29
社會技術觀點　32

複習問題

1. 資訊系統如何改變企業？它與全球化有什麼關係？
- 請描述資訊系統如何改變企業運作及它們的商品與服務。
- 請指出三個主要的新資訊系統趨勢。
- 請描述數位化公司的特性。
- 請描述在一個「平的」世界中，全球化的挑戰與機會。

2. 為什麼資訊系統對現今企業的運作與管理如此重要？
- 請列出與描述六個理由為什麼資訊系統對今日的企業如此重要？

3. 資訊系統究竟是什麼？它如何運作？它的管理、組織與技術要素為何？
- 定義資訊系統且描述它所執行的任務。
- 列出並且描述資訊系統的組織、管理與技術面向。
- 請指出資料與資訊的差異，並列出

資訊系統素養與電腦素養有何不同。

- 請解釋網際網路與全球資訊網（World Wide Web）與其他資訊系統中的科技元素有何相關？

4. 什麼是互補性資產？為什麼互補性資產能確保資訊系統為組織提供真正的價值？
   - 定義互補性資產且描述它們對資訊科技的關聯。
   - 描述為了從資訊科技投資中取得最佳化報酬所需的互補性社會、管理與組織資產。

5. 什麼樣的學科被用於研究資訊系統？它們各對了解資訊系統有何貢獻？什麼是社會技術系統觀點？
   - 列出與描述每一個學科對資訊系統科技面向的貢獻。
   - 列出與描述每一個學科對資訊系統行為面向的貢獻。
   - 描述資訊系統的社會技術觀點。

問題討論

1. 因為資訊系統太重要，所以我們不應該把它單獨地留給電腦專家去討論。你同意嗎？為什麼同意或為什麼不同意？
2. 若你想要為美國職棒大聯盟 MLB 設立一個網站，你可能會遇到什麼樣的管理、組織與技術議題？
3. 哪些組織、管理與社會性互補性資產可以讓 UPS 的資訊系統如此成功？

群組專案：架設一個團隊協同合作的網站

與三到四名同學一組，使用 Google Sites 上的工具為你的小組建立一個網站。你將會需要為該網站建立一個 Google 帳號，並且指定你的協同者（你的小組成員）誰被允許可存取該網站並輸入資料。指定你的教授為參觀者並讓他可以對你們做出評價。為該網站指定一個名字。選擇一個布景主題並改變成你想要的顏色與字型。增加一個專案公告功能和一個儲存區存放小組的文件、原稿、圖解、電子簡報與有興趣的網頁。你可以增加任何你想要的特色。使用 Google 為你的小組建立一個行事曆，完成這個練習之後，你可以在你其他的小組專案當中使用這個網站與行事曆。

科威特國民銀行 個案研究

科威特國民銀行（NBK）於 1952 年成立於科威特，是當時波斯灣地區第一家當地銀行。時至今日，科威特國民銀行已經成為中東地區最大的金融機構與主要的銀行。因為績效卓著，科威特國民銀行被歐元雜誌評選為 2008 年科威特與中東地區最佳銀行。它是全球排名前 100 名最成功的銀行，也是阿拉伯地區排名第三的銀行。

科威特國民銀行的任務是在找出且服務科威特國民的需求、協助國家的經濟成長與看管客戶的存款。科威特國民銀行的執行長 Ehab Fawzi Madanat 說：「科威特國民銀行的願景是成為阿拉伯世界首要的銀行，持續為股東們創造豐厚的利潤，並為我們的客戶帶來世界級的新產品與服務。」

科威特國民銀行是科威特上市公司，在科威特國內與海外提供銀行、財務與投資服務。該公司為個人、企業與法人機構提供一系列整合的財務服務，包括諮詢與財富管理服務。科威特國民銀行主要有四個部門提供不同領域的服務：個人消費金融、企業金融、私人理財與投資。科威特國民銀行有多元的區域性與國際性網路。

在科威特與波斯灣地區，銀行業務競爭很激烈。為了維持市場占有率，並與最接近的競爭者拉開距離，科威特國民銀行推動強力的行銷活動，並推出許多特別的服務以符合消費者的需求。科威特國民銀行原有的資訊系統功能有限，無法支援針對現有與潛在顧客主動出擊式的行銷活動。行銷部門還在使用舊的客戶資料庫，寄發紙本為主的郵件，以及透過行動系統發送簡訊。顧客服務系統無法協助找出最能帶來利潤的顧客與潛在顧客。

雖然從成立開始，科威特國民銀行仍維持著科威特與中東地區最受歡迎的銀行的商業定位，2008 年世界金融危機對科威特國民銀行帶來嚴重的挑戰。銀行的資訊系統好幾年沒有更新了。最主要的問題是每個部門都擁有各自的資訊系統，而每一個各自隔離的系統只為該部門提供服務；因此，系統間沒有整合，也無法符合組織整體的需求。

這些個別散亂的系統造成了各式各樣的問題，尤其是對指導委員會與高階管理團隊而言。舉例來說，管理團隊沒辦法以最新的技術更新系統；系統太僵化且沒有彈性，無法分享資訊；因此在不同部門間資料與資訊難以流通。除此之外，各個部門原先舊有的系統無法連線，也產生背離組織或團隊工作的心態，從客戶服務的觀點而言，其實產生了很多問題。高階管理者對公司未來並沒有一個共同且一致的想法，他們對回應市場改變的決策速度太慢而成本又高。銀行業務快速地改變，而科威特國民銀行必須更了解市場上發生了什麼事。

科威特國民銀行想要變成該領域的技術領先者，以便維持它在科威特與中東地區居於領先銀行的名聲。在 2003 年，科威特國民銀行的管理團隊開始考慮建立一套新的企業資源規劃（ERP）系統，可以應用於銀行功能的所有領域，在企業體中執行企業流程，並縮短高階管理者與經營管理團隊之間的落差。科威特國民銀行的高階管理者相信新的企業資源規劃系統著重於有效率的資源管理與顧客服務，能更緊密地協調企業流程，整合流程中的團隊，有助於讓銀行變得更有彈性且更具生產力。

在 2010 年，名為 SHOROUQ（阿拉伯文中名為「日出」）的新資訊系統正式上線。新的系統可以很容易地升級，而且不需要太複雜的維修就可以增加額外的伺服器。因為還有大量重要的資料儲存在原有老舊且過時的系統中，新系統的設計可以整合原本系統中的資料，作為資料挖掘之用。因為能夠與其他系統整合，在處理不同類型的資訊與新產品時，SHOROUQ 系統更有彈性也更機動。

因為這套新的系統，科威特國民銀行得以在當地市場持續擴展，在科威特新開了 71 家分行。SHOROUQ 系統也協助該企業在全世界拓展其業務，延伸觸角至阿拉伯半島與中東地區之外。它能在紐約、倫敦、巴黎、日內瓦、貝魯特、約旦、巴林、卡達、新加坡、越南、伊拉克、吉達、杜拜與上海都設有區域辦事處，真的要感謝 SHOROUQ 系統。SHOROUQ 系統讓科威特國民銀行能夠維持競爭優勢。如果沒有 SHOROUQ 系統，科威特國民銀行沒有辦法在當地或全球拓展市場占有率。

資料來源：www.nbk.com, accessed November 19, 2010.

個案研究問題

1. NBK 如何從導入 SHOROUQ 獲益？
2. 列出 NBK 導入 SHOROUQ 系統的優點與缺點。
3. 想一想如果 NBK 沒有整合 SHOROUQ 的話，NBK 的經營將如何發展？

本個案由科威特大學（Kuwait University）的 Hassan Abbas 所提供。

Chapter 2

全球電子化企業與協同合作

學習目標

在讀完本章之後，您將能夠回答下列問題：

1. 什麼是企業流程？其與資訊系統有何關聯？
2. 在企業中資訊系統如何為各個不同的管理團隊提供服務？
3. 連結企業各部門的應用系統如何改善組織的績效？
4. 為什麼協同與團隊合作的應用系統這麼重要？這些系統運用了哪些科技？
5. 資訊系統的功能在企業中扮演何種角色？

互動部分

RocketTheme：在網路上茁壯

虛擬會議：聰明管理

本章大綱

2010 年美洲盃帆船賽：美國隊運用資訊科技獲得勝利

2010 年 2 月 18 日，美國寶馬甲骨文競賽（BMW Oracle Racing）單位贏得了在西班牙瓦倫西亞（Valencia）舉辦的第 33 屆美洲盃帆船賽的冠軍。寶馬甲骨文的美國號帆船由軟體界大亨 Larry Ellision 贊助，成功地擊敗了由瑞士富豪 Ernesto Bertarelli 贊助的亞靈希（Alinghi）號帆船。兩位億萬富翁同場較勁永遠是引人注目的事。在這個個案中，除了大量的金錢、世界級的人才，還有世界上最好的技術與資訊系統。最後，114 呎的美國號在三戰兩勝制中連贏兩局輕鬆地贏得比賽，平均時速超過 35 哩，約為風速的三倍。如專家們的預期，美國號是歷史上最快速的帆船。

所以你會為一艘三億美元的帆船使用哪些科技呢？先從實體結構開始：一艘具有三個船體、114 呎長、外型由碳纖維製成宛如波里尼西亞千年古船的船桅，船體很輕，僅吃水 6 英吋。忘了傳統的船桅（用來撐起船帆的柱子），也忘了船帆吧！想想用碳纖維製成高達 233 英呎從甲板伸出約 20 層樓高如飛機機翼般的船桅。船帆部分以碳纖維製成的骨架，此骨架由液壓控制可以呈現任何你想要的形狀，再緊繃上航空飛行用的可伸縮纖維，取代一般帆布織品，就像在身體的骨架上緊裹著一件具伸縮性的衣服。最後的成果像是一個翅膀，而不是船帆，這個翅膀的形狀可以像機翼一樣改變，從平角到非常彎曲。

要操控這艘造型前衛的帆船必須要能迅速地蒐集大量的資料、加上強而有力的資料管理、迅速即時的資料分析、快速的決策，而且要能立刻測量結果。簡而言之，要操控這艘帆船所需的資訊科技幾乎等於一家現代企業所需的所有資訊科技。當你能夠在一小時之內執行上述所有任務數千次，你才能夠逐漸地提升你的成績，也才能在比賽當天對那些資訊科技較落後的對手產生壓倒性的優勢。

對美國隊而言，資訊科技意味著在船翼、船體與舵上安裝了 250 個感測器，蒐集有關壓力、角度、負重與應力變形（材料受力會有些微的變形伸長）等即時的資料，以監測每一次調校的效果。這些感測器針對 4,000 項變數，一秒追蹤 10 次，一小時產生 9,000 萬筆各個點的資料。

所有資料由 Oracle 資料庫 11g 資料管理軟體管理。資料經無線傳輸到一艘載著 Oracle 資料庫 11g 的支援船上，運用一套算式（稱為速度預測公式）提供近乎即時的分析，以便於了解怎麼調整船才會跑得更快。Oracle Application Express 將數以百萬的資料點總結摘要製成圖表，以表格型式提供有意義的資訊給帆船的駕駛者。這些資料也同步寄送到 Oracle 位於 Austin 的資料中心做更進一步的分析。運用強有力的資料分析工具，美國隊的管理者們可以發現一些他們從來沒想過的變數之間的關係。經過這幾年的實務演練，美國隊的隊員們可以將第一天到比賽前一天穩定提升的成績繪成圖表。

以上這些作法都意味著「帆船賽」已經被資訊科技改變了。每一位隊員在手腕上都戴著一台小型手提式電腦，透過客製化呈現個人責任區主要影響成績的變數資料，像是某條特定繩索的負重平衡或現在風帆空氣動力學的成效。比起一直盯著風帆或海，這些隊員都訓練有素地像個飛行員般看著這些儀器航行。舵手就是領航者，看著呈現在他太陽眼鏡上的資料，偶爾看看甲板上的隊員、海象與競爭者。

全世界專業及業餘的帆船選手都想知道科技是否已經把航行轉變為其他的事物了。大贏家軟體界大亨 Larry Ellison 為下一次的賽事設下了一些新的標準，許多部落格都在推測他是否會回歸較傳統需要有人駕駛航行的船隻，而不是一艘像飛行器一樣飛快的船隻。只有極少數的人相信 Ellison 會放棄最重要的資訊科技在資料蒐集、分析、成果呈現與績效導向的決策制定方面的優勢。

資料來源：Jeff Erickson, "Sailing Home with the Prize," *Oracle Magazine*, May/June 2010; www.america's cup.com, accessed May 21, 2010; and www.bmworacleracing.com, accessed May 21, 2010.

2010 年美洲盃帆船賽美國的寶馬甲骨文競賽隊的經驗說明了今日組織有多麼依賴資訊系統來改善績效並維持競爭力，即便是如帆船賽這類傳統的體育活動都是如此。這次的成果同時也顯示出資訊系統對組織能力的創新、執行與企業體利潤成長的能力可以造成多大的不同。

在本章開場的圖示提醒大家注意這個案例與本章中所提示的重點。美洲盃帆船賽的參賽者所面對的是挑戰也是機會。這兩者都與世界上最競爭的帆船賽事緊密相關。他們召集全世界最好的船員為隊員，但航行能力還是不夠。透過

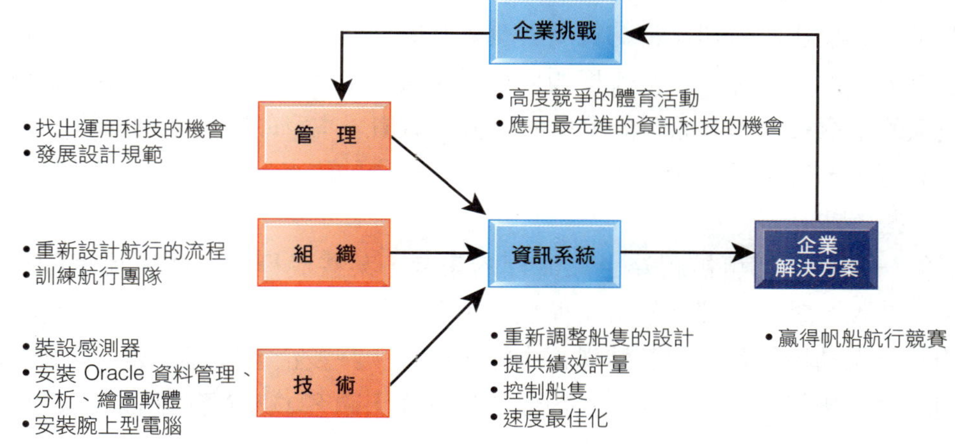

改變並提升競賽船隻的設計，大量使用資訊系統還是有機會可以達成提升航行績效這個目的。

因為 Oracle 居世界資訊科技提供者龍頭地位，這公司會運用最先進的資訊科技，不斷地改良美國隊船隻的設計與績效是理所當然的。但是單靠資訊科技並沒辦法造就獲勝的船隊。Oracle 團隊必須修正許多帆船航行的流程與步驟，才能利用科技的優點，比方說訓練有經驗的船員像個領航員般操作那些高科技的儀器與感測器。甲骨文隊贏得美洲盃的冠軍是因為它已經學習到如何應用新的科技提升設計與駕駛一艘有競爭力的帆船之流程。

2.1 企業流程與資訊系統

為了營運，企業必須處理各式各樣關於供應商、客戶、員工、發票與付款，當然還有它們的產品和服務的資訊。它們必須將使用這些資訊的工作活動組織起來有效率地運行，以加強企業整體的績效。資訊系統讓企業能夠去管理它們所有的資訊、做更好的決策，以改善它們企業流程的執行。

▶ 企業流程

第一章介紹過企業流程，討論到組織工作和協調的方法，以及專注於生產有價值的產品和服務。企業流程是為了產出產品或服務所需的活動組合。這些活動係由物料、資訊與知識在企業流程中各個參與者間流動來支援。企業流程也是一個獨特的方法，包含組織協調工作、資訊與知識，以及管理者選擇用來協調工作的方式。

廣義而言，公司的績效視企業流程被設計和協調的好壞而定。如果一個公司的企業流程能使公司比它的競爭者有更好的創新和執行力的話，企業流程可被視為競爭力的來源。企業流程如果根據過時的工作方式來設計的話，就會妨礙組織的反應和效率，而可能會變成組織的負債。本章的開場案例描述了 2010 年美洲盃帆船賽中航行所使用的流程，如本書中的許多其他個案一樣清楚地說明了這些重點。

每一個企業都可被視為企業流程的集合，某些流程會是較大流程的一部分。比方說，設計一艘新的帆船模型、製造零件、組裝完成船體，以及修正船體的設計與結構都是整個製造過程中的一部分。許多企業流程會與一些特殊功能相結合。舉例來說，業務和行銷部門負責找出顧客，人力資源部門負責雇用員工。表 2-1 描述企業各個功能領域中一些典型的企業流程。

其他企業流程橫跨許多不同的功能領域，並且需要跨部門的協調。舉例來說，思考一個看似簡單的滿足客戶訂單的企業流程（圖 2-1）。起初，業務部門

表 2-1 功能性企業流程實例

功能領域	企業流程
製造和生產	產品組裝 品質查核 產生原料清單
業務和行銷	找出客戶 讓客戶知道產品 銷售產品
財務和會計	付款 建立財務報表 管理現金帳戶
人力資源	聘雇員工 評估員工工作績效 將員工登錄至福利計畫

圖 2-1 完成訂單流程

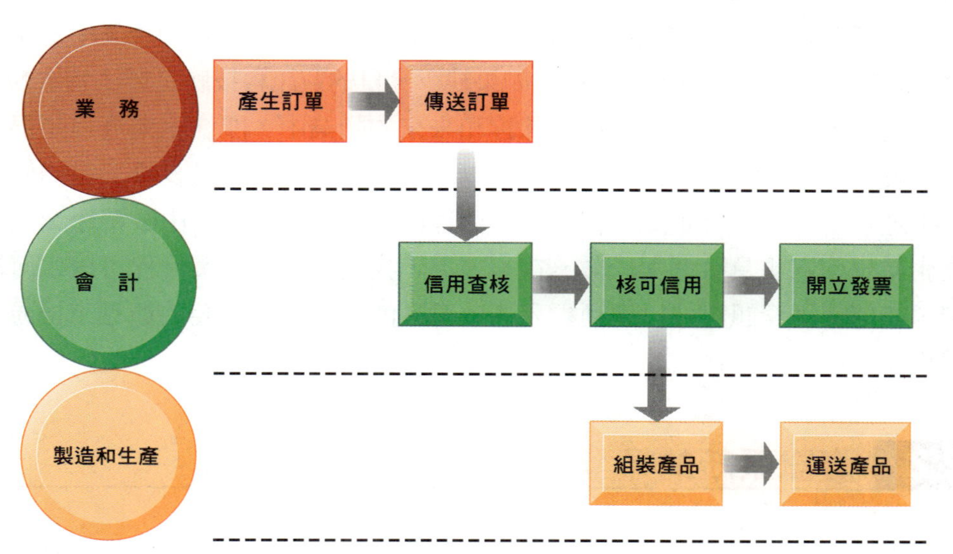

完成一張客戶的訂單包含了一組複雜的步驟，有賴於業務、會計與製造部門間緊密地協調。

收到一份銷售訂單。此訂單第一步會傳送至會計部門，透過信用驗證或要求在貨品送出前立即付款以確保客戶會付款。一旦顧客信用建立，生產部門必須自庫存搬運產品或生產產品。然後將貨物交運（可能需要和 UPS 或 FedEx 這一類物流公司合作）。會計部門會開立一份帳單或發票，並寄送一份通知信給顧客，告知產品已經被裝運。同時通知業務部門貨品已裝運，使其開始準備支援回答客戶的來電或履行保固等。

雖然完成訂單一開始看似一個簡單的流程，但其實是一連串極為複雜的企業流程，需要公司內主要功能團隊緊密的協調。另外，為更有效率地執行完成訂單流程中所有的步驟，公司需要許多資訊。所需要的資訊在公司內各個決策者間、公司與企業夥伴間，像是送貨公司，以及公司與客戶之間都必須快速地流動。而電腦化的資訊系統使這些情形成為可能。

▶ 資訊科技如何改善企業流程？

資訊系統如何實際地強化企業流程？資訊系統使得企業流程中的許多步驟都變成自動化，以前這些步驟都是手動操作的，例如：確認客戶的個人信用狀況，或開立發票和出貨單。但是今天，資訊科技可以做更多的事。新科技的確可以變更資訊流，也讓更多人可以接觸並分享資訊，可同時執行多項任務來取代以往連續的數個步驟，並消除延遲決策的狀況。新的資訊科技也常常會改變企業運作的方式，它甚至可以驅動新的商業模式。從 Amazon 下載 Kindle 電子書、上網至 Best Buy 購買電腦、自 iTunes 下載音樂都是根據新的企業模式所產生之全新的企業流程，這種企業模式如果缺少今日的資訊科技將是無法想像的。

這就是為什麼在你的資訊系統課程和未來的職業中，關注企業流程是很重要的。經由分析公司的企業流程，你可以非常清楚地了解企業實際上是如何運作。更進一步經由實行企業流程分析，你也會開始了解如何藉由改善企業流程改變企業以使它更具效率與成效。在本書中，我們已了解企業流程可以如何被改善、如何使用資訊科技以達到更高的效率、創新和顧客服務的觀點來檢視企業流程。

2.2 資訊系統的類型

現在你已了解了企業流程，可以更進一步地來檢視資訊系統如何支援公司的企業流程。因為一個組織裡有許多不同的利益、專業與層級，所以會有許多不同種類的系統。沒有任何單一的資訊系統能夠提供一個組織所需的全部資訊。

一個典型的企業組織將擁有支援每一個主要企業功能流程的系統——包含業務和行銷、製造和生產、財務和會計與人力資源等。你可以在本章的追蹤學習中找到關於每一個企業功能的系統案例。功能型系統獨立地運作已經成為過去的事了，因為它們無法簡單的分享資訊去支援跨功能的企業流程。功能型系統將會被大型跨功能系統所取代，它整合了相關的企業流程和組織單位的活動。我們將在本節描述跨功能整合系統的應用。

一個典型的公司也會擁有不同的系統來支援第一章所提到的每一個主要管理團隊的決策需求。作業管理者、中階管理者與高階管理者在經營公司時，每一個層級都需要特定類型的系統來支援他們的決策。讓我們來看一下這些系統和它們支援的決策型態。

➤ 不同管理團隊的支援系統

一個公司會有不同的系統來支援不同的團隊或不同層級的管理團隊。這些系統包括交易處理系統、管理資訊系統、決策支援系統與商業智慧系統。

交易處理系統

作業管理者需要有保持組織基本活動和交易的系統，如銷售、收款、現金存款、薪資發放、信用決策與工廠的原物料搬運。**交易處理系統**（transaction processing systems, TPS）提供這類的資訊。交易處理系統是一個電腦化的系統，它執行和記錄企業維持日常運作的例行交易，如銷售訂單輸入、飯店預約訂房、薪資發放、員工工作紀錄與產品交運。

在此階層的系統，其主要的目的為回覆日常工作的問題，以及追蹤組織內交易的流程。目前零件庫存有多少？史密斯先生的付款出了什麼問題？要回答這類的問題，通常資訊必須容易取得、即時與正確。

在作業管理階層，工作、資源與目標是事先被定義好而且是高度結構化。例如是否授信給客戶，是由低階管理者根據事先定義的準則來做決定。其決策僅是判定客戶是否符合規定的準則。

圖 2-2 描述一個薪資處理的交易處理系統。一個薪資系統可以持續追蹤付給員工的金錢數額。員工的工時卡上有員工姓名、社會安全號碼與每週工作時數作為此系統的一筆交易。一旦交易進入系統後，便會更新系統的主檔案（或是資料庫），永久地維護組織中員工的資訊。系統以不同的方式結合資料以產生對

圖 2-2 薪資系統

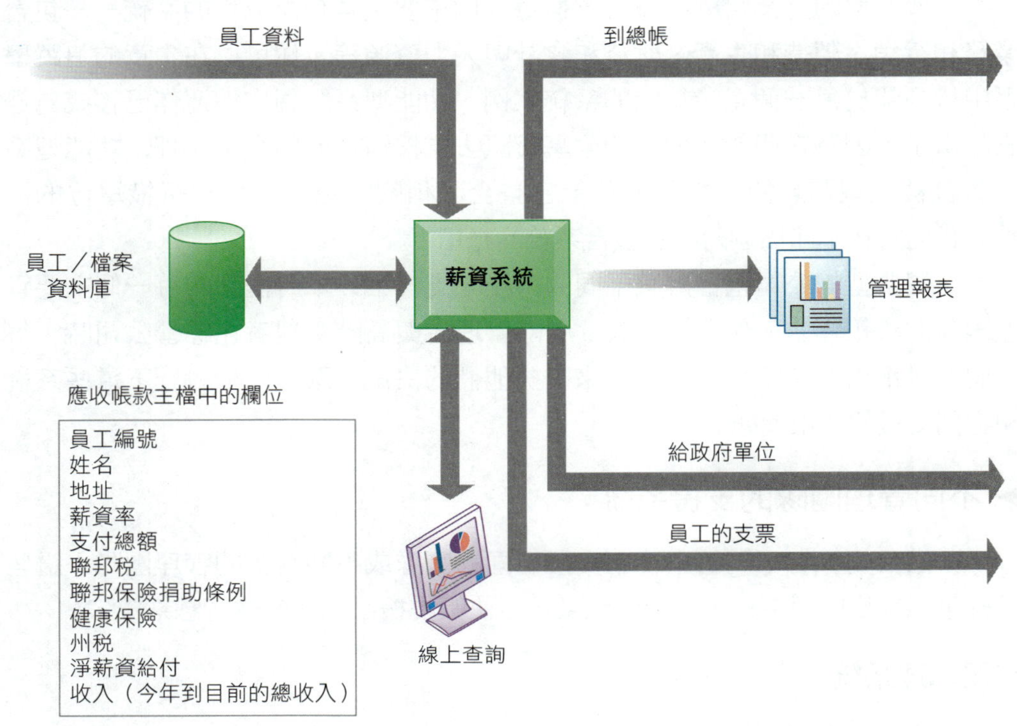

處理薪資的交易處理系統擷取員工薪資交易資料（如打卡紀錄）。系統輸出包含提供給管理者的線上和紙本報告及員工的薪資支票。

管理者和政府機構有用的報告，並且將支票寄給員工。

管理者需要 TPS 來監控內部的作業和公司與外界環境的關係。TPS 也是其他系統與企業功能主要的資訊生產者。例如，圖 2-2 描述的薪資系統，和其他會計的 TPS 一起提供資料給公司的總帳系統，總帳系統負責維護公司的營收和費用支出的紀錄，以及產生像是損益表和資產負債表等報表。它也將員工過去的給付數據提供給公司內部的人力資源系統，以作為保險、退休金與其他福利的計算，同時員工的給付資料也會提供給像是美國的國稅局和社會安全局。

交易處理系統對企業而言是運作的核心，TPS 數小時的當機可能會導致企業癱瘓，也可能使其他企業連接不上。想像一下假如 UPS 的包裹追蹤系統無法運作會發生什麼情況！航空公司無法使用電腦化的訂位系統又會是如何？

提供決策支援的商業智慧系統

中階管理者需要系統來協助他們進行監視、控制、制定決策與行政管理活動。這類系統主要是回答類似的問題：一切是否正常運作？

在第一章我們將管理資訊系統定義為研究企業與管理方面的資訊系統。**管理資訊系統**（management information systems, MIS）一詞也代表了特定為中階管理者服務的資訊系統類型。MIS 提供了中階管理者組織目前營運績效的報表。這些資訊被用來監視及控制企業並預測未來的績效。

MIS 使用交易處理系統所提供的資料彙整和報告公司的基本運作。來自交易處理系統的基本運作資料是經過歸納整理，通常以定期報表的方式呈現。今日，許多這類型的報表是經由線上傳送。圖 2-3 說明了一個典型的 MIS 如何將來自訂單處理、生產與會計系統等操作階層的資料轉換為 MIS 的檔案，提供管理者報表。圖 2-4 說明來自此系統的一個報表樣本。

MIS 主要提供管理者有興趣的每週、每月與每年的經營結果。MIS 這些系統通常提供經事先指定和預先定義好的程序來回覆例行性的問題。例如，MIS 的報表可能會列出一間連鎖速食店這季所有萵苣的總使用磅數，或是像圖 2-4

圖 2-3　管理資訊系統如何自組織內的 TPS 獲取所需的資料

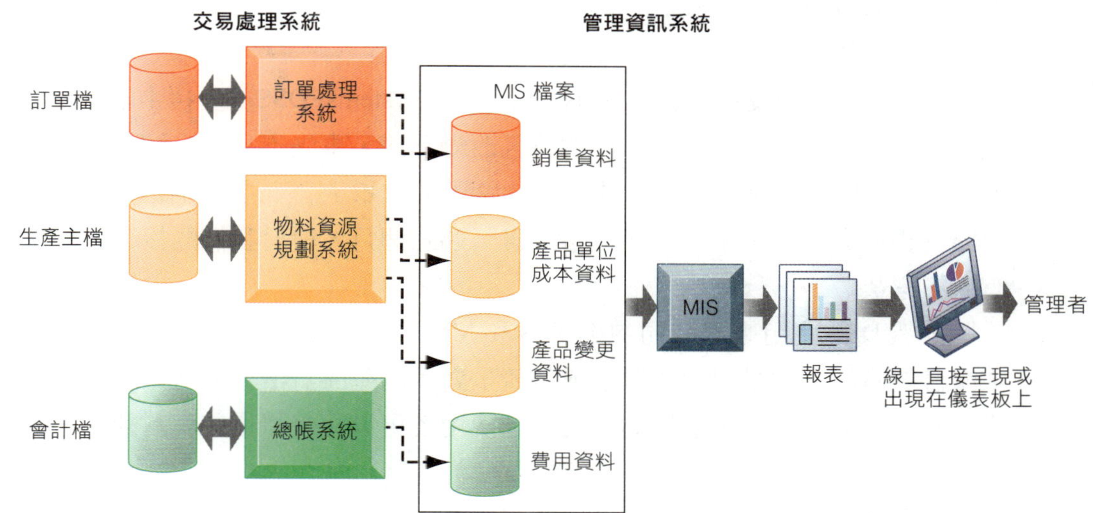

在這個圖表中所描述的系統，共包含了三個交易處理系統，在每一個時點結束時，可以提供彙整後的交易資料到管理資訊系統（MIS）的報告系統中。管理者可以透過管理資訊系統取得組織的資料與合適的報告。

圖 2-4 MIS 的報表範例

產品別及地區別銷售量：2011年

產品代碼	產品名稱	銷售地區	實際銷售	預期銷售	實際 vs. 預期
4469	地毯清潔機	東北部	4,066,700	4,800,000	0.85
		南　部	3,778,112	3,750,000	1.01
		中西部	4,867,001	4,600,000	1.06
		西　部	4,003,440	4,400,000	0.91
	總　計		16,715,253	17,550,000	0.95
5674	空氣清潔機	東北部	3,676,700	3,900,000	0.94
		南　部	5,608,112	4,700,000	1.19
		中西部	4,711,001	4,200,000	1.12
		西　部	4,563,440	4,900,000	0.93
	總　計		18,559,253	17,700,000	1.05

這份報表係年銷售資料的彙總，由圖 2-3 中的管理資訊系統產生。

說明的，比較特定產品總年度銷售額與規劃目標。這些系統通常是沒有彈性的，而且只具有少數的分析能力。大部分的 MIS 使用簡單的公式，像是彙總和比較，而不是複雜的數學模式或統計方法。

相反地，**決策支援系統**（decision-support systems, DSS）支援中階管理者非例行性的決策制定。它們著重於獨特且改變迅速、事先不易確定解決方式的問題。也試著回答像是這類的問題：如果我們要在 12 月讓銷售額倍數成長，對於生產計畫會有什麼衝擊？如果建廠計畫延遲六個月，對於我們的投資報酬率會有何影響？

雖然 DSS 使用來自公司內部 TPS 和 MIS 的資訊，它也常常會帶入來自外部來源的資訊，像是目前的股價或是競爭對手的產品訂價。這些系統運用多種模式來分析資料，透過這樣的系統設計使用者可以直接將這些資料運用在工作上。

一個有趣、小型但卻功能強大的 DSS，是美國金屬公司的子公司所使用的航次評估系統，它主要為母公司運送大量的煤炭、石油、礦砂與成品等散裝貨。公司擁有一些船舶，同時也租用一些其他的船，並在公開市場參與競標來爭取運送一般的貨物。航次評估系統計算航行的財務及技術性的詳細資料。財務計算包括每航次的成本（燃料、員工、資本）、不同種類貨品的運送費率與港口費用。技術性資料包含考慮大量因素，像是載貨量、速度、港口距離、燃料與淡水的消耗量，以及裝載計畫（不同的卸貨港口）。

此系統可以回答像是下列的問題：給定一個客戶的運送排程和運費報價，應該指派何種船舶及多少運費以獲得最多的利潤？特定的一艘船舶，其可以獲得最佳利潤又能滿足運送時程的最佳航行速度為何？由馬來西亞運往美西的最佳裝載計畫為何？圖 2-5 說明了為此公司所建立的 DSS。這套系統在桌上型個人電腦上即可運作，提供系統選單讓使用者方便輸入資料或獲取資訊。

我們所描述的這種「航次評估決策支援系統」大量的利用分析性模型。其他支援非例行性決策制定的系統多為資料導向，比較著重於從大量資料擷取有用的資訊來協助決策支援。例如，北美最大型的滑雪事業經營公司 Intrawest，由網站、客戶服務中心、住宿預訂系統、滑雪學校，以及滑雪用具租借店蒐集與儲存大量的客戶資料。它使用特定的軟體來分析這些資料以決定價格、帶來營收的潛力與每位客戶的忠誠度，管理者可以對如何鎖定行銷規劃的目標對象做出更佳的決策。系統根據客戶需求、態度與行為將客戶區分成七類，從「很

圖 2-5 航次評估決策支援系統

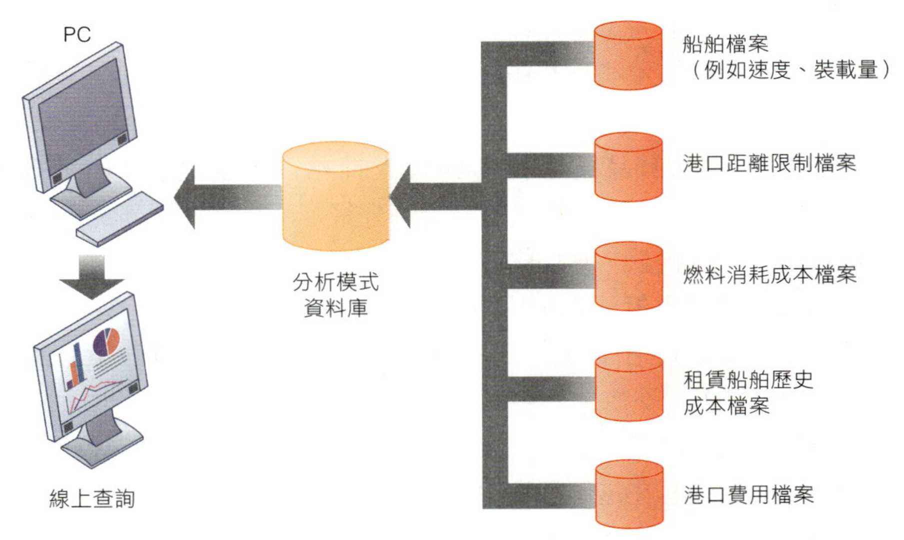

此決策支援系統（DSS）是架設在個人電腦上，讓管理者可以每天操作用來競標船運合約。

懂得挑選的專家」至「錙銖必較的家庭渡假者」。公司透過電子郵件寄送給每一個層級的客戶能分別吸引他們的影片，鼓勵他們再次造訪它的渡假中心。

我們所談到的所有管理系統都被歸類於商業智慧系統。**商業智慧**（business intelligence）是一個與資料和軟體工具有關的現代名詞，這些資料與軟體工具可以用於組織、分析並提供接觸資料的管道，以幫助管理者或其他企業使用者根據情報做出決策。

商業智慧應用程式並不限於中階管理者使用，在組織裡的每一個階層都可以發現它，甚至高階管理者也會使用它。高階管理者需要運用系統來處理公司內部與外在環境中策略議題和長期趨勢。通常他們會思考以下這些問題：五年後員工的雇用水準會有什麼變化？產業長期的成本趨勢為何？我們公司要如何因應？在這五年該製造什麼樣的產品？該進行哪些新的併購以保護我們免於受到週期性業務波動的影響？

主管支援系統（executi ve support systems, ESS）協助高階管理者制定這些決策。因為沒有公認找出解決方案的程序，這些系統可以用來處理需要判斷、評估與觀點的非例行性決策。ESS 透過一個使用者介面，呈現來自各方的圖表與資料，讓高階管理者容易使用。通常這些資料是透過一個**入口網站**（portal）傳送給高階管理者，這個入口運用一個網路介面呈現彙整後個人化的商業內容。

主管支援系統是用以整合有關外部事件的資料，例如新的稅法或是競爭者的資料，但它們也可以從內部的 MIS 與 DSS 擷取彙整過的資訊。它們篩選、歸納並追蹤重要的資料，並將重要性最高的資料提供給高階管理者。這類系統逐漸包含了用以分析趨勢、預測、並仔細地對資料做「深入研究」的商業智慧分析手法。

例如，美國最大私有品牌維他命與營養補給品的製造商 Leiner Health Products 執行長的桌上型電腦中就擁有一套每分鐘都能夠即時更新的 ESS，用來檢視流動資本、應收帳款、應付帳款、現金流量與存貨等公司的財務績效指標。這些資訊以**數位儀表板**（digital dashboard）的形式呈現在單一螢幕上，顯示管理一個企業關鍵績效指標的圖和表。數位儀表板已成為管理決策者們愈來愈受歡迎的一項工具了。

互動部分組織篇描寫了一個於線上共享資源的組織，提供網路樣板給全世界的設計者。要特別注意在這個個案中所描述的系統類型及這些系統在改善企業績效與增強競爭力方面所扮演的角色。

▶ 連結企業的支援系統

檢視我們所說明過的各式各樣的系統，你可能會懷疑一個企業如何管理存在所有不同系統中的資訊。你可能也會想知道要維護這麼多不同的系統有多昂貴。或是你會質疑這些不同的系統如何共享資訊，而管理者與員工如何協調其工作。實際上，這些對今日的企業而言都是很重要的問題。

企業應用系統

讓一家企業裡所有不同型態的系統一起運作真的是一大挑戰。通常，公司會結合在一起不是透過正常「自然」的成長，就是透過併購較小的公司。經過了一段時間，企業就會終止採用集合式系統，因為大部分的系統已經過時，同時也必須要面對挑戰，處理如何讓系統彼此「對話」，並如一套企業系統般地共同合作。針對這個問題，以下提出幾個解決方案。

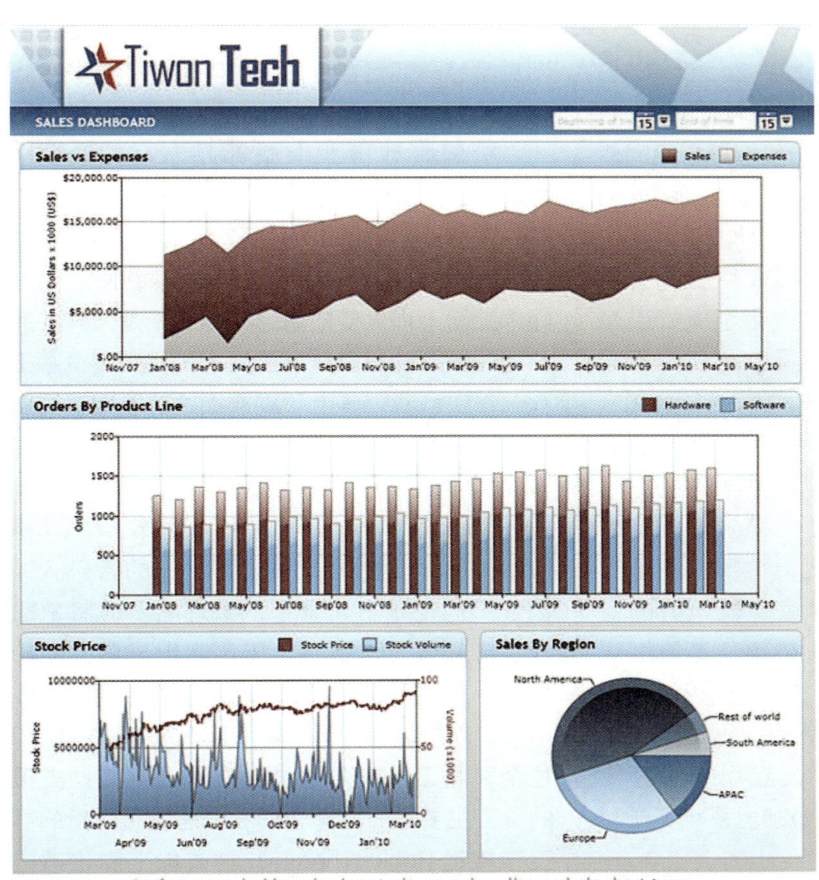

Dundas 資料視覺化的數位儀表板可以傳送完整且正確的資訊給決策者。將關鍵績效指標整理成圖表型的摘要報告，能幫助管理者快速地找到該特別注意的部分。

互動部分：組織

RocketTheme：在網路上茁壯

當談到全球數位企業的經營時，RocketTheme 是一個重要的案例。RocketTheme 以固定版型（templates）與其延伸樣式的形態銷售數位產品，這些版型樣式通常運用於開放程式碼的共享資源內容管理系統（content management system, CMS）Joomla。Joomla CMS 讓任何人儘管對網站建置或網際網路技術只有極有限的知識，也可以開始架設一個網站。Joomla 本質上是將最先進的技術放到連新手都能玩弄於指尖上的軟體中。最近估算全球約有 150 萬至 200 萬個網站運用 Joomla。

Andy Miller 原任職於獲獎的 Joomla CMS 的核心開發團隊，他成立了 RocketTheme 版型樣式俱樂部，目的在於讓一般網際網路的使用者，也可以製作出看起來非常專業的網站。這個產業的競爭非常激烈。但 RocketTheme 還是透過提供更具原創性、以使用者為主且更有彈性的設計，試著與其他版型樣式俱樂部做出區隔。現在，它已拓展業務朝向不同的內容管理系統（CMS）市場，為 Drupal、WordPress 與 phpBB3 等客戶提供其他開放程式碼共享資源內容管理系統解決方案的樣版。

RocketTheme 透過會員系統，直接將產品賣給它的客戶。版型樣式俱樂部主要是靠自然成長。RocketTheme 對每一種類型的會員資格，收取不同的費用。依會員是重度或輕度使用者來區分（例如：固定使用者 vs. 開發型使用者），從訂價表上就可以看出差別。行銷主力放在線上社群。為吸引新客戶，RocketTheme 運用了一套成員加盟系統，並利用 Google 上的小廣告。

RocketTheme 的版型樣式俱樂部於 2006 年推出，至今已有指數型的成長。Miller 說：「我開始成立 RocketTheme 版型樣式俱樂部時，庫存只有三個巨大的版型。從那時候起，大概是因為可使用的版型數量一直增加，所以會員穩定地成長。這兩者之間有相關且一致性的連動關係，我認為會造成這種現象是因為 Joomla 本來就很好用，而且它的普及性一直上升。當然，有一些版型跟其他版型比起來更受歡迎，這是正常的現象。我想確保我們提供了琳瑯滿目、各式各樣的設計供客戶選擇，而不只是每一個月都推出一樣陳舊的『企業』版型。」

這個版型樣式俱樂部是怎麼開始的？Miller 說：「我從 1990 年代早期，就讀大學的時候就開始參與網頁的開發。那個時候超文件（hypertext）是一個新觀念，而 gopher（全球網際網路上提供雙向溝通的界面）是大家在網路上的分享資訊最普遍的方式。我主修電腦工程，很快地我就趕上了網際網路這股興奮的熱潮。總而言之，簡單地說，我從那時候起就在做網頁開發了。」

RocketTheme 是一家私人企業，Miller 是 RocketTheme 股份有限公司唯一的合夥人。因此，他也是日常營運的管理者。他將重點放在激勵員工，並為員工創造出一個共同的目標──讓 RocketTheme 版型樣式俱樂部成功。這個組織的特色是扁平且不官僚，它有 12 位全職員工，有 14 位支援的員工。這些支援的員工主要是一些轉包商和一些義工。新的員工直接從 RocketTheme 社群或線上廣告被吸引過來。因此，組織的結構不固定也有彈性。組織還從世界各地聘請了對個別領域具有專業技術的專家。

現在 RocketTheme 約有超過 4 萬名登入的會員。更因為走國際定位與國際合作而相當引人注目。這個團隊負責支援並開發新的版型，延伸應用的是一個國際團隊，團隊成員則來自全球各地——美國、英格蘭、義大利、荷蘭、德國、印度、加拿大、波蘭、希臘與日本——都是來自不同的背景與不同的年齡層。RocketTheme 員工彼此之間和 RocketTheme 與其客戶之間的溝通和資訊交流都透過電子的高速公路。就像 RocketTheme 的團隊一樣，它也從世界各地吸引它們的客戶，它們的客戶也是來自不同的背景、不同的年齡層與不同的國家。本質上，只要是想運用 Joomla CMS 來經營網站的任何人都是 RocketTheme 客戶的目標族群。

RocketTheme 主要著重在為不同的內容管理系統進行版型的開發，提供的其他服務多為支援的部分。RocketTheme 透過線上論壇進行客戶支援服務，俱樂部的會員可以將他們的版型、所延伸的相關問題或是對 Joomla 一般性的問題發表在上面。RocketTheme.com 上的線上社群與彼此協同合作的氣氛都是資源共享完美典範的呈現。這也是 RocketTheme 成功的支柱之一。

資料來源："How Many Websites Are Using Joomla: A Closer Look," Finish Joomla, July 4, 2010 (www.finishjoomla.com/blog/6/how-many-websites-are-using-joomla-a-closer-look/, accessed October 31, 2010); RocketTheme (www.rockettheme.com, accessed October 31, 2010); "Interview with Andy Miller from RocketTheme," Alledia, January 22, 2007 (www.alledia.com/blog/interviews/interview-with-andy-miller-from-rockettheme, accessed October 31, 2010); direct interviews with RocketTheme's owner, Andy Miller and staff held on different occasions over a period of two years, from November 2008 to November 2010.

個案研究問題

1. RocketTheme 的企業流程為何？可以運用什麼樣的資訊系統支援這些流程？
2. 這些系統如何改善 RocketTheme 的企業績效？
3. RocketTheme 最關鍵的企業系統為何？
4. 什麼樣的系統可能可以改善 RocketTheme 的企業績效？

管理資訊系統的行動

拜訪 RocketTheme 的網站（www.rockettheme.com），並檢視其客戶支援系統。

1. 對於改善 RocketTheme 的支援流程你有哪些建議？
2. 你認為 RocketTheme 為了協同合作應該使用哪些技術與工具？

本個案由 Erasmus 大學的 Roeland Aernoudts 提供。

導入**企業應用系統**（enterprise applications）是一種解決方案，它是跨越功能領域，著重執行跨公司和所有管理階層企業流程的系統。企業應用系統藉由緊密地協調企業流程與整合所有群組的流程，協助企業使其更具彈性、更具生產力，因此它們的重點在於更有效率的管理資源與客戶服務。

主要的企業應用系統有四種：企業系統、供應鏈管理系統、客戶關係管理系統與知識管理系統。每一種都整合了一組相關的功能與企業流程，以增強組織整體的績效。圖 2-6 顯示了這些企業應用系統的結構。這些企業應用系統包含了跨越整個組織的流程，甚至有些還延伸到組織之外，與客戶、供應商與其他重要的企業夥伴有關。

企業系統　公司運用**企業系統**（enterprise systems），也就是我們所熟知的企業

圖 2-6　企業應用架構

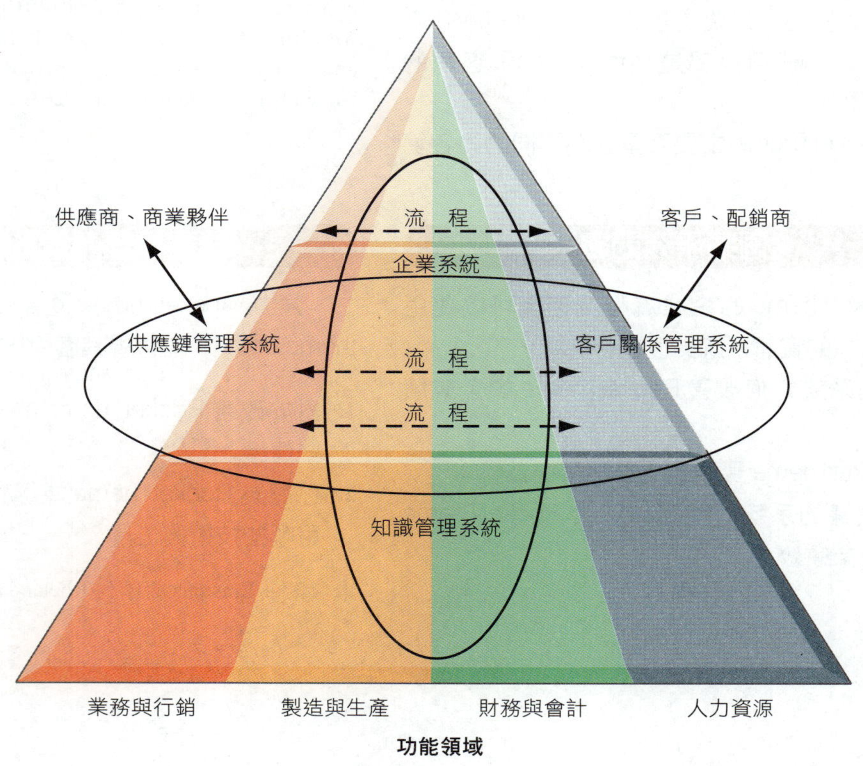

企業應用系統將跨越數個不同企業功能與組織層級的流程自動化。而這些流程有可能會延伸至組織的外部。

資源規劃（enterprise resource planning, ERP）系統，將生產製造、財務會計、行銷業務與人力資源等企業流程整合至一套單一軟體系統。以往分散在許多不同系統中的資訊，被儲存在一個完整的資料庫，企業各個部門都可以使用這些資料。

比方說，當一位客戶下了訂單，訂單的資料會自動地流到公司內受影響的其他部門。這筆訂單的交易啟動了倉儲，去挑選所訂的產品，並安排運送。倉儲這邊會通知工廠，將減少的產品再補滿。會計部門也會接到通知，寄送請款單給客戶。客戶服務代表追蹤訂單流程中的每一個步驟，以通知客戶訂單目前的狀況。管理者也可以運用公司裡的資訊，針對每日的營運狀態和長期的規劃做出更正確且更即時的決策。

供應鏈管理系統　公司運用**供應鏈管理系統**（supply chain management systems, SCM）協助企業管理其與供應商之間的關係。這類系統幫助供應商、購買商、配銷商與物流公司分享訂單、生產、存貨水準，以及產品運送和服務的資訊，使他們在安排原料的取得與交運、製造與配送上可以更有效率。最終的目的為以最少的時間與最低的成本，將數量剛好的貨品從原料端運送至消費端。這些系統因為降低了運送與製造貨品的成本而增加了企業的利潤，也讓管理者在如何組織並安排原料取得、生產製造與配送時程方面可以做出更好的決策。

供應鏈管理系統是一種**跨組織的系統**（interorganizational systems），它能夠將跨越組織邊界的資訊流動自動化。你會發現本書中還有其他型態的跨組織系統案例，因為這種系統讓公司能夠透過電子化的方式連結客戶，並將工作外包給其他公司。

客戶關係管理系統　公司運用**客戶關係管理系統** [customer relationship management (CRM) system] 協助企業管理與客戶之間的關係。CRM 系統提供資訊來協調公司所有與客戶互動的企業流程，像是業務、行銷及服務等，使營收、客戶滿意度與顧客保留率能夠達到最佳的狀態。這些資訊幫助公司確認、吸引與留住最有利潤的顧客；提供既有顧客更佳的服務；並增加銷售收入。

知識管理系統　有些公司的表現就是比其他企業來得突出，這是由於它們在創造、生產與傳送產品及服務上的知識比較豐富。這些公司的知識是難以被仿效、是獨特的，而且可成為長期策略性的利益來源。**知識管理系統**（knowledge management systems, KMS）使組織能以更好的方式來管理獲取與應用知識和專業技術的流程。這些系統蒐集了公司內重要的知識與經驗，在需要改善企業流程與管理決策時，這些知識及經驗可以隨時隨地被取用。這些系統也與企業外部的知識來源相連結。

企業內網路與企業間網路

企業應用系統使公司經營事業的方法產生了重大的改變，提供了更多機會將重要的企業資料整合至單一系統中。企業應用系統通常很昂貴且難以執行。企業內部網路及企業間網路在這裡被提到是因為它們被用來作為公司內、以及公司和客戶與供應商之間增加整合與促進資料流的工具之一。

企業內部網路簡單地說就是公司內部只有員工才能看的網站。網際網路是一個公開的網路，可以與其他組織和其他外部網路連結，和網際網路剛好相反，「企業內部網路」一詞指的是一個內部的網路。企業內部網路與大型的網際網路運用同樣的科技與技術，它們通常是大型企業的網站中一個非公開的區塊。同樣地，企業間網路也是。企業間網路是企業網站中只提供授權的買主與供應商登入的區塊，通常用來協調企業生產設備間各種材料的移動狀況。

舉例來說，在北美洲經營 19 個主題樂園的 Six Flags，也有一個企業內部網路，為 2,500 位全職員工提供與公司相關的最新消息與每個主題公園每日營運資訊，包含了天氣預報、各式表演的時間表與哪些團體或名人入園的詳細資訊。這家公司也運用企業間網路對近 30,000 名季節性員工散佈時間表的改變與主題樂園的活動。

▶ 電子化企業、電子商務與電子化政府

剛才我們所提到的這些系統與技術將企業與客戶、員工、供應商與物流夥伴之間的關係轉化為使用網路和網際網路的數位化關係。現在許多企業在數位網路上建立或運作，在本書中我們使用「電子化企業」與「電子商務」來代表它們。

電子化企業（electronic business or e-business）指的是在企業內部使用數位技術和網際網路來執行主要的企業流程。電子化企業包含公司內部的管理活動以及與供應商和其他商業夥伴之間協同合作的活動。電子化企業也包含**電子商務**（electronic commerce or e-commerce）。

電子商務是電子化企業的一部分，透過網際網路來買賣產品及服務。它也包含支援其他市場交易的活動，像是廣告、行銷、客戶支援、資訊安全、貨品

交運與付款。

和電子化企業有關的技術也為公營機構帶來相同的改變。所有層級的政府使用網際網路的技術來傳遞資訊和服務給人民、員工，以及他們服務的企業。**電子化政府**（e-government）指的是透過網際網路及網路技術的應用，使政府和公營機構與民眾、企業與其他政府部門的關係數位化。

除了改善政府服務的遞送方式之外，電子化政府也使得政府的運作更有效率，並讓民眾能夠更容易地取得資訊，還能和其他民眾形成電子化網路。例如，住在某些州的居民可以線上更新駕照或請領失業救濟金。網際網路對需要進行政治活動和募款而必須立即動員的利益團體已成為一個有極大影響力的工具。

2.3 協同與團隊合作的系統

有了這些系統與資訊後，你一定會很想知道如何從它們之間創造出有意義的事？公司中的人們如何將他們聚集在一起，為同一個目標工作，並協調計畫與行動？資訊系統不能做決策、雇用或開除員工、簽署合約、同意交易，或者也不能調整商品的市場價格。除了我們前面所介紹的系統類型，企業還需要特殊的系統以支援協同與團隊合作。

▶ 什麼是協同合作？

協同合作（collaboration）是與他人一起工作以達成一些共享且明確的目標。協同合作的重點在於完成工作或任務，而且通常發生在一家企業裡或其他類型的組織，以及企業與企業之間。你可以針對某一個你所不懂的主題和身處東京對該主題具有相關專業知識的同事合作。你也可以和很多同事合作發表公司的部落格。如果你在律師事務所工作，可以跟會計師事務所的會計師合作，提供客戶處理稅務問題所需的服務。

協同合作的期間可能很短，只維持幾分鐘，也可能較長期，視工作的本質和參與者彼此之間的關係而定。協司合作可以是一對一，也可能是多對多。

員工可以在不屬於企業組織架構中或可被組織至正式團隊中的非正式團體中進行協同合作。**團隊**（teams）是組織為完成工作的商業架構中的一部分。團隊具有特定的任務，在企業裡的每一個人都被指派必須完成該項任務。他們有要完成的工作。團隊中的成員必須合作以完成特定的工作，並共同達成團隊的任務。團隊的任務可能是「贏得一場比賽」、「線上銷售額增加 10%」或「避免隔熱泡棉從太空梭上脫離」。團隊通常是很短期的，視他們要處理的問題與必須找出解決方案完成任務的時間長短而定。

因為幾項原因，協同與團隊合作在今日比以往更重要。

- **工作本質的改變**。工作的本質已經由在工廠製造與未電腦化辦公室作業的時代，生產流程的每一個步驟都是獨立發生，由管理者來進行之間的協調等狀態有了很大的變更。以往的工作被組成小組。在小組中，工作從一個機器工具的工作站傳到另一個工作站、從一台桌上型電腦傳到另一台，直到最終產品完成。今日我們必須要更緊密地與所有生產服務或產品的各部門、各廠商協調互動。麥肯錫（McKinsey）顧問公司最近的一份報告指出美國有 41% 的勞動力以互動（對話、收發電子郵件、報告與取得別人認同）為主要增加價值的工作。即使在工廠，今日工作者也常常是在生產團隊或生產小組中工作。
- **專業工作的成長**。在服務部門「互動」是一種專業的工作，需要緊密協調與合作。專業工作需要充實的教育、資訊與意見的分享才能完成工作。每一位工作的參與者都會為問題帶來特別的專業意見，而為了完成工作，每一位參與者都必須將其他的見解納入考量。
- **改變公司的組織**。在工業時期，管理者以層級節制的方式來安排工作。命令透過層級傳達而來，回應再經由層級節制回覆。今日工作組織為群體和團隊，管理者期望這些群體和團隊可以找出自己的方法完成工作。高階管理階層觀察並測量工作成果，但不太可能下達詳細的命令或訂出詳細的營運程序。這種現象某種程度上是因為專業知識在組織中已逐漸走向下階層，而專業知識也代表著決策的權力。
- **改變公司的範圍**。一家企業的工作已經從單一地點轉為多個地點——一個區域內、一國之中或甚至在全球可能有許多個辦公室或工廠。比方說，亨利福特（Henry Ford）在密西根州的 Dearborn 設立第一座大量生產汽車的工廠。2010 年，福特汽車共生產了 300 萬輛汽車，在全球擁有 90 座工廠與生產設施，雇用了 20 萬名員工。像這種全球化的狀況，在設計、生產、行銷、配銷與服務之間緊密地協調溝通，很明顯地便具有新的重要性與地位。全球化的大型企業需要以全球化為基礎的工作團隊。
- **強調創新**。即使我們試著把企業或科學上的創新歸因於了不起的個人，實際上這些了不起的個人更可能是跟一群優秀傑出的同事組成的團隊中一起工作，這群人可能都是在早期創新者或創新事物行列中名列前茅的人物。想想比爾蓋茲（Bill Gates）與史蒂夫賈伯斯（Steve Jobs）（微軟與蘋果電腦的創辦人），這兩位被公認是創新者，而他們也都建立了堅強的協同合作的團隊以培植並支援公司的創新發明。他們最原始的創新思維來自與同事和夥伴們密切的合作。換句話說，創新是一個群體與社會流程，大多數的創新來自於一個實驗室中、一個企業中或政府單位裡人與人的合作。而我們深信，合作性強的實務演練與技術將有助於增加創新的機率與品質。

- **改變企業與工作的文化**。大多數有關協同合作的研究都支持這樣的觀念，多元化的團隊比個人自己努力能產生更好且更快的輸出成果。群眾（「群眾來源」與「群眾智慧」）普遍常有的觀念也提供了協同與團隊合作文化面的支援。

➤ 協同與團隊合作的企業利益

許多文章與書籍都談過協同合作，這些文章與書籍有些可能是企業的高階主管與顧問寫的，也有很多是由研究各種企業的學術研究者所寫的。幾乎所有的研究都是包含許多趣聞軼事的。不過，在這些企業與學術社群中，大家都相信企業愈懂得「協同合作」，企業就會愈成功，而不管是企業內與企業間的合作都比過去來得重要。

最近一項針對企業與資訊系統管理者的全球化調查發現，在協同合作技術方面的投資所產生的組織改善，約可帶來相當於投資金額四倍的報償，伴隨著在業務、行銷與研究開發等領域都有很好的成效（Frost and White, 2009）。另一項關於協同合作價值的研究顯示合作所帶來整體經濟的效益是很顯著的：一位員工從他人寄來的電子郵件中所看到的每一個字，大概能產生 70 美元額外的收益（Aral, Brynjolfsson & Van Alstyne, 2007）。

表 2-2 整理了由之前的作者與學者所指出的合作的好處。圖 2-7 以圖表方式說明了協同合作如何影響企業成效。

因為有許多協同合作的好處是推測的，在你達成有意義的協同合作之前，你真的需要有支援性的企業文化與正確的企業流程。你還必須對協同合作技術有一筆健康的投資。現在就讓我們來檢視這些必要條件。

➤ 建立一個協同合作的文化與企業流程

在一家企業裡，協同合作並不會自然地發生，尤其是當企業內並沒有支援性的文化或是支援性的企業流程的時候。在過去企業，特別是那些大型企業，

表 2-2 協同合作的企業利益

利　益	合理性
生產力	人們一起合作比起一樣的人數但各自作業，可以用更短的時間完成一項複雜的工作。錯誤也較少。
品　質	人們一起合作比起一樣的人數但各自作業，可以溝通錯誤，更快速地改正行動，也可以減少生產單位間緩衝與時間延遲的狀況。
創　新	人們在群體中一起合作比起一樣的人數但各自作業，對於產品、服務與行政事務能有更創新的想法。
顧客服務	人們在團隊中一起合作比起一樣的人數但各自作業，能夠更快速、且更有效率地解決客戶的抱怨與問題。
財務績效（獲利能力、銷售與銷售成長率）	綜合以上的結果，協同合作的企業能帶來更好的業績成長與財務績效。

圖 2-7 協同合作的必要條件

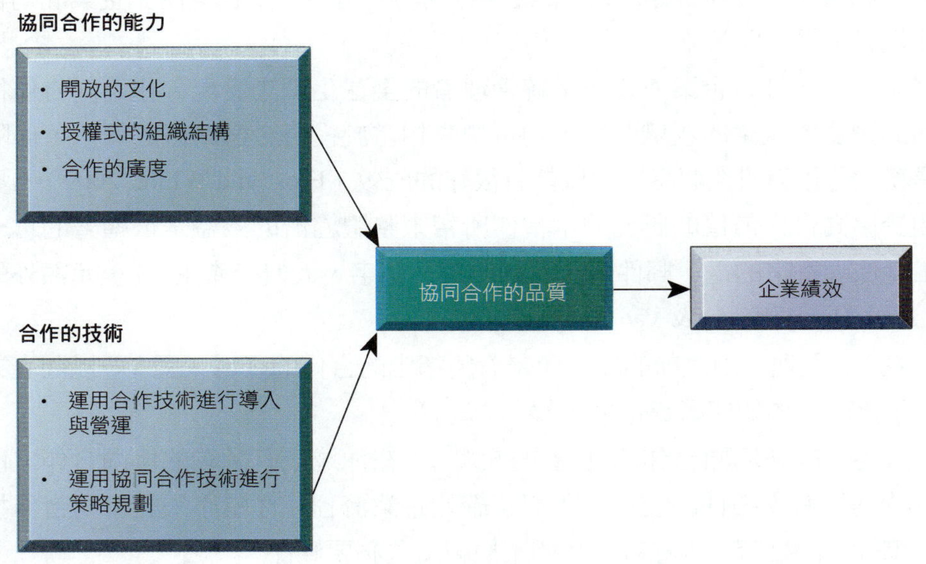

成功的協同合作有賴於適當的組織結構與文化，以及恰當的協同合作技術。

總讓人覺得是充滿「指揮與控制」的組織，所有重要的事項都由高階管理者思考，再命令基層的員工執行高階管理者的計畫。可想而知，中階管理者的工作就是在這層級節制的組織裡不斷地來來回回且上上下下地傳遞訊息。

指揮與控制型的企業需要基層員工不問太多問題就執行命令，也不負擔改善流程的責任，更不需要從團隊工作或團隊的績效中獲取報酬。如果你的工作團隊需要其他工作團隊的協助時，就要請老闆去處理了。你永遠不需要進行水平溝通，所有的溝通都是垂直的，因為這樣高階管理者才可以控制整個流程。需要的只是員工有來上班，執行工作的狀況還令人滿意就好了。同時，管理階層與員工們的期待也形成了一種文化，一套有關於共同目標與行為舉止的假設。現在還是有許多企業以這種方式運作。

協同合作的企業文化與企業流程其實很不相同。高階管理者必須負責達成目標，但是要達成預期的目標則有賴於員工團隊能夠執行並達到原訂的成果。政策、產品、設計、流程與系統更須仰賴組織各階層的團隊策劃、創造與建立產品和服務。團隊的報酬依其績效而定，個人的報酬則視其在團隊中的貢獻而定。中階管理者的功能在建立團隊、協調團隊成員的工作與監督成員們的績效。在協同合作型的文化中，對組織不可或缺的是高階管理者要建立起協同與團隊合作的氛圍，而企業裡的高階管理者也必須要確實地彼此合作。

▶ 協同與團隊合作的工具與技術

如果沒有適當的資訊系統來進行協同合作，一個協同合作團隊導向的文化並不能產生益處。為了讓工作可以獲得成效，我們都必須仰賴其他人，像是我們的下屬、同事、顧客、供應商與管理者，現在有數百種工具正是為了處理這些合作關係而設計。表 2-3 列出了協同合作軟體工具最重要的幾種類型。有些高檔的工具像 IBM 的 Lotus Notes 比較昂貴，但是效能強大足以供全球型企業使用。也有一些網路上可以免費取得的軟體工具（或是比較高階的版本需要支付一點費用）適合小型企業使用。讓我們更仔細地來檢視部分的軟體工具。

電子郵件與即時訊息

電子郵件與即時訊息（IM）已被企業視為協同運作與溝通的主要工具，用來支援互動的工作。企業的軟體可以在電腦、手機與其他無線行動裝置上運作，執行分享檔案與傳輸訊息等的功能。許多即時通訊系統可以讓使用者與多個參與者同時進行即時的對話。Gartner 技術顧問預測，幾年內即時通訊工具將

表 2-3　十五種協同合作型的軟體工具

電子郵件與即時通訊	螢幕白板
合作式書寫	網路提案
合作式檢閱／編輯	安排工作時程
安排活動時程	文件分享（包含維基）
檔案分享	心智圖
螢幕畫面分享	大型語音播放軟體
電話會議	合作瀏覽
視訊會議	

資料來源：mindmeister.com, 2009。

成為大公司裡 95% 的員工傳輸語音、影片與文字聊天訊息「最常使用的工具」。

社群網路

我們都拜訪過 MySpace 和 Facebook 等類型的社群網站，它們的特色是使用工具讓人們分享他們的嗜好與互動。社群網路工具在企業間迅速成為組織內以互動為基礎的工作之分享構想與協同合作的工具。社群網路網站像是 Linkedin.com 提供網路服務給商業專家，其他還有提供服務給律師、醫師、工程師，甚至是牙醫的利基型網站不斷興起。IBM 已經在 Lotus Notes 的協同軟體中建立連結元件來增加社群網路的功能。使用者可以將問題送出給公司的其他人，也可以透過即時訊息接收回覆的答案。

維基

維基（Wikis）讓不懂網頁編輯或撰寫程式的使用者能輕易地分享和編輯網頁上的圖文。最廣為人知的維基是維基百科（Wikipedia），它是全球最大的協同合作編輯參考計畫。網站僅依賴自願者支持、不營利、不刊登廣告。維基是儲存和分享公司知識和觀點的理想工具。企業軟體的供應商 SAP AG 就有一個維基，作為對企業外部人士的資訊平台，外部人士包含建立與 SAP 軟體互動程式的客戶或軟體開發商等。在過去，這些人使用 SAP 的線上討論系統，以非正式的方式提問或回答問題，經常造成同樣的問題不斷地重複討論，是個沒有效率的系統。

英特爾（Intel）公司的員工自行建立了公司內部的維基，至今已被 Intel 的員工編輯修正了超過 10 萬次，瀏覽次數也已過超過 2,700 萬次。最常被搜尋的是 Intel 縮寫的意義，像是 EASE 代表「員工獲得的支援環境」（employee access support environment）與 POR 代表「記錄的計畫」（plan of record），其他熱門的搜尋資源還包括一整頁關於公司軟體工程程序討論。由此看來在未來五年，維基會朝向成為非結構化公司知識的主要儲存庫，其部分原因是它們沒有一般知識管理系統昂貴，且更有彈性和更符合現時狀況。

虛擬世界

虛擬世界就像「第二人生」（Second Life），它是已有「居民」移居的線上 3D 環境，居民們建立了代表著他們自己的圖形化身天神（avatars）在其中生活。像 IBM 和 INSEAD 這些組織，是一間在法國和新加坡已有校區的國際商業學校，它們便使用這種虛擬世界來進行線上會議、進行培訓課程，並悠哉地「閒逛」。真實的人類用代表自己的圖形化身天神在虛擬世界中相遇、互動與交換意見。以文字訊息作為溝通的方式類似於真實世界的即時訊息。

以網際網路為基礎的協同運作環境

現在有許多套軟體產品都能為身處全球不同地區一起工作的團隊成員們提供多功能平台。雖然有無數的協同工具可以使用，但最被廣泛使用的還是以網際網路為基礎的電話會議和視訊會議系統、線上軟體服務像 Google Apps/Google Sites，以及企業協同合作系統如 IBM 的 Lotus 與微軟的 SharePoint。

虛擬會議系統　對投資銀行、會計師事務所、律師事務所、技術服務與管理顧問公司這些類型的企業而言，經常性的出差是工作的常態。近幾年因為能源成本的上漲，商務旅行的費用也不斷地增加。為減少差旅的費用，許多公司不論大小，都採用了視訊會議與網路會議的技術。

漢斯（Heinz）、奇異電子（General Electric）、百事集團（Pepsico）與美商美聯銀行（Wachovia）都使用了虛擬會議系統進行產品的簡報、培訓課程、策略會議，甚至是鼓舞人心的談話也可以透過虛擬會議系統進行。

遠程出席（telepresence）技術是最新高級的視訊會議系統具有的一種重要功能，遠程出席技術打造一個整合了聲音和影像的環境，讓人可以出現在他或她實際所在的位置以外的其他地點。互動部分管理篇中描述了運用遠程出席與其他技術來主持這些「虛擬」的會議。

互動部分：管理

虛擬會議：聰明管理

除了搭上早上 6:30 的飛機飛往達拉斯參加一場會議之外，如果你可以參加這些活動但是卻不用離開你的桌上型電腦那不是很好嗎？感謝視訊會議的技術，透過網路就可以主持線上會議，現在你真的可以這麼做了。一份 2008 年 6 月由全球電子永續力主張與氣候團隊（Global e-Sustainability Initiative and the Climate Group）發表的報告，估計至少有 20% 的商務旅行可以被虛擬會議科技取代。

視訊會議讓身處兩地甚至位在更多不同地點的人們可以透過雙向影像和語音的傳輸進行即時溝通。視訊會議主要的功能是透過一個稱為編解碼器（codec）的裝置將影音流進行數位壓縮。這些經過壓縮的影音流被分成封包，透過網路或網際網路傳輸出去。直到最近，這項技術苦於影音效果不佳，甚至連大型具有影響力的企業都認為這項技術成本過高。多數的公司認為視訊會議比起面對面會議而言其實是一個糟糕的替代方案。

不過，視訊會議與相關技術都有大幅度的改善，已經重新引起以這種方式工作的興趣。現在視訊會議以每年 30% 的比率成長。這項技術愛好者宣稱這項技術可以達成更多的功能，並不是單純地降低成本而已。這項技術讓會議變得「更好」：與同一間辦公室裡或是身處全球各地的夥伴、供應商、子公司與同事碰面變得更容易了，更可以經常聚首，在很多情況下，經常碰面這一點就不是出差可以辦得到的。你還可以跟一些如果沒有視訊會議技術你根本不可能會碰面的聯絡人見面。

比方說，一家位於加州 Costa Mesa 的衝浪設備生產商的 Rip Curl，它運用視訊會議協助公司的設計師、行銷人員與製造廠針對新產品協同合作。高階訪才公司 Korn/Ferry International 在將人才推薦給客戶之前，會先運用視訊面試以過濾潛在的候選人才。

今日最先進的視訊會議系統可以呈現出高解析度的電視影像。遠程出席被認為是最好的視訊會議技術。遠程出席努力於讓使用者覺得他們好像真的出席位在另一個不同於自身所在的地點。你可以在桌邊面對一個大螢幕，螢幕上的人是真人大小，看起來非常真實，但他們可能人在布魯塞爾（Brussels）或香港。只是彼此無法握手跟交換名片。遠程出席的產品能提供至今為止市面上最高品質的視訊畫面。Cisco 系統公司也在全球為 500 個以上的組織裝設了遠程出席系統。要裝設一個完整的遠程出席會議室約需要花費 50 萬美元。

那些負擔得起遠程出席技術費用的公司都說的確省了很多成本。比方說，埃森哲（Accenture）科技顧問公司說明使用此項技術一個月內，減少了 240 次國際商務旅行與 120 次國內差旅，接觸顧客與合作夥伴的能力卻大大地提高。其他商務旅行者也說運用此技術後，他們接觸聯絡的顧客和合作夥伴的人數增加了十倍，但花費卻只要以往接觸每一個人成本的一小部分。大都會人壽（MetLife）在芝加哥、紐約和紐澤西裝設了三個遠程出席視訊會議專用的會議室，他們也說這項技術不只幫他們節省時間與成本，而且有助於在 2010 年企業達到減少碳排放量 20% 的「綠色」環保目標。

視訊會議的產品其實並不適用於小型企業，但是 LifeSize 這間公司推出了小企業可以負擔，只要 5,000 美元的視訊會議產品。整體而言，這項產品很容易使用，也讓許多小企業能夠有機會使用到高品質的視訊會議產品。

甚至，網際網路上也有一些免費的選擇像是 Skype 視訊會議和 ooVoo。這些產品跟一般傳統的視訊會議產品比起來品質較差，而且是專屬系統，也就是說你只能跟使用相同系統的人談話。大多數的視訊會議與遠程出席產品都能夠與許多其他裝置互動。高階視訊會議系統也擁有許多其他的功能，例如多方會議、影片郵件不限儲存空間、不需長途電話費與可以提供一份詳細的撥打清單。

企業不論大小都開始發現以網路為主的線上會議工具像是：WebEx、微軟辦公室應用程式中的 Live Meeting 與 Adobe 的 Acrobat Connect 對於人員訓練和銷售簡報特別有幫助。這些產品讓參與者可以分享與電話會議有關的文件資料和簡報檔案，也可以透過網路攝影機分享即時的影像。Cornerstone 資訊系統是一家位於印第安納州 Bloomington 有 60 位員工的商用軟體公司。它將許多產品展示放上網路之後，已經減少了 60% 的差旅成本，而且平均完成一筆新業務的時間減少了 30%。

在裝設視訊會議或遠程出席系統之前，對一家企業而言，最重要的是要確認真的需要這些科技，才能保證這是一筆有利可圖的資本投資。企業應該要決定它們的員工該如何進行會議、如何溝通、用什麼樣的科技產品進行溝通、該出差幾次與他們建立網路的能力。如果時間充裕，面對面的會議還是比較好，而且通常出差去與客戶碰面對於強化彼此之間的關係並完成銷售更是不可或缺的。

預期視訊會議產品也會以其他形式對商業世界產生影響。許多員工可以在自家附近上班，能更有效率地平衡工作與生活；傳統的辦公室環境與企業總部可能會縮小或是消失；而自由工作者、接案工作者與來自其他國家的工作者將會成為全球經濟的一大部分。

資料來源：Joe Sharkey, “Setbacks in the Air Add to Lure of Virtual Meetings,” *The New York Times*, April 26, 2010; Bob Evans, “Pepsi Picks Cisco for Huge TelePresence Deal,” February 2, 2010; Esther Schein, “Telepresence Catching On, But Hold On to Your Wallet,” *Computerworld*, January 22, 2010; Christopher Musico, “Web Conferencing: Calling Your Conference to Order,” *Customer Relationship Management*, February 2009; and Brian Nadel, “3 Videoconferencing Services Pick Up Where Your Travel Budget Leaves Off,” *Computerworld*, January 6, 2009; Johna Till Johnson, “Videoconferencing Hits the Big Times ... . For Real,” *Computerworld*, May 28, 2009.

個案研究問題

1. 有一家顧問公司預測視訊與網路會議會讓商務旅行消失，你同意這種說法嗎？為什麼是或不是？
2. 視訊會議與遠程出席系統的差異為何？
3. 視訊會議為企業提供價值的方式為何？你認為這是聰明管理嗎？試解釋你的答案。
4. 如果你負責管理一家小公司，你會選擇導入視訊會議嗎？你做決策時會考量哪些因素？

管理資訊系統的行動

瀏覽 WebEx 的網站（www.webex.com）。然後回答下列問題：

1. 列出並描述其可以提供給中小企業與大型企業的功能。你認為 WebEx 有用嗎？它如何幫助企業節省時間與金錢？
2. 請將 WebEx 影像的功能與本章中所描述的視訊會議功能做比較。
3. 試描述你準備網路會議的步驟，與準備面對面的會議有何不同？

Google Apps/Google Sites 這是協同合作最廣為使用的免費線上服務之一。Google Sites 讓使用者可以快速地創造立即能上線、可由團體共同編輯的網站。Google Sites 是一系列 Google Apps 工具組的一部分。Google Sites 的使用者可以在幾分鐘之內完成設計網站並移居該網站中，而不需要任何先進的科技技術，還可以貼上各式各樣不同的檔案，包括行事曆、文字、表格與影片等，還可以設定該檔案是屬於私人、屬於群體或是公眾都可以瀏覽並進行編輯。

Google Apps 搭配 Google Sites 一起運作，Google Apps 還包含了典型桌上型電腦生產力辦公室軟體工具（文書處理、試算表、簡報軟體、聯絡人管理、即時訊息與電子郵件）。最原始的版本一年對企業收取每位使用者 50 美元，並提供 25G 的郵件儲存空間，保證 99.9% 的時間可以正常運作收發電子郵件，並提供工具整合企業原有的基礎設備，與全年無休的電話支援。表 2-4 描述了 Google Apps/Google Sites 的一些功能。

Google 已開發出一個可供即時協同合作和溝通的附加的網路平台稱為 Google Wave。「wave」是「等同於部分對話與文件」，任何 wave 的參與者都可以在任何地點回覆訊息、編輯內容並增加或移除過程中任何一點的參與者。使用者在打字、加速討論的速度的時候，可以在自己的「wave」上看到來自其他參與者的回應。

舉例而言，北卡羅萊納州 Greensboro 的 Clear Channel Radio 運用 Google

表 2-4 Google Apps/Google Sites 協同合作的功能

Google Apps/Google Sites 的功能	詳細說明
Google 行事曆	私人與共同分享的行事曆；多個行事曆。
Google 電子郵件（Gmail）	Google 免費線上電子郵件系統，可供移動式收發。
Google 即時通訊（Talk）	即時通訊，提供文字和語音聊天功能。
Google 文件（Docs）	線上文書處理、簡報、試算表與繪圖軟體；具線上編輯與線上分享功能。
Google Sites	團隊合作的網站可供分享文件、工作進度表、行事曆；並有搜尋文件、建立群組使用的維基等功能。
Google 影片	私人所擁有的影片可供分享。
Google 群體	使用者建立出來的群組，可共同使用郵寄清單、分享行事曆、文件、網站和影片；並有可供搜尋的檔案保管資料庫。

Wave 進行實況轉播與線上的促銷活動，這個促銷活動需要業務員、業務經理、電台節目導播、電台促銷總監、線上內容協調者與網路經理提供意見。如果沒有 Google Wave，這些人要溝通就要利用無數的電子郵件來來回回，寄出圖檔供每一個相關人員確認，花很多時間打電話聯絡這些人。wave 幫助他們只花了原本所需時間的一小部分就完成整個計畫了（Boulton, 2010）。

微軟的 SharePoint　這是運用微軟伺服器與連網產品的中小企業最廣泛使用的一套協同合作系統。有些大型的公司也使用它。SharePoint 是一個以瀏覽器為主供協同合作與文件管理的平台，並結合了一個裝設在企業伺服器中強而有力的搜尋引擎。

SharePoint 有一個網路的介面，並與每日使用的工具，如微軟 Office 桌上型電腦軟體產品做整合。微軟的策略是透過微軟 Office 與 Windows 產品，利用微軟對桌上型電腦作業系統的「所有權」。對微軟而言，要成為企業廣泛使用的協同合作系統的路徑就始於桌上型電腦作業系統的 Office 與微軟網路伺服器。SharePoint 軟體讓員工可以分享它們的 Office 檔案，並以 Office 檔案為專案協同合作的基礎。

SharePoint 的產品與技術提供了一個企業層級的網路協同合作平台。可以在一個中心地點，運用 SharePoint 建立一個可以組織並儲存資訊的網站，讓團隊成員可以協調工作活動、協同合作並發表文件、維護工作清單、執行工作流程，並透過維基、部落格來分享資訊與推特之類的更新現況。因為 SharePoint 將資訊儲存並組織在一個地方，當使用者一起合作執行工作、專案或編寫文件時，大家都可以很快、且有效率地找到相關的資訊。

SharePoint 的主要功能如下：

- 在組織裡或是透過企業間網路，為團隊提供一個單一的工作空間，以便於協調工作進度表、組織文件並參與討論。
- 促進檔案的創造與管理，並可以控制版本、檢視之前的修正、強化特定文件的安全性並維持文件圖書館。
- 提供公告、警示和討論版，當需要採取行動或是原有檔案或資訊被更改的時候，通知使用者。
- 支援個人化的內容與私人和公開檢視檔案與應用程式。
- 提供部落格與維基的版型，讓團隊可以分享資訊和進行腦力激盪。
- 提供管理文件圖書館、清單、行事曆、工作與離線討論版的工具，當重新連上網路時資訊會同步更新。

- 提供企業搜尋工具，找出人員、專家見解與相關內容。

Sony 電子是消費性與專業性電子產品供應商的龍頭，全球有超過 17 萬員工，Sony 就是運用微軟 Office SharePoint 伺服器 2010 改善資訊存取、加強協同合作，並讓公司內部的專家更有發揮的空間。Sony 運用 SharePoint 的維基工具將員工的觀點與意見記錄並儲存至公司的知識庫中，它的人員搜尋功能是以員工對於某特定專案和研究領域的專業來作為識別。公司也運用 SharePoint 建立一個中央檔案分享儲存庫。這個作法幫助員工可以共同合作進行書寫、編輯並交換檔案，以減少往返寄送電子郵件的麻煩。這些改善措施將重要專案的開發時間從三到六個月縮減至三到六週（Microsoft, 2010）。

Lotus Notes 對超大型企業而言（財星 1000 大和羅素 2000 大企業），最常被廣泛地運用的協同合作工具是 IBM 的 Lotus Notes。Lotus Notes 是早期的群組軟體，具有分享行事曆、可執行共同書寫與編輯、共享資料庫與電子會議功能的協同合作型軟體系統，透過這套系統每一位參與者都可以看到或顯示與其他人和其他活動相關的資訊。現在 Notes 網路版加強了社群網路的功能（Lotus Connections），並改良為可以手寫輸入且適合應用程式發展的環境，因此使用者可以依照自己獨特的需求建立客製化的應用系統。

IBM 的軟體部門將 Lotus Notes 定義為：「在 IBM Lotus Domino 伺服器上，整合桌上型電腦供客戶收發公司的電子郵件、查看行事曆，以及執行應用程式的一種選擇。」將 Notes 軟體安裝在使用者的客戶電腦上，讓這台電腦可以成為收發電子郵件、即時通訊（與 Lotus Sametime 搭配）、可上網瀏覽並預定工作行事曆／企業資源的平台，甚至還可以跟協同應用系統互動。現在，Lotus 也提供部落格、維基、簡易整合聚合器、客戶關係管理與詢問台系統。

數百家有數千名員工的大型企業如東芝、法國航空與全球凱悅集團都選用 IBM Lotus Notes 作為他們主要的協同與團隊合作的工具。在財星 1000 大企業中安裝 Lotus Notes 一年要花費數百萬美元，而且也需要公司資訊系統部門廣泛的支援。雖然之前提過有些線上工具像 Google 這類協同合作型的服務並不需要安裝到企業伺服器上，而且也不需要資訊系統部門員工的支援就可以使用，但是它們都不像 Lotus Notes 功能這麼強大。這一些線上工具不知道是否能調整至適合全球企業的規模（至少到現在還不清楚）。超大型企業採用 IBM Lotus Notes 是因為 Notes 保證高規格的資訊安全令人產生信賴感，對於較敏感且具機密性的企業資訊它還可以保有控制權。

例如俄羅斯最大的農用化學用品公司 EuroChem，同時也是歐洲前三大肥料生產商，EuroChem 採用 Lotus Notes 為協同合作與文件管理創造了一個單一標準的平台。這套軟體促進了地理環境上分散於不同區域的生產中心之間的共同合作，同時也提供了一個安全的文件交換自動化平台。透過 Lotus Notes，EuroChem 可以登記並控制所有的文件、建立例行的文件審核路徑，並維持所有修正與改變的完整紀錄。安全性的功能也讓公司可以為每一個人創造個人化的工作環境，以避免未經授權的使用者接觸到具敏感性的機密資訊（IBM, 2009）。

通常大型企業在為「策略性」應用系統使用一般線上軟體服務時，因為一些隱含的安全性顧慮，其實覺得不安全。不過，有很多專家相信隨著使用線上工具的經驗增加，這些顧慮會消失，而且線上軟體服務供應商也會逐漸增加其產品的安全性與減少被攻擊的弱點。表 2-5 描述了其他線上協同合作工具。

管理者的清單：評估與選擇協同合作軟體工具

現在有這麼多的協同合作工具與服務，該如何為你的公司選擇一套適合的協同合作技術呢？為回答這個問題，你必須有一個架構以了解這些工具各是為了解決哪些問題而設計的。1990 年代早期，由一群協同合作工作學者所發展出

表 2-5　其他熱門的線上協同合作工具

工　具	詳細說明
Socialtext	以企業伺服器為主的協同合作環境，提供每一位使用者社群網路、類似推特的微網誌、維基工作空間、整合網路日誌、發送表格與個人網頁的功能。透過不同的雲端服務傳送與駐點裝置，提供企業用戶更具彈性的安裝選項以符合其安全性的要求。
Zoho	針對文字、線畫稿、影像、網頁、影片與簡易整合系統進行蒐集與合作。專案管理（包括工作管理、工作流程、報告、時間追蹤、討論區與檔案分享）。免費或是收取月費提供更完整且優質的服務。
BlueTie	每位使用者每月只要 4.99 美元就可以於線上整合電子郵件、工作進度表、工作清單、聯絡人管理與檔案分享等功能。
Basecamp	分享工作清單、檔案、留言板、追蹤重要事件。單一專案免費，一個月 15 個專案並提供 5G 的儲存空間只要 24 美元。
Onehub	分享文件、行事曆、網路我的最愛；電子郵件整合與資訊管理。管理集線器等資源與電腦佈告欄。
WorkZone	針對檔案分享；專案管理；客製化；安全性進行合作。

圖 2-8 時間／空間的協同合作工具矩陣

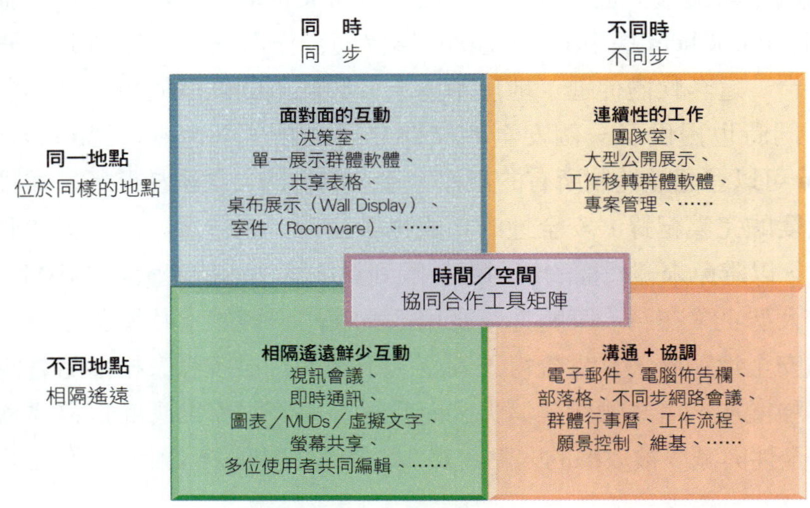

同 時
同 步
不同時
不同步
同一地點
位於同樣的地點
不同地點
相隔遙遠
面對面的互動
決策室、
單一展示群體軟體、
共享表格、
桌布展示（Wall Display）、
室件（Roomware）、……
連續性的工作
團隊室、
大型公開展示、
工作移轉群體軟體、
專案管理、……
時間／空間
協同合作工具矩陣
相隔遙遠鮮少互動
視訊會議、
即時通訊、
圖表／MUDs／虛擬文字、
螢幕共享、
多位使用者共同編輯、……
溝通＋協調
電子郵件、電腦佈告欄、
部落格、不同步網路會議、
群體行事曆、工作流程、
願景控制、維基、……

協同合作的技術可以依照這些技術是否可以支援相同或不同的時間或地點，以及這些互動是否相隔遙遠或是同一地點發生這個角度進行分類。

來的一套以時間／空間的協同合作矩陣表，以此為架構來談協同合作的工具對我們而言將會很有幫助（圖 2-8）。

時間／空間矩陣將焦點置於協同合作問題的兩個面向：時間與空間。比方說，你要與位在不同時區的人員合作，而你們沒辦法同時碰面。紐約的午夜是孟買的正午時間，使得視訊會議很難進行（因為紐約的人已經太累了）。很明顯地，時間成了以全球為範圍時合作的障礙。

身處的位置（地點）在大型全球性企業或甚至是全國或區域型企業也對協同合作產生了限制。因為公司地理位置各自分散（公司分散在一個以上的地點）、差旅的成本及管理者時間上的限制，要把人聚集起來召開一個實體會議是有困難的。

我們在前面所描述的協同合作技術是可以克服時間和空間限制的好方法。運用時間／空間這個結構可以幫助你的公司選擇最適當的協同與團隊合作工具。要知道有些工具可以應用於一個以上時間／空間的情境。例如，像 Lotus Notes 這類網際網路協同合作套裝軟體具有同步（即時通訊、電子會議工具）與非同步（電子郵件、維基、文件編輯）的功能。

以下是開始執行的計畫表（to-do list）。如果你依照這六個步驟，你應該可以為公司找到價格可以負擔，且在風險忍受範圍內正確的協同合作軟體進行投資。

1. 從時間與空間的觀點來看，公司所面對的協同合作挑戰為何？確認你的公司在時間／空間矩陣上的位置。你的公司可能在矩陣表上會占據一個以上的區塊，每一種情況都需要不同的協同合作工具。
2. 在你的公司所面對挑戰的那個矩陣區塊中，實際上存在哪些解決方案？將協同合作工具銷售商的產品製作成清單。
3. 依照成本和能為公司帶來的益處來分析每一項產品。請確認在你的成本估算中必須涵蓋訓練的成本，如果有必要，還要加計資訊系統部門參與的成本。

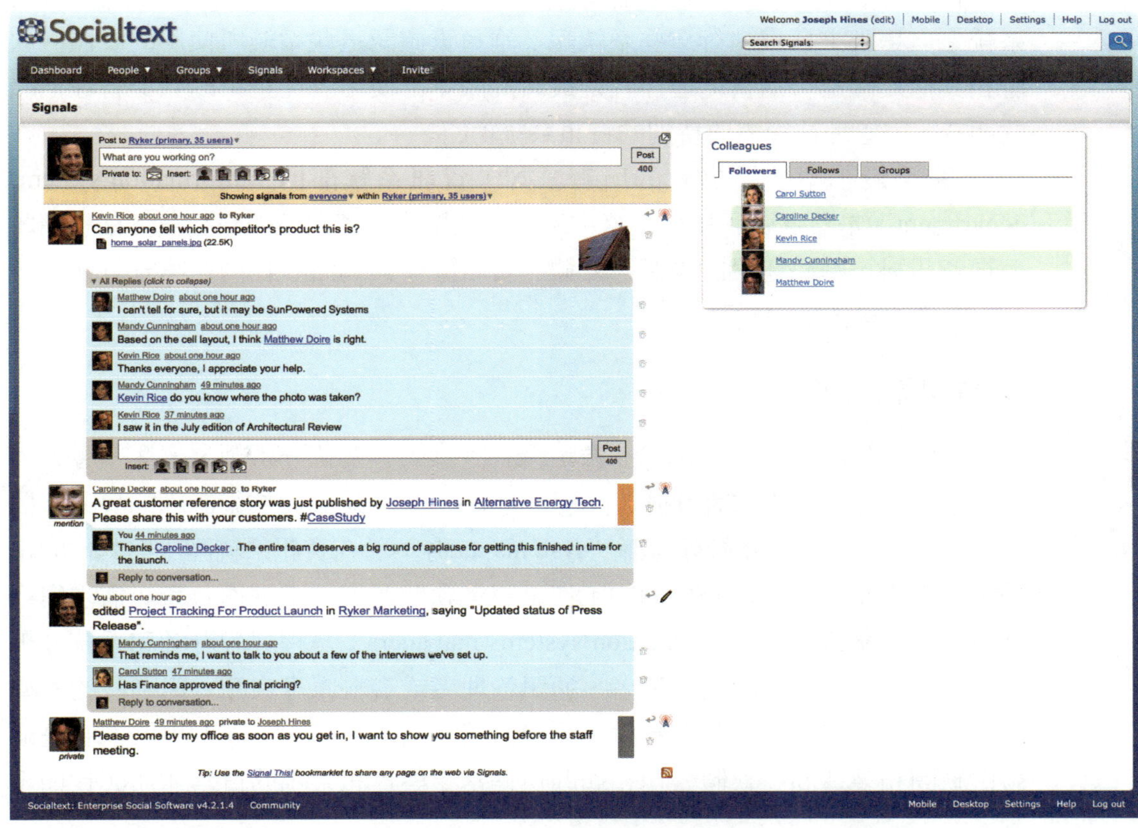

Socialtext 的企業社群網路產品——包括微網誌、部落格、維基、個人簡介與社群表格——讓員工可以分享重要的訊息並即時合作。這套系統建立在一個有彈性且以網路為主的架構上，Socialtext 可以與任何傳統的記錄系統像是 CRM 與 ERP 虛擬整合，讓公司可以討論、合作並針對關鍵的企業流程採取行動。

4. 找出每一個產品安全性的風險與弱點。你的公司願不願意將公司內部專屬的資訊透過網際網路交到外部服務供應商的手上呢？你的公司願不願意冒著風險將重要的營運交給其他公司控制的系統呢？你的協同合作工具銷售商有什麼樣的財務風險？它們公司在未來三到五年的時間都還會存在嗎？如果廠商倒了，轉換協同合作工具銷售商的成本為何？
5. 尋求潛在使用者的協助找出導入與訓練的問題。有些工具比其他工具更易於使用。
6. 由合格的協同合作工具中作出選擇，並邀請廠商來做簡報。

2.4 企業的資訊系統功能

我們已經知道今日的企業需要資訊系統來運作，並且使用許多不同類型的系統。但是誰來負責執行這些系統呢？誰負責確認這些系統所使用的硬體、軟體和其他技術是否適當地運作且是最新的版本？使用者從企業的立場管理他們的系統，但管理技術需要特別的資訊系統功能。

除了最小型公司之外的所有公司，**資訊系統部門**（information systems department）是負責資訊技術服務正規的組織單位。資訊系統部門負責維護構成公司資訊科技基礎建設的硬體、軟體、資料儲存與網路。我們在第五章會詳細的說明資訊科技基礎建設。

▶ 資訊系統部門

資訊系統部門由專家組成，像是程式設計師、系統分析師、專案領導人與資訊系統管理者。**程式設計師**（programmers）是受過高度技術訓練的專家，撰寫電腦的軟體指令。**系統分析師**（systems analysts）在資訊系統團隊與其他的組織之間建立聯繫。系統分析師的工作是將業務問題與需求轉換為資訊需求與系統。**資訊系統管理者**（information systems managers）是程式設計師和系統分析師、專案經理、實體設備管理者、通訊管理者或資料庫專家等一組團隊的領導者。他們也是電腦操作及資料輸入人員的管理者。另外，外部的專家，像是硬體供應商和製造商、軟體公司和顧問也經常參與資訊系統的日常運作與長期規劃。

在許多公司，資訊系統部門是由**資訊長**（chief information officer, CIO）所率領。CIO 是高階管理者，負責監控公司內資訊技術的使用。現今的資訊長必須具備很強的企業背景與資訊系統的專業，才能擔負起整合科技進入公司企業策略的領導角色。今日的大公司也另設有安全長、知識長、隱私權長等職位，這些人的工作都需與 CIO 密切配合。

安全長（chief security officer, CSO）負責公司的資訊系統安全與加強公司的資訊安全政策（參閱第五章）。[當資訊系統安全是與實體安全切開時，這個職位會被稱作資安長（chief information security officer, CISO）]。安全長負責教導和訓練使用者，以及資訊系統專家們有關安全的事務，使管理者了解安全上的威脅與當機的風險，維護導入資訊安全的工具與政策。

資訊系統安全與個人資料的保護日趨重要，再加上公司蒐集大量的個人資料，所以設置**隱私權長**（chief privacy officer, CPO）的職位。CPO 負責確保公司使用的資料符合隱私權法規。

知識長（chief knowledge officer, CKO）負責公司的知識管理計畫。CKO 協助設計程式或系統，以找尋知識的新來源或是使現有知識在組織或公司中有更佳的用途。

終端使用者（end users）是開發資訊應用系統團隊之外的部門代表。這些使用者在資訊系統的設計及開發上扮演著愈來愈重要的角色。

早期的電腦部門，資訊系統團隊大部分是由程式設計師所組成，他們執行高度專業化但有限的技術功能。今日，系統分析師和網路專家的比例愈來愈高，資訊系統部門在組織中扮演強而有力的變革代理人。資訊系統部門建議新的商業策略和新的以資訊為基礎的產品和服務，並協調技術的開發與組織中變革的規劃。

▶ 資訊系統功能的組成

有許多種不同類型的企業，公司裡也有許多建構資訊科技功能不同的方式。一家很小的公司不會有正式的資訊系統團隊。可能只會有一位員工負責維護網路及應用程式的運作，或是為這些服務聘請顧問。較大型的公司則有獨立的資訊系統部門，視公司的性質與利益而定，可以由幾種不同方式來組成。我們的追蹤學習模組描述了在企業內部組成資訊系統功能的幾種選擇方式。

資訊科技治理（IT governance）中較重要的議題為如何組織資訊系統部門。資訊科技治理包括了在組織中運用資訊科技的策略與政策。它規範了決策權與架構，以確保所使用的資訊科技可以支援組織的策略與目標。資訊系統功能應有何種程度的中央集權？該做哪些決策以確保管理和資訊系統的運用都能產生效果，包括資訊科技投資的報酬率？誰該做此類決策？這些決策該如何制定與監控？擁有卓越的資訊科技治理的公司必能思考出答案（Weill and Ross, 2004）。

2.5 管理資訊系統專案的實務演練

本節的專案將給予你機會來分析如何應用新的資訊系統來改善企業流程的實作經驗，使用試算表來改善對供應商的決策制定，以及使用網際網路軟體來規劃更有效率的運輸路線。

管理決策問題

1. Don's Lumber 公司是紐約州哈德遜河上最古老的木材零售場之一。它的特色在於可以提供多種選擇的木材，如地板、走道、模型、窗戶、外牆與屋頂等建築所需的木料。木材和其他建築材料的價格經常變動。當客戶要求加工完的地板報價時，業務代表參考一份手寫的價格表並打電話給供應商詢問最新

Microsoft Excel - MIS12ch02_screenfile

File Edit View Insert Format Tools Data Window Help

A4 Vendor Name

Orders and Suppliers

	Vendor Name	Vendor No.	Order No.	Item No.	Item Description	Item Cost	Quantity	Cost per order	A/P Terms	Order Date	Arrival D
5	Spacetime Technologie	2	A0111	6489	O-Ring	$ 3.00	900	$ 2,700.00	25	10/10/10	10/18/
6	Steelpin Inc.	6	A0115	5319	Shielded Cable/ft.	$ 1.10	17,500	$ 19,250.00	30	08/20/10	08/31/
7	Steelpin Inc.	6	A0123	4312	Bolt-nut package	$ 3.75	4,250	$ 15,937.50	30	08/25/10	09/01/
8	Steelpin Inc.	6	A0204	5319	Shielded Cable/ft.	$ 1.10	16,500	$ 18,150.00	30	09/15/10	10/05/
9	Steelpin Inc.	6	A0205	5677	Side Panel	$ 195.00	120	$ 23,400.00	30	11/02/10	11/13/
10	Steelpin Inc.	6	A0207	4312	Bolt-nut package	$ 3.75	4,200	$ 15,750.00	30	09/01/10	09/10/
11	Alum Sheeting	5	A0223	4224	Bolt-nut package	$ 3.95	4,500	$ 17,775.00	30	10/15/10	10/20/
12	Alum Sheeting	5	A0433	5417	Control Panel	$ 255.00	500	$ 127,500.00	30	10/20/10	10/27/
13	Alum Sheeting	5	A0443	1243	Airframe fasteners	$ 4.25	10,000	$ 42,500.00	30	08/08/10	08/14/
14	Alum Sheeting	5	A0446	5417	Control Panel	$ 255.00	406	$ 103,530.00	30	09/01/10	09/10/
15	Spacetime Technologie	2	A0533	9752	Gasket	$ 4.05	1,500	$ 6,075.00	25	09/20/10	09/25/
16	Spacetime Technologie	2	A0555	6489	O-Ring	$ 3.00	1,100	$ 3,300.00	25	10/05/10	10/10/
17	Spacetime Technologie	2	A0622	9752	Gasket	$ 4.05	1,550	$ 6,277.50	25	09/25/10	10/05/
18	Spacetime Technologie	2	A0666	5125	Shielded Cable/ft.	$ 1.15	15,000	$ 17,250.00	25	10/01/10	10/15/
19	Spacetime Technologie	2	A0777	6489	O-Ring	$ 3.00	1,050	$ 3,150.00	25	10/29/10	11/10/
20	Spacetime Technologie	2	A1222	4111	Bolt-nut package	$ 3.55	4,200	$ 14,910.00	25	09/15/10	10/15/
21	Durrable Products	3	A1234	9399	Gasket	$ 3.65	1,250	$ 4,562.50	45	10/01/10	10/06/
22	Durrable Products	3	A1235	9399	Gasket	$ 3.65	1,450	$ 5,292.50	45	10/03/10	10/08/
23	Durrable Products	3	A1344	5454	Control Panel	$ 220.00	550	$ 121,000.00	45	10/09/10	10/14/
24	Durrable Products	3	A1345	9399	Gasket	$ 3.65	1,470	$ 5,365.50	45	10/07/10	10/12/
25	Durrable Products	3	A1346	9399	Gasket	$ 3.65	1,985	$ 7,245.25	45	10/05/10	10/11/
26	Spacetime Technologie	2	A1444	4111	Bolt-nut package	$ 3.55	4,250	$ 15,087.50	25	09/20/10	10/10/
27	Spacetime Technologie	2	A1445	4111	Bolt-nut package	$ 3.55	4,200	$ 14,910.00	25	09/25/10	10/25/
28	Spacetime Technologie	2	A1449	4111	Bolt-nut package	$ 3.55	4,600	$ 16,330.00	25	10/05/10	10/19/
29	Durrable Products	3	A1456	5454	Control Panel	$ 220.00	500	$ 110,000.00	45	10/15/10	10/20/
30	Durrable Products	3	A1457	4569	Bolt-nut package	$ 3.50	3,900	$ 13,650.00	45	10/05/10	10/10/
31	Durrable Products	3	A1567	1369	Airframe fasteners	$ 4.20	15,000	$ 63,000.00	45	09/25/10	09/30/

Sheet3

Ready

Start | Microsoft Excel - MIS... 2:21 PM

的價格。供應商也需要參考一份每天更新的手寫價格表。因為供應商沒有最新的價格能立即報價，通常供應商也需要打電話給 Don's 的業務代表回報價格。評量這種狀況對業務的衝擊，描述資訊科技如何改善這種流程，同時確認導入解決方案應採取的決策。誰將做這種決策呢？

2. Henry's Hardware 是位於加州 Sacramento 市的一家零售店。店主要盡可能利用每一平方英呎的空間來賺錢。它們從未對存貨與銷售有詳細的紀錄，當貨品送到就立刻上架銷售。供應商給的發票僅保留用來報稅之用。當一個品項銷售出去，收銀機會顯示品項編號與價格。店主用自己的判斷來確定該品項是否需要補貨。這種情形對生意會有什麼衝擊？如何利用資訊系統來幫助店主經營他們的業務？系統可以蒐集哪些資料呢？系統可以改善什麼樣的決策呢？

改善決策制定：使用試算表選擇供應商

軟體技術：試算表時間函數、資料篩選、DAVERAGE 函數

商業技術：分析供應商的績效與報價

在此練習中，你會學到如何使用試算表軟體來改善選擇供應商的管理決策。先將供應商的原始交易資料整理成一張試算表清單。並使用試算表軟體來篩選資料，根據不同的準則替公司選擇最佳的供應商。

你經營一家製造飛機零件的公司。有許多競爭對手試圖提供客戶較低的價格與更好的服務，而你正試著判斷公司是否可由更佳的供應鏈管理中獲利。在 MyMISLab 你可以找到一個試算表檔案，裡面有過去三個月以來，你的公司向供應商訂購的所有零件清單。上一頁有一個範例，但網站上可能會有本練習更新的試算表版本。試算表裡的欄位包括供應商名稱、供應商編號、訂購者的訂單編號、零件編號、零件的說明（針對每一項從供應商訂購的零件）、零件單價、零件訂購的數量、個別訂單的總價、供應商應付帳款條件、訂單日期與每張訂單的實際到貨日期。

準備一份建議，針對你如何使用這些試算表資料庫中的資料來改善選擇供應商的決策。尋找合適的供應商必須考慮某些準則，像是供應商準時出貨的追蹤紀錄、供應商所提出的最佳應付帳款條件，以及當多家供應商可提供相同產品時，哪一家的價格最便宜。利用你的試算表軟體準備一份報表來支持你的建議。

達成卓越經營：使用網際網路軟體規劃更有效率的運輸路徑

在此練習中，你將使用和企業相同的線上軟體工具，安排它們的運輸路線，並選擇最有效率的路線。MapQuest（www.mapquest.com）網站包含了互動式規劃行程的功能。網站上的軟體可以計算兩點之間的距離，並逐項提供到任何地點的行駛路線。

你剛開始在 Cross-Country 運輸公司擔任調度員的工作，這是一家新的卡車搬運與送貨服務公司，位在俄亥俄州的克里夫蘭市。你的第一個任務就是規劃將辦公室設備與家具從印第安納州的 Elkhart（在 E. Indiana Ave. 與 Prairie Street 的交角處）送到馬里蘭州的 Hagerstown（在 Eastern Blvd. N. 與 Potomac Ave. 的交角處）。為了指引司機，你需要知道這兩個城市之間最有效率的路徑。使用 MapQuest 來尋找這兩個城市之間最短的路徑。再次使用 MapQuest，尋找花費最少時間的路徑。比較這些結果。哪一條路徑是 Cross-Country 應該使用的？

追蹤學習模組

以下的追蹤學習單元提供與本章內容相關的題目：

1. 由功能性的角度來看系統。
2. 資訊科技所引發的協同與團隊合作。
3. 運用企業資訊系統的挑戰。
4. 資訊系統功能的組成。

摘　要

1. 什麼是企業流程？其與資訊系統有何關聯？

企業流程是指一群在邏輯上互相關聯的活動，定義特定的企業工作如何被執行，並代表了組織協調工作、資訊與知識的獨特方式。管理者需要關注企業流程，因為企業流程決定組織執行業務的優劣，且可成為策略競爭優勢的來源。每一個主要的企業功能都有特定的企業流程，但許多企業流程是跨功能的。資訊系統可使部分的企業流程自動化，並協助組織重新設計與簡化企業流程。

2. 在企業中資訊系統如何為各個不同的管理團隊提供服務？

用來服務作業階層管理者的系統為交易處理系統（TPS），像是薪資或訂單處理系統，負責追蹤企業營運上所需之日常例行交易的流向。管理資訊系統（MIS）主要是彙總來自 TPS 的資訊產出報告服務中階管理者，並不是高度分析性的報告。決策支援系統（DSS）支援管理者制定獨特且變化迅速的決策，使用先進的分析模型並具備資訊分析能力。這些商業智慧系統為眾多階層的管理者提供服務，同時也包含了主管支援系統（ESS）使用來自內部與外部的資訊，透過不同的入口網站，以圖形、表格和儀表板的方式來支援高階主管。

3. 連結企業各部門的應用系統如何改善組織的績效？

企業應用系統設計的目的是為協調眾多的企業功能與企業流程。企業應用系統將公司內關鍵的企業流程整合至單一的軟體系統，以改善協調與制定決策。供應鏈管理系統協助公司管理其與供應商之間的關係，將產品與服務的規劃、進料、製造和交運最佳化。客戶關係管理（CRM）系統使用資訊系統來協調公司所有與客戶互動的企業流程。知識管理系統使公司能最佳化其知識的創造、分享與傳播。企業內部網路與企業間網路係使用網際網路技術的私有公司網路，彙集來自不同系統的資訊。企業間網路使部分私有的公司內部網路可供外部使用者使用。

4. 為什麼協同與團隊合作的應用系統這麼重要？這些系統運用了哪些科技？

協同合作指的是與他人一起工作以達成共享的、明確的目標。在企業中，因為全球化、決策權分散與工作職位的成長，使得彼此互動成為主要增加價值的活動，也讓協同與團隊合作愈來愈重要。我們深信協同合作可以增強創新、生產力、品質與顧客服務。今日有效的協同合作需要支援型的組織文化與能促進協同合作的資訊系統與工具。協同合作工具包括電子郵件和即時通訊、維基、視訊會議系統、虛擬世界、社群網路系統、行動電話、與 Google Apps/Sites、微軟 SharePoint 和 Lotus Notes 這類的網際網路協同合作平台。

5. 資訊系統的功能在企業中扮演何種角色？

資訊系統部門是正式的組織單位，負責公司資訊技術服務。其負責維護資訊科技基礎建設的硬體、軟體、資料儲存與網路。資訊系統部門由專家所組成，像是程式設計師、系統分析師、專案經理與資訊系統管理者，通常由資訊長（CIO）所帶領。

專有名詞

複習問題

1. 什麼是企業流程？其與資訊系統有何關聯？
   - 定義企業流程並描述它們在組織中所扮演的角色。
   - 描述資訊系統與企業流程之間的關係。
2. 在企業中資訊系統如何為各個不同的管理團隊提供服務？
   - 描述 TPS 的特性及其在企業中所扮演的角色。
   - 描述 MIS 的特性並解釋 MIS 與 TPS 及 DSS 的不同之處。
   - 描述 DSS 的特性與 DSS 如何讓企業獲益。
   - 描述 ESS 的特性並解釋與 DSS 的不同之處。
3. 連結企業各部門的應用系統如何改善組織的績效？
   - 解釋企業應用系統如何改善組織績效。
   - 定義企業應用系統、供應鏈管理系統、客戶關係管理系統與知識管理系統，並描述它們如何使企業獲益。
   - 解釋企業內網路與企業外網路如何協助公司整合資訊與企業流程。
4. 為什麼協同與團隊合作的應用系統這麼重要？這些系統運用哪些科技？
   - 定義協同與團隊合作，並解釋為什麼它們對今日的企業這麼重要。
   - 列出並描述協同合作帶來的企業利益。
   - 描述協同合作系統所需的支援組織的文化與企業流程。
   - 列出並描述不同類型的協同合作與

溝通系統。

5. 資訊系統的功能在企業中扮演何種角色？
   - 說明資訊系統功能如何支援企業。
   - 比較程式設計師、系統分析師、資訊系統管理者、資訊長（CIO）、安全長（CSO）與知識長（CKO）所扮演的角色。

問題討論

1. 在圖 2-1 中，如何使用資訊系統來支援完成訂單的流程？這些系統中應擷取之重要資訊為何？試解釋你的答案。
2. 找出從你學校的圖書館中選擇並借出一本書的步驟，以及在這些活動中資訊的流動。以圖示法解釋這個流程。有沒有任何方法可以改善這個流程以強化你的圖書館或學校的績效呢？以圖示法解釋這個改善後的流程。
3. 寶馬甲骨文隊（BMW Oracle）如何運用協同合作系統以改善美洲盃帆船賽中美國隊參賽船隻的設計與成績？對這些工作而言，哪些系統功能是最重要的？

群組專案：描述管理決策與系統

與三到四名同學一組，在商業周刊、財星、華爾街日報或其他商業雜誌，或是在網路上尋找一項企業管理者對公司中的描述。蒐集有關管理者所作所為的資訊與他或她在公司中所扮演的角色。確認這位管理者的工作是位於何種組織階層與企業功能。列出一張這位管理者必須制定的決策清單，以及在制定決策時這位管理者可能需要的資訊。建議資訊系統如何提供這些資訊。可以的話，使用 Google Sites 發佈連結至網頁、通知小組訊息並進行任務分派。試著使用 Google Docs 將你的發現製作成簡報在課堂上發表。

NTUC Income 的現代化個案研究

NTUC Income（Income）為新加坡最大的保險公司之一，擁有超過 180 萬名被保險人，總資產近 213 億新幣。旗下有 3,400 位保險顧問和 1,200 名職員，主要的業務橫跨 8 間分公司的網路。在 2003 年 6 月 1 日，Income 成功地將老舊的保險系統轉換至以網頁為基礎的數位系統。這項艱鉅的任務不僅需要更新硬體與應用程式，同時也需要將 Income 幾十年來的企業流程與 IT 實務操作平順化。

在 2003 年以前的幾年，Income 的保險流程非常冗長且以紙本為主。整個保險流程起始於客戶與保險代理人員接洽、填具表單與提交文件。保險代理人員將文件提交到分公司，再從分公司以快遞送件至服務部。收件的時間可能會延遲二至三天。服務部收到後會登錄文件、排序，並送交負責承保的部門。案件會被隨機分派給承保人員。接受的案件會送至電腦服務部列印後分送至其他的單位。如要歸檔，所有的原始文件會在整理後送至倉庫，有七位職員約需要二至三天，將送來的文件登錄與歸檔。所有的紙本保單有 4,500 萬份，裝在超過 16,000 個紙箱，存放在三間倉庫之中。不管何時需要取回文件，需耗費兩天將文件找出再交給快遞。同樣地，將文件放回原處又將花費兩天的時間。

在 2002 年，儘管定期投資更新 HP 3000 的大型主機，它專門負責處理核心的保險應用程式，以及會計和管理資訊系統，但仍然時常當機。Income 的資訊長 James Kang 說：「系統當機實在是一場惡夢。工作會停擺，員工們必須選擇手動調整資料或使用備份檔。然而，HP 3000 的備份系統只允許將系統還原至前一天的備份資料，如果每天沒有定期完成備份，那天受影響的資料將會全部遺失，此時就需要以成本昂貴且費時的手動方式，將資料調整至最新的狀態。」其中有一次的當機，整整耗時數月以還原失去的資料。總計，HP 3000 系統已經歷過三次重大的故障，共計停工六天。

這還不夠。在 1980 年代早期所開發，由 Income 內部 IT 小組維護的 COBOL 程式，也同樣發生數次當機，使系統停止並造成臨時的中斷。此外，IT 小組發現在 COBOL 上開發新產品也相當麻煩，使得推出新產品需花費數週甚至數月。

同時，保單承保的交易處理系統仍是批次作業，保險代理人員與保險顧問無法取得即時資訊。因此，當員工著手處理新客戶申請的汽車保險時，他們並不知道這位申請者是否為 Income 的既有客戶，導致喪失產品交叉銷售的機會。提及保險代理人員所面臨之問題時，Kang 說：「當保險代理人員試著使用筆記型電腦提交文件時，他們碰到一大堆問題。HP 3000 在連接此類裝置時非常糟糕。而且在與較多保險顧問遠端通訊時，可用性也是一項問題。」除此之外，許多部門都沒有最新的資訊，必須與其他部門互相傳送實體文件。

當 Income 在 2003 年 6 月採用 eBao 科技公司以 Java 為主的 eBao LifeSystem 時，上述所有情況都改變了。此軟體由三個子系統組成——保單行政、銷售管理與補充資源。對於這些功能，Kang 說：「這就是我們一直在找尋的產品——以客戶為中心的設計、影像與條碼技術平順地整合，以及支援新產品、新通路與企業流程改變的產品設計模組。」

2002 年 9 月 Income 開始導入新系統，專案於九個月後完成。2003 年 5 月完成所有的客製化服務、Income 個人與團體保險業務的資料轉移與系統訓練。

新系統是一套可立即運作的高可用性平台。所有應用程式置於兩台或多台伺服器上，各連接至兩條或多條線路，所有線路都是「負載平衡的」。這種強固的措施將因硬體或作業系統錯誤而當機的發生率降至最低。

在導入 eBao 的一部分工作是 Income 決定以更耐用、彈性的架構，取代所有的資訊科技基礎建設。例如，所有服務的分行都配有掃描器，螢幕更換為 20 吋，個人電腦的 RAM 更新至 128MB，以及更新應用程式伺服器、資料庫伺服器與網頁伺服器的軟體與硬體，並安裝磁碟儲存系統。此外，將區域網路更換為更快的纜線、光纖骨幹與無線設備。

除此之外，Income 同時也改造其企業持續營運與災害復原計畫。建置即時的備援災害復原中心，在此中心，機器不間斷地運行與完整地作業。資料即時地自資料中心複製到備援中心的資料儲存設備。萬一資料中心無法使用，可以迅速地將作業切換至災害復原中心，不需仰賴幾天前的資料來還原。

然而，轉換至無紙化的環境並不容易。Income 必須捨棄所有紙本紀錄，包含紙本的法律文件。在新系統之下，所有文件以掃描方式儲存在「可信任的」儲存設備——安全的、可信賴的數位資料庫，嚴格遵守法規的要求。Income 必須訓練已習慣紙本作業的員工改使用 eBao 系統並改變作業方式。

採行 eBao LifeSystem 的結果是，約 500 名職員及 3,400 位保險顧問可隨時隨地使用系統。員工可遠距離享受快速地存取資訊，如同在辦公室存取資料一樣地快。

根據 Kang 的說法：「新系統讓我們以單一的觀點來了解每一位客戶——橫跨產品與通路，以及更好的壽險和一般保險的業務。允許我們有交叉銷售產品的機會，且改善了客戶服務。 另外，由於具有使工作流程不間斷的能力，我們省下了 50% 處理保單的時間與成本。同時也使用表格導向規則庫的產品定義模組，大幅削減了設計與推出新產品所需的時間，從數週降至只需數天。」

對於 eBao 系統效益的評價，前任執行長 Tan Kin Lian 談到：「eBao 科技的 LifeSystem 擁有將工作流程平順化的極佳能力，非常具有彈性。它將我們推出新產品的時程從數月削減至數天。也允許我們更容易地支援保險代理人員、經紀人與客戶來進行線上服務。我得到了一個極划算的交易：低成本且導入時間較短的最佳系統。我必須要說這是一個成功的革命！」

資料來源：Melanie Liew, Computerworld, July 2004; "NTUC Income of Singapore Successfully Implemented eBaoTech LifeSystem," ebaotech.com, accessed November 2008; Neerja Sethi & D G Allampallai, "NTUC Income of Singapore (A): Re-architecting Legacy Systems," asiacase.com, October 2005.

個案研究問題

1. 在此個案中，Income 曾面臨哪些問題？新的數位系統如何解決這些問題？
2. 在轉換至全數位化的系統前，Income 使用何種類型的資訊系統與企業流程？
3. 描述 Income 轉換至全數位化之資訊系統與資訊科技基礎建設。
4. Income 從新系統獲得哪些利益？
5. Income 對於未來準備有多充分？個案中曾提及的問題有可能會再發生嗎？

本個案由南洋科技大學的 Neerja Sethi 和 Vijay Sethi 所提供。

Chapter 3

資訊系統、組織與策略

學習目標

在讀完本章之後，您將能夠回答下列問題：

1. 管理者為了要成功地建置與使用資訊系統，需要知道哪些組織的重要特性？資訊系統對組織的衝擊為何？
2. 波特的競爭力模式如何幫助企業利用資訊系統發展競爭策略？
3. 價值鏈與價值網模式如何協助企業找出策略資訊系統適用的時機？
4. 資訊系統如何協助企業利用綜效、核心競爭力與網路策略以達成競爭優勢？
5. 策略資訊系統所引發的挑戰為何？它們應該如何處理？

互動部分

信用卡公司對你了解有多少？

iPad 是一項顛覆的科技嗎？

本章大綱

威訊（Verizon）或美國電報電話公司（AT&T）——哪一家擁有最好的數位策略？

威訊（Verizon）與美國電報電話公司（AT&T）是美國最大的兩家電信公司。除了語音通訊之外，它們的客戶可以用它們的網路連上網際網路；寄送電子郵件、文件與影片訊息；分享照片；觀看影片與高畫質的電視，以及進行全球視訊會議。這些產品與服務都數位化了。

這個產業的競爭特別激烈且迅速。這兩家都想勝過另一家而不斷地更新無線設備、陸上電纜與高速網際網路，且為客戶擴充更多產品、應用程式與服務。無線服務是利潤最高的。AT&T 將公司的成長押寶在無線市場，積極地行銷像 iPhone 這一類尖端高階的行動裝置。Verizon 則著眼於無線和陸上網路的可靠度、能力和連結範圍，還有其著名的客戶服務。

這幾年 Verizon 增加大量的技術投資在陸上電纜與無線網路上，以對抗競爭者，在美國 Verizon 的無線網路被認為是覆蓋率最廣且最可靠的。Verizon 現在正投入數十億美元研究開發第四代（4G）行動通訊技術，有了 4G 就能支援高度資料密集的應用程式，像是透過智慧型手機和其他網路裝置下載流量大的影片和音樂，但 Verizon 在 4G 的投資仍不穩定。

Verizon 採取的方式在財務上的風險比起 AT&T 要高，因為前置成本真的太高了。AT&T 的策略比較保守。為什麼不與其他的公司結為策略夥伴，共同利用技術上的創新呢？這點思考說明了為什麼 AT&T 要與蘋果電腦簽約，為 iPhone 推出專用網路。雖然 AT&T 為消費者補貼了部分 iPhone 的成本，但是 iPhone 流線型的設計、觸控螢幕、專屬的 iTunes 音樂服務與超過 25 萬個應用程式，使 iPhone 一上市立刻成為風行一時的話題。AT&T 也為其他網路裝置。例如，亞馬遜（Amazon）的 Kindle 電子書閱讀者與平板電腦，提供行動電話網路服務。

iPhone 已經成為 AT&T 主要成長的推動力，與蘋果合作關係使得 AT&T 成為美國智慧型手機電子通訊市場中的領導者。AT&T 擁有美國 43% 智慧型手機的用戶，而 Verizon 僅擁有 23% 的用戶。電信公司非常希望能吸引智慧型手機的用戶，因為他們會使用無線資料服務計畫，每一個月的費用較高。

iPhone 非常受歡迎，差點擠爆 AT&T 的網路，許多人口稠密的都會區如紐約市及舊金山，常發生網路過慢或者接到許多解約的電話。為了處理激增的需求，AT&T 可以提升其無線網路，但這麼做卻會削減利潤。專家們主張 AT&T 必須花費 50 億美元至 70 億美元才能將其網路提升至如同 Verizon 的品質。為了控制這些超過負荷量的使用，AT&T 為新的 iPhone 使用者推出分級計價模式，依照顧客實際使用的資料量來計價。

讓 AT&T 更懊悔的是 AT&T 專賣 iPhone

的時代快要結束了。2010 年蘋果電腦已經與 Verizon 達成協定，讓 iPhone 與 Verizon 網路能相容。Verizon 也能為 iPhone 提供服務之後，讓 iPhone 這裝置的市場倍數成長，但毫無疑問地同時也吸引了一批希望能找到更好的網路服務的 AT&T iPhone 客戶轉到 Verizon。Verizon 更進一步採取預防措施，提供採用 Google Android 作業系統的先進智慧型手機，成功地對抗 iPhone。不論有沒有 iPhone，如果 Verizon 的 Android 手機的銷量可以繼續加速的話，競爭的態勢將會再翻轉。

資料來源：Roger Cheng, "For Telecom Firms, Smartphones Rule," *The Wall Street Journal*, July 19, 2010; Brad Stone and Jenna Wortham, "Even Without iPhone, Verizon Is Gaining," *The New York Times*, July 15, 2010; Roben Farzad, "AT&T's iPhone Mess," *Bloomberg Businessweek*, April 25, 2010; Niraj Sheth, "AT&T Prepares Network for Battle," *The Wall Street Journal*, March 31, 2010; and Amol Sharma, "AT&T, Verizon Make Different Calls," *The Wall Street Journal*, January 28, 2009.

Verizon 與 AT&T 的故事說明了資訊系統協助企業競爭的一些方式——與維持競爭優勢的挑戰。這兩家公司營運所處的電信產業非常競爭，電信公司要與有線電視業者、擁有豐沛資金的新公司與其他家電信公司競賽，除了語音傳輸服務，還要提供大量的數位服務。為了對抗環境中的生存與繁榮的挑戰，每家電信公司都運用資訊技術將經營重點擺在不同的競爭策略。

本章開場的圖示提醒大家注意本案例和本章節提到的重點。Verizon 與 AT&T 這兩家電信公司都找出運用資訊技術提供新的產品和服務的機會。AT&T 提供強化版的無線服務給 iPhone 的使用者，而 Verizon 則原本將重點放在功能性強且高品質的網路服務。當其他技術業者不斷投資於技術創新之際，AT&T

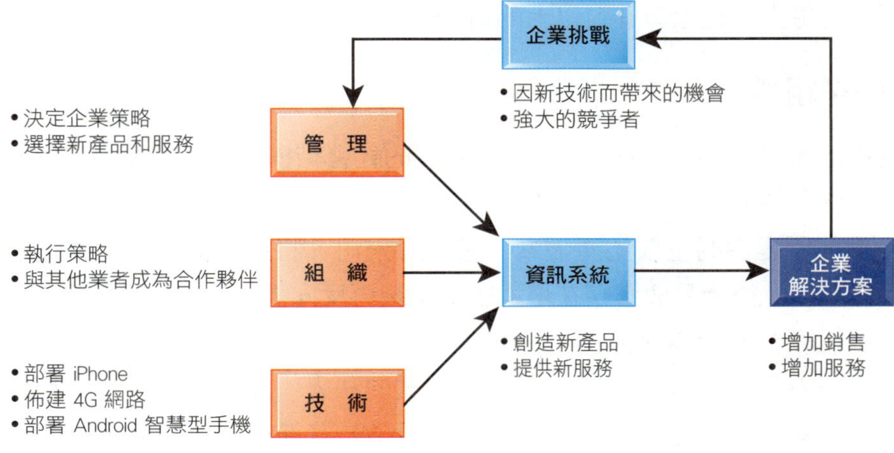

的策略重在維持低成本。Verizon 的策略則是一開始投入相當高的成本以建立功能強大的網路基礎設備，而且著重於提供高品質的網路可靠度與客戶服務。

這個個案研究清楚地顯示出維持競爭優勢有多困難。AT&T 因為獨家銷售廣受歡迎的 iPhone 賺進數百萬的新客戶，也強化了其競爭的地位。但是如果一旦 AT&T 被迫進行網路升級而需增加大筆投資，如果蘋果電腦也讓 Verizon 針對某一款型號提供服務，或是如果 Verizon 的智慧型手機贏過了 iPhone 的時候，這樣的競爭優勢很容易會被侵蝕掉。服務資費的改變也會影響這些不同的無線業者的競爭態勢。

3.1 組織與資訊系統

資訊系統與組織會相互影響。管理者建立資訊系統來服務公司的利益所在。同時，組織必須了解並開放自己接受資訊系統的影響，才能獲得新技術所帶來的效益。

資訊科技與組織之間的互動關係是很複雜的，而且受到許多中介因素的影響，包括組織結構、企業流程、政治、文化、外界環境與管理決策等（參閱圖 3-1）。你必須了解資訊系統如何改變公司內的社交與工作生活。若不了解自己的企業組織，你將不可能成功的設計新系統或了解現有的系統。

身為一位管理者，你將決定建立哪一種系統、系統將做什麼與如何導入等。你無法預料所有決策的結果。有些因為新的資訊科技投資而造成公司內的變化無法被預見，其結果有可能如你的期待，也可能正好相反。舉例來說，十五年前誰能想像，電子郵件與即時通訊居然成為主要的商業溝通形式，且許多的管理者每天被超過 200 封以上的電子郵件給淹沒呢？

▶ 什麼是組織？

組織（organization）是一個穩定、正式的社會結構，它從環境中取得資源，加以處理後產生結果輸出。此一技術性的定義著重在組織的三大元素。資本與勞力是環境所提供的主要生產因素。組織（公司）將這些輸入以生產函數轉換成產品與服務。待產品與服務在環境中消費後再反向提供輸入（參閱圖 3-2）。

一個組織在永續運作與例行性的事務上較一般非正式的團體（如每週五共進午餐的一群朋友）來得穩定。組織是正式的法人，擁有內部紀律與程序，必須受法律約束。組織也是社會結構，因為組織是許多社會元素的集合體，有如

圖 3-1　組織與資訊科技的雙向關係

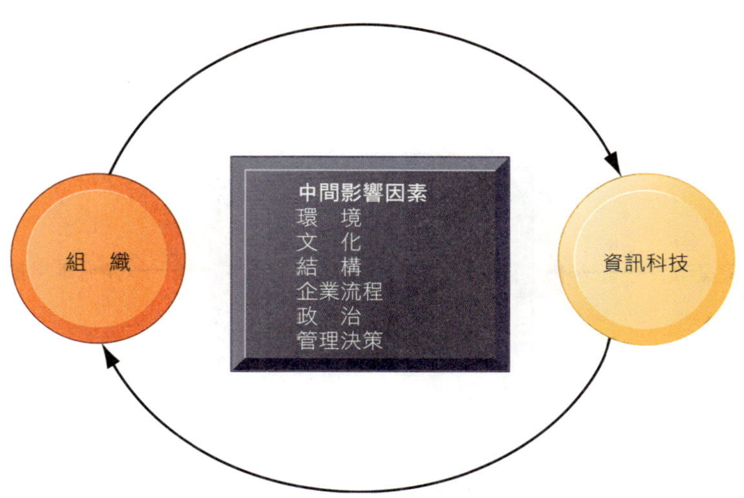

此一複雜的雙向關係受許多因素影響，不僅僅是管理者做決策或是不做任何決策。其他因素也會影響兩者之間關係，包含組織文化、結構、政治、企業流程與環境等。

圖 3-2　組織在個體經濟學的技術性定義

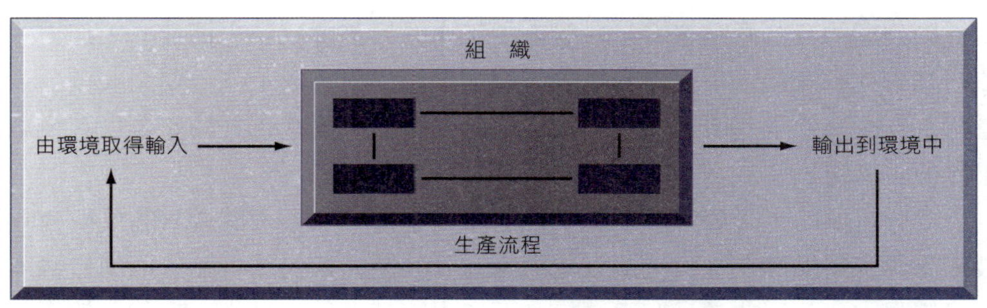

個體經濟學對組織的定義為，資本與勞力（環境提供的兩個主要生產因素）在公司中透過生產流程轉化成產品與服務（輸出到環境中）。產品與服務被環境所消費，以提供更多的資本與勞力輸入，形成一個回饋循環。

一部機器般有它固定的結構——其閥門、凸輪、軸與其他零件等都有一定的排列規則。

組織的定義相當簡潔有力，不過卻很難描述或預測真實世界的組織。組織有一個較實際的行為學定義：組織是一個權利、特權、義務與責任的集合體，

圖 3-3 組織的行為觀點

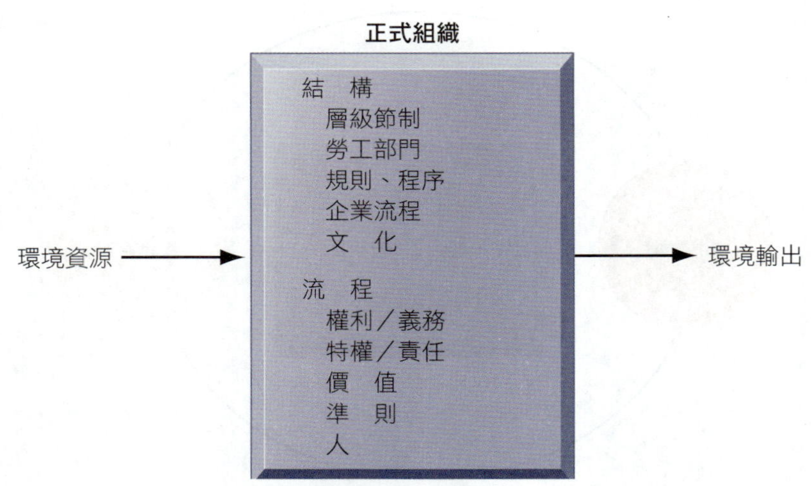

組織的行為觀點強調群體關係、價值與結構。

透過衝突與解決衝突，經過一段時間這些元素仍保持著微妙的均衡（參閱圖 3-3）。

以公司的行為觀點來看，在組織中工作的人都會發展出慣性的工作方式；依附在既存的關係上；從而安排出下屬與上司如何完成工作、要完成多少工作量與在什麼條件下完成工作等。大多數的安排與感覺在正式的作業規範書中都不會被討論到。

這些組織的定義到底與資訊系統的技術有何相關？一個組織的技術性觀點鼓勵我們將重點放在當科技的變化被導入公司時，如何結合輸入以創造輸出。在我們眼中，公司非常具有可塑性，而資本與勞力很容易相互替代。然而，行為學中更務實的組織定義，則認為建置新資訊系統或重建舊資訊系統，其工作遠超過對機器或工人重新進行技術性的安排——有些資訊系統改變了過去長期建立的權利、特權、義務、責任與感覺等組織的平衡。

改變這些組成要素需要花很長的時間，且具有分裂性，還需要更多的資源來支援訓練與學習。舉例來說，有效導入新資訊系統所需的時間遠超過我們一般的預期，僅僅只是因為導入資訊系統與教育員工和管理者學會如何去使用系統，這二者之間有很大的落差。

技術的改變往往需要改變擁有或控制資訊的人、改變有權存取與更新資訊的人，以及改變擁有決定哪些人在何時要如何取得資訊的那些人。這種更複雜的觀點迫使我們必須檢視過去所設計的工作方式與用來達到輸出的處理程序。

組織的技術與行為學上的定義並沒有相互矛盾。事實上，它們具有互補作用：技術定義告訴我們數以千計的公司在競爭激烈的市場中如何將資本、勞力與資訊科技結合，而行為模式則帶領我們到個別的公司中，了解科技是如何影響組織內部的工作。第 3.2 節中將描述這兩種組織定義，如何幫助我們解釋資訊系統與組織的關係。

▶ 組織的特色

所有現代的組織都有著某種特色。它們都是官僚體系且具有人力與專業清楚劃分的部門。組織於各管理階層中安排專家，每個人都向某一人負責，且其職權受限於被抽象的規則或程序所管理的特定活動。這些規則創造了一個公平且決策一致的系統。組織會盡力以技術水準與專業能力任用或擢升員工（而非靠人事關係）。如此組織便能致力於效率原則，亦即，運用有限的輸入獲取最大的輸出。其他組織的特色包括企業流程、組織文化、組織政治、外部環境、結構、目標、組成成員與領導方式。所有的特色都會影響組織所使用的資訊系統的種類。

例行作業與企業流程

所有的組織，包括商業公司，經過一段時間都會變得非常有效率，因為在公司內的個人發展出生產產品與服務的**例行作業**（routines）。例行作業——有時候稱為*標準作業程序*——是為應付所有可預期的情況而發展出精確的規則、程序和執行。當員工學習這些例行作業的時候，他們將會變得很有生產力也有效率，而公司也能夠隨著效率提升，在一段時間內減低企業的成本。舉例來說，當你去診所時，櫃台接待人員根據一套完整的例行作業程序來蒐集你的基本資訊；護士透過另外一套例行作業程序準備讓你看診；而醫生也有一套完好的例行作業程序來為你診療。在第一與第二章所提到的企業流程，是一系列這種例行作業程序的集合。公司是一連串的企業流程組合而成（參閱圖 3-4）。

組織政治

人們在組織中有不同位階，也會有不同的專業、考量與觀點。因此，他們自然對資源、報酬與懲罰的分配有不同的觀點。這些不同對管理者與員工有不

圖 3-4 例行作業、企業流程與公司

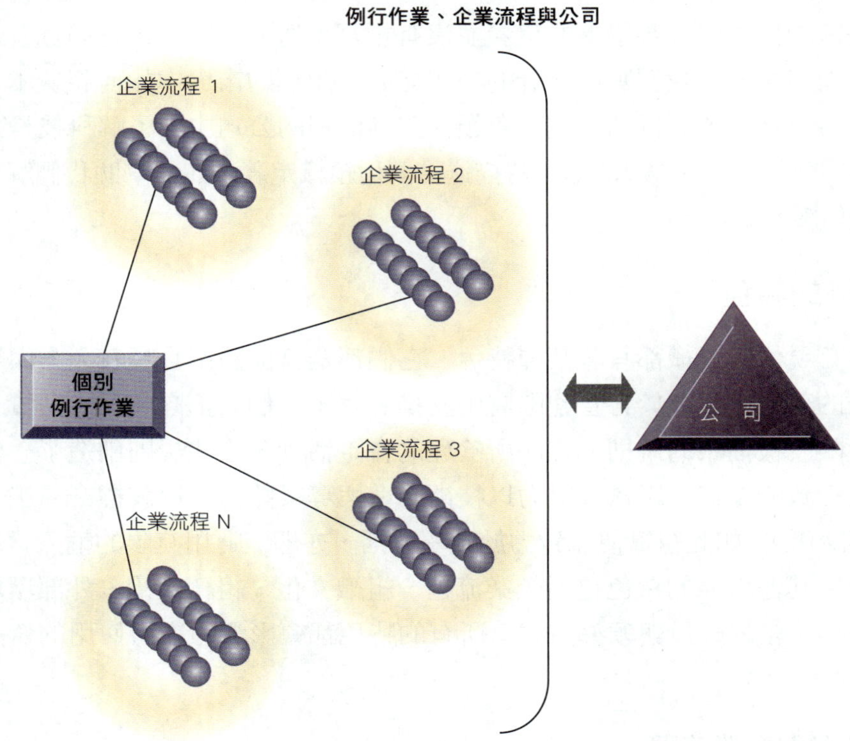

所有的組織由個別的例行作業與行為所組成，例行作業與行為的組合構成一個企業流程。一系列的企業流程便形成公司。新的資訊系統應用需要個別的例行作業與企業流程改變以達成更高的組織績效。

同的意義，在每一個組織中便造成對於資源、競爭與衝突上的政治鬥爭。政治上的阻力是推動組織改變最大的困難——尤其是發展新的資訊系統。實際上，所有公司進行大規模的資訊系統投資，會對策略、企業目標、企業流程與程序所帶來的重大改變，將會演變成政治味濃厚的事件。在導入新資訊系統的過程中，管理者如果熟知如何運用組織內政治手法，將會比不諳此道的管理者更容易成功。在本書之中，你將會找到許多內部政治擊敗最完美資訊系統計畫的例子。

組織文化

所有組織都有一些非常根深蒂固、沒有爭論餘地且不能質疑的（來自組織成員）假設，而這些假設定義了組織的目標與產品。組織文化即包含了關於組織該生產什麼產品、如何、在何處、為誰生產該產品等這些假設。通常這些文化假設都被認為是理所當然的，很少經過正式宣告或討論。企業流程——企業創造價值的實際方法——常常都是深藏在組織的文化中。

你可以在就讀的大學或學院中，看到組織文化的運作。大學生活有一些不變的基本假設，包括教授知道得比學生多、學生上大學的理由是為了學習與課程有規律的時間安排。組織文化是一股強而有力的凝聚力，能抑制政治衝突、促進彼此的了解，並對組織內部的流程與共同的習慣達成共識。如果我們共享同樣的基本文化假設，則對其他事情的看法也會較相近。

同時，組織文化也是抗拒改變的強大力量，尤其是技術的改變。多數的組織會想盡辦法來避免改變基本假設。任何會威脅到組織內共享的文化假設的技術改變都會遭遇到很大的抗拒。然而，有些時候可以讓組織繼續前進的唯一明智的方法，就是引進新科技直接反對現存的組織文化。但是當阻力發生時，喊停的通常是科技，以等待組織文化慢慢調整。

組織環境

組織從其所處的環境中取得資源並供應產品和服務。組織與環境為雙向的互惠關係。一方面，組織是開放且依賴著圍繞其周遭的社會與物質環境。沒有財務與人力資源——人們願意確實地且照舊地去工作，以換取一份薪水或來自客戶的收入——組織將無法存在。組織也必須回應政府的立法和其他要求，以及客戶和競爭對手的活動。另一方面，組織也會影響它的環境。舉例來說，企業會和其他公司組成聯盟來影響政治過程，或用廣告來影響客戶對其產品的接受度。

如圖 3-5 描述資訊系統幫助組織認清環境的改變與因應環境所扮演的角色。資訊系統也是*掃描環境*的關鍵工具，幫助管理者確認出可能需要組織有所因應的外在改變。

環境的改變通常較組織快。新技術、新產品、大眾品味與價值觀的改變（許多皆起因於新的政府法令），皆限制了組織的文化、政治與人員。大多數組織都無法適應快速的環境變遷。惰性已建立在組織標準作業程序中，改變既有秩序

圖 3-5 環境與組織的雙向關係

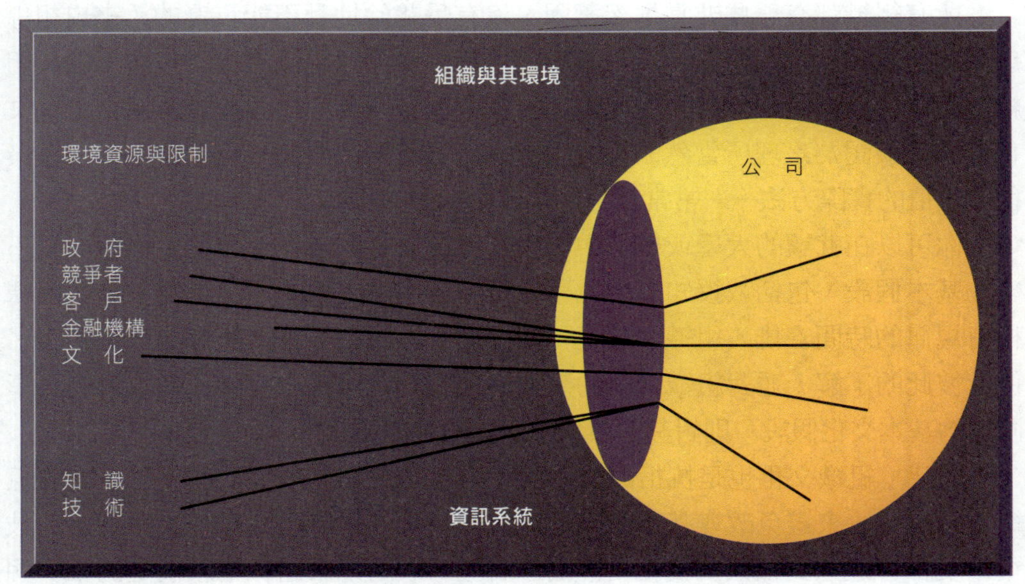

環境引導了組織所能做的事，但組織也能影響環境，並決定完全改變環境。資訊科技扮演了關鍵的角色，協助組織察覺環境的改變，並幫助組織因應環境。

會引發政治衝突，威脅到組織中緊密的文化價值，也會阻止組織的重大改變。年輕的公司通常缺乏資源來度過短期的困境。1919 年財星雜誌中前 500 大企業僅有 10% 存活至今也就不足為奇了。

顛覆技術：駕馭浪潮 有時候一項技術與其所造成組織的創新常伴隨著組織的遠景與環境急遽地改變。這些創新被稱為「顛覆」（Christensen, 2003）。是什麼讓技術充滿顛覆性？在某些案例中，**顛覆性技術**（disruptive technologies）是表現得跟現在所生產的產品一樣或是更好（通常是更好）的替代性產品。汽車取代了須靠馬來拉的四輪馬車；文書處理軟體取代了打字機；蘋果 iPhone 取代了隨身聽；數位攝影取代了底片沖洗式的攝影技術。

在這些個案中，整個產業都被淘汰。也有些個案，顛覆性技術只是以比原本的產品更少的功能、更低的成本就能拓展市場。到後來他們成為以前銷售產品的低成本競爭者。磁碟機就是個例子：個人電腦所使用的小型硬碟，就以替小檔案提供便宜的數位儲存空間而拓展了市場。最後，小型個人電腦的硬碟反而成為磁碟市場中最大的一個區塊。

有些公司可以開創這些技術並駕馭浪潮而獲利；其他公司快速學習並讓其企業跟著改變；但仍然有些公司被淘汰而消滅，因為它們的產品、服務與經營模式都過時了。也許它們非常有效率地進行已經不再被需要的工作！也有那種沒有企業獲利的案例，所有利潤都由客戶獲得（企業無法獲得任何利益）。表 3-1 列出幾項過去的顛覆性技術。

顛覆性技術是很微妙的。作為「第一個行動者」，創造顛覆性技術的公司，如果缺乏資源來開發利用該技術或無法發現機會，他們並不見得會獲利。MITS Altair 8800 被大家認為是第一台個人電腦，但是它的發明者並沒有好好利用其「第一個行動者」的地位。第二個行動者，即所謂的「快速的跟隨者」，如 IBM 與微軟，它們得到了報酬。花旗銀行的自動櫃員機（ATM）徹底改革了零售銀行，但卻被其他銀行抄襲模仿。最後所有的銀行都使用自動櫃員機，而大多數

表 3-1 顛覆性技術：贏家與輸家

技 術	描 述	贏家與輸家
微處理晶片（1971 年）	一個矽晶片上容納了數千個、最後達數百萬個電晶體。	微處理器公司（英特爾、德州儀器）獲勝，電晶體公司（奇異）衰退。
個人電腦（1975 年）	體積小、價格低廉但是具有完整功能的桌上型電腦。	個人電腦製造商（惠普、蘋果、IBM）與晶片製造商（英特爾）成功，大型電腦（IBM）與迷你電腦（DEC）公司失敗。
個人電腦文書處理軟體（1979 年）	個人電腦用的價格低廉、功能有限，但實用的文字編輯與排版軟體。	個人電腦與軟體製造商（微軟、惠普、蘋果）興盛，打字機產業消失。
全球資訊網（1989 年）	全球數位檔案資料庫與立即可獲得的「網頁」。	擁有線上內容與新聞者受益，傳統出版業者（報紙、雜誌與廣播電視）輸了。
網際網路音樂服務（1998 年）	網頁上可供下載的音樂庫具有可接受的音質。	線上音樂集的擁有者（MP3.com、iTunes）、擁有網際網路基礎的電信業者（AT&T、Verizon）、地區性的網際網路服務業者獲勝，唱片公司與音樂零售商（Tower Records）敗陣。
PageRank 演算法	將網頁人氣方面做排名的一種方法，以補足由關鍵項目來搜尋網頁。	Google 是贏家（他們擁有專利權），傳統關鍵字搜尋引擎（Alta Vista）輸了。
將軟體視為網頁服務	利用網際網路提供遠端存取線上的軟體。	線上軟體服務公司（Salesforce.com）是贏家，傳統「盒裝型」軟體公司（微軟、SAP、甲骨文）是輸家。

的利益卻都歸於客戶。Google 並不是搜尋領域中的第一個行動者，但卻是一位創新的跟隨者，其發展出稱為 PageRank 的強而有力之新搜尋演算法且擁有專利權。至目前為止，它能夠保持領先地位，而其他搜尋引擎的市場占有率卻漸漸變小。

組織的結構

組織之間都有一個結構或型式。Mintzberg 的分類如表 3-2 所示，有五種基本組織結構類型（Mintzberg, 1979）

在公司裡你所找到資訊系統的類型——與這些系統問題的本質——通常可以反映出這個組織結構的型態。舉例來說，在專業的官僚組織如醫院，常可以發現行政管理部門、醫生或是其他專業人員如護士與社會工作者同時使用不同的病患紀錄系統是很正常的。在小型的創業公司中，你常常會發現那類匆忙建置、很快會過時且設計拙劣的系統。在那種於數百個地區運作的大型多部門公司之中，你也常可以發現並沒有單一的整合性資訊系統，而是每一個地區或每

表 3-2 組織的結構

組織型態	說　明	例　子
創業型結構（entrepreneurial structure）	這類組織的結構很簡單，通常為較年輕、規模較小的公司、處於快速變動的環境，由單一創業者所掌控。	小型剛起步的企業
機械式官僚體制（machine bureaucracy）	大型官僚體制存在於環境變化緩慢、生產標準化產品的組織。由中央集權化的管理團隊所掌控與集中決策。	中型製造商
區域式官僚體制（divisionalized bureaucracy）	結合多層的機械式官僚體制，每一體制生產不同的產品或服務，最頂層都為中央管理部門。	財星前 500 大企業，如通用汽車公司
專業式官僚體制（professional bureaucracy）	以專業知識為基礎的組織，產品與服務都倚賴專家及具有專業知識的成員。由部門主管掌控，而較少中央集權。	法律事務所、學校系統、醫院
臨時性體制（adhocracy）	這類任務小組型組織必須因應快速變化的環境。包括由一大群的專家組織成短期性、具多種訓練的任務小組與非強勢的中央管理者。	顧問公司，如蘭德（Rand）公司

一個部門有它自己的資訊系統。

其他的組織特色

組織有其目標與達成目標的各種方法。有些組織有壓制性的目標（例如監獄），也有些有實利性的目標（例如企業），還有些有規範性的目標（如大學與宗教團體）。組織也服務不同的團體或有不同的成員，有些對其會員有利，其他對客戶、利害關係人或公眾有利。不同組織的領導風格差異更大——有些組織可能比其他組織更民主或更有權威。另有一些組織會依其執行的工作與使用的科技而不同。有些組織執行一些例行的工作，能夠簡化成正式的規則，不太需要判斷（如製造汽車零件），其他（如顧問公司）主要從事非例行性工作。

3.2 資訊系統對組織與公司的衝擊

資訊系統成為整合、上線、互動的工具，深深的影響著大型組織每一分鐘的工作流程和決策制定。過去十年來，資訊系統根本地改變了組織的經濟，同時也大大地增進組織工作的可能性。來自經濟學與社會學的理論與概念將有助於我們更了解資訊科技所帶來的變革。

▶ 經濟上的衝擊

就經濟學的觀點來看，資訊科技改變了資金的相對成本與資訊的成本。資訊系統技術被視為生產的一個因素，且可免費地替代資本與勞力。當資訊系統技術的成本下降時，自然取代了過去成本不斷提高的勞力。因此當資訊科技可替代勞力時，組織的中階管理者與一般辦事人員的數量會減少（Laudon, 1990）。

隨著資訊科技的成本下降，它也同樣替代其他形式、且相對而言較為昂貴的資本，如建築物與機器設備。因此，在一段時間後，我們該期待管理者增加他們在資訊科技上的投資，因為資訊科技相對於其他資本設備的成本是逐漸遞減的。

資訊科技顯然地影響資訊的成本與品質，也改變了資訊經濟。資訊科技也可以幫助公司縮小規模，因為它可以降低交易成本——也就是公司在市場買進本身無法製造的物品時所發生成本。依照**交易成本理論**（transaction cost theory），公司和個人都會積極尋求最經濟的交易成本，就如同降低生產成本一樣。因為使用市場是很貴的，其中包括如尋找並與遠地的供應商溝通、合約的進度監控、購買保險、獲取產品相關資訊與諸如此類的成本（Coase, 1937; Williamson, 1985）。傳統上，公司會以垂直整合來降低交易成本，如擴大交易量、雇用更多員工、買下它們的供應商和經銷商，如通用汽車和福特汽車常用的手法。

資訊科技，特別是網路的使用，可以幫助公司降低參與市場的成本（交易成本），使得與外部供應商簽約比使用內部資源更值得。其結果使公司得以縮小規模（雇用人員數），因為將工作委外至競爭的市場遠比雇用員工來得便宜。

例如，藉由使用電腦連接外部供應商，戴姆勒克萊斯勒公司可以從外部拿到 70% 以上所需的零件，以獲取經濟效益。資訊系統可以讓思科（Cisco Systems）與戴爾電腦（Dell Inc.）這一類的公司，將生產外包給製造承包商如 Flextronics，而不需要自己生產產品。

圖 3-6 顯示當交易成本降低時，公司的規模（雇用人員數）勢必減少，因為公司更容易從市場中簽約購進貨品和服務，而這麼做遠比自己製造產品或提供服務更便宜。即使當公司的營收增加，公司的規模還是可能縮減或不變。例如，當 1994 年時 Eastman 化學公司從柯達公司分割出來之後，當時該公司有 33 億美元的營收與 24,000 名全職員工。到 2009 年時，該公司產生了超過 50 億美

圖 3-6 以交易成本理論解釋資訊系統對組織的衝擊

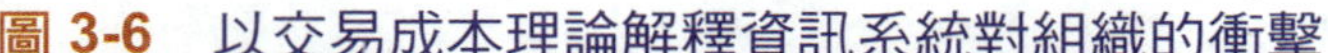

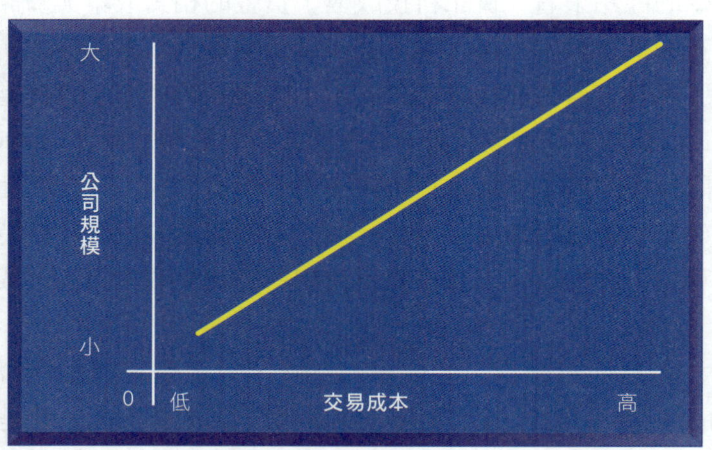

當市場上參與成本（交易成本）高的時候，建立大型企業並在企業中可以完成所有事物是有意義的。但是資訊科技降低了企業在市場上的交易成本。這意味著公司可以運用市場將工作外包、減少員工數，營收還是會成長。只是會更依賴外包的廠商與公司外部的工作承包者。

元的營收，而員工只有 10,000 名。

資訊科技也可以減少內部的管理成本。從**代理理論**（agency theory）的觀點，公司被視為一個介於許多自我利益中心的個人之間的「合約連接關係」（nexus of contracts），而非只是一個統一、追求最大利潤的個體（Jensen and Meckling, 1976）。一位當事人（雇主）雇用代理人（員工）為他或她的利益而執行工作。但是，代理人必須經常被監督或管理，不然，代理人可能會只追求自己想要的利益，而非雇主想要的利益。隨著組織規模與範圍的擴大，代理人成本或協調成本增加，因為雇主必須花費更多的氣力來監督與管理員工。

資訊科技能減少資訊的取得與分析成本，並讓組織減少代理成本，因為每一位管理者能監控更多的員工。如圖 3-7 所示，資訊科技可以減少整體管理成本，使公司縮減中階管理者和辦事人員的同時增加營收。我們從前幾章也看到一些相關的例子，說明資訊科技能擴張小型組織的權力與範圍，讓小型組織以很少的員工和管理者，執行如訂單處理或存貨追蹤等協調活動。

因為資訊系統為公司同時減少了代理與交易成本，我們可期望經過一段時間，當愈多資金投注於資訊系統上時，公司的規模會愈小。公司的管理者應該會愈來愈少，而我們期待每一位員工的營收也會隨著時間增加。

圖 3-7　以代理成本理論解釋資訊系統對組織的衝擊

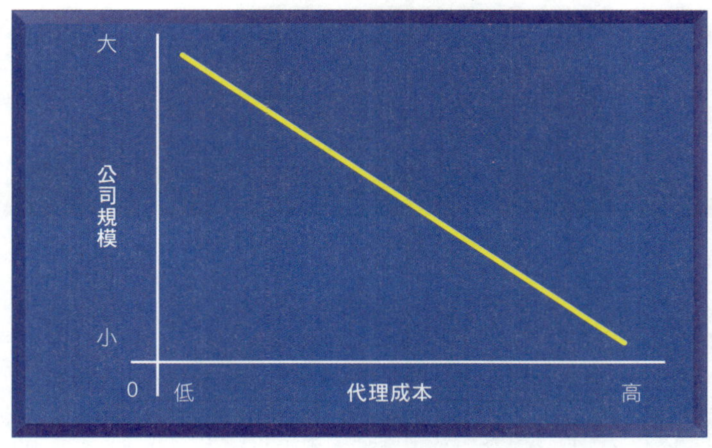

代理成本指的是管理公司員工的成本。資訊科技降低了代理成本且讓管理變得更有效率。少數的管理者必須管理員工。資訊科技讓建立一個大型全球化的企業變成可能，而且可以用更有效率的方式經營，不需要大幅增加管理階層。如果沒有資訊科技，大型全球化的企業將難以運作，因為管理的成本太昂貴。

▶ 組織與行為上的衝擊

社會學中複雜組織的理論也提供關於公司如何與為何會隨著新資訊科技應用的導入進而產生變革的一些看法。

資訊科技將組織扁平化

在電腦時代前所發展出的大型官僚式組織已經變得毫無效率，改變緩慢，無法與新創立的組織競爭。因此有些大型企業開始進行縮編，亦即減少員工數與縮減企業的層級。

行為研究學者將利用資訊科技擴大資訊分配到較低層的員工，以提升基層員工的權力與增加管理效率的現象，化為組織扁平化的理論（參閱圖 3-8）。資訊科技可以將決策制定的權力推向組織內較低的層級，讓基層的員工接收到他們制定決策所需的資訊，且不需有管理階層監督。（這種授權是有可能的，因為工作人員有較高的教育水準，使得員工可以做明智的決策。）因為管理者現在可

圖 3-8　組織扁平化

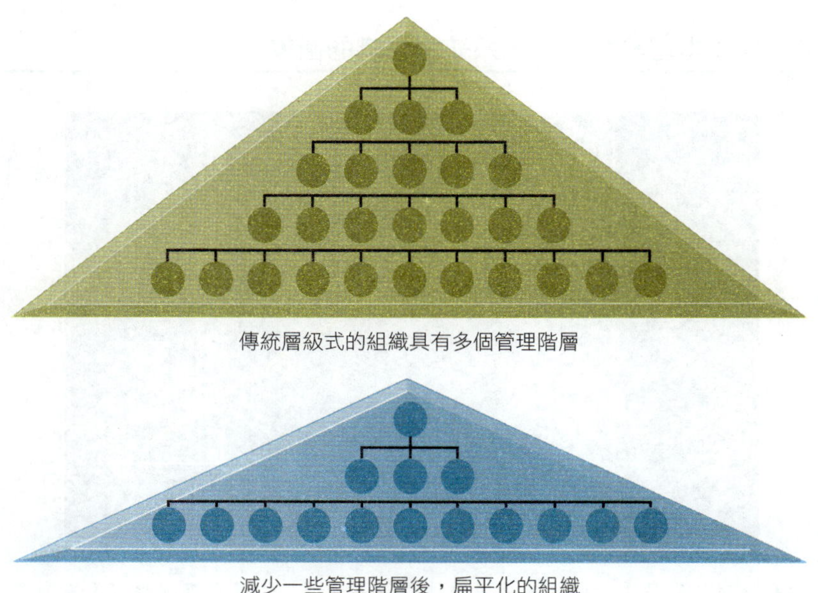

傳統層級式的組織具有多個管理階層
減少一些管理階層後，扁平化的組織

資訊系統可以減少組織的層級，提供管理者資訊來監督更多的員工，也給予低階層員工更多決策權力。

以即時收到大量更精確的資訊，他們可以更快的制定決策，因此再不需要這麼多的管理者。管理成本占營收的比例隨之遞減，且組織階層也會變得更有效率。

這樣這些改變代表著高階管理者對員工的控制幅度加大，可直接管理與控制更多分散在各地的部屬。這樣的改變讓許多公司裁撤了成千的中階管理者。

後工業化組織

以歷史學、社會學與少數的經濟學為基礎的後工業化理論，也支持資訊科技使得組織階層扁平化的概念。在後工業化社會中，權力逐漸依隨著知識與競爭力而來，而非僅來自於正式的職位。因此，組織形狀將扁平化，因為專業人員多能自律，且知識與資訊能廣泛分布在全公司，使得決策制定更分權化（Drucker, 1988）。

資訊科技鼓勵任務編組形式的網路組織，由許多專業人員組成的任務小組——彼此之間以面對面或透過電子方式合作——在短期內完成一個特殊任務（例如設計新款汽車）；等任務完成後，小組成員又各自加入其他任務小組。Accenture 全球顧問服務公司就是一個例子。它沒有營運總部也沒有正式的分公司。在 49 個不同的國家，19 萬員工裡很多人不斷移動於客戶所在的地點執行專案。

誰能確保自我管理的小組不會走錯方向？誰能決定由哪些人共組小組及合作多長時間？管理者如何評量一個常在不同小組間調動的員工績效？員工如何知道自己的生涯會如何發展？需要新方法來評量、組織與聯絡工作人員，也不是所有的公司都能有效地以虛擬的形式運作。

了解組織對變革的抗拒

資訊系統不可避免地會與組織政治息息相關，因為它影響接近組織的重要資源的機會——也就是資訊。資訊系統會影響組織中誰該對什麼人、何時、何處及如何做什麼。許多新的資訊系統必須在個人與例行作業進行改變，而受到影響的人需要重新訓練與投入額外的努力，這些投入不一定會帶來報償，因而讓人感到痛苦。由於資訊系統會改變潛在的組織結構、文化、企業流程與策略，因此常在導入時遭遇抗拒。

有很多方法能觀察組織的抗拒。Leavitt（1965）使用一個菱形去闡述科技和組織相互關係與交互調整的特質（參閱圖 3-9）。在這裡科技的變革是被吸收的、偏斜的與被組織的工作安排、結構與人所打敗。在這個模型裡，唯一引起改變的方法是同時改變科技、任務、架構與人。其他的作者們聲明表示在導入創新之前，必須先「解凍」組織並迅速地導入，然後再將改變「冰凍」或制度化（Alter and Ginzberg, 1978; Kolb, 1970）。

因為組織對於變革的抗拒通常是強而有力的，許多資訊技術投資因此失敗，且沒有增加任何的生產力。的確，在針對專案導入失敗的研究當中，最常看到大型專案未能達到專案目標而失敗的理由，並不是技術上的失敗，而是組織與政治上抗拒變革。因此，作為一位未來資訊科技投資的管理者，你與其他人還有組織一起工作的能力，將會與你的技術認知和知識同等重要。

▶ 網際網路與組織

網際網路，特別是全球資訊網，對公司與其外部個體之間的關係，甚至與公司內部組織的企業流程，都有很重大的衝擊。網際網路增加了組織知識與資訊的取得、儲存與散布能力。本質上，網際網路能戲劇性的降低大多數組織的交易與代理成本。例如，現今紐約的仲介公司與銀行，已將其內部的作業程序手冊放到公司的網站上，供分散在各地的員工參閱，節省了上百萬美元的分送成本。公司在全球各地的業務單位能透過網路立刻收到最新的產品價格資訊，或是透過電子郵件傳來的上級指令。一些大型零售業者的供應商可直接到零售

圖 3-9　組織抗拒與科技和組織之間的相互調整關係

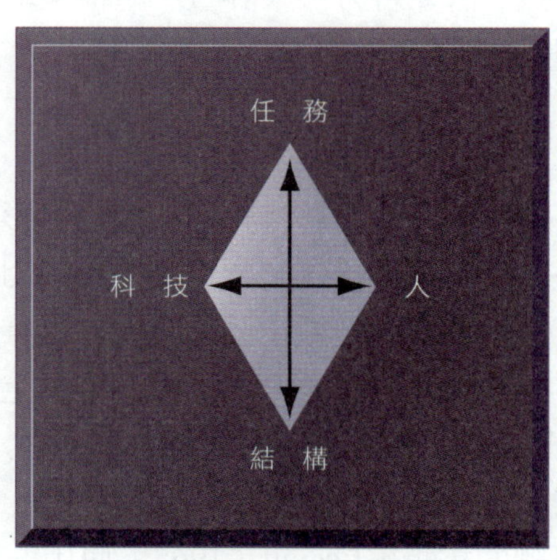

資訊系統導入會影響到工作安排、結構與人。根據此一模式，引進改革時，必須同時改變四項元素。

資料來源：Leavitt (1965)。

商的網站上取得每分鐘更新的銷售資訊，再據此立即反應補貨的訂單。

企業運用網際網路技術可以很快地重建一些關鍵的企業流程，並讓此技術成為資訊科技基礎建設的關鍵組成元件。如果先前所提的網路化是種指引的話，與過去相比，一種成果是未來企業流程將會更簡化、人員需求更少，而組織結構更扁平。

▶ 設計的涵意與對資訊系統的了解

為了讓資訊系統發揮該有的成效，我們必須對使用該系統的組織有清楚地了解才能進行系統建置。以我們的經驗來說，規劃一個新系統時主要的組織因素大致如下所列：

- 組織能發揮功能的環境。
- 組織的結構：階層、專業程度、例行工作與企業流程。
- 組織的文化與政治。
- 組織的型態及其領導風格。
- 系統所影響到的主要利益團體與系統使用者的態度。
- 資訊系統被設計用來協助任務的類型、決策與企業流程。

3.3 利用資訊系統達成競爭優勢

在大多數情況下，如果你檢視每一個產業，將會發現有些公司做的比大部分其他公司都好。也總是有傑出的公司。在汽車業中，Toyota 被認為是佼佼者。在單純的線上零售業中，亞馬遜網路書店是領先者。在實體零售業中，世界上最大的零售商威名百貨（Wal-Mart）獨占鰲頭。在線上音樂產業中，蘋果電腦的 iTunes 是在音樂下載市場中市占率高達 75% 以上的領導者，同時，在相關的數位音樂播放產業中，iPod 是領先者。在網路搜尋上，Google 被公認為領袖。

有一些做得比其他公司「好」的公司，被稱為比其他公司具競爭優勢。它們不是得到了別家公司所沒有的特殊資源，就是可以更有效率地使用一般可用的資源——通常是因為有卓越的知識與資訊資產。在任何一件事上，以營收成長率、利潤率、生產力成長（效率）觀點來看，它們都做的比較好。長期而言，這些最終將轉換成較其他競爭者高的股價。

但是為什麼有些公司能做的比其他公司更好，而它們又是如何達到競爭優勢呢？你如何分析一家公司並找出它的策略優勢呢？你如何為你的公司發展一個策略優勢？如何用資訊系統促成策略優勢？這個問題的解答之一就是麥克波特的競爭力模式。

▶ 波特的競爭力模式

波特（Michael Porter）的**競爭力模式**（competitive forces model）（參閱圖3-10）是最常被用來了解競爭優勢的模型。這個模式提供一個全面的觀點來看公司、它的競爭者與公司面對的環境。在本章前段，我們描述過公司環境的重要性和公司對環境的依存性。波特的競爭力模式是所有攸關公司整體的企業環境。在這個模型當中，五種競爭力將勾勒出一家公司的命運。

傳統的競爭者

所有公司與其他的競爭者分享同一個市場，競爭者正不斷創新、藉由引進新的產品與服務持續地想出新的且更有效率的生產方式，有些競爭者透過發展自有品牌來吸引顧客並將成本轉嫁給顧客。

新的市場進入者

在流動的人力與財務資源的自由經濟下，總是會有新的公司進入市場。有些產業進入障礙是很低的，反觀部分產業的進入障礙則非常高。舉例來說，要

圖 3-10　波特的競爭力模式

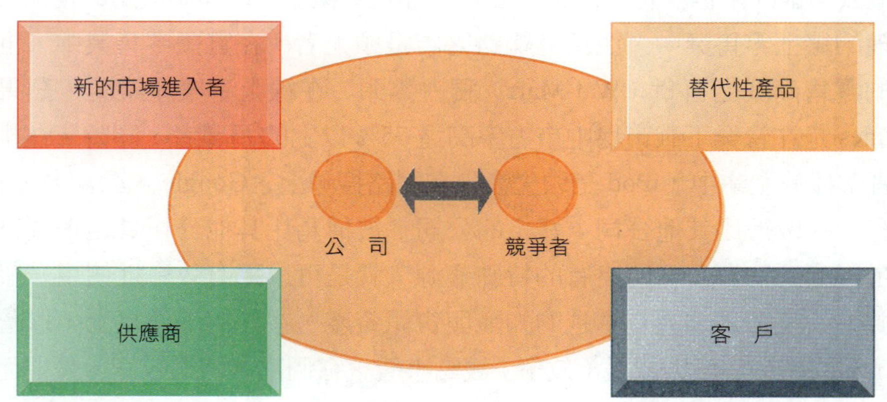

在波特的競爭力模式中，公司的策略定位與策略不只是由傳統上直接的競爭者來決定，而且受到企業環境的四個力量：新的市場進入者、替代性產品、客戶與供應商的影響。

開始經營一個披薩店或只是任何的小型零售公司是相當簡單的，但是要進入電腦晶片產業是非常昂貴且困難的，需要非常高的資金成本，也需要難以獲得的重要專業技術與知識。新的公司可能有幾個優勢：它們不被舊的工廠與設備牽制，它們時常聘請年輕、較無經驗卻可能較具創新思維的員工，不被陳舊的、過時的品牌名稱所拖累，且比產業內其他傳統的公司更「飢渴」（有高度動機）。這些優勢同時也是它們的缺點：它們新的工廠與設備都依賴外界的融資，這非常昂貴；它們的員工經驗較少；同時也缺少品牌認同。

替代性產品與服務

幾乎在每一個產業中，當你的價格開始變高，你的客戶就可能購買替代品。隨時都有新的科技創造新的替代品。甚至石油也有替代品：乙醇可以替代車用汽油；植物油可替代卡車用的柴油；風、太陽能、煤、水力可以運用於工業發電。同樣地，網路電話服務可以替代傳統的電話服務、光纖電話線到府可替代有線電視的電纜線。當然，網際網路音樂服務讓你可以將音樂下載到 iPod，可以替代以 CD 為主的傳統音樂商店。在你的產業中，替代性的商品與服務愈多，你愈不能控制價格，而且你的邊際利潤也會愈少。

客　戶

一個有利潤的公司多仰賴於大量吸引及留住客戶（同時要讓客戶拒絕競爭者）的能力，且可收取較高的價格。當客戶可以輕易地轉換成競爭者的商品或服務時，或在一個**產品差異化**（product differentiation）很小的透明市場中，當客戶可以迫使公司及其他競爭者競價，且所有價格可立即得知（例如在網路上），那麼客戶的權力會變大。舉例來說，在網路上二手教科書的市場中，幾乎任何當期學校的教科書，學生（客戶）都可以找到多個供應商。在這個例子裡，線上客戶的力量比二手書公司大得多。

供應商

供應商的市場力量對公司利潤有重大的影響，尤其是當公司不能像供應商一樣快速地提升價格的時候。公司若有愈多不同的供應商，對供應商的價格、品質與交期就能更有效地掌握。舉例來說，筆記型電腦的製造商，通常總是有多個競爭的關鍵零組件供應商，如鍵盤、硬體與螢幕。

▶ 提升競爭力的資訊系統策略

當公司面臨這所有的競爭壓力時該怎麼做？而公司該如何運用資訊系統去對抗這些壓力？你該如何防止替代品及抑制新的市場進入者？這裡有四種一般性的策略，每一個都要使用資訊科技與系統才能發揮效用：低成本領導者、產品差異化、專注於市場利基，以及強化客戶與供應商的親密度。

低成本領導者

使用資訊系統來達到最低的營運成本與價格。最經典的例子就是威名百貨（Wal-Mart）。威名百貨因為保持低價位，及利用傳奇的補貨系統提供貨架充足的庫存，成為美國零售業的領導廠商。當客戶購買貨品在櫃台付錢的時候，威名百貨的連續補貨系統就直接對供應商送出新訂單。結帳時自動銷售點終端機記錄每一項售出商品的條碼，並將訂單資料直接傳送到威名百貨總部的中央電腦。電腦將各零售店傳來的訂單彙整後傳送給供應商，供應商也可利用網路技

超市和威名百貨這類大型零售商店運用結帳櫃台取得的銷售資料，以決定要販售哪些商品、哪些商品要追加訂單。威名百貨的連續補貨系統能直接將補貨的訂單傳送到供應商那邊。這套系統讓威名百貨能夠維持低成本，並可以對商品做些許調整以滿足顧客的需求。

術來查詢威名百貨的銷售與存貨資料。

因為這套系統可以閃電般地迅速補充存貨，所以威名百貨不需要花費太多錢在自己的倉庫中保持大量的存貨。這個系統也可以讓威名百貨調整購買的品項以迎合客戶的需求。同業的競爭者，如西爾斯百貨（Sears），銷售所得的 24.9% 是用來支付營運費用。威名百貨因為運用這套系統，營運成本降低，僅占收益的 16.6%（零售業的營運成本平均占銷售的 20.7%）。

威名百貨的連續補貨系統也是一個**有效的客戶回應系統**（efficient customer response system）的例子。有效的客戶回應系統直接將消費者的行為連結到配銷、生產與供應鏈。威名百貨的連續補貨系統提供了有效的客戶回應。

產品差異化

運用資訊系統能激發新的產品與服務，也能在既存的產品及服務上大幅改變客戶的便利性。舉例來說，Google 在它的網站上不斷地引進新的且獨特的搜尋服務，像是 Google Maps。2003 年 eBay 藉由收購一個電子付款系統 PayPal，使客戶能更簡單地付款給賣方，也同時擴充了拍賣市場的使用。蘋果公司創造了 iPod，是一台獨特的可攜式數位音樂播放器，加上獨一無二的線上網路音樂服務，69 美分至 1.29 美元就可以買一首歌。蘋果公司不斷地創新，推出多媒體 iPhone、iPad 平板電腦與 iPod 影像播放器。本章開場的個案描述了 AT&T 的企業策略就是試著與這類的數位創新產品綁在一起。

製造商及零售商也開始利用資訊系統，為個別的客戶量身訂做精確符合規格的產品及服務。比方說，耐吉（Nike）在網站上推出 NIKEiD 計畫販售客製化的運動鞋。客戶可以選擇鞋子的款式、顏色、材質、鞋底，甚至連耐吉標誌都有八種選擇。耐吉透過電腦將這些訂單傳輸到位在中國與韓國擁有特殊設備的工廠。一雙運動鞋只要多付 10 美元的成本，大約需要三個星期的時間就可以把鞋送到顧客手上了。運用與大量生產相同的生產資源，但能提供個別客製化的產品或服務的能力稱為**大量客製化**（mass customization）。

表 3-3 列出一些已發展出以資訊科技為基礎的商品與服務的公司，這些商品與服務其他公司難以抄襲，或至少需要一段長的時間才能複製。

專注於市場利基

資訊系統的使用讓一個特定的市場能聚焦，並且在這狹窄的目標市場內提供比競爭者更好的服務。資訊系統可以藉由產生與分析資料以微調業務和行銷

表 3-3 資訊系統讓新的產品與服務產生競爭優勢

亞馬遜網路書店：點擊購物	亞馬遜取得點擊購物的專利，這個專利也同時授權給其他的線上零售商
線上音樂：Apple iPod 和 iTunes	一個手持式整合型播放器，並有一個擁有超過 1300 萬首曲子的線上歌曲資料庫支援
客製化高爾夫球桿：Ping	顧客可以在超過 100 萬個不同選擇的高爾夫球桿中挑選；接單訂製系統會在 48 小時內送出他們訂製的球桿
線上帳單付費：CheckFree.com	2010 年有 5,200 萬的家庭在線上繳交帳單
線上個人交易付款：Paypal.com	Paypal 可以在個人帳戶之間、與個人帳戶和信用卡帳戶之間進行轉帳

技術來支援策略。資訊系統可以讓公司更仔細的分析客戶的購買型態、品味與偏好，讓它們可以針對愈來愈小的目標市場進行有效的宣傳廣告與行銷活動。

這些資料來自許多不同的來源——如信用卡交易、人口統計資料、超級市場和零售商結帳櫃台掃描器中的購買資料，以及人們進入網站、在網站上互動所蒐集的資料。複雜的軟體工具可以在這眾多的資料中找出固定的型態，並推論出規則，以此作為決策的指引。分析這些資料可以依照個人喜好建立專屬的訊息，進行一對一的行銷。例如，希爾頓飯店所使用的 OnQ 系統，能夠針對希爾頓所有品牌蒐集而來的經常交易客戶的詳細資料進行分析，以決定每一個顧客的偏好及其可創造的收益性。希爾頓使用這些資訊給最有利潤的客戶額外的特權，例如延後退房時間。現在的客戶關係管理（CRM）系統都以這類密集資料的分析能力為主要特色（詳見第二章與第六章）。

互動部分組織篇中描述信用卡公司如何巧妙地運用策略以預測出最能為公司帶來利潤的卡友。信用卡公司蒐集了有關消費者購買和其他行為的大量資料，針對這些資料進行挖掘，建構出卡友們詳細的情況，以便於找出卡友們信用風險的好壞。這些作法可以增加信用卡公司的獲利能力，但這些作法是不是也對消費者最有利呢？

強化客戶與供應商的親密度

運用資訊系統可以加強與供應商的緊密聯繫，並發展與客戶的親密度。克萊斯勒公司使用資訊系統讓供應商可以直接取得生產排程，甚至允許供應商決定何時和如何運送零配件到克萊斯勒的工廠。這讓供應商有更多的前置時間可以生產商品。在客戶方面，亞馬遜網路書店持續追蹤使用者購買書和 CD 的偏好，且可以推薦其他人購買的書名給他的客戶。緊密地與客戶和供應商聯繫，可以提高**轉換成本**（switching costs）（由一種產品轉換到其他競爭者的產品所花費的成本）和對公司的忠誠度。

表 3-4 彙整了我們剛描述過的競爭策略。有些公司著重於其中一種策略，但是你常會看到公司同時追求許多種策略。舉例來說，戴爾電腦試著去強調低成本以及客製化個人電腦的能力。

▶ 網際網路對競爭優勢的衝擊

傳統的競爭力量仍舊存在，但因為網際網路讓競爭變得更激烈（Porter, 2001）。網際網路科技建構在所有公司都可以使用的國際通用的標準上，讓競爭者更容易進行價格競爭，也讓新進入者更容易進入市場。因為每個人都可以接觸資訊，網際網路也讓客戶的議價能力提高了，他們可以很快地在網路上找到最低價的提供者。利潤被削減。表 3-5 彙整了波特所指出的網際網路對企業一些負面的影響與衝擊。

網際網路不但摧毀了一些產業，對某些產業也造成了嚴重的威脅。比方說，百科全書出版業和旅行業，因為網路上出現替代產品與服務，而造成大部分業者無法生存下去。同樣地，網際網路對零售、音樂、書籍、房仲、軟體、電信與報紙產業也造成相當大的衝擊。

不過，網際網路也開創了很多新市場，這些新市場成為數以千計的新產

表 3-4　四種基本的競爭策略

策　略	說　明	例　子
低成本領導者	運用資訊系統來生產價格比競爭者更低的產品和服務，同時增強品質和服務的水準。	威名百貨
產品差異化	運用資訊系統造成產品的差異化，並創造新的勞務與產品。	Google、eBay、蘋果、Lands' End
專注於市場利基	運用資訊系統讓專注於單一市場利基的策略變得可行；特殊化。	希爾頓飯店、Harrah' s
強化客戶與供應商的親密度	使用資訊系統發展與客戶和供應商之間強而有力的聯繫和忠誠度。	克萊斯勒公司、亞馬遜網路書店

表 3-5 網際網路對競爭力與產業結構上的衝擊

競爭力	網際網路的衝擊
替代產品或服務	讓新的替代品能經由新的方法推出以滿足需求與執行功能。
客戶的議價能力	全球價格與產品資訊的可取得性，使客戶取得議價能力。
供應商的議價能力	透過網際網路來採購會提高供應商的議價能力；供應商也可以從減低進入障礙與消除位於客戶和他們之間的配送商與其他中間商來獲得利益。
新進入者的威脅	網際網路減低進入的障礙，如對於業務人員、通路的接觸與實體資產的需求；它提供一項技術來驅動讓其他事情變得更簡單的企業流程。
在現有競爭者之間的定位與競爭行為	擴展地理上的市場、增加競爭者的數目與減低競爭者之間的差異性；讓維持營運的優勢變得更難；並且會提高在價格上競爭的壓力。

品、新服務與新的企業模式的基礎，並有一大群忠誠的顧客為建立品牌提供了新的機會。亞馬遜（Amazon）、eBay、iTunes、YouTube、Facebook、Travelocity 與 Google 都是很好的例子。從這樣的觀點來看，網際網路正在「轉變」整個產業體，迫使企業改變它們做生意的方式。

互動部分技術篇對內容提供者與媒體業的轉變有更詳細的說明。網際網路對多種形式媒體的企業模式與獲利能力都造成威脅。教科書與專業出版品之外的書籍銷售量成長趨緩，而新型態的娛樂方式不斷地占據消費者的時間。報紙與雜誌受到的影響更大，閱讀率流失、廣告量縮減，而且很多人都在網路上看免費的新聞。電視與電影業也被逼著要處理盜版，盜版猖獗剝奪了他們該有的部分利潤。

當蘋果電腦宣布要推出新的平板電腦 iPad，所有媒體業的領導者認為此舉不只是一種威脅，更是一個重要的機會。實際上，iPad 與相似的行動裝置也可能是救星——如果傳統媒體可以跟蘋果電腦與 Google 這些技術廠商談好合作方式的話。iPad 對於那些無法調整企業模式而無法以新的方式提供內容給使用者的公司的確是一大威脅。

▶ 企業價值鏈模式

雖然波特的競爭力模式對於確認競爭力及建議一般策略非常有幫助，但對於該做什麼，如何達到競爭優勢並沒有非常特定的建議，也沒提供一個可遵循

互動部分：組織

信用卡公司對你了解有多少？

當 Kevin Johnson 度蜜月回來以後，他收到一封來自美國運通（American Express, AmEx）的信。這封信是美國運通通知 Johnson 將他的信用額度削減了 60%。為什麼？並不是因為 Johnson 忘了繳帳單或是信用紀錄不佳。這封信上寫著：「美國運通發現，其他曾在你最近消費的這些商店機構使用過美國運通卡的客戶償付紀錄不佳。」而 Johnson 前一陣子開始到威名百貨購物。歡迎來到信用卡卡友輪廓描繪的新紀元。

每一次你用信用卡購物，該筆消費的紀錄就會直接被記入由發卡機構所維護的一個可以存放大量資料的儲存庫。每一筆消費都會被編派一組四個數字的分類碼，以描述該筆消費的類型。對雜貨店、速食店、醫師診所、酒吧、保釋金與債券之類的付款，以及約會和陪同等服務都分別有不同的碼。把這些編碼放在一起，信用卡公司只要看一眼就可以更深入了解每一位客戶。

信用卡公司運用這些資料有許多目的。首先，信用卡公司可以運用這些資料更準確地作為其他產品未來促銷活動的指標。比方說，使用信用卡購買機票的消費者可能會收到累積里程計畫的促銷活動。這些資料可以找出與卡友平日購物習慣不同的不尋常消費，幫助發卡機構防備信用卡詐欺。信用卡公司也會特別標示出那些常常刷卡超過信用額度或是呈現不穩定消費習慣的卡友。最近，這些紀錄也被執法機構用來搜尋罪犯。

無法全額償付應繳金額，而必須每月償付利息與其他手續費這類負債的信用卡卡友是信用卡發卡機構主要的利潤來源。不過，最近的財務危機與信貸風暴，很多人延遲繳款，甚至提出破產宣告，讓這群人變成信用卡公司不斷增加的負債。因此現在信用卡公司將重點放在針對信用卡使用資料作資料挖掘，以預測卡友會不會是高風險族群。

運用數學公式和行為學的觀點，這些公司正在發展更細微的卡友輪廓描繪以協助它們進入客戶的腦袋中。這些資料提供了新的觀點來看幾種特定消費型態，與消費者是否有能力償付信用卡帳單和其他債務款項之間的關係。現在發卡公司運用這些資訊拒絕信用卡的申請或是對高風險的客戶降低信用額度。

這些公司只依照特定幾種消費型態進行推論，可能會錯把負責任的卡友標示為高風險的族群，這樣對那些卡友不公平。你如果有購買二手衣、保釋保證書服務、按摩或是賭博這類的消費，可能會被發卡公司列為高風險族群，即便你每個月都定時繳清帳單。其他的行為也會讓信用卡公司產生懷疑：用信用卡翻新輪胎、在酒吧裡用信用卡支付飲料錢、付費接受婚姻諮詢或是預借現金。付超速罰單也會引起懷疑，他們可能會認為你是屬於不理性且容易衝動的人格特質。經過次貸風暴，信用卡公司也開始顧慮來自佛羅里達州、內華達州與加州的居民，而其他州的居民可能因為居民的本質少有被取消贖回權而列入高風險族群的。

同樣細微的輪廓描繪卡友概況也可以找出最可靠、值得給予較高信用額度的卡友。舉例來說，信用卡公司認為那些會買高檔的鳥飼料和雪耙來除屋頂上的雪的卡友比較可能還清債務，也不會忘記繳交信用卡帳單。信用卡公司甚至運用關於卡友行為的詳細知識與欠款的客戶建立私下的關係，並說服他們付清帳款。

密蘇里州一位正在經歷離婚的痛苦的 49 歲婦女在某個時間點欠了各家信用卡公司共 4 萬美元，其中欠了美國銀行（Bank of America）28,000 美元。美國銀行的客服代表研究這位婦女的概況與資料，與她深談許多次，甚至還替她指出有一筆帳她被多收了一次。這位代表與這位卡友創造一張債券去籌錢，然後她還清了她欠美國銀行的 28,000 美元（即使她無法償付她欠其他信用卡公司的帳）。

這個例子說明了現在信用卡公司知道了一些事情：當卡友對信用卡公司覺得放心或因為其他因素，會與客服代表保持良好的關係，這群人也比較可能清償債款。

信用卡公司從這些資訊中得到有關消費者的趨勢的一些想法是很平常的作法，但是它們是否有權運用這些資料先發制人地拒絕發卡或是調整協議的內容？其實執法單位並不允許取得並描繪個人輪廓，但這樣的情況卻仍在發生，信用卡公司就是這麼做。

2008 年 6 月美國聯邦貿易委員會提出訴訟控告次級信用卡廠商 CompuCredit。CompuCredit 運用複雜的行為評分模組找出被認為購買行為屬於高風險的客戶，並降低他們的信用額度。CompuCredit 被判要支付 1 億 1,400 萬美元到那些被評為高風險顧客的信用卡帳戶中，同時還要支付 250 萬美元的罰款。

美國國會正在進行調查信用卡公司運用這些資料決定卡友利率與政策的範圍。歐巴馬總統於 2009 年 5 月簽署的新信用卡改革法案要求聯邦法規制定者進行調查。這群法規制定者也必須決定這些標準對於少數的卡友是否會產生不利的狀況。新的法規也禁止信用卡公司在任何時間點、以任何理由對客戶提高利率。

更進一步地，你可能愈來愈不會收到信用卡推銷辦卡的郵件，也愈來愈不會有寬限期間零利率，但在寬限期之後，利率突然衝高的信用卡。也愈來愈不會有唬弄或欺騙顧客的政策，如針對未繳清的款項提供現金回饋，這種作法確實鼓勵了卡友不要償付欠款。但是信用卡公司說為了彌補這些改變，它們必須全面性的提高利率，即使對好客戶也不例外。

資料來源：Betty Schiffman, "Who Knows You Better? Your Credit Card Company or Your Spouse?" *Daily Finance*, April 13, 2010; Charles Duhigg, "What Does Your Credit-Card Company Know about You?" *The New York Times*, June 17, 2009; and CreditCards.com, "Can Your Lifestyle Hurt Your Credit?" MSN Money, June 30, 2009. Boudette.

個案研究問題

1. 信用卡公司追求哪一種競爭策略？資訊系統如何支援這種策略？
2. 分析顧客的購買資料並建構行為模式對企業有何好處？
3. 信用卡公司的這些作法合於倫理嗎？是否侵犯了隱私權？為什麼是或為什麼不是？

管理資訊系統的行動

1. 如果你有一張信用卡，詳細地列出過去六個月你用信用卡消費的交易。然後，寫一段文字描述信用卡公司可以從這些消費資料得到哪些關於你的興趣與行為的資訊？
2. 這些資訊對信用卡公司有什麼好處？有哪些其他的公司也可能對這些資訊有興趣？

的方法論。如果你的目標是達成卓越的經營，你要從哪裡著手？這就是企業價值鏈模式有用的地方。

價值鏈模式（value chain model）能突顯出企業中某些特殊、最好應用競爭策略的活動（Porter, 1985），以及資訊系統能產生最具策略衝擊之處。價值鏈模式指出特殊與關鍵的地方，公司可以利用資訊科技有效的加強競爭定位。價值鏈模式將公司視為可以增加公司產品或服務邊際價值的一連串基本活動或「鏈」所組成。這些活動可以分成主要活動或支援活動（參閱圖 3-11）。

主要活動（primary activities）最直接指的是關於公司產品與服務的生產和配送，能替客戶產生價值者。主要的活動包括進貨、加工、出貨、業務與行銷，以及服務。進貨包含物料接收與儲存供生產之用。加工是將這些可被視為輸入的物料變成完成品。出貨則包含儲存及配送成品。業務與行銷指的是公司產品的促銷及販售。服務活動則包括公司產品與服務的維護及修理。

支援活動（support activities）則包括組織基本架構（行政及管理）、人力資源（員工的招募、雇用及訓練）、技術（改善產品及生產過程）與採購（購買材料）所組成，使主要活動能順利進行者。

現在，在價值鏈的每一個階段你可能會問：「我們要如何使用資訊系統來改善營運效率，且增進客戶和供應商的親密度？」這將會迫使你嚴苛地審視你如何在每一個階段實行價值增加的活動，以及企業流程如何做改善。你也可能再度詢問資訊系統如何用來改進與客戶及供應商的關係，他們在公司的價值鏈之外，卻屬於公司延伸的價值鏈，絕對是你成功的關鍵因素。在此，由企業價值鏈分析而來，供應鏈管理系統與客戶關係管理系統是兩個企業最常應用的系統，供應鏈管理系統調節資源流入你的公司，客戶關係管理系統協調你的銷售並支援員工進行顧客服務。我們會在第六章再詳細討論企業的應用系統。

運用企業價值鏈模式，會讓你考慮對你的企業流程做基準評價，以對抗相關產業的競爭者及其他產業內相關的公司，確認產業的最佳範例。**基準評價**（benchmarking）包含以最嚴格的標準來比較你企業流程的效率和有效性，同時用這些標準來評量績效。產業的**最佳範例**（best practices）通常藉由顧問公司、研究組織、政府機構與產業公會來確認，最佳範例也就是一貫且有效地達成企業目標的最成功解決方案或問題解決方法。

一旦你已經分析出企業裡價值鏈的不同階段，資訊系統可能的應用方式將會逐步浮現。然後，你可以列出清單，決定開發的優先順序。藉著改善你公司的價值鏈中競爭對手可能忽略之處，你可以獲得卓越營運、降低成本、改善邊

互動部分：技術

iPad 是一項顛覆的科技嗎？

以往的平板電腦就曾在市場上推出然後消失過好多回，但是看來 iPad 帶來的衝擊會跟之前的平板電腦很不一樣。它有精巧的 10 吋彩色螢幕、內建 WiFi 網際網路卡、高速行動網路的潛力，蘋果的 App Store 中有 25 萬種應用程式提供各式各樣的功能，而且它還可以傳送影片、音樂、文字、可以連上社群網路應用，也可以玩影音遊戲。它的入門價是 499 美元。蘋果所面對的挑戰是要如何說服潛在使用者，他們真的需要一台新的、昂貴的且具有 iPad 所提供這麼多功能的小玩具。iPhone 上市的時候，也面對同樣的挑戰。結果證明，iPhone 得到壓倒性的勝利，而影響到全世界傳統手機的銷量。iPad 對於那些媒體與內容提供者也同樣被視為是一種顛覆的科技嗎？看起來正朝著那方向發展。

iPad 對於商務行動電話使用者具有某些吸引力，但多數的專家都相信它並沒辦法取代筆記型電腦與小筆電。但在出版與媒體界應該會最先感受到這項顛覆科技的衝擊。

iPad 與其他相似的裝置（包括 Kindle 閱讀器）將迫使許多既存的媒體對其企業模式做大幅度的改變。這些公司可能必須要停止投資於傳統訊號輸送平台（如新聞用紙），而增加投資於新的數位平台。iPad 讓人們不用透過家裡的電視，運用 iPad 可以邊走邊看電視，而且不需要列印出紙本就能閱讀書籍、報紙與雜誌。

出版社對電子書（e-book）愈來愈有興趣，並把電子書視為活化停滯銷量且能吸引新讀者的一種方式。亞馬遜（Amazon）Kindle 的成功也刺激了電子書的銷量，2010 年第一季總營收超過 9,100 萬美元。最後，電子書應該會占有整體書籍銷售量的 25% 至 50%。技術平台提供者同時也是世界上最大的書本經銷商亞馬遜已經開始運用這項新的權力，迫使出版商以每本 9.95 美元的價格銷售電子書，在這個價格下出版商根本沒有利潤。出版商現在拒絕供應新書給亞馬遜，除非它能提高價格，而亞馬遜也開始妥協。

iPad 進入市場時，已準備好與亞馬遜電子書的價格和配銷方式競爭。亞馬遜曾經承諾會提供最低的價格給客戶，但是蘋果提出分層訂價系統的想法吸引出版商，這種作法讓出版商有機會可以主動參與書本的訂價。蘋果同意讓出版商每本電子書可以收取 12 至 14 美元不等，蘋果就像是書本的銷售代理商（對電子書的銷售額，收取 30% 的費用）而非書本的配銷商。出版商喜歡這樣的安排，但是也擔心長期訂價的期待，希望可以避免讀者又把以往的價格當標準，預期每本電子書應該是 9.99 美元這樣的局面。

教科書的出版商也想要進入 iPad。許多大型教科書出版業者已經和 ScrollMotion 這類軟體公司合作，將教科書的內容轉化至電子書閱讀器上。其實，蘋果電腦的執行長賈伯斯（Steve Jobs）當初設計 iPad 是想供學生在學校使用，iPad 現在的技術對於在學校使用算是很強了。ScrollMotion 已經有在 iPhone 上運用蘋果應用程式平台的經驗了，所以它是唯一夠資格將出版商提供的檔案轉成 iPad 可閱讀格式的公司，同時它也增加了一些附加的功能，像是字典、詞彙表、問題、頁數、搜尋功能與高品質的影像。

報紙對 iPad 的推出也感到興奮，因為這代表著它們可以持續針對所有曾經被迫免費提供線上閱讀的這些內容收取費用的一種方式。如果 iPad 也可以像蘋果電腦之前所推的產品一樣造成熱潮的話，消費者更有可能為了要在這個裝置上閱讀內容而付費。蘋果 iPhone 的 App Store 與 iTunes 音樂商店的成功都證明了這種情況。但音樂產業在 iTunes 的經驗也讓所有媒體有理由擔心。iTunes 音樂商店改變了消費者對唱片與音樂集的認知。銷售一張唱片 12 首歌比起只銷售暢銷單曲，可以為該音樂品牌賺進更多錢。現在消費者大大地減少了購買唱片的習慣，而寧願一次購買或下載單曲。相同的命運也可能正等著報紙，因為報紙也是許多新聞的集合體，但並不是所有的文章都會被閱讀。

蘋果也去接觸電視集團與電影公司，洽談以付月費的方式，提供一些熱門的節目和電影供 iPad 使用者觀看，但是大型的媒體公司並沒有回應蘋果的提議。當然如果 iPad 夠夯，這情況就會改變了，但是現階段，這些媒體寧願選擇不要破壞它們與有線和衛星電視業者穩固且有利可圖的合作關係。

蘋果自己的企業模式又是如何呢？之前蘋果認為行動裝置所提供的內容遠不若行動裝置本身的流行與普及重要。現在蘋果了解到，它必須從各種類型的媒體，取得高品質的內容放在其行動裝置上，這個產品才會成功。蘋果公司最新的目標是與每一個媒體產業合作，以內容擁有者和平台擁有者（蘋果）都同意的價格，傳送消費者想看的內容。蘋果以往專為銷售手機而設計的舊有態度「掀起浪潮、發光發熱、散佈出去」(Rip, burn, distribute) 已過時。在顛覆技術的範例中，即便身為顛覆者也必須被迫調整自己的行為。

資料來源：Ken Auletta, "Publish or Perish?" *The New Yorker*, April 26, 2010; Yukari Iwatani Kane and Sam Schechner, "Apple Races to Strike Content Deals Ahead of IPad Release," *The Wall Street Journal*, March 18, 2010; Motoko Rich, "Books on iPad Offer Publishers a Pricing Edge," *The New York Times*, January 28, 2010; Jeffrey A. Trachtenberg and Yukari Iwatani Kane, "Textbook Firms Ink Deals for iPad," *The Wall Street Journal*, February 2, 2010; Nick Bilton, "Three Reasons Why the IPad Will Kill Amazon's Kindle," *The New York Times*, January 27, 2010; Jeffrey A. Trachtenberg, "Apple Tablet Portends Rewrite for Publishers," *The Wall Street Journal*, January 26, 2010; Brad Stone and Stephanie Clifford, "With Apple Tablet, Print Media Hope for a Payday," *The New York Times*, January 26, 2010; Yukari Iwatani Kane, "Apple Takes Big Gamble on New iPad," *The Wall Street Journal*, January 25, 2010; and Anne Eisenberg, "Devices to Take Textbooks Beyond Text," *The New York Times*, December 6, 2009.

個案研究問題

1. 運用波特的競爭力模式評估 iPad 帶來的衝擊？
2. 是什麼讓 iPad 成為一項顛覆的技術？如果 iPad 帶起一股熱潮的話，誰可能是贏家？誰又是輸家？為什麼？
3. 描述 iPad 對蘋果、內容創造者與配銷商的企業模式可能造成的成果。

管理資訊系統的行動

到蘋果 iPad 與亞馬遜書店 Kindle 的網站，檢視它所有的特色與功能，回答下列問題：

1. iPad 的功能有多強？它對閱讀書籍、報章雜誌、搜尋網路或看影片有何幫助？你可以找出這個裝置的缺點嗎？
2. 將 iPad 和 Kindle 的功能做比較。對閱讀書籍而言哪一個比較好？試解釋你的答案。
3. 你喜歡 iPad 或 Kindle 來閱讀你大學課堂上所用的教科書或是平常休閒的書籍，以取代傳統的印刷出版品嗎？為什麼喜歡或為什麼不喜歡？

際利潤與客戶和供應商締造更親近的關係來達成競爭優勢。如果你的競爭者也做類似的改善，則你至少不會處於競爭劣勢——這是最差的情況！

擴展價值鏈：價值網

圖 3-11 顯示公司的價值鏈可以與它的供應商、批發商與客戶的價值鏈相互連結。畢竟，大部分公司的績效表現不只依賴一家公司內部如何運作，還需配合公司如何協調好直接與間接的供應商、運送公司（物流夥伴，像是 FedEx 或是 UPS），當然還有客戶。

如何運用資訊系統在產業中達到策略優勢？藉由與其他公司一同努力，產業夥伴可以利用資訊科技來發展整個產業的標準，可以用電子化的方式交換資訊或進行交易，這樣可以迫使所有市場的參與者都要同意使用相似的標準。這

圖 3-11 價值鏈模式

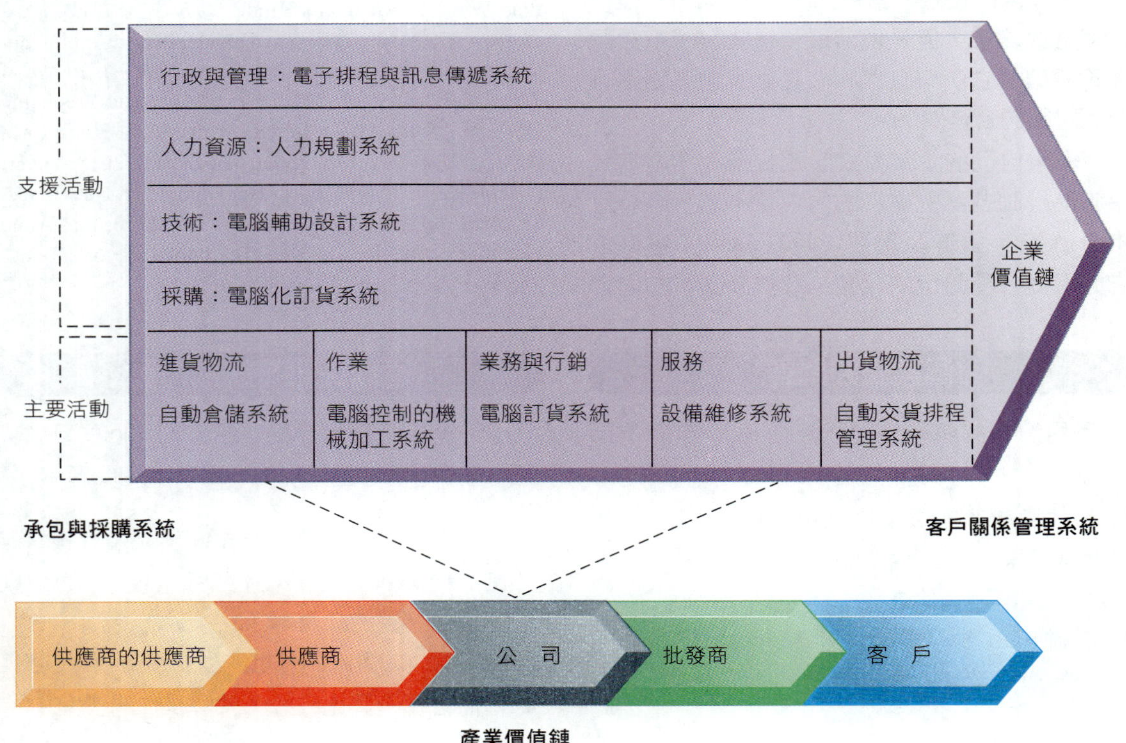

這張圖提供了一個公司的主要與支援活動的系統範例，以及能夠增加公司產品與勞務邊際價值的價值夥伴。

樣的努力可以增加效率，降低產品替代性，而且也許可以增加進入成本——使新的進入者卻步。相同地，產業中的成員也可以建立整體產業由資訊科技支援的聯盟、論壇與溝通網路，用於協調政府單位、國外競爭者與競爭產業間相關的活動。

著眼於產業價值鏈，會鼓勵你去思考如何使用資訊系統更有效率地來連結你的供應商、策略夥伴和客戶。策略優勢來自於將你的價值鏈與過程中其他夥伴的價值鏈相互銜接的能力。例如，假設你是亞馬遜（Amazn.com），你想建立的系統是：

- 在亞馬遜網站上，讓供應商更容易展示商品和開店。
- 使客戶購買商品時容易付款。
- 發展系統來協調商品到交運客戶端。
- 為客戶發展商品交運的貨況追蹤系統。

網際網路科技使得創造高度同步的產業價值鏈成為可能，又稱為價值網。**價值網**（value web）是一群獨立公司的集合，它使用資訊科技協調它們的價值鏈，用集體生產產品或服務提供給市場。價值網比起傳統的價值鏈來說，更趨近於客戶導向和非線性運作。

圖 3-12 顯示這個價值網的相同產業或相關產業中，分屬不同公司的客戶、供應商與貿易夥伴之間企業流程的同步化。價值網相當富有彈性，且會隨著供給與需求的改變做調整。個體之間的關係可以動態的結合或分離來回應改變中的市場環境。公司可藉由最佳化其價值網的關係，快速決定誰可以用適當的價格與在適當的地點提供所需的產品或服務，以加速產品上市與客戶回應的時間。

▶ 綜效、核心競爭力與網路策略

一家大公司通常由一群事業部組合而成。常見的公司是由一群策略事業單位依財務關係所組成，而且公司的收益和每一個策略事業單位的績效直接相關。資訊系統可以透過提升綜效與核心競爭力來改善事業單位的整體績效。

綜　效

綜效的概念是當某些單位的輸出可以作為其他單位的輸入，或是兩個組織可以共用專家及共享市場，藉由此種關係可以降低成本並產生利潤。最近銀行與財務公司之間的合併，如大通銀行（JP Morgan Chase）與紐約銀行（Bank of

圖 3-12 價值網

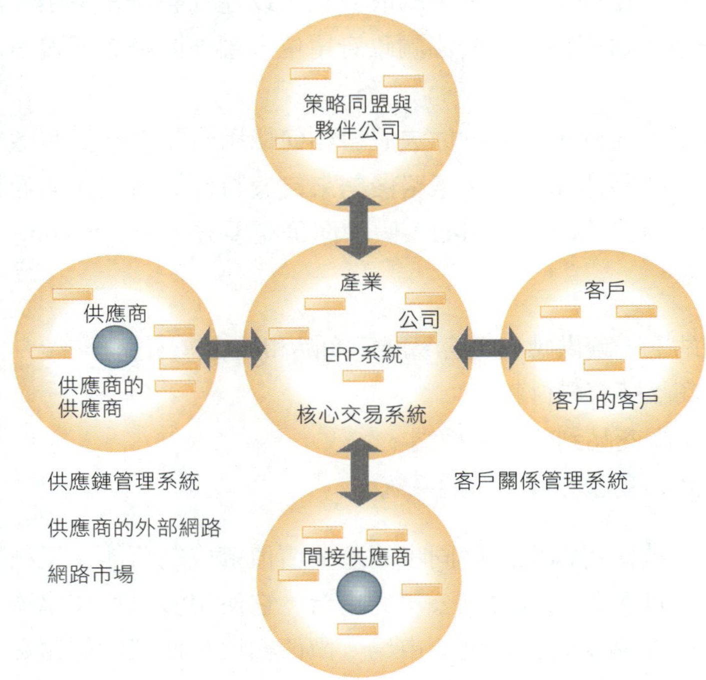

價值網是一個網路化的系統，可以同步化一個產業內企業夥伴的價值鏈，以快速回應供給與需求的變動。

New York），以及美國銀行（Bank of America）與全國金融公司（Countrywide Financial Corporation），正是基於這個目的。

為達到綜效，資訊科技的其中一種應用是可以為分散的事業單位作業建立緊密的關係，讓它們可以一個整體來運作。例如，併購全國金融公司（Countrywide Financial Corporation）讓美國銀行（Bank of America）跨進了房貸借款的領域，而且接觸到一大群可能對美國銀行的信用卡、消費金融或其他金融商品有興趣的新顧客。資訊系統協助被併購的銀行鞏固經營，減低消費性金融成本，增加金融商品的交叉行銷的機會。

加強核心競爭力

另一種使用資訊系統來增加競爭優勢的方法，就是思考系統能增加核心競爭力的方式。其論證在於當這些事業單位發展或創造一個中央的核心競爭力，便可以使所有事業單位增加績效至某種程度。**核心競爭力**（core competency）指的是公司的某一項活動位於世界級的領導地位。它可能指的是世界上最好的精密零件設計者、最好的包裹遞送服務，或是最好的薄膜製造商。一般說來，核心競爭力需要累積多年運用某項科技實務經驗而來的知識。實務知識通常都是由長期研究的努力與有向心力的員工而來。

只要能鼓勵事業單位分享知識的資訊系統就能提升競爭力。這樣的系統可以鼓勵或加強現有的競爭力，並且幫助員工了解外面的新知識；這樣的系統也可以協助事業單位在相關市場中展現競爭力。

舉例來說，寶僑公司（Procter & Gamble, P&G）是一個在品牌管理與消費品創新的世界領導者，它使用一系列的系統來增加核心競爭力。有些系統是供協同合作之用，前面已描述過。寶僑使用一個叫做 InnovationNet 的內部網路來協助員工在處理類似的問題時，能夠互相分享想法與專業知識。這個系統連結全世界的研發（R&D）、工程、採購、行銷、法律事務與企業資訊系統內的工作人員，利用一個入口網站提供用瀏覽器存取不同來源的文件、報告、圖表、影片與其他資料。它包含一個主題專家目錄，可以用來提供意見或協同解決問題與產品開發，並與外部研究科學家們和正在全世界找尋新的創新產品的企業家之間做連結。

網路策略

網際網路和網路科技激發公司從創造網路或彼此連線的能力中發展優勢的策略。網路策略包括網路經濟的使用、虛擬公司模型與企業生態系統。

網路經濟 以網路為主的企業模式可協助公司策略性地取得**網路經濟**（network economics）的優勢。傳統的經濟——如農業經濟與工業經濟——在生產上的經驗是報酬遞減。超過某一點，投入更多的原料進行生產，所獲得的邊際報酬就愈低，直到投入更多的原料卻沒有更多的產出這一點為止。這是所謂的報酬遞減法則，也是大多數現代經濟的基礎。

在某些情況下，報酬遞減法則並不適用。例如在網路上，加入一個新的成員的邊際成本幾乎是零，然而所獲得的邊際效益卻很大。電話系統或網際網路的用戶愈多，對成員產生的價值就愈高，這是因為每一個成員可以與更多人進行互動。對電視台的經營而言，1,000 萬個用戶和 1,000 個用戶所需要的成本增加不了多少。社團的價值會隨成員增加而提高，但增加新成員的成本卻微乎其微。

從網路經濟的觀點來看，資訊科技是一項有用的策略性工具。公司可以利用網站建立起使用者社群，讓一群想法類似的顧客可以分享彼此的經驗。這麼做可以建立客戶的忠誠度以及使用樂趣，並與客戶建立起獨特的關聯。線上拍賣網站的巨人 eBay 和最大的線上女性社群 iVilliage 都是最好的例子。兩個企業都建立在數以百萬計的網路使用者上，同時也都使用網頁與網際網路等通訊工具來建立社群。愈多的人在 eBay 上提供產品，eBay 對每個人而言愈有價值，因為列出更多的產品與更多供應商競爭會導致更低的價格。網路經濟也對商業軟體的供應商帶來策略性的好處。他們的軟體與現有軟體產品的價值隨著更多人使用而提升，當安裝他們軟體的人愈多，也證明持續使用產品的人愈多，也愈能獲得更多供應商的支援。

虛擬公司模式　另一個以網路為基礎的策略是使用虛擬公司模式來創造一個具競爭力的企業。**虛擬公司**（virtual company）也稱為虛擬組織，利用網路連結人們、資產與構想，協助它與其他公司連結以創造和分配產品與服務，且不受限於傳統組織的範圍或實體位置。一家公司能夠使用另一家公司的產能而不見得要與這家公司有實體的連結。當一家公司發現這麼做可以以更便宜的方式獲得產品、服務或外部供應商的產能時，或是當它需要快速移動去拓展新的市場機會，而沒有時間和資源自行做出反應時，虛擬公司的模式就會很有用。

像是 GUESS、Ann Taylor、Levi Strauss 與 Reebok 等時尚服裝公司，由位於香港的利豐集團（Li & Fung）管理生產與交運它們的服裝。利豐處理產品開發、採購原料、生產規劃、品質保證與運送。利豐並沒有自己的布料、工廠或機器，所有的工作外包到位於全世界 37 個國家由 7,500 個以上的供應商所組成的網路。客戶透過利豐專屬的企業外部網路來下訂單。然後，利豐寄送指示給適合的原料供應商和成衣製造工廠。利豐的企業外部網路會追蹤每一筆訂單的整個流程。

以虛擬公司的方式運作讓利豐保持彈性和適應力，客戶短期的訂單它也能夠承接設計和生產，以跟上快速改變的時尚潮流。

企業生態系統：重點與利基公司　網際網路與數位化公司的興起，使得產業競爭力模式需要一些修正。傳統的波特模式假設產業環境是相當靜態的；產業界線相對清晰；而供應商、替代者與客戶也相當穩定的，只要將焦點放在市場環境內的產業參與者就好。不同於以往單一的產業環境，今日的公司大多認知到它們處於一群產業環境的集合——許多產業提供相關的服務與產品（參閱圖

圖 3-13　生態系統策略模式

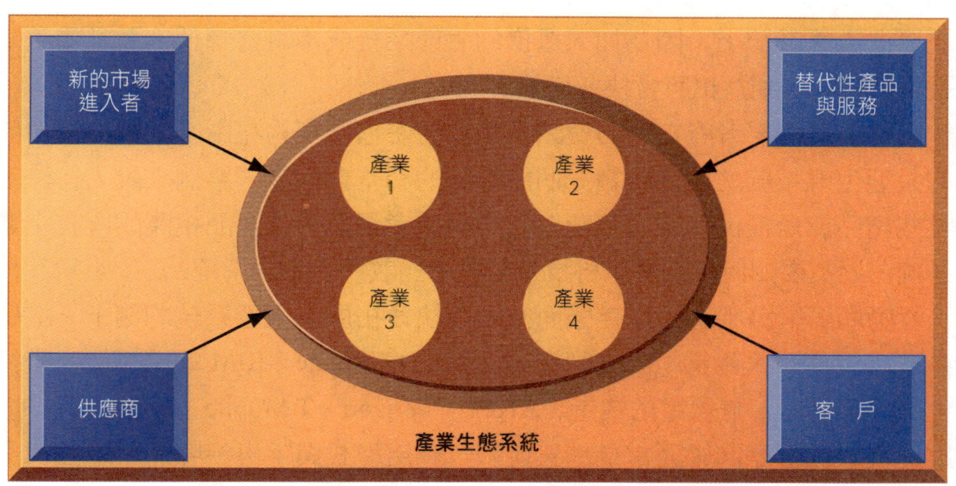

數位化公司時代在產業、公司、客戶與供應商之間需要一個更具動態的視角來觀察彼此之間的界線，而競爭發生在產業生態系統之中。在生態系統模式當中，許多產業一起運作以傳遞價值給客戶。資訊科技扮演了一個重要的角色，讓參與的公司之間能形成一個緊密的互動網路。

3-13）。**企業生態系統**（business ecosystem）是另一個新的用語，用來形容那些由供應商、配送商、外包公司、運輸服務公司與技術製造者所組成的鬆散但相互依賴的網路（Iansiti and Levien, 2004）。

企業生態系統的觀念建立於之前談過的價值網的概念上，主要的分別在於企業生態系統的合作發生於許多產業之間，而非許多公司之間。舉例來說，微軟與威名百貨（Wal-Mart）兩者皆提供一個由資訊系統、技術與服務所組成的平台，藉著該平台，也讓數千家在不同產業的其他公司可以增強他們自己的能力。微軟估計有超過四萬家公司使用它的視窗平台傳送他們自己的產品、支援微軟的產品與提升微軟公司的價值。數千個供應商使用威名百貨的訂單輸入與存貨管理系統，即時存取客戶的需求、追蹤出貨情況與控制存貨。

企業生態系統可以被描繪成有一或數家的關鍵公司，這些公司主宰了企業生態系統，也建立了一個可以被其他利基公司所使用的平台。在微軟企業生態系統中的關鍵公司，包括了微軟與技術製造者如 Intel 與 IBM 等。利基公司包括數千個支援與依賴微軟產品的軟體應用公司、軟體開發者、服務公司、網路公司與顧問公司。

資訊科技在建立生態系統上扮演了一個強而有力的角色。很明顯地，許多公司運用資訊系統來建立其他公司也能使用的以資訊技術為基礎的平台，進而成為關鍵公司。在數位化公司的時代，我們可以期待將更著重使用資訊科技於建立產業生態系統上，因為加入這樣的生態系統成本將會降低，而且隨著平台增長所有公司的利益也將會快速增加。

個別公司需要考慮它們的資訊系統如何使它們能夠在由一個關鍵公司所建造的大型生態系統之中，成為一個能獲利的利基參與者。舉例來說，在決定製造哪些產品或是提供哪些服務時，公司需要考量與這些產品相關的既有企業生態系統，以及要如何使用資訊科技來參與這些較大的生態系統。

行動網際網路平台是現存強而有力且快速拓展的生態系統的例子。這個生態系統內包含四大產業：設備製造商（蘋果的 iPhone、RIM 的黑莓機、摩托羅拉、LG 與其他）、無線電信業者（AT&T、Verizon、T-Mobile、Sprint 與其他）、獨立應用軟體供應商（通常是銷售遊戲、應用程式與手機鈴聲的小型公司）與網際網路服務供應商（以網際網路行動平台供應商身分參與）。

這些產業每一個都有自己的歷史背景、利益與驅動力。但是這些要素合起來成為一個時而合作、時而競爭的嶄新產業，即為我們談到的行動數位平台生態系統。有別於其他公司，蘋果電腦努力將這些產業結合成為一個系統。蘋果電腦的任務是銷售實體設備（iPhone），其功能之強大幾乎如同今日的個人電腦。這些設備依賴無線電信業者提供之高速寬頻網路運作。為了吸引廣大的顧客基礎，iPhone 必須具備更多功能，而非僅僅是一支手機。蘋果電腦使其成為「智慧型手機」以區別這項產品，它能夠執行數千種不同且有用的應用程式。蘋果電腦無法自行開發出所有的應用程式。取而代之的是它必須依賴小型獨立的軟體開發商，來提供這些可於 iTunes 商店購買到的應用程式。這一切的背後靠的是網際網路服務業者這項產業，藉由 iPhone 使用者連結到網路而賺取利潤。

3.4 利用系統作為競爭優勢：管理議題

策略資訊系統通常會改變組織，以及它的產品、服務與營運流程，驅使組織進入新的行為模式。成功地使用系統去達到競爭優勢是具有挑戰性的，且需要精確地協調科技、組織和管理。

▶ 維持競爭優勢

策略系統所帶來的競爭優勢並不必然要持續很久以確保長期收益性。因為競爭者可以反擊且抄襲策略系統，不一定能一直保有競爭優勢。市場、客戶預期與科技的變化因為全球化使得改變更加快速與不可預期。網際網路可以讓競爭優勢很快地消失，因為所有的公司都能使用這項技術。經典的策略系統，如美國航空公司（American Airlines）的 SABRE 電腦化訂位系統、花旗銀行（Citibank）的自動櫃員機（ATM）系統與聯邦快遞（FedEx）的包裹追蹤系統，因為都是該產業的先驅而得到利益。然後競爭者的系統出現。亞馬遜（Amazon.com）就是電子商務的領先者，但現在面臨來自 eBay、Yahoo! 與 Google 的競爭。單純的資訊系統不能夠提供持久的企業優勢。系統原先僅是策略性的，經常會轉變成求生存的工具，是每一家公司維持生意所需，或是隱含在組織內使策略改變成為未來成功的要項。

▶ 資訊科技與企業目標結合

關於資訊技術和企業績效的研究指出：(1) 愈能成功地將資訊技術與其企業目標密切結合，公司愈能獲利；(2) 僅有四分之一的公司能做到資訊技術與企業密切結合。而一家公司大約一半的利潤能夠歸功於資訊技術與企業的密切結合（Luftman, 2003）。

大多數的企業都弄錯了，認為資訊技術有其自己的生命，而且對管理階層與利害關係人的利益用處不大。公司人員沒有採取積極的作為使資訊技術適合企業，反而忽略它，宣稱不必去了解資訊技術，並且容忍資訊技術範圍的失敗，就當它是個麻煩而不想運用它。這樣的企業在差勁的績效上付出了很大的代價。成功的企業與經理人了解資訊技術能做什麼與它如何運作，採取積極的作為實現它的效用，並且評估它對收入與利潤的影響。

管理者的清單：執行策略系統分析

為了使資訊系統與企業密切結合，並有效率地利用資訊系統來產生競爭優勢，管理者必須要執行策略資訊系統分析。為了找出哪種類型的系統可以提供他們公司競爭優勢，管理者必須詢問下列幾個問題：

1. 公司所屬產業的結構為何？
   - 產業中有哪一些競爭的力量在運作？產業有新的進入者嗎？什麼是供應商、客戶和替代產品與服務在價格上相對強勢的力量？
   - 競爭的基礎是品質、價格還是品牌？

- 產業中改變的方向與本質為何？變革與動力從何而來？
- 產業目前使用資訊科技的情形為何？組織在資訊系統的應用在產業中是處於領先還是落後的局面？

2. 對這間特定的公司而言，什麼是事業部、公司與產業的價值鏈？
- 公司如何為客戶創造價值——是透過較低的價格或交易成本，還是較高的品質？在價值鏈中是否存在一些可以讓公司為客戶創造更多價值，同時亦可以提高公司額外獲利的空間？
- 公司是否使用最佳範例來了解與管理它的企業流程？它是否取得供應鏈管理系統、客戶關係管理系統與企業系統上的最大優勢？
- 公司是否充分發揮其核心能力？
- 產業供應鏈與客戶基礎的改變，對公司帶來益處還是造成傷害？
- 公司是否能從策略性夥伴關係與價值網中獲得益處？
- 資訊系統在價值鏈中的哪一個位置可以帶給公司最高的價值？

3. 我們的資訊技術是否與企業策略及目標密切結合？
- 是否正確清晰地表達我們的企業策略及目標？
- 資訊技術是否改善適當的企業流程與活動以推展這個策略？
- 我們是否使用正確的指標來評估邁向目標的進展？

▶ 管理策略轉移

採用本章所描述的策略系統，通常需要在企業目標、客戶和供應商的關係，以及企業流程上有所改變。這些社會科技的改變，同時影響組織的社會及技術組成元素，可以視為**策略轉移**（strategic transitions）——也就是在社會科技系統的不同層次間移動。

這樣的改變通常會導致組織內部和外部邊界的模糊。供應商與客戶可以更緊密地結合，也可以分擔彼此的責任。管理者需要設計新的企業流程來協調公司與客戶、供應商和其他組織之間的活動。新資訊系統所導致的組織改變實在太重要了，因此在本書會給予特別的注意。

3.5 管理資訊系統專案的實務演練

這一節的專案給你實務演練的經驗來確認資訊系統支援企業策略，分析影響併購公司資訊系統的組織因素，使用資料庫來改善企業策略的決策制定，以及使用網路工具去選配汽車的規格與價錢。

管理決策問題

1. 梅西百貨（Macy's, Inc.）經由它的子公司在美國經營大約 800 家百貨公司。它的零售商店銷售範圍廣泛的商品，包括男裝、女裝與童裝的配件、化妝品、家具設備與家庭用品。資深經理人決定梅西百貨需要調整商品內容以更貼近地區品味，衣服的顏色、尺寸、品牌與款式以及其他商品都應該以每一間個別梅西商店的銷售型態為基準。舉例來說，德州的商店也許會引進比紐約州尺寸更大和顏色更鮮豔的衣服，或者位於芝加哥的州際街道上的梅西百貨會要有更多樣的腮紅、眼影以吸引較時髦的購物者。資訊系統如何協助梅西的經理人執行這個新策略？這些系統應該蒐集哪一類的資料來協助經理人制定商品內容決策，以支持這個策略？

2. 現今的 US Airways 是 US Airways 與 America West Airlines 合併的結果。在合併之前，US Airways 成立於 1939 年，擁有非常傳統的企業流程、繁重的官僚體系與外包給 Electronic Data Systems 的僵化資訊系統。America West Airlines 成立於 1981 年，擁有較年輕的員工、不受約束的創業文化與自行管理的資訊系統。此合併案的目的是為了將 US Airways 長久的經驗和其在美國東岸完善的網路，與 America West Airlines 的低成本組織、資訊系統和在美國西岸的航線結合而創造綜效。在合併兩家公司與它們的資訊系統時，管理階層應該考量哪些組織特色？需要制定什麼決策以確保策略奏效？

改善決策制定：利用資料庫來釐清企業策略

軟體技術：資料庫查詢與報告；資料庫設計

企業技術：預訂系統；客戶分析

在這個練習當中，你將會使用資料庫軟體分析一家飯店的預約交易，以及使用資訊去詳細地調整飯店的企業策略與行銷活動。

Presidents' Inn 是一家小型的三層樓旅館，位於紐澤西州靠近大西洋的 Cape May，這裡是美國東北部熱門渡假勝地。Presidents' Inn 共有 30 間套房，其中

10 間面向大街，另 10 間面對海灣，可以看到部分海景，剩下的 10 間則位於旅館前端，正對著海洋。房價的訂定是以房間的種類、停留時間的長短與住房人數為基礎。1 到 4 個人住房價格相同，但若有第 5 個或第 6 個房客進住，每人每天要加收 20 美元的費用，房客若是住房七天或七天以上，將可享受房價 10% 的優惠折扣。

旅館的營業在過去十年以來一直穩定的成長。現在經全面改裝之後，旅館推出浪漫週末假期套餐來吸引夫妻或情侶、渡假套餐來吸引年輕家庭，以及平日優惠套餐來吸引商務旅客。旅館老闆目前使用人工操作的預約與訂房系統，造成相當多問題。有時會發生兩個家庭在相同時間訂到相同房間的情形。管理者也沒辦法獲得旅館每日營運與收入的即時資料。

在 MyMISLab 的網站上，你將會發現一個由微軟 Access 開發的飯店預約交易資料庫。以下所示是一個範例，但其網站上也許會有本練習所用之資料庫更新的版本。

Reservations

ID	Guest First Name	Guest Last Name	Room	Room Type	Arrival Date	Departure Date	No of Guests
1	Barry	Lloyd	Hayes	Bay-window	12/1/2010	12/4/2010	2
2	Michael	Lunsford	Cleveland	Ocean	12/1/2010	12/9/2010	3
3	Kim	Kyuong	Coolidge	Bay-window	12/4/2010	12/7/2010	1
4	Edward	Holt	Washington	Ocean	12/1/2010	12/3/2010	4
5	Thomas	Collins	Lincoln	Ocean	12/9/2010	12/13/2010	2
6	Paul	Bodkin	Coolidge	Bay-window	12/1/2010	12/3/2010	2
7	Randall	Battenburg	Washington	Ocean	12/4/2010	12/12/2010	2
8	Calvin	Nowotney	Lincoln	Ocean	12/2/2010	12/4/2010	1
9	Homer	Gonzalez	Lincoln	Ocean	12/5/2010	12/7/2010	5
10	David	Sanchez	Jefferson	Bay-window	12/5/2010	12/7/2010	2
11	Buster	Whisler	Jackson	Ocean	12/5/2010	12/8/2010	2
12	Julia	Martines	Reagan	Bay-window	12/10/2010	12/15/2010	1
13	Samuel	Kim	Truman	Side	12/20/2010	12/30/2010	3
14	Arthur	Gottfried	Garfield	Side	12/13/2010	12/15/2010	2
15	Darlene	Shore	Arthur	Ocean	12/24/2010	12/31/2010	5

Record: 1 of 30 No Filter Search

開發一些報告以提供資訊幫助管理者使企業更有競爭力與獲利。你的報告必須回答下列問題：

- 每一種房間平均停留的時間？
- 每一種房間平均的觀光客人數？
- 在特定的期間，每一個房間的基本收入是多少？（參考：客戶光臨的時間乘上每日費率）
- 最大的基本客源為何？

在回答這些問題後，寫下一個簡短的報告，說明你的資料庫資訊揭露哪些有關目前旅館的營運情形。需要哪些特別的營運策略來增加住房率與營收？要如何改善這個資料庫來為策略決策提供更佳的資訊？

改善決策制定：使用網路工具選配汽車的規格與訂價

軟體技術：網際網路上的軟體

企業技術：研究產品資訊與訂價

在這個練習當中，你將會使用銷售汽車網站上的軟體去尋找你所選擇汽車的產品資訊，利用這些資訊去做重大的購買決策。你也將評估其中兩個網站的銷售手法。

你對購買一輛新的福特 Focus 很感興趣（如果你個人對其他車種有興趣，無論國產或是進口車，就以那類車代替）。到 CarsDirect（www.carsdirect.com）網站上開始你的調查。鎖定福特 Focus 車款。研究在這型車中許多特定的款式，然後決定哪一種是你比較偏好的。探究這種車型的全部細節，包括訂價、標準配備與選擇性配件。盡可能的選定並且閱讀至少兩篇評論。調查一下這型車的安全性，可以從國家高速公路交通安全管理局所完成的「美國政府撞擊測試」中，找尋是否有這類的測試結果。找尋關於車輛存貨與直接購買的條件。最後，找尋其他 CarsDirect 在財務上所提供的協助。

從 CarsDirect 中將這些你需要的資訊紀錄或是印出來作為你購車的決定之用，到製造商的網站上瀏覽，在這個案例裡是福特（www.ford.com）。比較福特網站與 CarsDirect 網站上關於福特 Focus 的資訊。務必確認價格與公司所提供的優惠方案（有些也許會跟你在 CarsDirect 所找到的並不一致）。接下來，從福特的網站上找一個當地經銷商，這樣一來你就可以在決定買車之前，先實際看一下車子。找尋福特網站的其他特點。

嘗試在當地經銷商的庫存中，找到你想要車子價格最低的地點。你想在哪一個地點買車？為什麼？對福特與 CarsDirect 的網站給一些改善的建議。

追蹤學習模組

以下的追蹤學習單元提供與本章內容相關的題目：

1. 資訊科技下，企業環境的改變。

摘要

1. 管理者為了要成功地建置與使用資訊系統，需要知道哪些組織的重要特性？資訊系統對組織的衝擊為何？

所有現代組織都是階層式、專業分工且公正的，利用清晰的例行規則將效率最佳化。所有組織都有其源自於不同利益團體自己的文化和政治，也受到其周遭環境的影響。組織在許多方面不同，包括目標、被服務團體、社會角色、領導風格、激勵方式、任務執行類型與結構形式。這些特性有助於解釋不同組織運用資訊系統時的差異。

資訊系統與組織會互動也會相互影響。引進新的資訊系統將影響組織結構、目標、工作設計、價值、利益團體之間的競爭、決策制定與日常行為。同時，資訊系統的設計也必須符合組織中重要團體的需求，以及因應組織結構、企業流程、目標、文化、政治與管理各方面情況而修正。資訊科技能夠減少交易與代理成本，這些改變在組織使用網際網路時已突顯出來。新的系統會顛覆已建立的工作模式和權力關係，所以通常當它們被引進時都會遭受到相當大的阻力。

2. 波特的競爭力模式如何幫助企業利用資訊系統發展競爭策略？

在波特的競爭力模式當中，公司的策略位置及其策略都被與傳統直接競爭者的競爭所決定，但是它們也因為新的市場進入者、替代商品與服務、供應商和客戶而大受影響。資訊系統藉由維持低成本、產品或服務的差異化、集中在市場利基、強化與客戶和供應商的關係，以及透過高水準的卓越經營來增加市場的進入障礙，以協助公司競爭。

3. 價值鏈與價值網模式如何協助企業找出策略資訊系統適用的時機？

價值鏈模式強調企業中競爭策略和資訊系統產生最大衝擊的特定活動。這個模式檢視增加公司產品與服務價值的一系列主要和支援活動。主要的活動是直接與生產和配送相關，支援活動則使主要活動的執行成為可能。一家公司的價值鏈可能會與它的供應商、批發商與客戶的價值鏈相連。一個價值網包括能在產業層級推動使用標準與產業聯盟以加強競爭力的資訊系統，同時也使企業能更有效率地與價值夥伴合作。

4. 資訊系統如何協助企業利用綜效、核心競爭力與網路策略以達成競爭優勢？

因為公司包含多個事業單位，資訊系統將不同事業單位的營運連接起來，達到額外的效率或加強服務。資訊系統藉由推動事業單位之間的知識分享來幫助企業提升它們的核心競爭力。資訊系統以使用者或訂閱者所組成的大型網路為基礎，利用網路經濟的優勢來促進經營模式。一個虛擬公司策略使用網路與其他公司連結，使公司能利用其他公司的產能來建立、行銷與配送產品與服務。在企業生態系統中，多個產業一起合作將價值遞送給顧客。資訊系統支援參與公司密集的互動網路。

5. *策略資訊系統所引發的挑戰為何？它們應該如何處理？*

導入策略資訊系統必須進行廣泛的組織變革，由一個社會科技層級轉到另一個層級。這些變革稱為策略性移轉，通常是很艱難且經歷痛苦才能完成。尤有甚者，並非所有的策略系統都可以獲利，且建置的費用都相當昂貴。許多策略資訊系統都容易被其他企業複製，因此並不能一直保有競爭優勢。

專有名詞

組織　88
例行作業　91
顛覆性技術　94
交易成本理論　97
代理理論　99
競爭力模式　104
產品差異化　105
有效的客戶回應系統　107
大量客製化　107
轉換成本　109
價值鏈模式　113
主要活動　113
支援活動　113
基準評價　113
最佳範例　113
價值網　117
核心競爭力　119
網路經濟　119
虛擬公司　120
企業生態系統　121
策略轉移　124

複習問題

1. 管理者為了要成功地建置與使用資訊系統，需要知道哪些組織的重要特性？資訊系統對組織的衝擊為何？
   - 定義組織，並比較組織的技術性定義與行為學定義。
   - 找出並描述組織的特徵，以協助解釋組織使用資訊系統的差異。
   - 描述主要的經濟學理論有助於解釋資訊系統如何影響組織。
   - 描述主要的行為學理論有助於解釋資訊系統如何影響組織。
   - 解釋為何引進資訊系統會遇到組織內相當大的抗拒。
   - 描述網際網路與顛覆性技術對組織的影響。
2. 波特的競爭力模式如何幫助企業利用資訊系統發展競爭策略？
   - 定義波特的競爭力模式，並解釋它如何運作。
   - 敘述波特的競爭力模式如何解釋競爭優勢。
   - 列出並描述公司所追求由資訊系統帶動的四個競爭策略。

- 描述資訊系統如何支援每一個競爭策略，並舉例說明。
- 解釋為何使資訊技術與企業目標一致對系統的策略性使用是必要的。

3. 價值鏈與價值網模式如何協助企業找出策略資訊系統適用的時機？
- 定義並描述價值鏈模式。
- 解釋價值鏈模式如何被用來找出資訊系統的機會。
- 定義價值網並說明它與價值鏈的關聯性為何。
- 解釋價值網如何協助企業找出策略資訊系統的機會。
- 描述網際網路如何改變競爭力和競爭優勢。

4. 資訊系統如何協助企業利用綜效、核心競爭力與網路策略以達成競爭優勢？
- 解釋資訊系統如何推動綜效與核心競爭力。
- 描述如何推動綜效與核心競爭力以強化競爭優勢。
- 解釋企業如何利用網路經濟來產生利益。
- 定義並描述虛擬公司以及虛擬公司策略的好處。

5. 策略資訊系統所引發的挑戰為何？它們應該如何處理？
- 列出並描述由策略資訊系統在組織中所引起的管理挑戰。
- 解釋如何執行策略系統分析。

問題討論

1. 有人說並沒有持續性的策略優勢，你同意嗎？為什麼同意或為什麼不同意？

2. 有人說零售業的領導者如戴爾電腦與威名百貨超越競爭者的優勢不是技術，而是它們的管理？你同意嗎？為什麼同意或為什麼不同意？

3. 在決定網際網路是不是能為你的企業提供競爭優勢時，要考慮哪一些議題？

群組專案：找出策略資訊系統的機會

與三到四名同學一組，在華爾行日報、財星、富比士或其他商業雜誌描述的公司中選擇一家。拜訪這家公司的網站，找到更多該公司的資料，看看該公司是如何利用網路。以這些資訊為基礎分析這個企業。包含描述其組織的特色，如重要的企業流程、文化、結構和環境與它的企業策略。如果適合的話，建議該企業的策略資訊系統，包含以網際網路科技為基礎的系統。可能的話，利用 Google 網站張貼網頁、團隊交流通知與工作分配的連結，進行腦力激盪，並協力合作完成專案文件。試著使用 Google Docs 來製作簡報並向班上同學簡報你的發現。

Soundbuzz 於亞太地區的音樂策略個案研究

Soundbuzz 是亞洲最大的線上與行動音樂公司，提供可下載的音樂和影片、數位授權許可，並由音樂出版商與唱片公司處取得執照。它在十三個市場中，以自有品牌或與數位音樂播放器製造商、寬頻業者與電信服務業者合作營運。它的線上音樂商店經由 soundbuzz.com、Creative Technology（與 Creative 的 MP3 播放器結合），以 Windows Media Player 10 來傳送。企業總部位於新加坡，Soundbuzz 的資料庫中，擁有來自約 60 家當地的獨立唱片業者，數目超過 75 萬首的歌曲與 50 萬首的行動音樂衍生物。這些包括了所有主要唱片業者——如新力、BMG、華納音樂、EMI 與環球唱片——以及來自美國、歐洲、澳洲與亞洲的獨立唱片業者。Soundbuzz 的內容使用數位版權管理技術來保全，並由位於新加坡的後台基礎設施來傳送，這些後台設施由網路伺服器、授權伺服器、資料庫伺服器與媒體伺服器組成。

包括音樂界、網際網路業與金融業的四位專業人士於 1999 年 11 月成立 Soundbuzz。創辦人之一且身為執行董事的 Shabnam Melwani 對於該音樂入口網站的設立發表如下的意見：「Soundbuzz.com 不只將提高唱片公司的銷售量與促銷方式，也為未簽約的藝人提供一個能夠展示並銷售他們音樂的平台……。」在那時 soundbuzz.com 網站以藝人上傳介面網站為特色，允許音樂家與音樂製作人將他們的音樂與相關資訊加入 soundbuzz.com 的音樂資料庫中。

設立後沒有多久，在 2000 年 2 月 Soundbuzz 與網際網路入口網站 Lycos Asia 簽署數位音樂合約，使它的數位音樂能透過 Lycos Asia 位於新加坡、馬來西亞、中國、香港、臺灣與印度的當地入口網站傳播。到了 2000 年 3 月，Soundbuzz 與遍及亞洲的十三家唱片業者簽署授權協議，包括 Synchronized、馬來西亞的 The Phiz & Psychic Scream、菲律賓的 Viva records 與印尼的 Music Studios etc.。這些協議使得他們藝人的音樂能夠提供下載，並且以加密的 MP3 形式在 soundbuzz.com 上銷售。

2000 年 10 月，Soundbuzz 與 EMI Recorded Music 的一個部門 EMI Music Asia，簽署第一份主要的唱片公司協議。創辦人之一且為執行長的 Sudhanshu Sarronwala 對此合作關係發表看法：「對亞洲音樂產業而言這是一個劃時代的時刻，Soundbuzz 成為亞洲唯一與全球性唱片公司合作的數位音樂零售商，銷售安全且可下載的內容進行數位傳播……。」不久之後，Soundbuzz 又與 BMG Asia-Pacific 簽署數位音樂傳播協議。這份協議書使 Soundbuzz 成為亞太地區第一也是唯一與兩大全球唱片公司簽署傳播協議的數位音樂零售商。接著很快地與新力、華納音樂與環球唱片的授權協議也陸續簽訂。

為提供它的客戶多種付款管道，Soundbuzz 與付款技術基礎設施供應商 Trivnet Ltd 於 2001 年年初建立合作關係。使用 Trivnet 的付款解決方案，Soundbuzz 能夠透過網際網路服務業者與行動電話業者多重收費管道寄發帳單給顧客。

2000 年年底，科技泡沫的破滅與 P2P 網路的使用增加，對音樂產業帶來了嚴重的影響，Soundbuzz 也不例外。Napster 之類的軟體鼓勵由網站免費分享 MP3 歌曲也開始增加，零售音樂商店 CD 的銷售開始下滑。儘管 Soundbuzz 網頁的流量仍有數百萬的使用者，但客戶並不會購買付費使用的內容。這個網站對他們最大的吸引力是免費下載的內容。儘管 Soundbuzz 做了所有的努力，但因為有瑕疵的經營模式，它還是無法挽回頹勢。

2001 年，Soundbuzz 的管理部門決定放棄 B2C 模式，而回過頭來專注於 B2B 模式，這種模式是以大約一年前他們與 Lycos 終止的合約為基礎。為與經營模式的改變一致，也同時建立新的 B2B 營收模式。這個模式以 Soundbuzz 匯集唱片公司的音樂內容，為其他入口網站提供技術性平台與內容管理服務。2001 年 11 月，Soundbuzz 為惠普數位音樂服務提供點對點數位音樂解決方案，包括開發客製化線上音樂商店與匯集數位音樂內容，並為它在惠普產品上的應用創造獨特的促銷方案。不久之後，Soundbuzz 結束了與其他區域性與地區性入口網站的協議，不再提供他們數位音樂。

2002 年年初，Soundbuzz 決定跨入無線網路與裝置領域以進行多角化經營。該公司開始開發軟體，將音樂娛樂整合成為文字與多媒體訊息、手機鈴聲與其他數位服務以提供行動裝置使用。Sarronwala 提出他對於 Soundbuzz 技術重點的意見：「我們的技術都是關於音樂、授權與音樂傳播。我們沒有放棄音樂下載／消費者模式的想法。我能想像在某個時間點我們將會重新返回，但我認為還需要幾年。」

2004 年 7 月，Soundbuzz 決定重新推出 B2C 模式，於新加坡設立數位音樂服務，首次顯示其亞太數位音樂的零售策略。Soundbuzz 在 B2B 業務中並沒有保留全部的利潤，隨著高銷售量，分配給客戶更多利潤。當唱片公司企圖將他們的音樂目錄授權給直接銷售音樂給消費者的公司，像 Soundbuzz 這種「自有品牌」（white label）的服務愈來愈難獲得內容。面對這樣不確定的情況，Soundbuzz 決定同時採用 B2B 與 B2C 兩種模式。

Soundbuzz 繼續與音樂設備製造商結為聯盟，並將 Soundbuzz 商店整合至它們的裝置中。到了 2005 年 8 月，Soundbuzz 已經和 MP3 播放器製造商 Creative Technology 與 Reigncom 建立合作關係，藉由他們的數位音樂播放器來傳送 Soundbuzz 的音樂商店。與網際網路服務業者的聯盟關係，則是為了提供消費者小額付款的另一種選擇。Soundbuzz 在新加坡與 SingNet 和 Pacific Net 達成合作關係，此為它零售策略的一部分。經由這樣的合作關係，Soundbuzz 能夠利用它們的收費系統。網際網路業者的用戶能夠從 Soundbuzz 的網站下載數位音樂，並有獨特的設施能夠將該筆購買的費用加計至他們網際網路業者每月的帳單中。

到了 2005 年年底，Soundbuzz 到美國進行投資。同年，該公司成立新產品部門——音樂錄影帶。2005 年 11 月在新加坡以及 2006 年 1 月在香港分別開設音樂錄影帶商店。

2008 年 1 月 6 日，摩托羅拉（Motorola）簽署協議收購 Soundbuzz，目標是拓展 MOTOMUSIC 在中國之外的服務，進入印度、東南亞、澳洲與紐西蘭。Soundbuzz 的執行長 Sudhanshu Sarronwala 對此收購案發表看法：「摩托羅拉致力於增進亞洲數位音樂的經驗，正好與我們的目標互補，這使得它成為我們理想的合作對象。」

資料來源：“Soundbuzz.com – New Portal Launched to Pioneer Downloadable Music in Asia,” soundbuzz.com, December 10, 1999; “Lycos Asia Signs Digital Music Deal with Soundbuzz,” soundbuzz.com, February, 2000; “Soundbuzz Announces Strategic Partnership with EMI Recorded Music," soundbuzz.com, October 2000; "Soundbuzz Announces Asia-Pacific Digital Music Rollout," soundbuzz.com, July 2004; "Soundbuzz Blazes a Trail Through Hong Kong's Music World," soundbuzz.com, October 2005; "Motorola to Enhance Music Delivery Capabilities in Asia through Acquisition of Soundbuzz," motorola.com, accessed November 2008.

個案研究問題

1. 運用競爭力模式分析 Soundbuzz 及其企業策略。關於競爭力，它發展了什麼策略？
2. 什麼是線上音樂服務的關鍵要素？使用價值鏈模式分析 Soundbuzz 的企業流程。
3. 摩托羅拉為什麼要收購 Soundbuzz ？這個合作關係會創造出什麼樣的綜效？
4. 造訪 Sounbuzz 的網站（www.soundbuzz.com）。簡短描述它的產品、技術平台、付款方式與營收模式。
5. 你認為 Soundbuzz 成功嗎？它可以做什麼事情來改善它的經營模式？它能夠從 iTunes 學到什麼？

本個案由南洋科技大學的 Neerja Sethi 和 Vijay Sethi 提供。

Chapter 4

資訊系統的倫理與社會議題

學習目標

在讀完本章之後，您將能夠回答下列問題：

1. 資訊系統引起什麼樣的倫理、社會與政治議題？
2. 能夠用來引導道德決策的特定原則為何？
3. 為什麼當今的資訊系統技術和網際網路對保護個人隱私權及智慧財產造成挑戰？
4. 資訊系統如何影響日常生活？

互動部分

監控工作場所

技術過多？

本章大綱

老人社區利用技術時所面臨的道德議題

澳洲政府對於利用資訊技術直接或間接照護老人社區很有興趣。間接照護包含老年人照護的護理與老人社區的行政管理。毫無疑問，資訊技術具有改善老年人生活品質的潛力。舉例來說，使用網際網路讓老年人覺得和這世界上其他的人有更多的接觸，在許多案例中，還能夠協助日常生活如線上購買日用品、線上付款與查閱銀行的對帳單。然而，這需要以許多因素為條件，例如他們對電腦的熟悉度、所具備的電腦知識與技能，當然還包括對線上交易的信任。

透過努力的研發，照護如心臟疾病與糖尿病等慢性疾病的新構想愈來愈多。尤其是這些技術的使用，引起許多關於健康照護業者與消費者的倫理議題。雪梨首先提出創新構想「智慧家」(Smart House)，這是為了讓未來世代在年老時能夠繼續住在他們自己的家中而設計的。它使用許多「電子照護」感測器技術。

「智慧家所運用的技術包括被動式紅外線探測器及進門系統，可讓居住者透過他們的電視看到門口的人，並利用遙控開門。這項技術還有另一個特色具有緊急拉繩，只要拉下拉繩就可以啟動緊急監控系統，以及床和椅子的感應器。未來將併入智慧家的還包括中央門鎖系統、電動窗戶與電動門、電動窗簾與百葉窗開啟器，以及其他裝置。」(BCS, 2006)

使用這樣的技術一再被討論的倫理議題是侵犯年長消費者的隱私。即使他們知道這樣的系統對他們有益，但許多人對於在自己家中一天二十四小時都被監控感到不自在。同時也還有對於這些蒐集自年長消費者資料的認知、同意、所有權與存取等問題。與健康相關的資料是非常敏感的，因此不應該在沒有優先考量隱私、防護與安全的情況之下供大眾存取。在社交與文化方面，這些系統尚未被接受用來替代能夠提供更個人化層面照顧的傳統人力看護(通常是較親近的家庭成員)。在澳洲，一些老年人健康照護業者專門提供服務給不同的少數民族團體(如中國人與韓國人)，業者漸漸認知到他們所採用的技術必須是社會上可接受，以及文化上所允許的，並採用適合這些少數民族社會與文化需求的設備。(舉例來說，使用適當的語言——語音或文字——介面，或於技術的設計上顯示出對生活習慣與喜好的了解。)

本個案由新南威爾斯大學(University of New South Wales)的 Lesley Land 博士提供。

資料來源：BCS (2006). Smart House holds key to future aged care needs, Baptist Community Services NSW & ACT, Media Release, 1st May 2006, http://www.bcs.org.au/resource/R0058Corp.pdf.

在開場個案中強調出特別針對老年人口健康照護的倫理議題。然而，這裡面有部分議題（如隱私與安全性），在其他健康照護領域或一般的組織內已一再被討論。舉例來說，藉由監控與追蹤消費者所蒐集的資料，由企業的觀點來看是對雙方都有利的（在開場個案中，它能夠改進生活品質，以及／或對銀髮族的臨床照護），但同時它也會侵犯客戶隱私而製造倫理濫用的機會。建置能增進企業流程效率與效能之新資訊系統，會面臨這樣倫理上的兩難。在本章中，於正面的好處之外，我們希望強調對資訊系統負面影響的認知。於許多案例中，在系統建置之前，管理階層需要建立適當的政策與標準，並獲得全體利害關係人一致同意來創造可接受的交易。

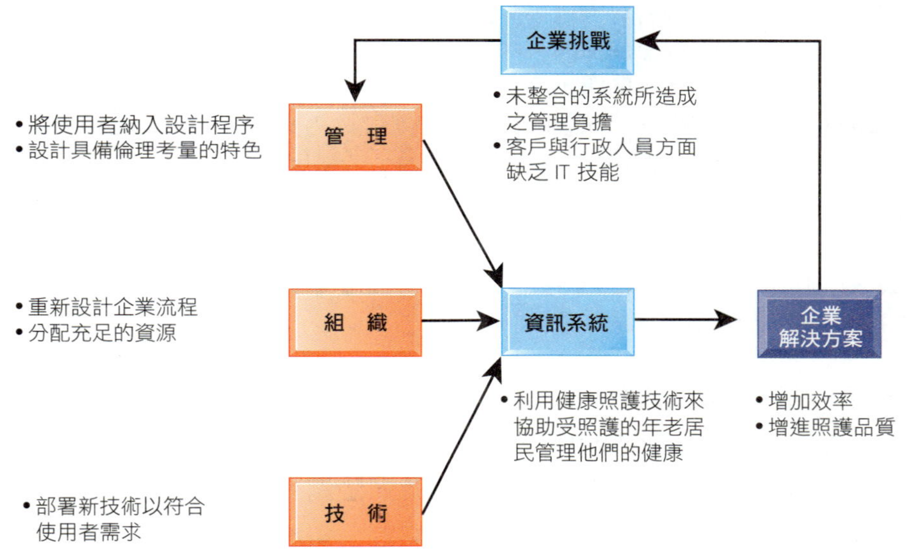

4.1 了解與資訊系統有關的倫理與社會議題

在過去十年，對美國及全球企業而言，我們見證、爭議了倫理上最具挑戰的時期。表 4-1 列舉了過去幾年裡發生的一些案例，顯示高階與中階管理者未能做出正確的倫理判斷。這些在管理倫理上與商業判斷之間的失誤在所有產業中都有類似的情況發生。

在今天新的法治環境中，觸法及被判刑的管理者大多數會入獄服刑。在 1987 年通過的美國聯邦判決條例，要求聯邦法官對商業主管凡涉嫌金錢犯罪、

表 4-1 近年來幾個高階管理者倫理判斷失誤的例子

雷曼兄弟 Lehman Brothers（2008-2010）	美國最古老的投資銀行之一，於 2008 年宣告倒閉。雷曼運用所掌管的資訊系統與會計手法隱匿不當的投資。雷曼也使用欺騙的手段將投資自帳上移除。
WG Trading Co.（2010）	避險基金經理人同時也是 WG Trading 合夥人的 Paul Greenwood，承認於過去十三年非法騙取投資人 5.54 億美元；Greenwood 除繳付 3.31 億美元的罰金給政府之外，還必須面對長達 85 年的刑期。
Minerals Management Service（U.S. Department of the Interior）（2010）	管理者被控接受石油公司的賄賂，讓石油公司用不正當的手法唆使員工撰寫不實的檢查報告，違反現行波斯灣近海鑽油的法令。員工有組織地竄改資訊紀錄系統。
Pfizer，Eli Lilly, and Astra Zeneca（2009）	世界主要的製藥商付出數十億美元來和解美國聯邦政府指控其執行長安排治療精神病與止痛用藥的臨床實驗、不當的推銷給兒童與掩飾一些副作用來獲取不當利益。公司也偽造報告與系統中的資訊。
Galleon Group（2009）	Galleon Group 的創辦者被控內線交易，支付 2.5 億美元給華爾街的銀行，取得其他投資者無法得到的市場資訊。
Siemens（2009）	世界最大的工程公司過去十年間支付超過 40 億美元給德國與美國當局，這樁由公司高層授意的全球賄賂案影響了潛在客戶與政府。在正常報告的會計系統中查不到這筆款項。

隱匿案情、利用組織性的財務交易掩飾罪行者，並拒絕與檢察官配合者，得處以重罰（美國判決委員會，2004）。

雖然在過去，企業經常為捲入公訴罪及司法調查的員工出錢辯護，但現在的企業多半被鼓勵與檢察官合作，以避免整個公司被控妨礙調查。這樣的發展意味著，主管或員工比以往更需要自我判斷什麼是適當，而且合於法律與倫理的行為。

雖然這些在倫理與法律判斷上失敗的主要案例並不是資訊系統部門所負責，但資訊系統卻成為許多詐欺行為的工具。許多案例顯示，這些犯罪者自以為巧妙地運用財務報表資訊系統掩飾他們的決定，以躲避公眾的調查，並幻想他們可以永遠不被捉到。本章我們將討論與使用資訊系統有關的問題與行為在倫理層面的議題。

倫理（ethics）是引導是非的道德標準，讓個人可以從中選擇，指引其行為，而使他們成為一個合乎道德的人。資訊系統會對個人和社會產生新的倫理問題。因為它們有機會帶來密集的社會改變，也因此會威脅現存的權力、財富、人權與義務的分配。就像其他科技，例如蒸汽機、電力、電話與收音機等一樣，資訊科技可以促進社會的進步，但它也可用來犯罪並威脅寶貴的社會價值。資訊科技的發展使許多人蒙利，同時也使許多人付出代價。

因網際網路及電子商務的崛起，資訊系統中的倫理議題具有新的急迫性。網際網路及數位公司技術使資訊的組合、重整及傳輸較以往任何時候都容易，但也帶來前所未有關於客戶資料的妥善利用、個人隱私權與智慧財產權的保護等新的顧慮。

其他由資訊系統所引發較具急迫性的倫理議題，包括對使用資訊系統的後果建立應負的責任；設定標準來保障系統的品質，以保護個人及社會的安全；同時保存資訊社會中對生活品質相當重要的價值及制度。在運用資訊系統時，特別需要問的是：「倫理及社會責任的行為課題為何？」

▶ 倫理、社會與政治議題的思考模式

倫理、社會與政治議題三者之間的關係相當密切。身為資訊系統管理者的你所面臨的倫理難題，常會反映在社會與政治的爭論上。圖 4-1 提供我們思考這三者之間的關係的一個方式。想像社會是夏天中一個平靜無波的池塘，人、社會與政治在池塘中構成一個微妙平衡的生態系統。池塘中的每個人都知道該如何做才是對的，因為社會體制（家庭、教育與組織）已展現了良好的行為規範，而且透過政治的運作制定成法律來規範行為，並嚴懲違反社會制度的人。現在把一塊石頭擲入池中央，會發生什麼事？當然會產生漣漪。

想像一下，新的資訊科技與系統就像是一股強而有力的衝擊，散發出來的力量多多少少會對平靜無波的社會造成震撼。個別反應者突然間必須面對新的情境，這些情境通常是超出舊有的規範。而且社會制度也未能在一夜之間迅速地反應這種如漣漪般的變動——通常需要數年時間去發展相關禮儀、共同期望、社會責任、政治正確的態度或可被認可的準則。政治制度在新的法律條文形成前亦需要時間，其作用通常發生於許多實質傷害造成之後。這時，你必須採取行動。你將被迫去處理這些法律上的灰色地帶。

我們將利用此模式描述倫理、社會與政治議題三者之間的動態關係。這個模式對於如何找出資訊社會主要的道德面向相當有用，因為它橫跨了三個不同的行為層級：個人、社會與政治。

圖 4-1　資訊社會中倫理、社會與政治三個議題間之關係

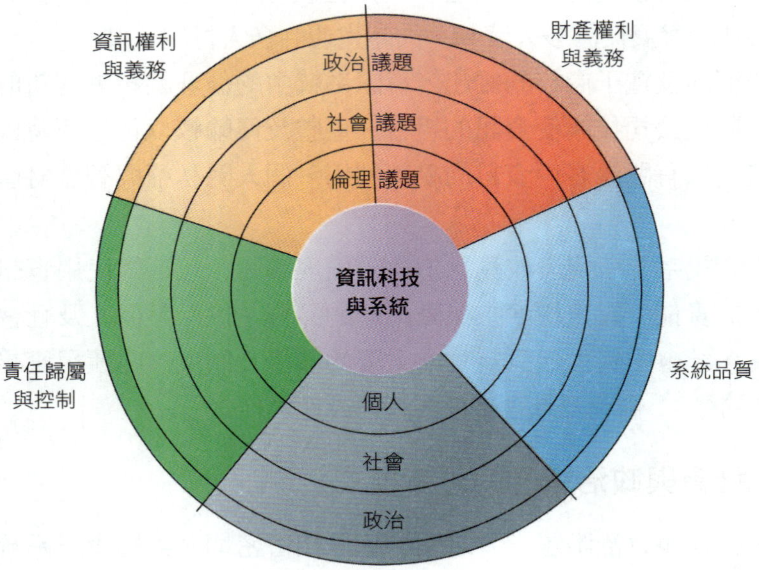

導入資訊科技產生的漣漪，引起了新的倫理、社會與政治議題，可由個人、社會與政治三個層次來討論。這些議題包括五個道德層面：資訊權利與義務、財產權利與義務、系統品質、生活品質，以及責任歸屬與控制。

▶ 資訊時代的五大道德層面

資訊系統引發的主要倫理、社會與政治議題包括下面幾個道德層面：

資訊的權利與義務：個人與組織對於其所擁有的資訊具有何種**資訊權利**（information rights）？這些權利該如何保護？

財產權利與義務：在數位化的社會中，智慧財產權的所有權很難追溯與歸屬且易被忽視，傳統的智慧財產權該如何保護？

責任歸屬與控制：如果個人或團體資訊的隱私權與財產權遭受侵犯，誰該負責？

系統品質：我們需要何種資料與系統的品質標準，以保護個人權利與社會安全？

生活品質：在一個以資訊與知識為主的社會中，該保存何種價值？我們該維護何種制度使其免於破壞？新的資訊科技對文化價值與作法可以提供哪些支援？

我們在第 4.3 節對這些道德層面將有更詳細的介紹。

➤ 關鍵科技趨勢所產生的倫理議題

在資訊科技之前，倫理議題就已存在我們的社會。然而，資訊科技增加了對倫理的顧慮，為現存社會秩序帶來很大的負擔，並使現存法律過時或嚴重殘缺。這些倫理壓力由四個主要的科技趨勢造成，歸納如表 4-2。

電腦運算能力每 18 個月增加一倍，使大部分的組織紛紛於核心生產流程中採用資訊系統。因此，造成我們對電腦系統的依賴性增加，而系統錯誤與低劣的資料品質對我們所產生的傷害亦相對增加。社會規範與法律尚未對此依賴性有所調整。對於如何確保資訊系統的正確性與可靠度的標準，並非普遍地被接受或執行。

資料儲存技術的快速成長和儲存價格的快速下跌，讓私人企業或公眾部門都大量地使用資料庫，以儲存個人資料——如員工、客戶與潛在客戶的資料。因為資料儲存技術的快速進步，而讓侵犯個人隱私權變得既便宜又有效。大量的資料儲存系統已便宜到連區域或地方性的零售商都可以用它來記錄客戶的詳細資料。

針對大量匯集的資料進行分析的技術發展，是引起倫理顧慮的另一個科技趨勢，因為公司及政府單位可以找出極為詳細的個人資訊。伴隨當今資料管理工具的產生（參閱第五章），公司較以往更容易鉅細靡遺地集合與整合你儲存在電腦中的資訊。

想想會在電腦中留下關於你的個人資料所有的方式——信用卡消費、撥打

表 4-2 資訊趨勢所導致的倫理問題

趨　勢	衝　擊
運算能力每 18 個月提升一倍	愈來愈多的組織依賴電腦系統來處理重大的工作。
資料儲存價格快速下滑	組織容易維護個人詳細的資料庫。
資料分析技術的進步	公司能分析所蒐集到大量的個人資料，用以針對個人行為做詳細的輪廓描繪。
網路技術的進步	從他處複製資料及從遠處存取個人資料變得非常容易。

利用信用卡消費會讓你的個人資料曝光，而讓市場研究人員、電話行銷人員與直銷公司有機會拿到你的資料。資訊科技的進步反而讓隱私權更容易被侵犯。

電話、訂閱雜誌、錄影帶租借、郵購、銀行紀錄與地方、州及聯邦政府的紀錄（包括法院與警方的資料）與造訪過的網站。將這些資料放在一起並進行合適地資料挖掘，除了可得到你的信用資訊外，還會有你的駕駛習慣、品味、社會關係與政治傾向等資訊。

有些想要賣產品的公司會從以上的來源購買消費者相關的資訊，使得他們可以更準確地鎖定行銷活動的目標客群。第三章描述了公司如何分析來自不同來源的大量資料，利用資料挖掘的技術快速地找出顧客的購物型態並建議個別回應的方式。使用電腦整合來自多處的資料，並建立有關個人詳細資訊的電子檔案，這項技術稱為**輪廓描繪**（profiling）。

例如，數千個熱門的網站允許 Google 旗下的網際網路廣告經紀公司 DoubleClick 去追蹤他們網站上訪客的活動，並利用 DoubleClick 蒐集的結果來換取廣告收入。DoubleClick 公司利用這些資訊產生每一位線上訪客的輪廓，而訪客若瀏覽 DoubleClick 相關的網站，也會再增加更詳盡的資料到輪廓中。隨時間的推移，DoubleClick 公司能夠產生個人在網站上消費及使用電腦習慣的詳細電子檔案，並將之賣給廠商，以幫助其更加精確地鎖定他們的網路廣告。

ChoicePoint 透過警方、犯罪和汽車監理紀錄；信用狀況及工作經歷；現在及過去的住址；專業證照；以及保險理賠紀錄等蒐集資料，經過組合並維護成電子檔案，幾乎每一個美國成年人在 ChoicePoint 都有一個檔案。這間公司將這些個人資訊賣給企業及政府機構。對於個人資料的需求量愈來愈大，以至於資料代理的行業像是 ChoicePoint 這種公司愈來愈興盛。

一項稱為**不明顯關聯察覺**（nonobvious relationship awareness, NORA）的新資料分析技術，為政府與私人機構帶來更具威力的輪廓描繪能力。NORA 可以從不同的來源取得人們的相關資訊，如求職申請書、通話紀錄、客戶名單與「通緝」名單，然後使這些資訊產生相互的關聯，以找出其間模糊隱藏的相關性，透過這些相關性有助於辨識出罪犯或恐怖份子（參閱圖 4-2）。

NORA 技術可以掃描資料、在資料產生的過程中萃取資訊，因此它可以——例如，立即發現在航空公司登機櫃檯的男人與一個已知的恐怖份子使用的是同一支電話號碼，而可以在他登機前及時阻止。這項技術被視為是一個在國土安全上具有價值的工具，但卻也引發隱私權上的爭議，因為它能提供這樣詳實的活動圖像和個人行為的關聯。

最後，包括網際網路等網路的快速發展，大幅降低大量資料移動和取得的

圖 4-2　不明顯關聯察覺（NORA）

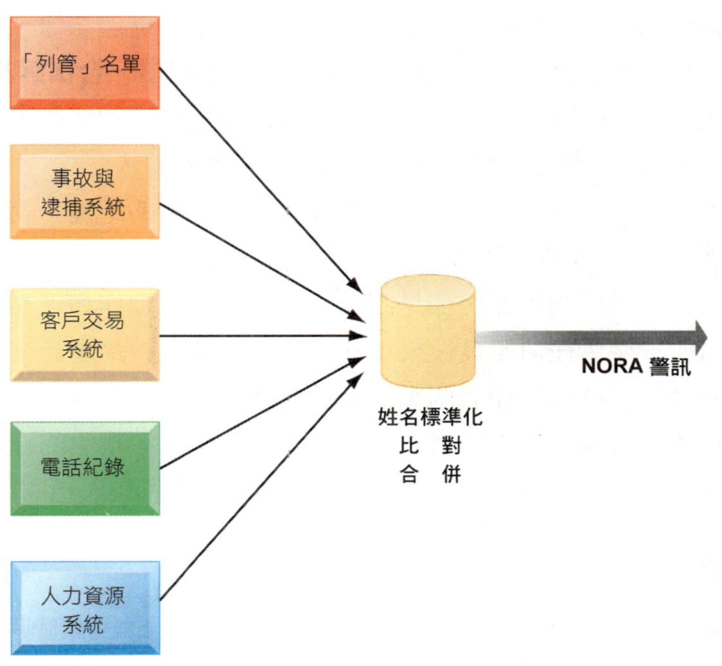

不明顯關聯察覺技術可以從不同來源取得人們的資訊，並找出模糊、不明顯的關係。舉例來說，這項技術可以發現應徵一家賭場工作的人與一名罪犯共用一支電話，並發出警訊給負責雇用的管理者。

成本，並且使得利用小的桌上型個人電腦就能從遠端挖掘大量資料成為可行，同時也使得個人隱私大規模地受到侵犯，其精確性超乎以往的想像。

4.2 資訊社會的倫理

倫理是考量到其他擁有自由選擇權的人們。也是個人行為的抉擇：當面臨許多不同行為方案時，什麼才是正確的道德選擇？倫理選擇的主要特徵為何？

▶ 基本觀念：責任、責任歸屬與賠償負擔

倫理選擇是一種個人的決策，它表示個人必須對其行為結果負責。**責任**（responsibility）是個人倫理行為的關鍵因素。責任意謂著個人必須承擔所做決策的潛在損失、職責與義務。**責任歸屬**（accountability）是一種系統與社會制度的功能：意思是這個機制能夠適當地決定誰該負責去做，及誰應該為此負責。系統與制度由於不可能得知誰必須做什麼事，所以不可能去做倫理分析或倫理的行動。**賠償負擔**（liability）是更進一步將責任的觀念延伸到法律的範圍。它是一種政治系統的功能，在這樣的政治系統中，透過法律，允許個人可以對因他人、其他的系統或組織對其造成的損傷求取賠償。**合法訴訟程序**（due process）是法治社會的特徵，是一個為大家所知道與明瞭的法律程序，可藉由上訴方式，向上一級機構請求審判，以確保法律運用得當。

這些基本觀念構成資訊系統與系統管理者倫理分析的基礎。第一，資訊科技是經由社會制度、組織與個人的洗禮而發展出來的。系統本身不會造成衝擊。任何資訊系統衝擊的存在，都是制度、組織與個人動作和行為所造成的。第二，若資訊科技產生任何不良後果，其責任很清楚應該歸屬於當初選擇使用資訊科技的制度、組織與管理者個人。秉持為社會負責的態度使用資訊科技，意謂你可以也願意為所作所為負責。第三，在一個倫理、政治的社會中，個人或其他人受到傷害時，都可以透過一系列法律的訴訟程序求償。

▶ 倫理分析

當我們面臨會引起倫理議題的情境時，該如何分析此一情況呢？以下五個步驟的分析流程應該對你有幫助。

1. *清楚地辨認、描述事實*。找出誰對別人做了什麼，以及是何地、何時與如何去做的。在許多實例中，常常你會驚訝於在最初報告的事實中犯了那麼多的錯誤，而更常見的是，只要釐清事實，問題就容易解決了。不僅如此，真相也常讓針鋒相對的兩方在倫理爭議中更易達成妥協。
2. *確認衝突或困境，並辨認隱藏其中更高層次的價值*。倫理、社會與政治議題總是涉及到更高的價值。爭論的雙方都會認為他們在追求更高的價值（例如，自由、隱私權、財產保障與自由企業體系）。典型的是，當倫理議題陷入難解的困境時，對立雙方的行動都在支持值得信服的價值。例如，在本章結尾的個案研究中提到兩個相衝突的價值：需要改進健康照護紀錄的保存還是需要保護個人隱私？
3. *確認利害關係人*。每一個倫理、社會與政治議題的發生，都牽涉到利害關係人：這些關係人可以從成果獲利、對這局面已有所投資，通常也有權表達意見。找出這些團體的特性，並確認他們的需求。這對於未來設計解決方案會有很大的幫助。
4. *確認你可以合理執行的方案*。你會發現沒有一種方案可以滿足所有的利害關係人，但是有些方案會比其他方案好一些。有時候達成一個好的或合乎倫理的方案，並不表示這個成果讓所有利害關係人都達到平衡。
5. *確認選擇方案執行後的可能結果*。某些方案可能倫理上是正確的，但從另外的觀點來看卻可能是場災難。有些方案只能適用於某些情況，而不適用於其他類似狀況。因此，必須經常反問自己：「隨著時間的推移，我的選擇是否仍是一致的呢？」

▶ 參考倫理準則

一旦你的分析完成後，你應該使用哪些倫理準則或規則來制定決策？哪些較高層次的價值會影響你的判斷？雖然你是唯一能決定該遵循哪些倫理準則，並排出其優先次序的人，但是參考深植於許多文化中的倫理準則，對你的決定會有幫助。

1. **黃金法則**（Golden Rule）認為：「己所不欲，勿施於人。」設身處地為他人著想，並把自己當成決策中的物件，可以幫助你在決策時思及公平。
2. **康德的普遍性原則**（Immanuel Kant’s Categorical Imperative）認為：「如果每一個人都認為這麼做是不對的，那麼不論何種理由，任何人都不能採取這種行動。」因此必須反問自己：「如果每個人都執行這個行動，組織或社會能否繼續生存？」

3. **笛卡兒的改變原則**（Descartes' rule of change）認為：「如果某一個行動不能重複執行，則這種行動根本不能做。」該原則又稱為滑梯原則（slippery-slope rule），意思是說：一個行動在短期所帶來的小改變是被容許的，但經過長期的重複執行則會造成不能接受的改變。俗語說：「一旦某個方案上了滑梯，也就是行動開始以後，類似的方案就很難停止。」
4. **功利主義原則**（Utilitarian Principle）認為：「採用能達成更高或更大的價值的行動。」這理論假定人們可排列價值的優先順序，並了解不同的行動會造成哪些結果。
5. **風險規避原則**（Risk Aversion Principle）採取「傷害最小或是潛在成本最低的行動」。有些行動是具有極高失敗成本但其失敗的機率非常低（如在都會區興建核電廠），或是風險中等但高失敗成本（如超速與車禍）。為避免這些高失敗成本的行動發生，我們應更關注於高失敗成本，且失敗機率中度到高度的那些行動。
6. **沒有白吃的午餐原則**（"no free lunch" rule）認為：「所有有形和無形的物件，除非有特別的宣告，否則都是由某些人所擁有。」若某人創造的某個物件對你有用，它便具有價值，而且你應該假設該物件的產生者會向你要求相對的報酬。

若有些行為不易通過這些原則的檢定時，就得特別注意並加倍小心。因為這表示這些顯然不合倫理的行動對你及公司會造成與不合倫理的行動一樣的傷害。

▶ 專業人員的行為守則

一旦某一個團體聲稱是專業人員時，就表示他們擁有特定的權利與義務，因為專業人員代表某一種專業知識、智慧與尊重。許多專業團體都制定各自的專業行為守則，例如美國醫師協會（American Medical Association, AMA）、美國律師協會（American Bar Association, ABA）、資訊科技專業人員協會（Association of Information Technology Professionals, AITP）與計算機協會（Association of Computing Machinery, ACM）。藉由決定會員的入會資格與能力，這些專業團體對於部分專業規定負有責任。倫理守則是專業人員依社會整體利益考量所訂定用以規範自身的行為。例如，在 ACM 倫理法則與專業行為的一般道德規範中，就有避免傷害別人、尊重財產權（包括智慧財產權）和尊重他人隱私權的規定。

▶ 一些真實世界的倫理困境

資訊系統讓兩方利益彼此對立，因而造成新的倫理困境。例如，美國許多大型電話公司開始使用資訊科技來減少人力需求。語音辨識軟體可減少接線生的人數，這套系統可以透過電腦辨識客戶的回覆，替代接線生回答一系列已經電腦化的問題。許多公司監視員工在網際網路上的所作所為，以防止他們浪費公司的資源從事與工作無關的活動。

從以上的每一個例子，我們可以發現相衝突的價值在運作，各團體則選擇支持爭議中的任一方。例如，公司可以宣稱它們有權利使用資訊系統來增加生產力，減少雇用的人力，來降低成本以求生存。被資訊系統取代的員工可以宣稱雇主有責任照顧他們的生活與福利。企業負責人也許感到他們有義務監督員工電子郵件與網際網路的使用，讓生產力的消耗降到最低。但員工相信他們可以在上班時使用網際網路來代替電話，處理短暫的個人事務。如果將這些事實作進一步地分析，可能可以找出一個彼此妥協的解決方案，每邊「各給一半的利益」。試著將前面提到的這些倫理分析準則應用到這些案例中，該做些什麼才是正確的呢？

4.3 資訊系統的道德層面

本節將要進一步探討圖 4-1 所描述的資訊系統的五個道德層面。每一個層面，我們都會分成倫理、社會與政治三種層次來分析，並用實例加以說明所牽涉的價值、利害關係人和可被挑選的方案。

▶ 資訊權：網際網路時代中的隱私權和自由

隱私權（privacy）是個人要求獨處，不受他人或組織甚至政府的監視或干擾的一種權利。工作場所也常有要求隱私權的情形：上百萬的員工受到電子或其他形式的高科技所監視（Ball, 2001）。資訊科技與系統威脅個人對隱私權的要求，使侵犯隱私權變得既便宜、有利可圖和有效。

美國、加拿大與德國在憲法中都以不同的方法來保護隱私權，而在其他國家也會透過不同的法令保護隱私權。在美國，隱私權的保護源於憲法第一修正案，它保障國民言論及結社的自由，第四修正案保護個人的文件或家庭免受無正當理由的搜索、扣押，並保證合法訴訟程序。

表 4-3 描述主要管理個人資訊狀況的聯邦法令，個人資訊包含如信用報告、教育、財務紀錄、報紙刊載與電子通訊等面向的資料。1974 年的隱私權法是這類法律中最重要的一個，它規範了聯邦政府對於資訊的蒐集、使用與公開。目前，大多數聯邦隱私權法只適用於聯邦政府，僅管制少數領域的私有機構。

大多數美國和歐洲的隱私權法，是以稱做**公平資訊慣例**（Fair Information Practices, FIP）的制度為基礎，該制度第一次出現在 1973 年聯邦政府顧問委員會（美國健康、教育及福利部，1973）的書面報告中。FIP 是一套規範蒐集及使用有關個人資訊的原則。FIP 原則的理念是以尊重資訊持有者和個人之間彼此利益的想法為基礎。個人想要從事交易，而資訊持有者——通常是企業或政府機關，也需要個人的資訊才得以完成此交易行為。資訊一經蒐集，個人將一直擁有此紀錄的權利，非經同意此紀錄不得另做其他用途。1998 年，聯邦貿易委員會（Federal Trade Commission, FTC）重新檢視並延伸既有的 FIP 原則，為線上隱私權的保護提供指引。表 4-4 描述 FTC 的公平資訊慣例原則。

聯邦貿易委員會的 FIP 原則用來作為促使隱私法改革的引導方針。1998 年 7 月，美國國會通過兒童線上隱私保護法案（Children's Online Privacy Protection Act, COPPA），要求網站在蒐集 13 歲以下孩童的資訊時需先經過其父母的同意

表 4-3　美國的聯邦隱私權法

一般的聯邦隱私權法	隱私權法對私人機構的影響
1966 年資訊自由法及修正案（5 USC 552）	1970 年公平信用報告法
1974 年隱私權法及修正案（5 USC 552a）	1974 年家庭教育權法與隱私權法
1986 年電子通訊隱私權法	1978 年金融隱私權法
1988 年電腦比對及隱私權保護法	1980 年隱私權保護法
1987 年電腦安全法	1984 年有線通訊政策法
1982 年聯邦管理者金融誠信法	1986 年電子通訊隱私權法
1994 年駕駛人的隱私權保護法	1988 年視訊隱私權保護法
2002 年電子政府法	1996 年健康保險可攜性與責任法案（HIPAA）
	1998 年兒童線上隱私權保護法案（COPPA）
	1999 年金融自由化法案（Gramm-Leach-Bliley Act）

表 4-4　聯邦貿易委員會公平資訊慣例原則

1.	通知／察覺（核心原則）：網站必須在蒐集資訊前揭露他們如何運用資訊。包括資料蒐集者的身分、資料的用途、其他收到資訊的人之身分、蒐集的本質（主動或被動）、自願或必要、不當使用的後果，以及保護資料機密、完整性與品質的步驟。
2.	選擇／同意（核心原則）：必須有一個適當的選擇制度，讓消費者選擇除了支援交易外，他們的資訊被使用的其他目的，包括內部使用或傳送給其他團體。
3.	存取／參與：消費者應該要能透過即時、不昂貴的流程，來檢視與同意有關他們被蒐集的資訊之正確性與完整性。
4.	安全：資料蒐集者必須採取負責的措施，來確認消費者資料的正確性，並且保障這些資料的安全，避免未經授權就被使用。
5.	強化：必須有一個適當的機制來加強 FIP 原則，這牽涉到自律、立法給予消費者在遭受侵權時得到合法的補償，或採取聯邦條例與規定。

（這條法律有被推翻的危險）。聯邦貿易委員會已建議增設其他的法令，來保護線上消費者在網路廣告裡的隱私，它會蒐集消費者在網頁上活動的紀錄，以發展出詳細的輪廓描繪，讓其他公司用來鎖定線上廣告。其他提議的網際網路隱私法案則著重在保護個人識別號碼如社會安全號碼的線上使用；保護透過網際網路蒐集那些未受 1998 年兒童線上隱私法案所保護之個人的資訊，同時也限制了針對國土安全有危害的資料挖掘。

2009 年 2 月，聯邦貿易委員會啟動將公平資訊慣例的要義延伸至鎖定特定行為的程序。FTC 舉行聽證會討論透過產業自願性條例來規範鎖定特定行為的這個計畫。線上廣告同業團體 Network Advertising Initiative（於本節後面會討論到）發表了同業自我規範準則，且獲得 FTC 的認同。然而，政府、私營團體與線上廣告產業對隱私權跟自由這兩項問題還是束手無策。隱私權擁護團體希望在每一個網站都能適用自願政策，而還需要有一個全國性的不要追蹤個人資料的表列。業界人士反對這些提議，並堅持要避免網路行為被追蹤，賦予網路使用者不參加行為追蹤的能力才是唯一的方法（Federal Trade Commission, 2009）。不過，所有參與者之間也產生了一個共識，處理網路行為追蹤必須更透明，也需要對使用者進行更多的控制（尤其是不參與追蹤成為預設的選項時）。

現今對金融服務的自由化與保護個人健康資訊的維護與傳送等方面管制的法律，也都納入了隱私保護的規範之內。美國於 1999 年通過 Gramm-Leach-Bliley 法案，解除銀行、證券公司與保險公司等之間跨業經營的限制，同時提供對於金融服務消費者的一些隱私保護。所有的金融機構必須揭露它們的政策與慣例，來保護非公開個人資訊的隱私，並允許客戶「選擇不接受」分享資訊給毫無關係的第三者。

1996 年提出的健康保險可攜性與責任法案（Health Insurance Portability and Accountability Act, HIPAA），已在 2003 年 4 月 14 日生效，包含有關醫療紀錄的隱私保護規範。這項法案讓病人可以存取由健康照護單位、醫院或健康保險公司等維護的個人醫療紀錄，以及授權如何使用或公布受保護之個人資訊的權利。醫生、醫院與其他健康照護單位必須限制將其對於病患個人資訊的揭露減到最少，只能達到為特定目的所需之最低必要性。

歐洲資料保護指引

在歐洲，隱私保護的規範比在美國嚴謹。和美國不同的是，歐洲國家不允許企業在獲得客戶同意前，使用可用來辨識個人身分的資訊。1998 年 10 月 25 日，歐盟執行委員會的資料保護指引正式生效，擴大資料保護在歐洲聯盟國家的規範範圍。這項指引要求公司在蒐集人們的資料時必須告知當事人，並公布公司會如何保存與使用這些資訊。客戶必須表示已被告知且同意後，公司才可以合法的使用有關他們的資料，同時顧客有權存取、修改這些資訊，也可以要求他們的資料不願意被繼續蒐集。**告知後同意**（informed consent）可定義為在了解所有需用來做理性決策的事實後予以同意。歐盟的成員國必須將這些原則轉換納入其自身的法律當中，而且不能將個人資料傳送到如美國等沒有類似隱私保護規範的國家。

美國的商業部與歐盟執行委員會一同合作，來為美國的企業發展一個「安全港」架構。**安全港**（safe harbor）是一種為了要符合政府管理者與立法的目標，但並沒有政府規範力與強制力的私人自我規範與執行的機制。美國企業只要有發展符合歐盟標準的隱私保護政策，就可以使用從歐洲傳來的個人資料。透過自我約束、管制與政府加強公平貿易法令等方法，在美國進行補強工作。

網際網路對隱私權的挑戰

網際網路科技的使用對個人隱私權的保護產生了新的挑戰。資訊在到達最終的目的地以前，就已經過這個巨大網路中的網路和不同的電腦系統。過程中的每一個系統都具備監視、擷取與儲存所經過的資訊的能力。

網路際網路有可能記錄個人的許多線上活動，包括進行何種搜尋、造訪哪些網站與網頁、接觸過的線上內容與經由網頁查看或購買的商品。許多這種監視與追蹤網站到訪者的行為都發生在系統的背後，而使用者並不知情。而且不只追蹤個人的網站，如 Microsoft Advertising、Yahoo! 與 DoubleClick 這類的網際網路廣告網路能夠追蹤數千個網站上所有的瀏覽行為。在全球資訊網上用來監看網站到訪情形的工具已十分普遍，因為它能幫助企業了解誰正在瀏覽它們的網站，及如何更加迎合客戶的需求。（一些公司也會監看員工使用網際網路的情形，看他們如何利用公司的網路資源。）這種針對個人資訊的商業需求是永無止境的。

如果網站訪客自願地在網站登錄個人資料，以購買商品、服務或取得免費的資訊服務，則當他們上網站瀏覽時，網站往往可辨識出訪客的身分。網站也能夠在訪客不知情的狀況下使用 cookie 技術，來獲得其個人資訊。

cookie 是小型的文字檔，當使用者瀏覽某些網站時，該檔案便經由網站傳送，而被儲存在使用者的電腦硬碟中。cookie 可確認訪客的網頁瀏覽器軟體，同時追蹤訪問過的網站。當訪客再度上該網站時，由於使用者電腦存有該網站之 cookie 檔案，該網站的軟體便會自動搜尋訪客的電腦，並找到它的 cookie 檔案，就可以知道訪客之前在網站上的活動。該網站可經由訪客瀏覽網站的活動過程中更新其 cookie 檔案。以這種方式，網站能根據每位訪客的興趣設計出他們所需的內容。例如，如果你在 Amazon.com 的網站購買了一本書，之後又以相同的瀏覽器再度到訪，則該網站便會稱呼你的名字來歡迎你，並根據你過去的購買習慣，推薦你幾本有趣的書籍。本章之前曾介紹過 DoubleClick 這家公司，它就是使用 cookie 檔案來建立網站訪客線上採購的詳細檔案，同時檢查網站訪客的行為。圖 4-3 說明了 cookie 的運作流程。

網站使用 cookie 技術並不能直接獲得訪客的姓名及地址。然而，如果個人已經在網站上登錄自己的資料，則這些資訊將可和 cookie 的資料結合來找出這個訪客的身分。網站站長可以結合他們從 cookie 與其他網站監視工具所蒐集的個人資料，與來自其他來源如離線的問卷調查或紙本型錄採購的資料，發展出其網站訪客相當詳細的輪廓描繪。

現在有更多精巧且秘密的工具監視著網際網路的使用者。行銷人員使用另一種工具網路信標來監視客戶的線上行為。**網路信標**（web beacons），也稱為網路臭蟲，是一種放置在電子郵件或網頁中非常小的物件，用來監視使用者瀏覽網頁或寄送電子郵件的行為。網路信標擷取如使用者電腦 IP 網址、何時瀏覽網站多久、用哪一個類型的網路瀏覽器來檢索網路信標與之前設定的 cookie 值等

圖 4-3 cookie 如何辨識網站訪客

1. 網站伺服器讀取使用者的網頁瀏覽器，並辨識出使用者所使用的作業系統、瀏覽器名稱、版本號碼、網址與其他的資訊。
2. 伺服器傳送一小段帶著用戶識別資訊的文字檔案稱為「cookie」，而使用者的瀏覽器在收到 cookie 之後，會儲存於使用者的電腦硬體中。
3. 當使用者再次拜訪這個網站的時候，伺服器將會叫出之前存於使用者電腦的 cookie 中的內容。
4. 網站伺服器讀取 cookie，並且辨認訪客的身分，同時也呼叫出關於訪客的資料。

cookie 是被網站寫入訪客硬碟中的檔案。當訪客再度光臨該網站，網站伺服器將從 cookie 找出識別號碼，並據以找出伺服器中訪客的資料。網站便可利用這些資料來顯示個人化的相關資訊。

資料，然後將這些資訊傳送出去。網路信標也會出現在一些熱門的網站，因為「第三單位」的公司付費給這些熱門的網站以存取其網站使用者的資料。一般來說，熱門網站通常都有 25-35 個網路信標。

其他的**間諜軟體**（spyware）也是透過尾隨進入（piggybacking）大型的應用程式之內的方式，秘密地將自己裝設在網際網路使用者的電腦上。一旦被植入之後，間諜軟體會呼叫某些網站傳送廣告橫幅與其他未經要求的資料給使用者，它也會將使用者在網際網路上的活動傳送給其他電腦。

全球約有 75% 的網際網路使用者使用 Google 搜尋與 Google 的其他服務，讓 Google 成為世界上最大的網路使用者資料蒐集者。不論 Google 怎麼運用這些資料都會對線上隱私權產生相當大的影響。許多專家相信 Google 擁有世界上最多的個人資料——甚至比任何政府機構擁有更多人的資料且更詳細。表 4-5 列出 Google 主要用以蒐集使用者資料的服務，以及 Google 如何運用這些資料。

多年來，Google 使用行為鎖定技術來顯示更多與使用者搜尋活動相關的廣告。其中一支程式，使廣告商能夠根據 Google 使用者搜尋的歷史紀錄，以及使用者傳送至 Google 或 Google 能夠獲得的其他資訊，如年齡、人口統計資料、

表 4-5　Google 如何運用其所蒐集的資料

Google 功能特性	所蒐集的資料	運　用
Google Search	Google search 的主題使用者的網址	針對式的文字廣告會出現在搜尋結果頁面
Gmail	電子郵件訊息的內容	針對式的文字廣告會出現在電子郵件內文訊息旁
DoubleClick	瀏覽過的網站資料 Google 廣告網路	針對式的橫幅廣告
YouTube	上傳與下載影片的資料部分輪廓描繪的資料	出現在 Google 廣告網路的針對式橫幅廣告
Mobile Maps with My Location	使用者實際或近似的地點	依使用者的郵遞區號傳送針對式的行動廣告
Google Toolbar	網路瀏覽資料與搜尋紀錄	現在不提供廣告
Google Buzz	使用者登入 Google 的基本資料與連結	現在不提供廣告
Google Chrome	將 Google 預設為搜尋引擎，會出現提供地址登入的範例	現在不提供廣告
Google Checkout	使用者的姓名、地址與交易細節	現在不提供廣告
Google Analytics	使用 Google 的分析服務來分析網站流量資料	現在不提供廣告

地區與其他網路活動（如編寫部落格）來鎖定廣告。另外的程式則使 Google 能夠依據搜尋的歷史紀錄，來協助廣告商選擇關鍵字，並針對不同的市場區隔去設計廣告，例如協助一個成衣網站針對十幾歲的少女建立並測試廣告。

Google 已經在該公司所提供稱為「Gmail」的免費網路郵件服務之中，掃描使用者所收到的信件內容。使用者會看見與他們信件內容相關的廣告。它會根據個別使用者電子郵件內容建立其輪廓描繪。Google 目前在 YouTube 與 Google 的行動應用程式上推出針對式廣告，而 DoubleClick 廣告網路也提供針對式橫幅廣告的服務。

以前，Google 被認為是網路上使用者喜好的資料的最佳來源，它最近開始抑制以避免對所蒐集的資料投入過多的資金。但是，隨著對手的出現如 Facebook，Facebook 積極地追蹤線上使用者的行為，並販售使用者的資料，Google 也決定要好好運用使用者的資料進行輪廓描繪。

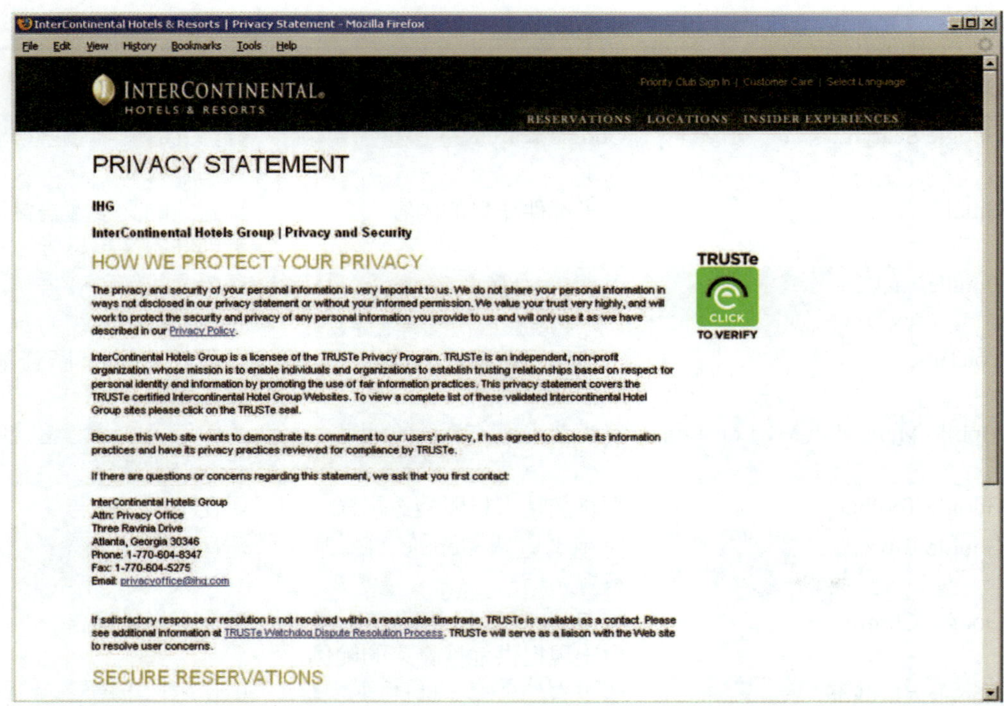

網站會把他們的隱私政策公布出來讓瀏覽者檢視。這個 TRUSTe 的標章就是用來標示那些同意遵守 TRUSTe 關於揭露、選擇、存取與安全性的隱私權規範。

美國允許企業蒐集市場中所產生的交易資訊，並使用這些資訊以達到它的行銷目的，而且不用獲得那些資料被使用的個人的告知後同意。美國的電子商務網站在其網站上都有大量詳盡的公告，告知訪客網站會如何使用他們的資料。有些網站會在其資訊政策公告的地方加入一個選擇不接受的選項。告知後同意的**選擇不加入**（opt-out）模式在該名消費者特別要求停止蒐集其資料前，允許蒐集其個人資料。隱私權擁護團體比較希望告知後同意的**選擇加入**（opt-in）模式被廣泛應用，這種模式和選擇不加入恰恰相反，它在消費者採取某些行動允許其資料被蒐集和利用前，禁止企業蒐集任何個人資料。

線上產業傾向於採用自我管制的隱私權規章來保護消費者。線上產業在 1998 年成立了線上隱私權聯盟（Online Privacy Alliance），鼓勵自我管制並為聯盟成員發展出一套隱私權指導方針。這個團體鼓吹使用如 TRUSTe 所提供的線上圖章，依據某些隱私政策來驗證網站。網路廣告產業的成員，包括 Google 集團的 DoubleClick，也另外成立了一個產業協會稱為網路廣告促進會（Network

Advertising Initiative, NAI），來發展這個產業獨有的隱私權政策，幫助消費者選擇不加入廣告網路計畫，並提供消費者資料被濫用時爭取賠償的方式。

個別的公司如 AOL、Yahoo! 與 Google，最近分別採用了各自的政策，試圖削減社會大眾對於線上追蹤的顧慮。AOL 建立了一個選擇不加入的政策，能夠讓他網站的使用者不被追蹤。Yahoo! 則依循 NAI 的指導方針，對於追蹤與網路信標（網路臭蟲）允許選擇不加入。Google 則是減少追蹤資料的持有時間。

一般來說，大多數的網路企業幾乎沒有保障它們客戶的隱私權，而消費者對他們自己隱私權的保護也做得不夠多。許多擁有網站的公司並沒有隱私權政策。在這些已將隱私權政策放置於網站上的公司之中，將近有一半並未監控它們的網站來確定是否遵守隱私權政策。有大部分的線上客戶宣稱他們關切線上的隱私權問題，但卻少於一半的人閱讀過在網站上的隱私權聲明（Laudon and Traver, 2010）。

最近發表了一份對於消費者網際網路隱私權的態度具有洞察力的研究，由柏克萊大學的一群學生針對網路使用者對 FTC 處理隱私權問題的抱怨進行調查。這裡摘要出幾項調查結果。使用者的顧慮：人們覺得無法控制自己的資料被蒐集，他們也不知道該向誰申訴。網站的做法：網站蒐集這些資料，但不讓使用者存取；隱私權政策不明；它們與「聯盟的成員」分享資訊，卻從來不談這些成員是誰，聯盟有多少個成員。（NewsCorp 所擁有的 MySpace 有超過 1,500 個聯盟成員，這些成員都會與 MySpace 共享線上資料。）網路臭蟲追蹤者：它們到處存在，而我們並沒有被告知它也存在於我們剛瀏覽的網頁上。總合這個研究與其他研究的成果，我們建議消費者不要說：「把我的隱私權拿走吧！我不在乎，只要提供我免費的服務就好。」它們會說：「我們想要資料，我們想對所蒐集來的資料、資料可以做什麼用、追蹤企業整體選擇不參加的能力有控制權、並對政策有更清楚的說明，我們不希望那些沒有我們的參與，也沒有經過我們同意的政策。」（完整的報告請上 knowprivacy.org）

技術解決方案

除了法律之外，也有新的技術發展來保護使用者在與網站互動時的隱私權。這些工具中有許多是用來加密電子郵件，使電子郵件或網站活動成為匿名，阻止客戶的電腦接收 cookie，或偵測並移除間諜軟體。

現在已經開發出許多工具來幫助使用者判斷哪些個人資料會被網站擷取。隱私權偏好平台，也就是眾所皆知的 **P3P**（Platform for Privacy Preferences），讓電子商務網站與其訪客自動溝通兩者之間的隱私權政策。P3P 提供一個標準，來傳達網站的隱私權政策給網際網路使用者，比較該政策與使用者偏好或其他標準，如 FTC 的新 FIP 指導方針或歐洲資料保護指引。使用者可在與網站互動時，使用 P3P 來選擇期望的隱私水準。

P3P 標準讓網站以電腦能接受的形式來公布其隱私政策。一旦 P3P 的規則編入系統之後，這個隱私權政策就變成了個人網頁中軟體的一部分（參閱圖 4-4）。微軟最新版的網際網路探險家（Internet Explorer）網頁瀏覽器的使用者，可以存取並閱讀 P3P 網站的隱私權政策與一份所有來自該網站的 cookie 清單。Internet Explorer 讓使用者調整他們的電腦去過濾掉所有的 cookie，或是讓某些符合特殊隱私權水準的 cookie 進入。例如「中等」的安全水準接受由包含選擇加入或選擇不加入政策的第一方網站而來的 cookie，但拒絕沒有以選擇加入政策來使用個人識別資訊的第三方 cookie。

然而，P3P 只能在隸屬於全球資訊網聯盟（World Wide Web Consortium, W3C）且已將其網站隱私權政策轉成 P3P 格式的成員的網站上運作。這項技術對於那些不屬於 W3C 成員的網站依然會顯示其 cookie，但使用者不能獲得傳送者的資訊或是隱私聲明。許多使用者尚需接受有關解讀公司隱私權聲明與 P3P

圖 4-4　P3P 標準

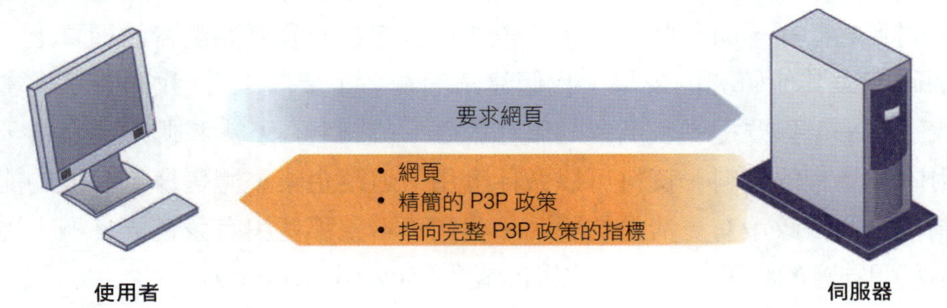

1. 使用者用 P3P 的網頁瀏覽軟體來向伺服器發出網頁要求。
2. 網站伺服器將會回傳一頁網頁，以及精簡版 P3P 的網站政策與指向完整版 P3P 政策的指標。若該網站並非 P3P 相容的網站，就不會有 P3P 的資料回傳。
3. 使用者的網頁瀏覽軟體會把來自網站上回應的資訊與使用者隱私權的喜好進行比較。若網站並沒有 P3P 政策或是政策並不符合使用者所建立的隱私安全等級，它會警告使用者或拒絕由網站來的 cookie。不然，網頁會正常的被讀取。

P3P 讓網站能夠將其隱私權政策轉化為一種標準的形式，讓使用者的網頁瀏覽軟體能夠讀取。網頁瀏覽軟體可以評估這個網站的隱私權政策以決定是否與使用者個人的隱私喜好相容。

隱私權水準的教育訓練。評論家指出最熱門的那些網站僅有小部分運用 P3P，大部分的使用者並不了解他們瀏覽器隱私權的設定，而且 P3P 標準並不會強制執行——企業對其隱私權政策可以聲稱任何事。

▶ 財產權：智慧財產

當代的資訊系統嚴重地挑戰現存保護私人的智慧財產的法律與社會慣例。**智慧財產**（intellectual property）被認為是個人或公司所發展的無形財產。資訊技術讓保護智慧財產變得很困難，因為電腦化的資訊在網路上很容易被複製或散佈。智慧財產在三種法律慣例之下有許多不同的保護方式：商業機密、著作權與專利權。

商業機密

任何智慧工作的成果，如果不是以公開方式取得的資訊為基礎——不管是一個處方、裝置、流行樣式或是資料的編輯——只要用在商業用途，就可歸類為**商業機密**（trade secret）。各州對商業機密的保護都不相同。一般來說，商業機密法主要是賦予工作成果背後隱含的想法一個專賣權，但有時這專賣權也許沒有什麼作用。

軟體包含了新奇或獨特的單元、程序或是編譯，因此也算是一種商業機密。商業機密法保護的是工作成品中蘊含的實際想法，而不只是保護外在成品。為了落實這個理念，開發者或擁有者必須與員工及客戶間達成不公開機密的協議，以防止機密落入一般大眾手中。

保護商業機密執行上的限制在於，雖然任何複雜的軟體程式都有某部分獨特的地方，但當軟體廣泛散佈時，很難阻止這些軟體發展的想法洩漏到公眾的領域。

著作權

著作權（copyright）是法令授予的權利，以保障智慧財產創作者終其一生，再加上 70 年，禁止他人假借任何目的去複製該智慧財產。對於公司所有的創作，智慧財產權的保護期間從第一次創作的時間開始起算 95 年。國會已將著作權的保護範圍延伸至書籍、期刊、演講、戲劇、音樂作品、地圖、藍圖、任何型式的藝術品與電影。國會制定該法的意圖是為了鼓勵創作和著作，以保證創作者因創作物而可得到財務或其他方面的利益。大部分的工業化國家有他們自己的著作權法，而且可透過各種國際公約和雙邊協定來協調及執行。

在 1960 年代中期，專利局開始接受軟體程式的註冊，於 1980 年國會通過電腦軟體著作權法，其中清楚地規定對原始程式，以及有關商業用途複製軟體的出售加以保護，並且當創作者仍具合法權利時，規範購買者使用軟體的權力。

著作權的保護目的就是防止盜拷整個程式或其中部分。著作權被侵害時可立即得到損害賠償與救濟。著作權保護法的缺點則是只保護作品外觀的具體成果，背後重要的觀念則未受到保護。所以競爭者可以使用你的軟體，了解它是如何運作的，沿用相同的概念設計一個新的軟體，而不會侵害到著作權。

「看到與感覺」（look and feel）之間的版權侵害官司爭的正是想法（idea）和其表現（expression）的分野。例如，在 1990 年代早期，蘋果電腦控告微軟公司和惠普公司，侵害蘋果電腦的麥金塔介面的表現方式，蘋果電腦的控訴中有一條說，被告盜用它們多重視窗的表現方式。而被告則提出反訴，宣稱只有一種方式可以表現多重視窗，因此在版權法的合併條例下，這樣的想法是不在保護範圍內的。因為當想法和表現方式合併的時候，表現方式就不在著作權的保護範圍。

一般來說，法庭通常會沿用 1989 年 Brown Bag 軟體公司和 Symantec 公司的官司判例，在此案例中，法庭詳細分析軟體中原告聲稱被侵害的部分。結果發現不管是相似觀念、功能、一般功能的特徵（例如，下拉式表單）與顏色皆不在著作權的保護範圍（Brown Bag Software vs. Symantec Corp., 1992）。

專利權

專利權（patent）允許發明者的想法擁有二十年專賣權。國會希望藉由專利權能保證發明者所發明新的機器、設計或方法可以因為他的努力而得到財務或別種報償，而且希望專利權擁有者提供更詳細的藍圖，讓取得授權的人使用他的概念，並讓所發明的產品持續且廣泛地被使用。專利權由美國專利與商標局授予許可，並且受法院的管轄。

專利權的主要概念是原創性、新奇和發明。直到 1981 年，最高法庭裁定電腦程式可以為專利處理的一部分以後，專利局才接受應用軟體專利權的申請。從此以後，有數以百計的軟體專利權被許可並有數以千計的案子等待審核中。

專利權保護的優點是允許軟體背後的概念與想法具專賣權。困難之處在於需要通過一大堆嚴厲的標準（例如，作品必須要有特殊的巧思和貢獻）、原創意和新穎的構思，同時還得花費幾年等待以取得專利權的保護。

智慧財產權的挑戰

現代的資訊科技，尤其是軟體，對現存智慧財產權制度造成嚴重的挑戰，產生了重大的倫理、社會與政治議題。數位媒體不同於書籍、期刊或其他媒體，它很容易被複製、傳送、變更，很難將軟體作品像節目、書籍或是音樂一樣的被定義清楚，它小巧，容易被偷竊，且難以證實它的唯一性。

電子網路的擴散，包括網際網路在內，使得智慧財產權的保護更加困難。在網路未普及以前，複製軟體、書籍、雜誌文章或影片，必須儲存至實體的媒介上，好比紙張、電腦硬碟或錄影帶上，因此增加了散佈的障礙。但是使用網路以後，資訊就可被很容易地廣泛複製與散佈。由國際資料公司（International Data Corporation）與商業軟體聯盟所舉行的「第七屆年度全球軟體盜版研究」發現，2009 年全球安裝在個人電腦上的軟體有 43% 為非法取得，這代表全球軟體盜版的損失為 510 億美元。全世界合法購買軟體的每 100 美元，即有另外 75 美元的價值為非法取得（Business Software Alliance, 2010）。

網際網路被設計用來在世界各地自由地傳送資訊，包括有版權的資訊在內。尤其是使用全球資訊網後，即使大家使用不同的電腦系統，仍可以輕易地將任何東西複製及傳送給全世界成千上萬的人。資訊可以非法地從一方複製後，再分傳至其他的系統及網路，即使這些單位並不想參與違法行為。

許多人在網際網路上非法拷貝並傳播數位化的 MP3 音樂檔案已有數年之久。檔案分享的服務，例如 Napster 和後來的 Grokster、Kazaa 與 Morpheus 等的出現，可幫助使用者找到及交換數位音樂檔案，包括那些受到著作權保護的。非法檔案的分享變得十分廣泛而影響到音樂唱片產業的生存。唱片產業贏得了一些法律訴訟而使得這些服務停止，但是仍無法全面阻止非法檔案分享。由於愈來愈多的家庭可以連上高速的網際網路，非法影像檔案的分享也將對電影產業造成類似的威脅。

現在已經開始發展合法在網際網路上販售與配銷書籍、文章和其他智慧財產等版權商品的機制了，1998 年的**數位化千禧年著作權法案**（Digital Millennium Copyright Act, DMCA）提供一些對於版權保護的方法。DMCA 實現世界智慧財產組織條約，明文規定破壞版權素材的科技保護機制為不合法行為。網際網路供應商（Internet service providers, ISPs）被要求一旦有人通報侵權問題後，就必須撤銷其網站中有侵害他人版權的網站。

由微軟和其他主要的軟體公司及以資訊為其主要工作內容的公司組成軟體

及資訊產業協會（Software and Information Industry Association, SIIA），來遊說制定新法並強制執行現有法律以保障世界各地的智慧財產權。SIIA 建立一個反盜版熱線讓每個人檢舉盜版行為，同時擬定教育計畫以幫助組織對抗盜版軟體，並發展一套員工軟體使用指南。

▶ 責任歸屬、賠償責任與控制

伴隨著隱私權法和財產權法，新的資訊技術正挑戰著現存的法律和社會習慣所認定的個人以及機構責任歸屬問題。如果一個人操控一架某部分由軟體控制的機器而受傷，那麼誰該負責以及賠償呢？像美國線上（America Online）這樣的公共電子佈告欄或電子服務業，可允許它傳輸色情或攻擊性的資料嗎？（如同廣播電台）或是不管使用者要傳輸什麼，他們都沒有責任呢？（像一般的載體，如電話系統）網際網路的責任又如何？如果你將資訊處理作業外包，一旦你的客戶受害，你能叫承包的廠商負責嗎？看看一些真實的例子。

電腦相關的賠償責任問題

加拿大道明銀行（TD Bank）是北美洲最大的銀行之一。2009 年 9 月的最後一個禮拜，成千上萬 TD 銀行的客戶急著確認他們的薪資支票、社會安全補助金的支票與存款及支票帳戶的餘額。TD 銀行的 650 萬名客戶因為電腦故障，暫時失去了所有存款。這麼重大的問題起因於該銀行與商業銀行（Commerce Bank）系統整合失敗。TD 銀行的發言人說：「整體的系統整合原本進行得很順利，你已經可以預期這個專案的規模與複雜度了，但在最後的階段有些速度上的落差。」（Vijayan, 2009）誰要為在這段期間內因為無法存取到全部帳戶餘額，所造成個人或是企業在經濟上所受到的任何損害負賠償責任呢？

這些例子指出一個資訊系統主管所必須面對的困境，他必須為員工所開發的系統所帶來的傷害負最後的賠償責任。一般來說，電腦軟體是機器的一部分，而只要機器造成某人實質或經濟的損害，軟體開發者與操作員可能必須為損害負責。但是軟體只要被視同像一本書一般儲存和顯現資訊，法庭通常不太會要求由作者、出版商與書商為它們的內容負責（詐欺或毀謗的例子除外），因此法庭也不太會讓軟體作者為它們像書一般的軟體負賠償責任。

一般來說，當軟體被視同書本時，不管發生的損壞是實質的或金錢上的，都很難（也不是不可能）要求軟體的創作者負賠償責任。一直以來，因為怕要求賠償責任會牴觸憲法第一修正案所保障的表達自由（freedom of expression），所以出版商、書籍、期刊等都還沒有被要求為它們的出版物負賠償責任。

什麼是軟體服務呢？自動櫃員機是銀行服務客戶所提供的機器。若是這項服務有誤，則會造成客戶的不便，而且如果客戶不能及時使用帳戶內的錢時，可能會對他們造成經濟上的損害。賠償責任保護是否應該擴及到軟體出版商和有瑕疵的財務、會計、模擬或行銷等系統操作人員的身上嗎？

軟體和書籍是非常不同的。軟體的使用者總是期待所使用的軟體毫無失誤，軟體比書籍更難以檢查，而且很難和其他的軟體就其品質加以比較，並且軟體的使用實際上是在執行一次工作，而非像書籍只在描繪工作內容，大眾逐漸依賴以軟體為基礎的服務。軟體已逐漸成為日常生活的中心，因此現在是很好的時機將賠償責任法延伸至軟體業，儘管軟體提供的只是資訊服務。

電話系統並不需要為它們所傳遞的訊息負責，因為它被定位為一般的傳輸工具。相對於提供電信服務的權利，它們必須在合理的費率下對所有的通路提供服務，並達到可接受的可靠度。但是廣播和有線電視系統在內容與設施方面，卻受到一大堆各式各樣的聯邦法或地方法的限制。組織會被要求對它們網站上的攻擊性內容負賠償責任；而線上服務，如 America Online 也有可能必須為他們的使用者所張貼的內容負責。雖然美國法庭欲逐漸免除網站與 ISP（網際網路服務供應商）對於第三者張貼文章所背負的責任，但法律行動的威脅仍然令那些無法負擔這些訴訟案例的小公司或是個人感到不寒而慄。

▶ 系統品質：資料品質與系統錯誤

使用系統所造成的意外結果，到底賠償責任與責任歸屬何方的爭議，也形成了一個相關但卻獨立的道德層面，什麼是在技術可行下所能接受的系統品質？什麼階段系統管理者可說：「停止測試！我們已盡可能的使軟體完美了，就這樣出貨！」個人和組織可能需為可避免及可預見的結果負責，因為他們原本就有職責要察覺到並更正。而灰色地帶就在於，有些系統的錯誤是可預見並可更正的，但是卻要付出很高的費用，支付高昂費用為達系統的完善水準，在經濟上是不可行——沒有人負擔得起這樣的產品。

例如，雖然軟體公司會在產品賣到市場前，儘量除去產品的錯誤，他們也知道產品有瑕疵，但為了找出所有的小錯誤而需花費相當的時間與成本，而這會妨礙產品的出售。假使產品無法上市，是否真的社會整體福利就不能進步，甚至退步？更深一層來看，什麼才是電腦服務生產者的責任？是否他們需為永遠不可能完美的產品而回收它、警告購買者小心或是他們可以忘記風險（讓購買者小心使用)?

系統效能很差的主要原因有三個:(1) 源於軟體的瑕疵和錯誤;(2) 硬體或設備因自然因素或其他原因的故障;(3) 輸入資料品質不佳。因此,使軟體達到完美必然有技術障礙,而消費者也必須知道,使用軟體也許有潛在意外的失敗。並且軟體產業至今也尚未發展出一個生產可接受但不是表現完美的軟體測試標準。

雖然有關軟體瑕疵和設備災害的報告很可能會在被媒體廣泛地報導,到目前為止,通常會造成企業系統故障的原因,大多還是資料的品質。幾乎很少有公司例行性地評估其資料品質,然而一些個別組織的報告指出,資料錯誤率達0.5% 至 30%。

▶ 生活品質:公平、使用與範圍

引進資訊科技和系統的負面社會成本,將伴隨著科技的力量同時產生。許多這些社會負面後果並未違反個人權利或財產犯罪。不過,卻對個人、社會與政治制度造成極大的傷害。即使電腦和資訊科技會為我們帶來利益,但潛在的亦會破壞我們文化和社會有價值的部分。在使用資訊系統時,必然有好壞的平衡問題,那麼誰該為壞的後果負責呢?接下來,我們從個人、社會與政治的反應層面,簡單的檢核一些系統所帶來的社會負面後果。

平衡權力:中心和外圍之間

電腦時代的早期我們所畏懼的是巨大、集中式的大型電腦會讓權力集中於公司總部與國家的首都,結果就像 George Orwell 的小說 *1984* 所言,會形成老大哥的社會。因此有向高度分散式電腦發展的趨勢,但這趨勢必須與「授權」給上千員工的思想相結合,而且也需將決策權延伸至組織內較低的層級,以減低權力過度集中的恐懼。但是一般的商業雜誌對授權的描述均侷限於瑣碎且無關重要部分。低層級的員工被授權的都是做些小決策,但是關鍵的政策仍如過去般集中在組織內的高階層級。

快速的改變:縮短反應時間以提高競爭力

資訊系統對於建立國內與國外有效率的市場有相當大的幫助。高效率的全球化市場,縮短了正常社會中企業為因應競爭,所需要多年準備調整的緩衝期。但「時間的競爭」其不好的一面是,你所服務的公司也許沒有足夠的時間對全球的競爭者採取反應的措施，因而在一年之內被淘汰，你也因此失去工作。此際，我們就會面臨一個風險，發展出「即時的社會」、「即時的工作」和「即時的辦公室、家庭與渡假」。

維持界線：家庭、工作與休閒

本書的一部分是在火車與飛機上、家庭的假期及其他「家居休閒」的時間所完成。因為無所不在的電腦、電信通訊、可移動式的電腦與可在「任何地方做任何事」的電腦環境，事實上已幾乎實現。如果這樣，傳統上工作與家庭、休閒的分野將逐漸模糊。

雖然傳統上作家原本就是在任何地方工作（可攜帶的打字機已有一世紀之久），但資訊時代的來臨，加上知識性工作職業的成長，將意味著愈來愈多的人在原本與家人及朋友玩樂溝通的時間仍努力工作。「工作傘」早已超出一天八小時的工作範圍之外了。

即使花費在電腦上的休閒時間都會威脅到社交上的關係。廣泛地使用網際網路，即使是娛樂或休閒用途，都還是會使人遠離他們的家庭和朋友。對於中學生和十幾歲的孩子也會導致有害的反社交行為，像是最近網路上霸凌的增加。

傳統體系的式微清楚地顯示出一種風險。因為對於個人、傳統的家庭與朋友提供強而有力的支撐機制，且他們在社會上扮演了保有私人生活的平衡點，

雖然有些人享受在家工作的便利，但是「在任何地點都可以做任何事」的運算環境，會讓傳統工作與家庭時間分隔的界線變得模糊。

提供了一個可整理個人思想、允許人們與雇主有不同想法和夢想的地方。

依賴與傷害

今天，我們的企業、政府、學校與私人團體，例如教會，都非常依賴資訊系統，因此，在系統當機時可能會遭受很大的傷害。現在這些系統如電話系統般無所不在，令人吃驚的是它竟然沒有任何如電話、電力、廣播、電視或其他公共設施等技術管理規定或設定標準的力量存在。這種缺乏標準與一些應用系統的嚴重性，將會加強對國家標準的需求或者是規範的監督。

電腦犯罪與濫用

新科技包括電腦，創造出許多新的犯罪機會，如值得偷竊的新事物、新的偷竊方法與新的傷害別人的方法。**電腦犯罪**（computer crime）被定義為使用電腦或對抗電腦系統的非法行為。電腦或電腦系統已成為犯罪之目標（破壞公司的電腦中心或電腦檔案），以及犯罪的工具（利用家中的電腦非法存取電腦系統中有價值的資料）。單純的未經授權使用電腦系統，或意圖造成損害，即使是意外，現在都已違反聯邦法。

電腦濫用（computer abuse）指的是以電腦從事也許不算犯法，但卻是不合倫理的行為。網際網路與電子郵件的大量使用形成了一種形式的電腦濫用——垃圾郵件——成為對個人及企業一個嚴重的問題。**垃圾郵件**（spam）為無益的電子信件，由一個組織或是個人大量寄給網際網路的使用者，即使他們曾經表示過對行銷之產品或是服務沒興趣。垃圾郵件發送者傾向推銷色情、詐欺交易或服務、大量詐騙或是其他不被社會大眾所接受的產品。有些國家已經立法通過禁止垃圾郵件發送或者是限制它的使用範圍。在美國，若沒有包括詐騙內容而且寄件者姓名與主題能夠適當的被辨識者，仍然是合法的。

目前垃圾郵件正在快速成長，因為只需要幾分錢就可以發送數千份廣告訊息給網際網路使用者。依據資安防護軟體主要的供應商 Sophos 表示，2010 年第二季垃圾郵件就占了整個電子郵件流量的 97%（Schwartz, 2010）。垃圾郵件耗費企業相當大的成本（估計一年約 500 億美元），因為數十億美元的運算與網路資源被用來去處理這些上億封而且是不必要的電子郵件，以及處理這些垃圾郵件的時間。

網際網路服務供應商與個人可以利用垃圾郵件過濾器軟體，在可疑的電子郵件進入信箱前加以過濾。然而，過濾器也可能阻擋了合法的訊息。垃圾郵件寄發者懂得持續更換電子信箱、將垃圾訊息併入影像內、把垃圾信件嵌入電子郵件的附加檔案或電子賀卡內，以及使用其他人曾經被殭屍網路入侵的電腦等方法來迴避過濾器。也有許多垃圾郵件是從一個國家來發送信件，而網站卻在其他國家。

歐洲的垃圾郵件發送規範遠比美國的規範嚴格。2002 年 5 月 30 日，歐洲議會通過對未經請求之商業訊息的禁令。電子市場行銷的對象只能針對那些事前就同意過的人。

美國在 2003 年通過的 CAN-SPAM 法案於 2004 年 1 月 1 日生效後，雖還不能排除垃圾郵件，但是已經能禁止有欺騙意圖的電子郵件，因為商業性的電子郵件必須顯示正確的主題、可供辨認的真實寄件者，而且提供收件者能夠輕易地將他們自己從接受名單中移除的方法。同時它也防止虛設回信地址。有一些人已經因為這條法律被起訴，但這對於垃圾郵件的影響卻是微不足道的。雖然 Facebook 與 MySpace 已贏得判決，並無不當使用網路寄送大量資訊，但許多評論家還是認為法律有太多的漏洞，無法有效地執行（Associated Press, 2009）。

電腦科技所造成的另一個負面影響是運用資訊技術監控員工與一般民眾的情形也隨之增加，即便這些員工與民眾並沒有任何不法的行為，不過企業或政府還是認為有監視的必要。互動部分組織篇會探討這個主題。

就業：科技與再造使得職位逐漸流失

企業的再造工程在資訊系統的世界裡常被譽為新資訊科技的一大好處。但卻少有人提到重新設計企業流程，可能會造成上百萬中階主管與事務性員工的失業。有個經濟學者就認為：「這很可能會造就出一個由一小撮高科技專業菁英管理的社會……，但國家卻充斥了一大群永遠失業的人。」（Rifkin, 1993）

其他經濟學家對可能的失業情況多抱持樂觀的看法。他們相信受過高等教育、比較開朗的工作者，會因為再造工程而在快速成長的企業中得到更好的工作。從這樣的公式中消失的，將會是沒有工作技能的、藍領階級、年長者、教育程度不高的中階管理者。至於這些人能否被再訓練而得到更高品質（高薪）的工作就不得而知了。仔細的規劃並去感受員工的需求，可協助公司重新設計工作，讓失業降至最低。

公平與使用權：增加種族與社會階級的不協調

在數位時代，是否每個人都有公平參與的機會？是否在美國或其他國家所

互動部分：組織

監控工作場所

一場球賽通常只有11位球員上場，但是英國的Blackburn Rovers足球俱樂部雇用了超過800位員工。如同現在很多組織，電腦已成為經營一家有效率的企業的核心。該俱樂部大部分的電腦都位在Ewood Park行政部門的辦公室，其餘的則分散在俱樂部的訓練中心與足球協會。

俱樂部決定裝設一套名為Spector 360的軟體，由一家位在曼徹斯特的公司Snapguard所提供。Snapguard的銷售資料寫著：「當員工在使用公司的個人電腦與網路的時候，該產品可以以整個公司為範圍監視員工，針對員工的活動提供高階的觀點。」以前，俱樂部曾經試著想導入一個可接受的使用政策（acceptable use policy, AUP），但是一開始與員工討論引進，然後該政策就沒下文。先前試用Spector 360的時候，可以看到有些員工濫用工作場所輕鬆的本質，每天都花很多時間上網瀏覽，上社群網站，並占用很大的頻寬下載檔案。

在正式導入監視軟體之前，AUP又被挖出來了。公司以附加檔案的方式透過電子郵件寄給各位員工，並將AUP加到員工手冊中。這個政策也成為雇用的條件和限制。可以理解有些員工會覺得被監視這樣的概念很煩人，但不管怎樣公司已經決定要裝設這套軟體了。位在Blackburn Rovers的資深系統行政人員Ben Hayler說，Spector 360一定會重新改變現在的情況：「生產力會上升……你一定會看得到，你去觀察一個員工的一天，而顯示出來的都是企業應用系統。」

Spector 360提出的報告可以讓管理者知道以下的狀況：過度使用Facebook、Twitter與其他社群網站；瀏覽成人網站或是購物網站；運用聊天軟體的服務；機密資料的列印與存檔；以及員工登入和登出的時間。管理者也可以運用軟體仔細研究員工使用網路的形態、在螢幕呈現速報，或甚至記錄每一個鍵盤的敲擊。

這套軟體也對員工有益。比方說，因為它可以詳細地記錄員工在作的事，所以系統也可以協助員工作訓練；因為它可以輕鬆且正確地追蹤出是什麼原因造成特定的問題產生，並排解疑難。

這套軟體另一個特點是它可以協助俱樂部繼續遵照付款卡產業（Payment Card Industry, PCI）的資料安全標準（Data Security Standard）。Hayler說：「PCI有部分的標準必須要連結所有信用卡的資料。因為Spector 360可以監視、記錄並儲存有關這些交易的任何微小的資料，這也是我們查核PCI標準最為關鍵的一個部分。」

但是，對於在工作場所監視員工較普遍的看法為何？根據公民顧問局（Citizens Advice Bureau，提供英國民眾免費資訊與諮詢的服務）的看法，以下是在工作場所常見雇主用來監視員工的幾個方式：以CCTV閉路電視拍攝工作場所；拆封郵件或是電子郵件；運用自動化軟體檢查電子郵件；檢查電話紀錄或紀錄通話；檢查瀏覽過的網站；對工作場所外作錄影；從信用參考機構取得資訊；並且從「銷售點終端機蒐集資料」。

雖然這一大串的清單看起來很嚇人，但無

庸置疑地雇主某種程度上有權力確保他或她的員工行為，這並不違法也不會對公司造成傷害。不過，在英國資料保護法的規範下，雇主必須確保對員工的監視是合理的，而且如果因為監視而對員工產生任何負面的效果時，雇主須擔負責任。只為監視而監視是不被允許的。不讓員工知道就進行秘密監視也是不合法的。

在 2007 年歐盟人權法庭（European Court of Human Rights）（Copeland v. the United Kingdom）成立之前有一個個案，Copeland 小姐是 Carmarthenshire 學院的雇員，她聲稱她的隱私權被侵犯。她是校長的助理，並常與副校長一起工作。副校長慫恿校長監視並分析她的電話帳單、瀏覽過的網站與電子郵件往來，因為副校長想確認 Copeland 小姐是否過度使用學校的服務。歐盟人權法庭判決她勝訴，認為她個人網路的使用行為符合人權保護公約屬於「私人生活」的定義。請注意：雖然這個案子是 2007 年由法院判決，但監視的事件發生在 1999 年，在調查機關權利法（Regulation of Investigatory Powers Act 2000）與電信法案（Telecommunications Regulations 2001）（合法的企業慣例）被導入英國與威爾斯的法律之前，電信法案是用來澄清有關竊聽溝通的法規。

Carmarthenshire 學院最大的錯誤是沒有適當地使用政策。雇主與雇員應該有一個雙方都同意的政策，作為雇用合約中的一部分，以釐清工作場所電腦的使用哪些行為可以被接受、哪些行為則不行。如果雇員使用工作場所的儀器設備，未依照雇用合約中所允許的部分的話，雇主就可以依照正常獎懲的程序來處理。

不管法令規定如何，很明顯地對於工作場所資訊科技的運用還會有很多潛在的問題產生。一封電子郵件一旦寄出，就成為合法公開的文件，可以作為法庭上的證據，包括毀謗、違約等等。多數的企業都認為公司的資料贏過競爭者。因此，如果發生資料遺失、被竊或遭到破壞會比相同的狀況發生在硬體上還來得嚴重。如果一個資料隨身碟掉在酒吧的停車場，換一個新的隨身碟只要幾美元，但是如果那隨身碟裡面有公司的機密資料的話，這樣的損失可能會讓公司就此離開這個產業。

許多公司把大部分的精力都放在員工的生產力上。把一些網站（如：YouTube、Facebook 等等）鎖起來不讓員工瀏覽這樣作法很簡單，但是把這些網站不管三七二十一的鎖起來也會造成問題，如果員工有正當的理由必須瀏覽這些網站的時候該怎麼辦？還有，這些網站在午餐時間也要禁止嗎？不管在什麼情況，在桌上型電腦將這些網站鎖起來已經不是今日（如果曾經是）增加生產力的保證了，愈來愈多的員工會用他們的智慧型手機上網瀏覽這些網站。

資料來源：Information Commissioners Office, "Employment Practices Data Protection Code-Supplementary Guidance," (www.ico.gov.uk/ upload/documents/library/data_protection/practical_application/coi_html/english/supplementary_guidance/monitoring_at_work_3.html, accessed October 25, 2010); "Spector 360 Helps Blackburn Rovers Show Red Card to PC and Internet Abuse," Snapguard (www.snapguard.co.uk/blackburn_fc.html, accessed October 25, 2010); "Citizen Advice Bureau Advice Guide, Basic Rights at Work," Adviceguide (www.adviceguide. org.uk/index/your_money/employment/basic_rights_at_work.htm, accessed October 25, 2010); "Employee Monitoring in the Workplace: What Constitutes 'Personal Data'?" Crowell and Moring (www.crowell. com/NewsEvents/Newsletter.aspx?id=654, accessed October 25, 2010).

個案研究問題

1. 你認為 Blackburn Rovers 採行的方法對員工是太嚴厲？太寬鬆？還是剛好？
2. 思考一下本章內文所描述的五個道德面向，哪些適用於 Copeland v. the United Kingdom 的案例中？
3. 思考一下以下的情形，你 14 歲大的兒子參加一個足球社團，他用社團的電腦下載了一些不適當的圖片，並將圖片轉賣給他的朋友。他在家裡不能下載那些圖片，因為家中裝設了家長控制軟體。誰該為他失序的行為負責？

管理資訊系統的行動

1. 上網搜尋看看世界各國應用哪些法律。法律的不同對工作必須跨越邊界的跨國企業有什麼影響？
2. 建立你自己個人在一個工作天中的電腦使用記錄，你做了哪些與工作無關的事？做了多久？又做了哪些與工作無關，但不使用電腦的事，如接手機、去洗手間等等？

本個案由 Staffordshire 大學的 Andy Jones 所提供。

存在的社會、經濟與文化的鴻溝會因為資訊系統科技而降低？或是這個鴻溝更加擴大，使得富人相對於其他人更加富有？

這些問題到現在都還沒有完全的答案，因為系統科技對社會不同階級所帶來的不同衝擊，尚未被徹底研究。目前所知道的是資訊、知識、電腦和經由教育機構和公立圖書館取得資訊的管道在種族與階級上都分配得很不平均，其他的資訊來源也是一樣。許多研究發現，即使在過去五年中，電腦的擁有與網際網路的存取點已經大量成長的情況下，美國某些種族與所得團體對擁有電腦與上網的意願相當低。雖然這樣的鴻溝已經變得較小，但在每一個種族中的高所得家庭，比起低收入家庭更有可能在家中擁有電腦與上網。

類似的**數位落差**（digital divide）也同樣存在美國的學校當中，貧民區的學校比較不可能提供學生使用電腦、接受高品質的科技教育課程或是上網。如果我們不去修正這種不公，數位落差會帶來一個有資訊、懂電腦、有技能的人和一大群沒有資訊概念、電腦文盲與沒有技能的人相互對立的社會。社會公益團體希望將這數位落差的鴻溝縮小，希望能讓數位資訊服務系統——包含網際網路——就像現在的電話服務一樣，幾乎人人都能使用。

健康的風險：RSI、CVS 與科技壓力症

現在最嚴重的職業病是**重複受壓傷害**（repetitive stress injury, RSI）。當肌肉

群在高衝擊負荷使力中（如打網球）或成千上萬次低負荷使力下（如打電腦鍵盤的工作）而不斷被迫重複收縮使力時，RSI 就會出現。

電腦鍵盤是 RSI 最大的病源。與電腦相關一般最常見的 RSI 疾病種類是**腕關節症候群**（carpal tunnel syndrome, CTS），此症是經由腕骨結構傳至中樞神經的壓力所引發的疼痛。壓力則是由不斷敲電腦鍵盤的重複動作引發。通常一位文書處理者每一天上班時段都可能敲 23,000 次的電腦鍵盤。CTS 的症狀包括麻木、打擊的疼痛、無法緊握物品與刺痛。到目前為止，已有數百萬人被診斷出患有此病症。

RSI 是可避免的。設計出讓手腕關節比較不累的工作站（使用手腕扶手來撐住手腕），高度適中的螢幕底座，還有枕腳凳都能有助維持正確的姿勢，並降低 RSI。新的人體工學鍵盤也是另一種選擇。除了這些措施之外，公司應該讓員工工作中經常休息，並常常輪替不同的工作。

RSI 並不是電腦所引起的唯一的職業疾病。背痛、脖子痛、腿的壓力與腳痛同樣會因為工作站設計不符人體工學而發生。**電腦視力症候群**（computer vision syndrome, CVS）是一種過度使用視力注視桌上型電腦、筆記型電腦、電子閱讀器、智慧型手機與掌上型電動玩具的螢幕所產生的症狀。CVS 影響了 90% 每天花三個小時以上在電腦前面的人（Beck, 2010）。它的症狀常常是暫時

重複受壓傷害（RSI）為今日最常見的職業病。操作電腦鍵盤為引起 RSI 單一且最大的原因。

的，包括頭痛、視力模糊、眼睛乾燥或不適。

最新的電腦相關的病症為**科技壓力症**（technostress），此為由使用電腦引起的心理壓力。它的症狀為易於對人生氣、充滿敵意、不耐煩與精神耗弱。根據專家所言，這是因為長期與電腦為伍的人，不知不覺中也希望別人能像電腦一樣，反應迅速、態度專注與沒有情緒。一般皆認為電腦產業員工的高流動率、許多電腦密集行業工作者的提早退休、藥物與酒精濫用的比例偏高等因素皆與科技壓力症有關。

科技壓力症的影響範圍尚未得知，但我們認為在美國約有幾百萬人有此病症，並快速地成長。已知有幾個工業國家的健康統計報告指出，與電腦相關職業的壓力居各行業之冠。

至今，電腦螢幕的輻射線尚未被證實會造成職業疾病。顯示器（video display terminals, VDTs）會放射出低頻的非游離電子與磁場，這些輻射線會進入人體，對酵素、分子、染色體與細胞膜所造成的影響尚未知。長期的研究目前正在調查有關低能量電磁場與先天缺陷、壓力、新生兒體重不足與其他疾病的關係。所有的製造業於 1980 年代之初即致力於降低顯示器輻射量的工作，而歐洲許多國家如瑞典就制定了嚴格的輻射強度標準。

除了這些疾病之外，電腦科技也會傷害我們的認知功能。雖然網際網路讓人們可以很輕易地存取、創造並使用資訊，有些專家深信電腦也讓人們不容易集中注意力、思慮也不清晰。互動部分技術篇著重於由這個問題所衍生出的爭論。

不僅在個人層面，而且在社會、文化與政治方面，電腦都已成為我們生活的一部分。當資訊科技持續在改變我們的世界時，這些議題和我們的選擇並不會變得愈來愈容易。網際網路和資訊經濟的成長，顯示當我們步入數位化的第一個世紀時，我們所討論過的倫理與社會議題會進一步提升。

互動部分：技術

技術過多？

你認為管理者接收愈多的資訊，就能做出愈好的決策嗎？好吧！那再想想看。我們大多數人已無法想像，如果這世界沒有網際網路或沒有我們所喜愛的行動裝置，不論現在用的是 iPad、智慧型手機、筆記型電腦或是行動電話，會是什麼樣子。不過，雖然這些行動裝置帶來了協同合作與溝通的新時代，但它們也為我們與科技的關係帶來了新的顧慮。有些研究人員認為網際網路與其他數位科技徹底地改變了我們的思維——但不一定變得更好。網際網路讓我們變得「更沉默寡言」嗎？是不是我們已經到達了擁有過多科技的臨界點了呢？還是網際網路提供許多新的機會，以找出可以讓我們「更聰明」的資訊？然而，在網路時代，我們該如何定義「更沉默寡言」和「更聰明」呢？

你可能會說，等一下，怎麼可能是這樣？網際網路是一項沒有先例可循的獲取與分享資訊的來源。創造與傳播媒體從沒有像現在這麼簡單。像維基百科與 Google 這類的資源有助於組織知識，並且全世界的人都可以取得這些知識，如果沒有網路，這根本不可能發生。而其他的數位科技也與我們的生活愈來愈密不可分。看到這裡，可能還不是很清楚技術的進步可以做什麼，讓我們變得更聰明。

回應這樣的爭論，有些權威人士認為網際網路讓數百萬人都可以創造媒體——寫部落格、上傳照片、影片——也因此降低了媒體的品質。部落客很少進行有原創性的報告或研究，他們只是從一些專業的資源複製這些資訊到自己的部落格。YouTube 影片也是由一些網路新手提供影片，這些影片的品質遠低於專業的影片。部落客提供一些品質不一致的免費內容，也讓報業為求生存而必須更努力。

但相似的警訊也影響了印刷出版業的發展。就像 Gutenberg 發明的印刷術遍及歐洲當時的情況一樣，當代文學迅速地流行，但在當時的菁英份子眼中那不過是一些二流的文學作品。印刷出版業雖然還不至於被消滅，但是已經邁入了必須做一些根本改變的初級階段了。隨著人們緊緊擁抱新的技術與管理技術的新規範，文學、報紙、科學期刊、小說與非小說也開始跟上智慧潮流，而不是背離這樣的趨勢。今日，我們也無法想像一個沒有平面媒體的世界會是什麼樣子。

數位媒體的擁護團體認為，當我們愈來愈熟悉網際網路與其他新科技的時候，歷史便會重演。印刷出版業同業的評論與合作會導致科學上的改變。許多數位媒體支持者認為網際網路對於出版業的潛力與協同合作也會帶出相似的變革，而且對整個社會而言，也是一個會造成轟動的成就。

這些狀況可能都是真的，但是從認知的觀點來看，網際網路與其他數位裝置的影響可能不是那麼樂觀。新的研究指出數位科技傷害了我們的思考力與專注力。數位科技使用者在運用它們的行動裝置時，一定會希望行動裝置具有多工的功能，能同時處理好幾件事情。

雖然電視、網路與電玩有助於發展我們的視覺處理能力，但研究者認為它們也會影響我們深度思考並記住資訊的能力。網際網路真的可以讓使用者很輕鬆地取得來自世界各地的資訊，但是透過這個資訊傳送的媒介，也破壞了我們對於所讀到與聽到的資訊進行深度且具批判性思考的能力。針對同樣的主題，你閱讀書本而不是像你朋友一樣觀看影片的話，你會變得「更聰明」(對內容的價值具有判斷力)。

運用網際網路進行多工處理。網頁上都是可以連結至別的網站的超連結；運用網路標籤進行瀏覽，讓我們可以快速地在兩個視窗間切換；我們也可以一邊看電視，一邊上網，同時傳送即時訊息給朋友或是一邊講電話。但是經常分心或常被打斷，是網路經驗中最主要會阻礙我們腦部建立神經連結的原因，神經連結是頭腦對建構一個主題完整理解的重要作用。相反地，傳統平面媒體讓我們可以完全專注於內容而免於被干擾。

史丹佛研究團隊最近進行的一項研究指出，多工作業者不只是比較容易分心，而且令人驚訝的是比起那些非多工作業者，他們處理多種工作的表現其實並不好。這個團隊也發現多工作業者一旦接到一點新資訊或一通新電話、新訊息或是電子郵件，都會有點興奮。

我們腦部的細胞結構對我們所使用的工具具有高適應性與調整性，因此多工作業者會變得很依賴接觸新事物時他們所感受到的興奮。這同時也意味著，多工作業者即使不使用他們常用的行動裝置，還是很容易分心。

史丹佛研究團隊中的認知學者 Eyal Ophir，設計出一個測驗以測量這個現象。以自認為是多工作業者為調查對象，要求他們在一系列的圖片中持續追蹤紅色的正方形。當藍色的正方形出現時，多工作業者們會難以辨別，不知道是不是紅色的正方形在每張圖片裡的位置都不一樣。而一般的測試者的表現遠比多工作業者好。只有不到 3% 的多工作業者（應該被稱為「超級工作者」）能夠一次同時管理多重資訊流；對身為多數的我們而言，多工作業其實並不會提高生產力。

神經學家 Michael Merzenich 認為我們的腦部已經被我們經常且愈來愈頻繁的網路使用行為「大大地重塑了」，而且這樣的趨勢並不只是由網路所造成的。我們的專注力因為智慧型手機與其他數位科技導致經常分心，而逐漸被損害了。電視與電玩也不例外。另一項研究讓受測者觀看完全相同的電視節目，只是其中一組所觀看的節目底下有跑馬燈播出新聞訊息，另一組沒有，結果觀看沒有跑馬燈的那一組，記得更多的節目內容。這些科技對小孩的影響比對大人的衝擊更大，因為小孩的頭腦還在發育，他們就已經要學著設定適當的優先順序，並學習抗拒突如其來的刺激。

最近的這些研究對 Web 2.0「社交」技術對管理決策的影響帶來重大的啟示。結果，這些「一直保持上網狀態」而不斷被工作騷擾的高階管理者，總是急急忙忙地在機場或火車站跑來跑去，有時候同時運用好幾種行動裝置，以多國語言跟客戶或是同事進行語音或文字的對話，他們並不一定是好的決策者。實際上，當來自多種管道的數位資訊量不斷地增加，決策的品質反而可能會下降，因為管理者失去了他們評斷與思考的能力。同樣地，從管理生產力的觀點來看，對於工作場所使用網際網路的這些研究認為，Web 2.0 社交技術提供管理者浪費時間的新機會，而不是讓他們更專注於他們的責任上。你今天上 Facebook 了嗎？很明顯地，我們必須找出更多行動與社交技術對管理工作的衝擊。

資料來源：Randall Stross, “Computers at Home: Educational Hope vs. Teenage Reality,” *The New York Times*, July 9, 2010; Matt Richtel, “Hooked on Gadgets, and Paying a Mental Price,” *The New York Times*, June 6, 2010; Clay Shirky, “Does the Internet Make you Smarter?” *The Wall Street Journal*, June 4, 2010; Nicholas Carr, “Does the Internet Make You Dumber?” *The Wall Street Journal*, June 5, 2010, Ofer Malamud and Christian Pop-Echeles, “Home Computer Use and the Development of Human Capital,” January 2010; and “Is Technology Producing a Decline in Critical Thinking and Analysis?” *Science Daily*, January 29, 2009.

個案研究問題

1. 支持與反對數位媒體的運用的爭論有哪些？
2. 經常使用數位媒體，腦部會受到什麼樣的影響？
3. 你認為這些爭論是不是比運用數位媒體帶來的好處更重要？為什麼是或為什麼不是？
4. 對於小孩使用數位媒體還有沒有其他的顧慮？8 歲以下的小孩應該使用電腦或手機嗎？為什麼應該或為什麼不應該？

管理資訊系統的行動

1. 製作一週每日使用數位科技的記錄，列出你每一天使用數位科技（像行動電話、電腦、電視等等）所進行所有活動，以及你花在每一項技術上的時間。特別注意你同時執行多種工作的場合。平均而言，你每天有多少時間花在數位科技上？其中又有多少時間進行多工？你認為你的生活太技術密集嗎？試說明你的回答。

4.4 管理資訊系統專案的實務演練

這個單元的專案將給你實務演練的經驗，分析使用線上資料代理商的隱私意涵，發展一套關於員工使用網頁的公司政策，利用部落格建置工具建立一個簡單的部落格，同時利用網際網路新聞群組去做市場研究。

管理決策問題

1. USAData 的網站連結到龐大的資料庫，內含數百萬人的個人資料。任何有信用卡的人都可以購買消費者行銷名單，並以地區、年齡、薪資水準與興趣來分類。如果你點選 Consumer Leads 去訂購一份客戶郵寄名單，你會得到居住在某特定地區的潛在銷售名單，包括姓名和地址，有時候還會有電話號碼，然後可以購買這個名單。任何人都可以使用這個功能獲得一份名單，例如任何一個住在紐約州 Peekskill 每年收入 15 萬美元或更多的人。如同 USAData 這樣的資料代理商會引起隱私的相關問題嗎？為什麼會或為什麼不會？如果你的姓名和其他的個人資訊都在這個資料庫裡，你希望有何種存取限制來保護你的隱私？考慮以下的使用者：政府機關、你的雇主、私人企業與其他的個人。
2. 身為一個只有 6 名雇員的小型保險公司老闆，你很關心你的公司如何有效率地利用電腦網路與人力資源。預算很緊，你很掙扎地去支付薪水，因為員工報了許多加班時數。你不相信員工的工作負荷重到需要加班，所以深入調查他們花在網際網路上的時間。每一位員工在工作時都使用一台可以上網的電腦。你要求資訊系統部門提出員工網頁使用的週報如下：

2010 年 1 月 9 日止之網頁使用週報

使用者名稱	上線時間（分鐘）	造訪的網站
Kelleher, Claire	45	www.doubleclick.net
Kelleher, Claire	107	www.yahoo.com
Kelleher, Claire	96	www.insweb.com
McMahon, Patricia	83	www.itunes.com
McMahon, Patricia	44	www.insweb.com
Milligan, Robert	112	www.youtube.com
Milligan, Robert	43	www.travelocity.com
Olivera, Ernesto	40	www.CNN.com
Talbot, Helen	125	www.etrade.com
Talbot, Helen	27	www.nordstrom.com
Talbot, Helen	35	www.yahoo.com
Talbot, Helen	73	www.ebay.com
Wright, Steven	23	www.facebook.com
Wright, Steven	15	www.autobytel.com

- 計算每一位員工每週花在上網的總時間，和公司電腦用在這個用途的總時間。依照每一位員工花在上網的總時間排序。
- 你的調查結果與報告內容是否顯示員工有任何倫理方面的問題？監視員工使用網際網路，公司是否引起倫理方面的問題？
- 利用本章所提到的倫理分析指導方針，針對你發現的問題去發展一套解決方案。

達成卓越經營：建立一個簡單的部落格

軟體技術：建立部落格

商業技術：部落格與網頁設計

在這個專案中，你將學會如何利用 Blogger.com 上可獲得的線上部落格建置軟體，自己設計建立一個簡單的部落格。挑選一項有興趣的運動、嗜好或話題作為你部落格的主題。將部落格命名，給它一個標題並為部落格選擇一個樣版。至少在部落格上張貼四篇文章，每篇都加上一個標記。如果需要的話，編輯你貼上去的內容。上傳一張圖片到你的部落格，例如你硬碟裡或網頁上的照片。（Google 建議用 Open Photo、Flickr：Creative Commons 或 Creative Commons Search 作為照片的來源。請確定註明你圖片的來源。）替其他註冊的使用者如團體會員增加評論你的部落格之功能。簡短地描述你的部落格對於銷售與你部落格主題相關產品或服務的公司能有什麼幫助。列出 Blogger 上可獲得，且又能夠使你的部落格對企業更有幫助的工具（包括 Gadgets），並描述每一個工具的商業用途。儲存你的部落格並向你的老師展示。

改善決策制定：利用網際網路新聞群組做線上的市場研究

軟體技術：網站瀏覽器軟體和網際網路新聞群組

商業技術：利用網際網路的新聞群組來確認潛在的客戶

這個專案將會幫助你利用新聞群組來做網際網路行銷的技巧，它也會要求你思考利用線上討論群組來做商業用途的道德問題。

你正在製造登山靴，並且透過一些商店來銷售。你認為你公司所產的靴子比其他競爭者的產品來得舒服。如果你可以大量的增加生產與銷售，相信可以比競爭者賣得更多。你想要透過喜愛遠足、登山或露營的網際網路討論群組，一方面增加銷售，另一方面讓你的靴子能夠更廣為人知。拜訪 groups.google.com，這個網站存放了數以千計新聞群組的討論文章。透過這個網站你可以選定所有相關的新聞群組，你可以利用關鍵字、作者名稱、論壇、日期與主題找尋它們。選擇一則訊息並仔細的察看，注意所有你所得到的資訊，包含這位作者的資訊。

- 你如何使用這些新聞群組來行銷你的靴子？
- 若你使用這些訊息來賣靴子，你可能會違反什麼樣的倫理規範？你認為以這樣的方式使用新聞群組會產生倫理問題嗎？請解釋你的答案。
- 接下來利用 Google 或 Yahoo.com 對登山鞋產業進行搜尋，找出可以協助你發展吸引潛在客戶的創新想法的網站。
- 告訴我們你從本章與上一章所學到的，並且準備一個使用新聞群組或是其他替代方案來開始吸引訪客到你的網站的計畫。

追蹤學習模組

以下的追蹤學習單元提供與本章內容相關的題目：

1. 發展公司資訊系統的倫理規範。
2. 建立一個網頁。

摘　要

1. 資訊系統引起什麼樣的倫理、社會與政治議題？

資訊科技正面臨尚未有適當的法律或規則能夠規範的改變階段。逐漸增加的運算能力、儲存空間與網路能力——包括網際網路——將會延伸個人與組織行動所能接觸到的範圍，並且擴大他們的衝擊。現今資訊可以輕易且匿名的在線上被傳輸、複製與處理，為個人隱私權與智慧財產的保護帶來了新的挑戰。圍繞在資訊系統所引起主要的道德、社會與政治議題為中心者，有資訊權利與義務、財產權利與義務、責任歸屬與控制、系統品質與生活品質等五項。

2. 能夠用來引導道德決策的特定原則為何？

六個用來判斷你自己行為的倫理原則，包括黃金法則、康德的普遍性原則、笛卡兒的改變規則、功利主義原則、風險規避原則與沒有白吃的午餐原則。這些原則必須和倫理分析聯合使用。

3. 為什麼當今的資訊系統技術和網際網路對保護個人隱私權及智慧財產造成挑戰？

現今資料儲存與資料分析技術允許公司更輕易地從不同來源蒐集有關某人的個人資料，並分析這些資料以建立關於這個人與其行為詳細的電子化輪廓描繪。網際網路上的資料流可以從許多地方來監視。cookie 與其他網站監視工具能夠密切地追蹤網站訪客的活動。並非所有的網站都有良好的隱私保護政策，而且在使用個人資訊時，也不一定會考慮到告知後同意。傳統的版權法不足以保護軟體的盜版，因為數位化的素材可以輕易地被複製，並且在同一時間傳送到網際網路上各個不同的地點。

4. 資訊系統如何影響日常生活？

雖然電腦系統是效率與財富的來源，但它也有一些負面的影響。電腦的錯誤會為個人與組織帶來嚴重的傷害。低劣的資料品質也要對企業的瓦解與業務損失負責。企業流程的改造會使某些工作由電腦來替代而變成不必要，因而造成一些員工失業。不同種族團體與社會階級間擁有電腦的能力，會因其社會經濟方面的高度落差而有相當大的差異。電腦的廣泛使用會增加電腦犯罪與電腦濫用的機會。電腦也會造成健康上的問題，如重複受壓傷害（RSI）、電腦視力症候群與科技壓力症。

專有名詞

倫理　138
資訊權利　140
輪廓描繪　142
不明顯關聯察覺　143
責任　144
責任歸屬　144
賠償負擔　144
合法訴訟程序　144
黃金法則　145
康德的普遍性原則　145
笛卡兒的改變原則　146
功利主義原則　146
風險規避原則　146
沒有白吃的午餐原則　146
隱私權　147
公平資訊慣例　148
告知後同意　150
安全港　150
ccokie　151
網路信標　151
間諜軟體　152
選擇不加入　154
選擇加入　154
P3P　155
智慧財產　157
商業機密　157
著作權　157
專利權　158
數位化千禧年著作權法案　159
電腦犯罪　164
電腦濫用　164
垃圾郵件　164
數位落差　168
重複受壓傷害　168
腕關節症候群　169
電腦視力症候群　169
科技壓力症　170

複習問題

1. 資訊系統引起什麼樣的倫理、社會與政治議題？
   - 說明倫理、社會與政治議題如何產生關聯性，並舉出數個例子。
   - 列出並描述加強倫理層面關切的主要科技趨勢。
   - 負責、責任歸屬與賠償之間的差異為何？
2. 能夠用來引導道德決策的特定原則為何？
   - 列出並描述倫理分析的五個步驟。
   - 辨別並描述六個倫理原則。
3. 為什麼當今的資訊系統技術和網際網路對保護個人隱私權與智慧財產造成挑戰？
   - 定義隱私權與公平資訊慣例。
   - 說明網際網路對於保護個人隱私權與智慧財產權的挑戰為何。

- 說明告知後同意、法律、產業自我規範與技術工具如何協助保護網際網路使用者的個人隱私。
- 列出並定義保護智慧財產權的三種不同的社會制度。

4. 資訊系統如何影響日常生活？
   - 說明為什麼很難要求軟體服務業對失敗或損害賠償負責。
   - 列出並描述系統品質問題主要的原因。
   - 說出四種電腦和資訊系統對生活品質所帶來的衝擊。
   - 定義並描述科技壓力症與RSI，同時說明它們與資訊科技的關係。

問題討論

1. 以軟體為基礎的服務行業，如自動櫃員機，當它們的系統失效時，是否應該為所造成經濟上的損害負責？
2. 公司是否該為因資訊系統所造成的失業負責？為什麼是或不是？
3. 試討論允許公司透過鎖定網路行為蒐集個人資料的正反兩面意見。

群組專案：發展一套公司倫理規範

與三到四名同學一組，發展出一套有關隱私權的公司倫理規範，其必須顧慮到員工、客戶與公司網站的使用者之隱私。務必將電子郵件隱私權與雇主對工作場所的監控列入考量，你也應該將公司對員工下班後的行為動態等資訊之運用（例如，生活型態、婚姻狀況等）列入考慮。可能的話，利用Google網站張貼網頁、團隊溝通通知與工作分配的連結，進行腦力激盪，並協力合作完成專案文件。試著使用Google Docs來製作簡報並向班上同學簡報你的發現。

當放射線療法反而造成死亡時
個案研究

當新的昂貴的醫學療法出現，並保證可以治癒人們的疾病時，我們會認為，除了醫院與政府主管機關之外，醫療設備的製造業者、醫生與醫事技術人員對於新設備的應用與使用都會非常謹慎。但實際情形通常不是這樣。現在的放射線療法就是一個很好的案例，因為社會疏於防範並控制這樣強大到足以使人喪命的科技，而產生了負面的影響。

對於正在與癌症搏鬥的病人與其家屬，放射線治療技術的進步代表了一個希望，一個能夠重新回復健康、沒有癌症病痛的生活的機會。但是，當這些高度複雜精密的儀器被用來治療癌症時卻變了調，或是當醫事技術師與醫師沒有遵照適當的安全程序時，會導致比仰賴放射線治癒癌症更糟的結果。舉這幾個令人震驚的狀況是為了強調，如果醫院無法為癌症病患提供安全的放射線治療的話，會導致這些結果。在這許多駭人聽聞的故事中，問題的根源可能來自於不良的軟體設計、不夠人性化的儀器操作介面或技術人員缺乏訓練。

Scott Jerome-Parks 與 Alexandra Jn-Charles 的過世是放射線療法失誤最具代表性的案例，他們兩位都是紐約市立醫院的病患。Jerome-Parks 在曼哈頓南端靠近世貿中心遭恐怖攻擊的地點附近工作，最近被診斷出罹患了舌癌，他懷疑與恐怖攻擊之後，他接觸到有毒的灰塵有關。剛開始，他病況預後的狀況還不明確，他選擇 St. Vincent 醫院進行治療，但因為 St. Vincent 醫院有最先進的直線加速器，可以提供高品質的治療，讓他對自己的病況保持樂觀。但是，在接受了幾次劑量錯誤的放射線療法之後，他的健康狀況急遽地惡化。

在大多數情況下，先進的直線加速器的確可以提供癌症病患有效且安全的治療照護，而美國人每年安全地接受醫療放射線治療的人數也持續增加。放射線療法有助於診斷並治療各種癌症、在發展的過程中也拯救了許多病患的生命，有超過一半以上的癌症患者都安全地接受過放射線的治療。因為舊型的機器只能以 2D 平面方式顯影出腫瘤，規劃直線的放射線光束，較新型的直線加速器能夠以 3D 的方式照出立體的癌細胞腫瘤，並且可以將治療放射線光束塑型，使其與該腫瘤的形狀相符。

放射線療法最常見的問題是放射線在摧毀癌細胞的同時，也要保存健康的細胞。運用光束塑型技術，放射線不會穿過太多健康的細胞組織，就可以抵達有癌細胞的區域。醫院廣為宣傳它們新的直線加速器，因為光束塑型技術更準確，因此可以治療以前無法治療的癌症。使用舊型的儀器，如果腫瘤與身上其他重要器官太靠近的時候，因為太危險而不能運用放射線療法，因為儀器不夠準確可能會傷害到旁邊重要的健康器官。

但是，為什麼使用了先進的直線加速器技術，與放射線相關的醫療意外卻頻頻發生？在 Jerome-Parks 與 Jn-Charles 的案例中，儀器發生故障再加上操作者的失誤，造成這些令人恐懼的錯誤。因為電腦的異常，有三次治療時，Jerome-Parks 的腦幹與脖子都暴露在過量的放射線中。Jerome-Parks 所用的直線加速器是具有多重葉片的瞄準儀，是比較新且功能比較強大的型號，它運用 100 片以上的金屬「葉片」，以調節光束的形狀，並增強光束。St. Vincent 醫院的瞄準儀是放射線儀器設備大廠 Varian 醫療系統公司所製造的。

St. Vincent 醫院腫瘤放射線科主任 Anthony M. Berson 醫師重新修正 Jerome-Parks 先生的放射線治療計畫，並給予該病患牙齒更多的保護。負責執行 Jerome-Parks 先生的放射線治療計畫的醫療物理學家 Nina Kalach，運用 Varian 軟體修正這個計畫。狀態紀錄顯示，當 Kalach 小姐要儲存修正的時候，電腦開始當機，顯示訊息錯誤。這個訊息詢問 Kalach 小姐在程式終止前是否要儲存她所做的改變，而她回答要。然後 Berson 醫師批准了這個修正後的計畫。

6 分鐘後，另一台電腦也當機，但是第一波的放射線光束已經啟動，之後幾天，也都有額外的幾波放射線光束陸續啟動。在第三次治療之後，Kalach 小姐啟動機器進行測試，以確認放射線治療計畫是否遵照醫囑執行，才發現應該要將光束準確地集中在 Jerome-Parks 先生的腫瘤的多重葉片瞄準儀，整個是打開的。病患的整個頸部都暴露在放射線的照射中，Jerome-Parks 先生所接受的放射線為原本醫囑的七倍。

因為接受了過量的放射線，Jerome-Parks 先生不但聽不到也接近全盲、嘴巴與喉嚨潰爛、一直感到噁心與嚴重的疼痛。他的牙齒掉落，無法吞嚥，最後甚至沒辦法呼吸。他不久後就過世了，享年 43 歲。

Jn-Charles 的案例也同樣不幸。她來自布魯克林區（Brooklyn），32 歲，是兩個孩子的母親，她被診斷出罹患了具有侵略性的惡性乳癌，經過乳癌手術與化療之後，她外表看起來好好的，只剩二十八天的放射線治療還沒做。不過，Jn-Charles 在布魯克林醫院所使用的直線加速器並不是多重葉片瞄準儀，而是稍微舊一點的型號。它使用一種被稱為「楔子」的裝置，以避免放射線打到身體其他不需要治療的部位。

在 Jn-Charles 太太接受治療第 28 天也是最後一次的治療時，醫事技術人員才發現好像有錯。Jn-Charles 太太的皮膚開始慢慢地脫皮，而且無法癒合。當醫院檢視治療紀錄要找出為什麼會發生這樣的情況時，他們才發現直線加速器少了最重要的一道指令——把楔子塞上——這是操作者該做的工作。在過去 27 次的治療中，每一次醫事技術人員都沒有注意到螢幕上出現的錯誤訊息，告訴他們楔子沒有栓上。這也意味著 Jn-Charles 太太在過去 27 次的治療中，每一次都接受了正常劑量四倍的放射線照射。

Jn-Charles 太太接受過量的放射線造成傷口無法癒合，即使接受多次的高壓艙治療與多次的手術也無效。雖然這個傷口在一年多之後終於癒合了，但 Jn-Charles 太太也在不久後過世。

在這些案例中，我們主要會先指責執行這些治療的醫事技術人員的疏忽或懶惰，但是其他也有很多因素造成這樣的狀況。新型直線加速器技術的複雜度，再加上沒有適當地更新軟體、訓練、安全程序與人員配置而導致悲劇的發生。St. Vincent 醫院說系統當機與 Jerome-Parks 先生接受了不當的治療相似，「在使用 Varian 軟體時，並非不常見，而醫院方面也已經與 Varian 軟體公司針對這些問題溝通了無數次了」。

這些儀器的製造商自豪地說他們每天都可以為愈來愈多的病患提供安全的放射線療法，但是醫院在使用較新型的儀器之前，卻無法調整人力，或是增加受過專業訓練的醫事技術人員，以處理這些工作量。醫事技術人員不正確地假設，新的系統與軟體會正確地運作，實際上這些儀器已經很長一段時間沒有經過檢測了。

如果儀器操作人員可以更小心，許多錯誤都可以被發現。其實，許多錯誤訊息的報告都包含了像把病患罹患的癌症搞錯這麼簡單且恐怖的錯誤；在一個案例中，一個腦瘤的病患卻接受了乳癌的放射線治療。今日的直線加速器對傳送出去的放射線劑量，也缺乏一些安全的防護措施。比方說，許多直線加速器在放射線劑量遠超過有效治療癌腫瘤所需的劑量時，並不會警示操作人員。雖然最後責任還是落在醫事技術人員身上，但是軟體的程式設計師在設計產品的時候，並沒有把醫事技術人員的需求考慮進去。

雖然新機器的複雜度，已突顯出醫院運用放射線療法安全程序上的不當，但愈來愈多的病患因為這些機器的速度與強大的效能而接受放射線治療，因此也產生了其他的問題。在有呈報放射線相關醫療疏失的這些醫院，也發現醫事技術人員長期超時工作的情況，一位醫事技術人員通常每天要處理超過 100 位病患。醫事技術人員光處理這些病患就已經忙不過來了，沒辦法再強迫他們在操作直線加速器的時候，要檢查所有的設定，而電腦系統早期出現的錯誤也很難察覺。因此，錯誤的治療會重複地發生，直到技術人員和醫師因某種原因來檢查設備的時候才會發現。通常這裡所說的某種原因指的是病人已經受到嚴重的傷害了。

讓這個問題更複雜化的是，其實我們並不知道每年因為放射線治療的意外而受影響的病患總數。現行的機構中並沒有一個負責蒐集全國關於類似意外的資料，許多州甚至不要求醫療院所要回報這樣的醫療疏失。即使是有規定須回報醫療疏失的州，醫療院所也因為擔心會嚇跑未來可能的病患，影響基本營收，而不願主動呈報他們所犯的錯誤。在某些狀況下，其實很難找出醫療院所的疏失，因為與放射線相關的癌症出現症狀已經有一段時間了，即便是接受了有瑕疵的治療之後，在放射線照射下並不會有可觀察到的傷害。即便是對醫療疏失通報有嚴格要求，且會將通報疏失的醫院匿名，以鼓勵醫院分享資料的紐約州，仍有一部分的醫療疏失——也許是一大部分的醫療疏失，只是沒有呈報。

這樣的問題當然不只發生在紐約州。在紐澤西州，同一家醫院因為醫事技術人員團隊經驗不足，而讓 36 位病患接受了過量的放射線治療，而也因為缺乏檢查治療錯誤的系統，讓這樣的疏失持續了好幾個月之久。路易斯安那州、德州與加州也都有病患持續接受不正確的放射線量而造成嚴重傷害身體的病痛。這樣的問題也不只發生在美國。在巴拿馬，國立癌病中心的 28 位病患也各因為不同的癌症而接受了過量的放射線治療。該中心的醫生已經叮囑醫事技術人員增加一個第五道「阻絕器」，或是作用與多重葉片瞄準儀的「葉片」一樣的金屬板，到只設計了四道阻絕器的直線加速器上。當操作人員試著啟動增加了額外的阻絕器的機器軟體時，卻產生劑量計算錯誤，反而讓病患接受到過量的放射線。

美國缺少一個負責管理放射線療法報告與管制的中央機構，這意味著發生放射線相關疏失的時候，所有相關的團體都可以免於擔負最終的責任。醫療儀器與軟體製造商主張這是醫生與醫事技術人員的責任，他們必須好好地操作使用這些儀器，而醫院也該為沒有編列時間與資源進行人員的訓練負責。醫事技術人員則提出他們人力不足且超時工作，而且也沒有適當的程序可以來針對他們的工作進行檢查與確認，而且即便有適當的程序存在，他們也沒有時間這麼做。醫院則宣稱較新型的儀器設備缺乏適當的自動防止故障危害（fail-safe）的機制，而且在已經十分有限的預算中，實在沒有空間挪出一筆錢來進行製造商認為非常必要的人員訓練。

現在，針對醫療疏失制定規範的責任落到對強制通報的規定原本各不相同的各州政府身上。原本許多州並不要求通報，但即使是像要求醫療疏失必須在 15 天內通報的俄亥俄州，這些規定也常常被違反。此外，在俄亥俄州擔任放射線技術人員並不像在其他州一樣需要執照。

放射線專家 Fred A. Mettler, Jr. 博士研究發生在世界各地的放射線治療意外，特別提醒：「當意外發生的時候，你並不想把那些不需要接受放射線治療的人們嚇死。」我們必須重複強調的是大多數的時間、放射線的治療工作，的確拯救了很多癌症末期病人的生命。但不論是醫事技術人員、醫院、醫療設備或軟體的製造商與法規制定者都必須一起合作，以建立一套共同的安全程序、軟體功能、通報標準與醫事技術人員執業證明的規定，以減少放射線意外的發生次數。

資料來源：Walt Bogdanich, "Medical Group Urges New Rules on Radiation," *The New York Times*, February 4, 2010; "As Technology Surges, Radiation Safeguards Lag," *The New York Times*, January 27, 2010; "Radiation Offers New Cures, and Ways to Do Harm," *The New York Times*, January 24, 2010; and "Case Studies: When Medical Radiation Goes Awry," *The New York Times*, January 21, 2010.

個案研究問題

1. 本個案中說明了本章所提及的哪些觀念？放射線技術引發了哪些倫理的問題？
2. 本個案中管理、組織與技術的因素應該為此問題負哪些責任？試解釋每一個因素的角色。
3. 你認為與此問題有關的任何一個團體（醫院行政高層、醫事技術人員、醫療儀器與軟體製造商），該為此醫療疏失接受大眾的指責嗎？為什麼是或為什麼不是？
4. 一個蒐集放射線相關意外資料的中央通報機關，未來將如何協助減少放射線療法疏失發生的次數？
5. 假設你正在負責為直線加速器設計一套電子軟體，你會包含哪些特性在內？又會避免哪些特性？

Chapter 5

資訊科技基礎建設與新興科技

學習目標

在讀完本章之後，您將能夠回答下列問題：

1. 資訊科技基礎建設以及其組成元件為何？
2. 資訊科技基礎建設的演進階段與技術驅動力為何？
3. 現今電腦硬體平台之發展趨勢為何？
4. 現今電腦軟體平台之發展趨勢為何？
5. 管理資訊科技基礎建設所帶來的挑戰與管理上的解決方案為何？

互動部分

新的觸動

Nordea 利用資訊科技走向綠色

本章大綱

5.1 資訊科技基礎建設
- 資訊科技基礎建設的定義
- 資訊科技基礎建設的演進
- 資訊科技基礎建設演進的技術驅動力

5.2 基礎建設的組成元件
- 電腦硬體平台
- 作業系統平台
- 企業應用軟體
- 資料管理與儲存
- 網路／電信平台
- 網際網路平台
- 顧問諮詢與系統整合服務

5.3 當今硬體平台的發展趨勢
- 新興的行動數位平台
- 網格運算
- 虛擬化
- 雲端運算
- 綠色運算
- 自主運算
- 高效能與節能處理器

5.4 當今軟體平台的發展趨勢
- Linux 與開放程式碼軟體
- 網頁軟體：Java 與 Ajax
- 網路服務與服務導向架構
- 軟體委外與雲端服務

5.5 管理議題
- 處理平台與基礎建設的改變
- 管理與治理
- 基礎建設的明智投資

5.6 管理資訊系統專案的實務演練
- 管理決策問題
- 改善決策制定：利用試算表評估硬體與軟體的選擇
- 改善決策制定：利用網路研究如何編列銷售會議的預算

追蹤學習模組
- 電腦的硬體及軟體如何運作
- 服務水準協議
- 開放原始碼軟體的創新精神
- 比較資訊科技基礎建設演進的階段
- 雲端運算

資訊科技基礎建設為 BART 加速

灣區捷運系統（Bay Area Rapid Transit, BART）是將加州舊金山、奧克蘭與其他鄰近城市向東與向南連接的高運量大眾運輸系統。BART 已提供超過 35 年快速與可靠的運輸，並且如今有 104 英哩軌道與 43 個車站，每日載運超過 346,000 名旅客。它提供了在橋樑與高速公路上駕車的替代方案，減少了交通時間與在灣區擁擠道路上的車輛。它是全美第五大繁忙的捷運系統。

BART 最近展開了相當有企圖心的現代化工程來翻新車站、部署新式車輛與延長路線。這項現代化工程也包括了 BART 的資訊科技基礎建設。BART 的資訊系統有些跟不上時代，並且開始影響提供優良服務的能力。自行開發的老舊財務與人力資源系統無法快速地提供資訊以供即時決策，同時在支援 24/7 的運作上也不夠穩定。

BART 將它的軟硬體升級。以在 HP Integrity 刀鋒伺服器及 Oracle Linux 作業系統上運行 Oracle 的 PeopleSoft Enterprise 軟體，取代了老舊的大型主機。這種配置提供了更多彈性與成長空間，因為 BART 可以讓 PeopleSoft 軟體與之前無法運行的新應用程式一起執行。

BART 想要使用網格運算來發展出高可用度的資訊科技基礎建設，讓運算與儲存能力更符合實際需求。BART 選擇在採用網格架構的伺服器群組上執行應用程式。多個作業環境分享網格上視需要提供、分配與重整的空間與運算資源。

在大部分的資料中心，特定的伺服器被分派給每一個應用，每一個伺服器基本上只使用到其一部分的能力。BART 使用虛擬化的技術在同一台伺服器中執行多個應用軟體，使伺服器的使用率增加到 50% 或更高。這代表使用更少的伺服器就達成同樣的工作量。

藉由刀鋒伺服器，如果 BART 需要更多的運算能量，它可以在主系統中增加另一台伺服器。因為 BART 不需購買多餘的運算能力，能源的消耗可以降到最低，同時刀鋒伺服器的可拆卸、模組化設計減少了實體空間與能源的使用。

藉由使用較少的硬體與更有效率的使用現有的運算資源，BART 的網格環境節約了能源與冷卻成本。將應用程式整合在用網格分享運算能力的伺服器上預期可以減少 20% 的能源使用率。

資料來源：David Baum, "Speeding into the Modern Age," *Profit*, February 2010; www.bart.gov, accessed June 5, 2010; and Steve Clouther, "The San Francisco Bay Area Rapid Transit Uses IBM Technology to Improve Safety and Reliability," ARC Advisory Group, October 7, 2009.

BART 被廣泛地稱讚為成功的現代化捷運系統，但它的營運與所需的成長能力被過時的資訊科技基礎建設所阻礙。BART 的管理階層發覺最具有成本效益、效率與節約能源的解決方案是投資新的硬體與軟體技術。

本章開場的圖中歸納出這個個案和本章所注重的幾個重點。管理階層了解為了能持續提供灣區居民期望的服務水準，它必須使營運現代化，包括組織運作所使用的硬體與軟體。它所做的資訊科技基礎建設投資必須可以維持 BART 的營運目標並可以改善績效。其他目標則包括減少成本與降低電力與材料消耗的「綠色」目標。

使用網格方式運作的刀鋒伺服器與更先進的企業軟體來更新老舊的軟體與電腦設備，BART 能夠減少處理程序中未被使用的電腦資源，更有效率地使用現有的資源，同時節約成本與能源消耗。新的軟體工具更容易開發新的應用程式與服務。BART 的資訊科技基礎建設更容易管理與配合業務成長的容量需求，以及新的商業機會。這個個案顯示出正確的軟硬體投資不只改善了經營績效，也能對重要的社會目標有所貢獻，如節約能源與材料。

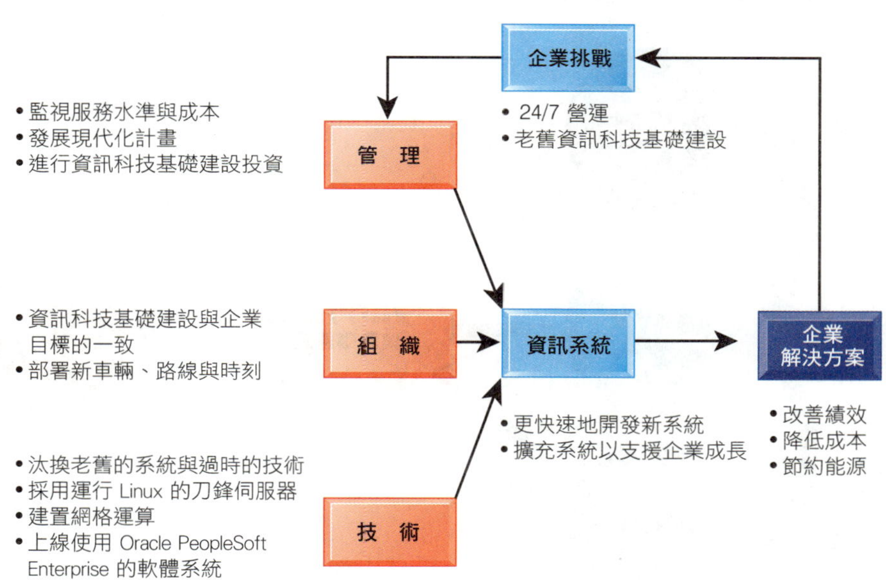

5.1 資訊科技基礎建設

我們在第一章中將資訊科技基礎建設（information technology infrastructure）定義為科技資源的分享，它能夠提供公司特定資訊應用系統的運作平台。資訊科技基礎建設包含硬體、軟體及服務——如顧問諮詢、教育與訓練方面的投資，這些資源能在全公司或是整個事業單位中分享使用。公司的資訊科技基礎建設提供了客戶服務與供應商合作，以及管理公司內部企業流程的基礎（參閱圖 5-1）。

在 2010 年，供應美國公司資訊科技基礎建設是一個大約每年 1 兆美元的產業，包含電信、網路設備與電信服務（網際網路、電話與資料傳輸）。這並不包括資訊科技與相關的企業流程顧問服務，這些服務會產生另外的 8,000 億美元。在大型公司中基礎建設的投資占資訊科技費用的 25% 到 50%，在領先的財務服務公司中資訊科技投資會超過所有資本支出的一半（Weill et al., 2002）。

圖 5-1　公司、資訊科技基礎建設與企業能力之間的關聯

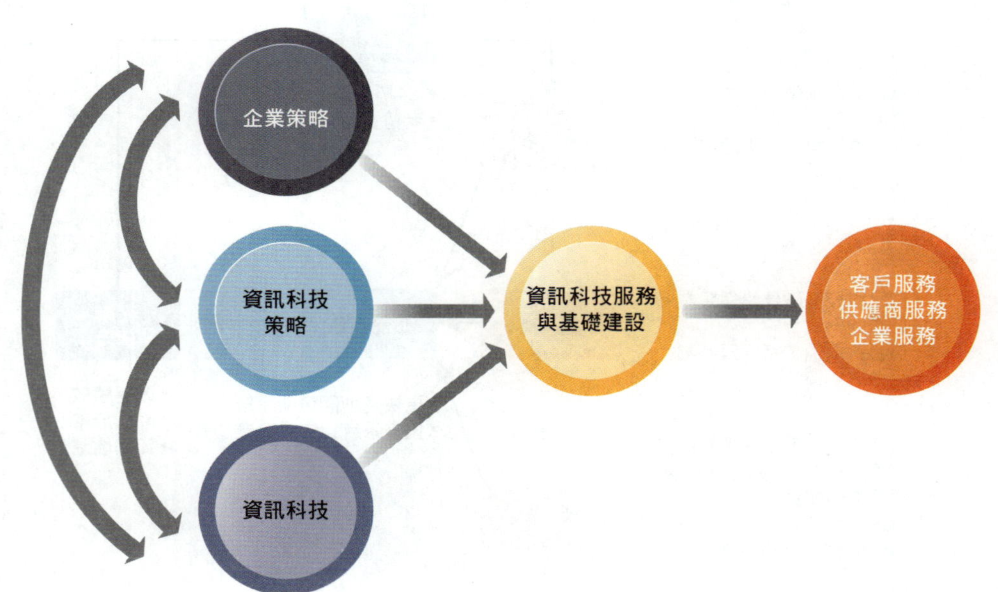

一家公司能提供給客戶、供應商與員工的服務是資訊科技基礎建設的直接功能。理想上，這個基礎建設要能支援公司的業務與資訊系統策略。新的資訊科技對於企業與資訊科技策略，以及所能提供給客戶的服務有著巨大的影響力。

▶ 資訊科技基礎建設的定義

資訊科技基礎建設係由包含一組實體設備及用來支援整個企業運作的應用軟體所組成。但是資訊科技基礎建設也是管理者投入預算支援的一組跨公司整體的服務，它整合了人與技術的能力。這些服務包括：

- 運算平台用來提供運算服務，它將員工、客戶與供應商連結到緊密的數位環境，包括大型主機、中型電腦、桌上型與筆記型電腦與個人手持行動設備。
- 電信服務用來提供員工、客戶與供應商之間的資料、語音和影像的連接。
- 資料管理服務能夠儲存和管理公司的資料，同時也可提供資料分析的功能。
- 應用軟體服務可提供整體企業功能，如企業資源規劃、客戶關係管理、供應鏈管理與知識管理系統，讓企業內所有單位共享。
- 實體設備管理服務在於開發與管理在運算、電信與資料管理服務等所需的實體設備安裝。
- IT 管理服務在於規劃及開發基礎建設、協調事業單位間之資訊科技服務、管理資訊科技費用的帳戶，並提供專案管理服務。
- IT 標準服務用來提供政策給公司及事業單位，決定何時及如何採用何種資訊科技。
- IT 教育服務在於提供訓練給使用系統的員工，以及訓練經理人如何對資訊科技投資加以規劃和管理。
- IT 研發服務可提供公司研究未來具有潛力的資訊科技計畫與投資，以協助公司在競爭的市場上建立其差異性。

這種「服務平台」的概念讓我們更容易了解該基礎建設投資所能提供的企業價值。例如，在了解由何人使用及如何使用設備之前，想知道配備 3 GHz 處理器價值約 1,000 美元的個人電腦或是高速上網真正的企業價值是很不容易的。然而，當我們觀察這些工具所提供的服務之後，就能明顯看出它們所帶來的價值：新的個人電腦能夠讓一位高所得的員工，連結到所有公司的主系統及公眾的網際網路上，每年可為公司賺取 10 萬美元。高速上網服務可替這位員工在網際網路資料的蒐集上每天可以減少一個小時的等待時間。若無這台個人電腦與網際網路連線的協助，該員工對公司的價值可能減半。

▶ 資訊科技基礎建設的演進

在今日組織中的資訊科技基礎建設，是運算平台五十餘年來演進之產物。演進的過程歷經五個階段，每一個時期代表著不同的運算能力與基礎建設元件組成（參閱圖 5-2）。這五個階段分別是：一般用途的大型主機與迷你電腦運算、個人電腦、主從式架構網路、企業運算與雲端和行動運算。

在某一階段所使用之技術可能也使用於另一階段中之不同用途。例如，有些公司仍然使用傳統的大型主機系統，或使用大型主機作為於支援大型網站與企業應用軟體系統的大量伺服器。

一般用途的大型主機與迷你電腦時期（1959 年迄今）

在 1959 年，IBM 推出 1401 及 7090 電晶體機器後，象徵著**大型主機**（mainframe）在商業應用上廣泛普及的開始。在 1965 年，IBM 推出 360 系列，才使得大型主機名符其實。360 系列主機為首台擁有強大作業系統的商用電腦，在更先進的機型可以提供分時、多工及虛擬記憶等功能。自此，IBM 一直主導著大型主機的市場。大型主機演進到最後，透過特定的通訊協定及專屬的資料傳輸方式，其功能強大到能讓上千台遠端電腦線上登入中央主機。

大型主機時代為一高度集中運算時期，由專業程式設計師與系統操作員來控管（一般在公司資訊中心內部），多數基礎建設的元件都由單一軟硬體製造商提供。

隨著迪吉多公司（Digital Equipment Corporation, DEC）於 1965 年所發展的**迷你電腦**（minicomputers）的推出，這種高度集中管理模式逐漸改變。DEC 提供功能強大且價格遠低於 IBM 大型主機的迷你電腦（PDP-11 及後來的 VAX 機器），使分散式運算可行，能符合各個單獨部門或事業部需求，比起單一大型主機的分時作業要好。近幾年來，迷你電腦已經演進成中型電腦或中型伺服器並為網路的一部分。

個人電腦時期（1981 年迄今）

雖然第一批真正的個人電腦（PC）於 1970 年代問世（如 Xerox Alto、MIT 的 Altair 8800、Apple I 和 II 等），但這些機器僅有限地銷售給一些電腦玩家。直到 1981 年推出的 IBM PC，由於在美國企業界被廣泛採用，因此被認定為個人電腦時期的開始。在初期所使用的是以文字指令為基礎的 DOS 作業系統，接著

圖 5-2 資訊科技基礎建設演進的各個時期

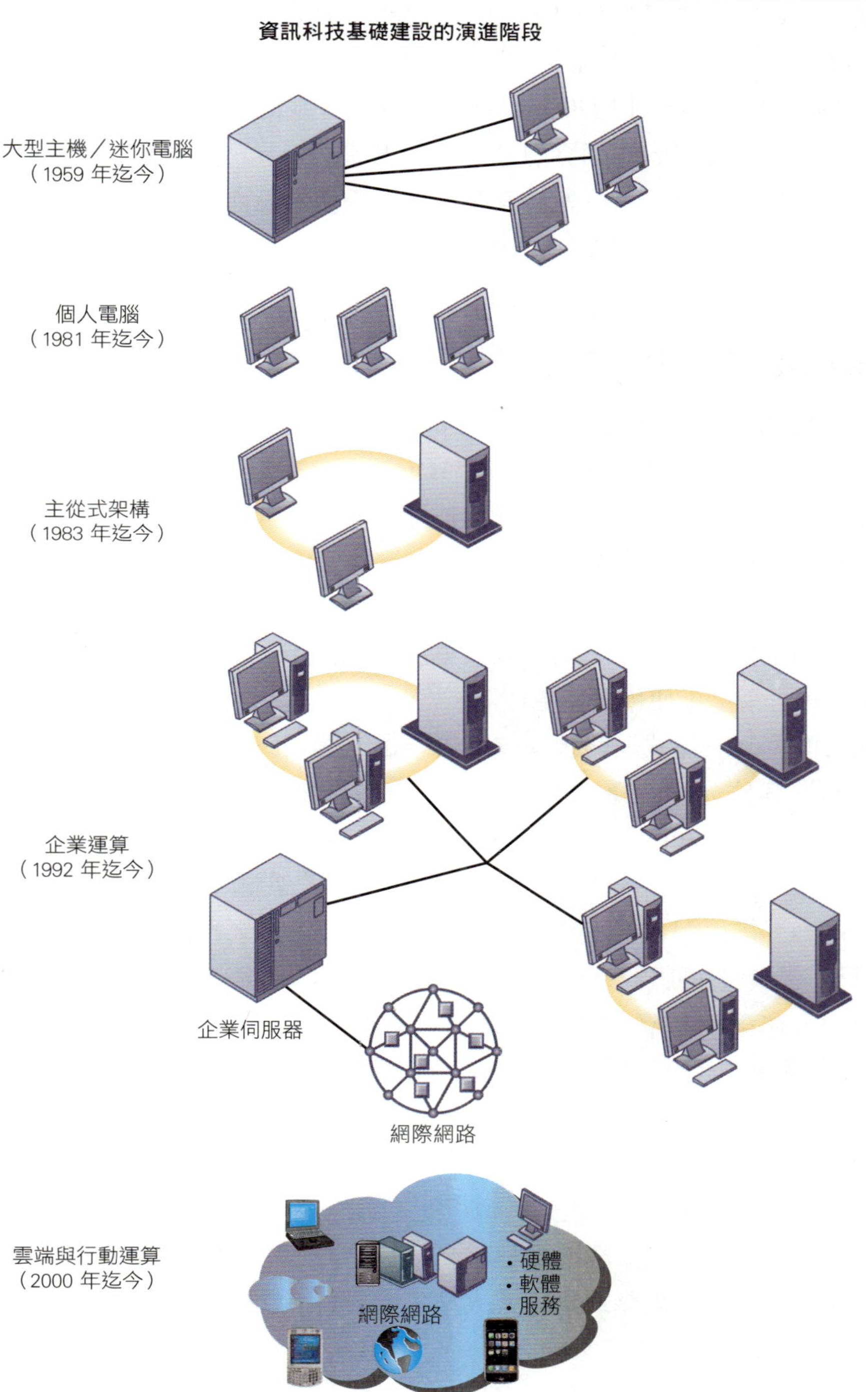

圖中是以典型的電腦運算組態，分別描繪資訊科技基礎建設演進的五大時期。

是微軟的視窗（Windows）作業系統，再來是 **Wintel 個人電腦**（Wintel PC，視窗作業系統軟體，搭配上 Intel 的微處理器）成為個人電腦的標準。如今，估計全球 15 億台電腦中，有 95% 的電腦使用 Wintel。

從 1980 年代開始到 1990 年代初期，個人電腦的快速普及，引發了一陣個人電腦生產力軟體工具的開發熱潮——文書處理工具、試算表、電子簡報軟體與小型的資料管理程式——對於家庭和公司的使用者而言具有很高的價值。直到 1990 年代個人電腦的作業系統可以連上網路之前，這些 PC 都是獨立作業的系統。

主從式架構時期（1983 年迄今）

在**主從式架構**（client/server computing）中，由**伺服器**（server）提供多種服務與能力給連在網路上稱為**客戶端**（clients）之桌上型電腦及筆記型電腦。電腦處理工作亦因伺服器與客戶端這兩種機型而分割開。客戶端是使用者之登入點，而伺服器端通常處理與儲存分享的資料，以及提供網頁或管理網路活動。伺服器指的是應用軟體與電腦主機和在上面執行的網路服務軟體。伺服器可能是一台大型主機，但如今，則為個人電腦的加強版，使用價格較低的處理器，且通常在單一電腦中使用多個處理器。

在最簡單的主從式網路架構中包含一個透過網路連接到伺服器的客戶端電腦，其處理程序分散在這兩種電腦上。這稱為*雙層式主從式架構*（two-tiered client/server architecture）。這種簡單的主從式架構常存在於小型企業中，多數的企業有較為複雜的架構，稱做**多層次主從式架構**（multitiered client/server architectures，常以 N 階稱之），其整個網路中之工作，會依據不同的服務需求分配到不同層級的伺服器來處理以平衡負載（參閱圖 5-3）。

例如，在第一階層，當使用者請求網頁服務時，則由**網頁伺服器**（Web server）來處理。網頁伺服器軟體負責既存網頁之定址及管理。若使用者要求登入公司系統（如產品明細或價格資訊），該請求會傳送到**應用伺服器**（application server）。應用伺服器軟體負責連結使用者與企業後端系統的運作。應用伺服器可能與網頁伺服器共用一台電腦，也可能是另外一台電腦。

企業可藉由主從式架構的特性，將運算工作分散於多個較小且價廉之電腦上，其成本遠較迷你電腦或集中式大型主機便宜。其結果使公司內部之運算及應用能力大幅提升。

在主從式架構開始的時代，Novell 公司的 Netware 是主從式架構技術的

圖 5-3 多層次主從式網路（N 階）

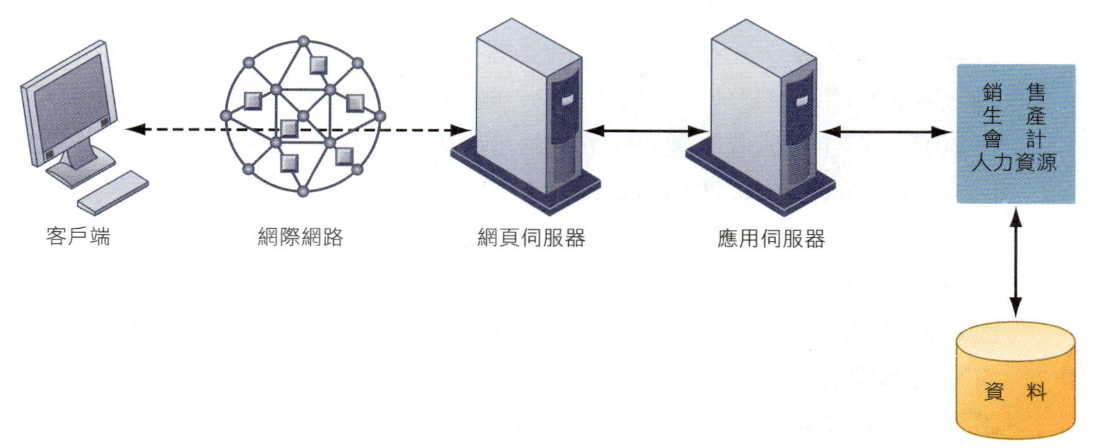

在多層次主從式網路中，客戶端服務請求是由不同層級的伺服器所處理。

先驅。如今，微軟的**視窗**（Windows）作業系統（Windows Server, Windows 7, Windows Vista, Windows XP）穩居市場領導地位。

企業運算時期（1992 年迄今）

在 1990 年代初期，各公司逐漸朝向使用統一的網路標準與軟體工具，將企業中分散的網路與應用整合起來，成為整體企業的基礎建設。1995 年後，網際網路逐漸成為可信賴的溝通環境，公司開始使用 TCP/IP（Transmission Control Protocol/Internet Protocol）的網路通訊協定標準，將各自獨立的網路連結起來。

資訊科技基礎建設發展成將不同品牌的電腦硬體及小型網路連結在一起，成為企業整體網路，讓資訊能夠在組織內、公司之間及不同組織之間暢流無阻。企業網路可以連結不同類型的電腦硬體，如大型主機、伺服器、個人電腦、手機與其他掌上型裝置，也可連結到公共基礎建設，像是電話系統、網際網路與公共網路服務。企業基礎建設也需要軟體將分散的應用程式連結在一起，並且能使資料能在企業內不同部門間自由流動，如企業應用系統（參閱第二章及第六章）與網路服務（將在第 5.4 節探討）。

雲端與行動運算時期（2000 年迄今）

網際網路頻寬的快速成長，推動主從式架構更向前邁進一大步，朝向所謂的「雲端運算模式」發展。**雲端運算**（cloud computing）屬於運算模式的一種，提供透過網路（通常是網際網路）存取運算資源分享池（電腦、儲存體、應用軟體與各種服務）。這些運算資源的雲端可以根據需求從任何連線設備與位置取得。目前雲端運算是成長最為快速的一種運算形式，科技顧問公司 Gartner 估計在 2011 年時全球營收將達 890 億美元，預估在 2014 年時接近 1,490 億美元的規模（Cheng and Borzo, 2010; Veverka, 2010）。

數千甚至上萬台位於資訊中心的電腦可以被連上網際網路的桌上電腦、筆記型電腦、視聽設備、行動裝置與其他客戶端設備所使用，而個人與企業運算也逐漸移往行動平台上。IBM、HP、Dell 與 Amazon 營運大型可彈性擴充的雲端運算中心，提供運算能力、資料儲存與高速網際網路連接給想要遠端維護資訊科技基礎建設的企業。軟體公司如 Google、Microsoft、SAP、Oracle 與 Salesforce.com 透過網際網路銷售以服務形式提供的應用軟體。

我們在第 5.3 節更深入討論雲端運算。追蹤學習中有一張資訊科技基礎建設演進的階段表，比較了所介紹的基礎建設中的每個時期。

▶ 資訊科技基礎建設演進的技術驅動力

前面討論的資訊科技基礎建設之改變，是起因於電腦運算、記憶晶片、儲存裝置、電信與網路軟硬體與軟體設計的發展，使運算能力呈指數成長，而成本也以指數下降。讓我們檢視一些重要的發展。

莫爾定律與微處理能力

在 1965 年間，一個早期的積體電路製造商 Fairchild 的半導體研究發展中心的執行長莫爾（Gordon Moore），在 *Electronics* 雜誌中寫道，從 1959 年第一片微處理器晶片問世開始，依每一個最小元件（通常是電晶體）的最低製造成本為基準，積體電路上的元件密度每年增加一倍。這個斷言正是**莫爾定律**（Moore's Law）的基礎。莫爾在後來將成長率調降為每兩年增加一倍。

莫爾定律在往後有多種不同的詮釋方式。但至少有三種變化是莫爾不曾提到的：(1) 微處理器的能力每 18 個月增強一倍；(2) 電腦運算能力每 18 個月增強一倍；(3) 運算成本每 18 個月下降一半。

圖 5-4 描繪出晶片上電晶體的數目與每秒百萬個指令（millions of instructions per second, MIPS）之間的關係，MIPS 通常是衡量處理器能力的標準。圖 5-5 描繪出電晶體成本依指數下降及電腦運算能力依指數上升。以 2010 年為

圖 5-4　莫爾定律與微處理器效能

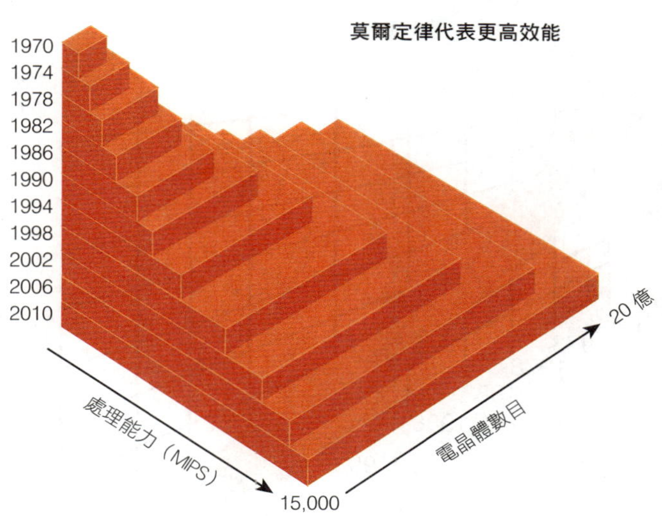

在一顆極小的微處理器上裝入超過 20 億個電晶體可讓處理能力呈指數攀升。處理器能力已增加超過 50 萬 MIPS（millions of instruction per second）。

資料來源：Intel, 2010，作者的推估。

例，Intel 的 8 核心 Xeon 處理器含有 23 億個電晶體。

晶體數目、處理器能力的指數成長與運算成本的指數下降似乎仍會持續。晶片製造商持續將元件縮小。今日的電晶體不再用人的頭髮來比較，而是用病毒這種最小形式的有機體來比較。

藉由奈米科技，晶片製造商甚至可將電晶體的尺寸縮小成為僅有數個原子的大小。**奈米科技**（nanotechnology）是使用個別的原子與分子來製造電腦晶片，及其他比現有科技還要小上千倍的設備。晶片製造商發展出一套能夠經濟製造奈米管處理器的製程（參閱圖 5-6），IBM 已開始使用這種技術來製造微處理器。

大量數位儲存定律

第二項驅動資訊科技基礎建設的改變就是大量數位儲存定律（Law of Mass Digital Storage）。全世界每年產生 5 exabytes（1 exabyte = 1018 bytes）的資料。數位資料量大約每年增加一倍（Lyman and Varian, 2003）。幸運的是，數位資訊

圖 5-5 滑落的晶片成本

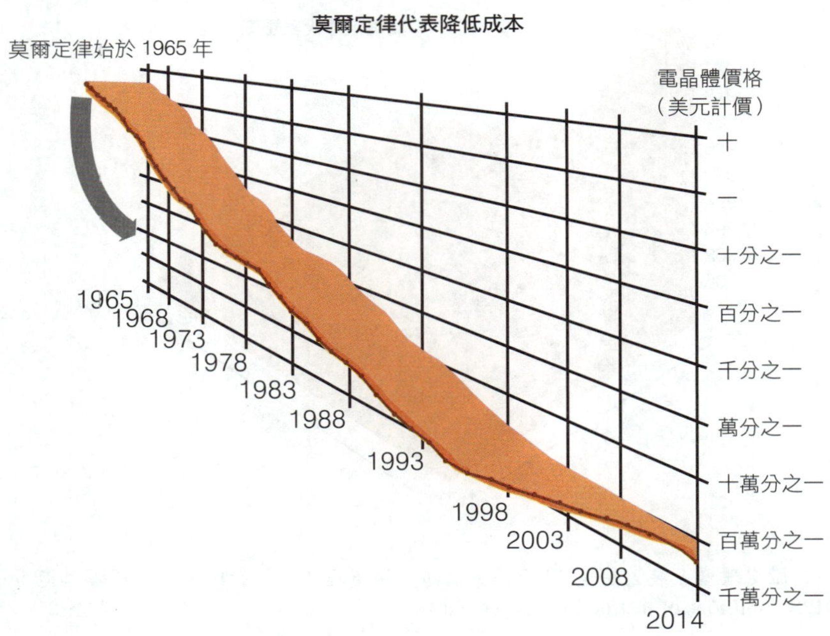

將更多電晶體包裝到更小空間中，戲劇性地大幅降低電晶體的成本與使用它們的產品成本。

資料來源：Intel, 2010，作者的推估。

圖 5-6 奈米管的範例

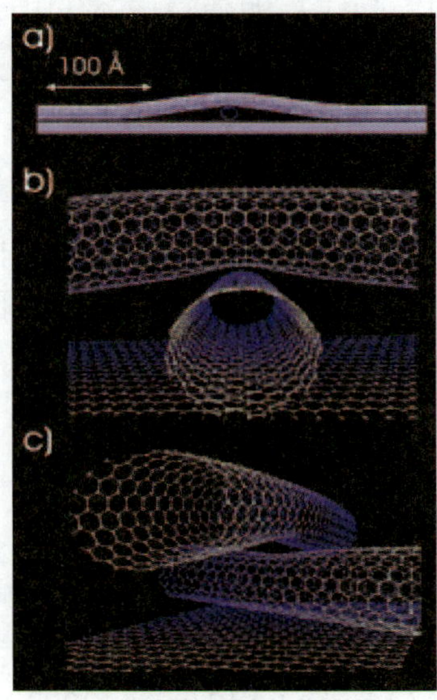

奈米管是一條約只有人類毛髮萬分之一的微小管線。其以六邊形碳堆積而成，其潛在用途可作為微細導管或用在超微小電子裝置中，同時也是相當好的導電體。

的儲存成本是呈指數下降達每年 100%。圖 5-7 描繪出自 1950 年迄今，在每一美元磁性記憶體裝置中所能儲存的資料量，以 kilobytes 計算，每 15 個月增加一倍。

梅特卡夫定律（Metcalfe's Law）與網路經濟

莫爾定律以及大量數位儲存定律幫助我們了解，何以電腦資源如今已可隨手取得。然而，為何人們總是需要更強大的電腦計算能力及更多的儲存空間？網路經濟及網際網路的成長提供了一些答案。

乙太區域網路技術的發明者 Robert Metcalfe 於 1970 年指出：「網路的能力或價值，以使用人數的函數成指數成長。」Metcalfe 等人指出當網路連線人數愈來愈多時，**其價值遞增**。當網路使用人數以線性成長時，整體系統價值則是以

圖 5-7　資料儲存成本呈指數下降，1950-2010 年

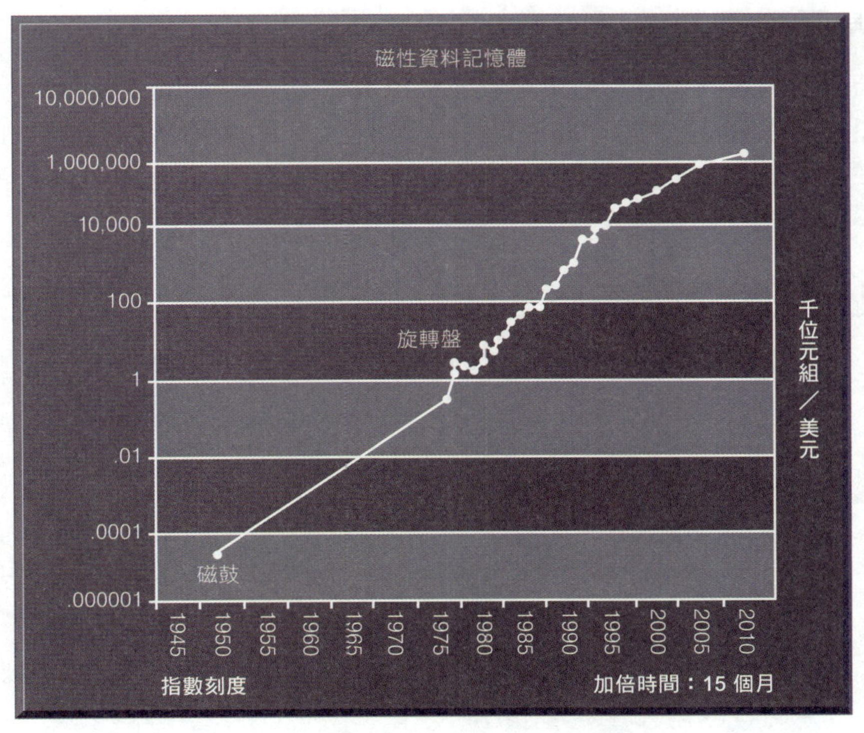

自從第一個磁性記憶體裝置在 1955 年問世後，儲存每千位元組資料的成本一直呈指數下降，平均每 15 個月每 1 美元的數位記憶體容量會加倍。

資料來源：Kurzweill, 2003，作者的推估。

指數成長，並且當使用人數增加時，系統價值會持續不停增加。數位網路的社會及商業價值驅動了資訊科技的需求，也倍數的增加實際與潛在的連網人員數目。

持續下降的通訊成本與網際網路

第四種驅動資訊科技基礎建設改變的是通訊成本的快速降低，以及網際網路規模的指數增長。估計世界上約有 18 億人口使用網際網路（Internet World Stats, 2010）。圖 5-8 描繪出網際網路及電話網路（愈來愈多以網際網路為基礎）的通訊成本呈指數下跌。由於通訊成本下降到非常低且趨近於 0，通訊及電腦設備的使用因而爆增。

如何利用網際網路的商務價值？公司應該大幅擴充對網際網路的連接，包括無線網路連線，並且將主從式網路架構、電腦用戶與行動計算裝置之能力大幅提升。無疑地，這樣的趨勢將持續下去。

標準與網路效應

若少了製造商與廣泛的使用者對於**技術標準**（technology standards）的認同，企業基礎建設與網際網路運算將不可能有今天的成就，將來亦是如此。技術標準是用來建立產品相容性及網路通訊能力的規格（Stango, 2004）。

圖 5-8　網際網路溝通成本呈指數下跌

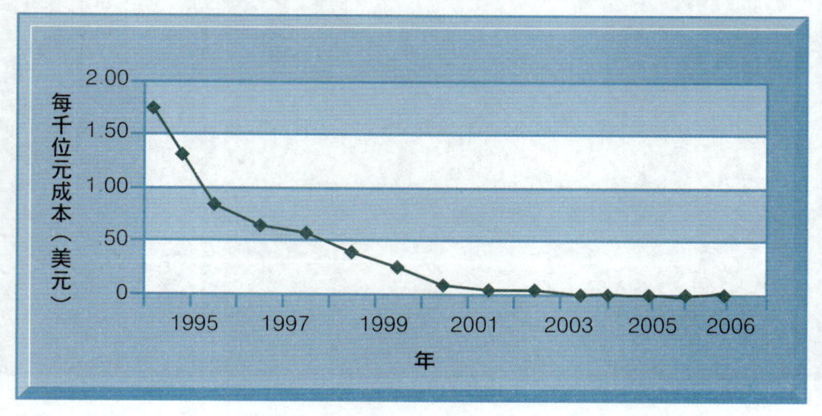

網際網路使用族群快速成長的原因之一，在於網際網路連線費用與整體溝通成本的快速下降。自從 1995 年以來，每千位元的網際網路存取成本一直呈指數下跌。在目前，數位用戶迴路（DSL）與電纜數據機傳遞每千位元資料的價格少於 2 美分。

技術標準讓經濟規模的效益大增，製造商可依造單一標準來開發產品，使價格更為下降。若無經濟規模，任何電腦產品的價格將會比現在貴得多。表 5-1 所描述的為構成資訊科技基礎建設之重要標準。

在 1990 年代初，企業開始轉向採用標準化的運算及通訊平台。Wintel 個人電腦配上視窗作業系統及微軟的 Office 生產力應用工具，就成為桌上型電腦及行動運算裝置的標準配備。由於企業廣泛採用 Unix 作為伺服器上的作業系統，使得專屬且昂貴的大型主機有了替代的可能。在電信方面，乙太網路標準讓個人電腦之間連結成小型區域網路（LANs），而 TCP/IP 的通訊協定讓這些區域網路連到公司的整體網路，再連結到網際網路上。

表 5-1　一些電腦運算方面的重要標準

標　準	重要性
美國標準資訊交換碼（ASCII）（1958 年）	讓不同製造商生產的電腦得以交換資訊；後來成為連接輸入與輸出裝置，如鍵盤和滑鼠，連結到電腦的通用語言，由美國國家標準局於 1963 年採用。
通用商業導向語言（COBOL）（1959 年）	一種易於使用的軟體語言，讓程式設計人員能發揮能力撰寫商業相關程式並降低軟體成本。由美國國防部於 1959 年所贊助開發。
Unix（1969-1975 年）	一套強大的多工處理、多使用者的可攜式作業系統，最初由美國貝爾實驗室（1969 年）所發展，後來由其他使用者所發布使用（1975 年）。它可在不同製造商所生產的各種電腦上運作使用。為 Sun、IBM、HP 與其他廠商於 1980 年代所採用，成為使用最為廣泛的企業級作業系統。
傳輸控制通訊協定／網際網路通訊協定（TCP/IP）（1974 年）	一套通訊協定與通用的定址機制，讓上百萬台電腦得以在一個巨型的全球網路（網際網路）中互相連結。後來，TCP/IP 也作為區域網路與企業內部網路的預設網路通訊協定。由美國國防部於 1970 年代初期所研發使用。
乙太網路（1973 年）	連結桌上型電腦到區域網路中的一套網路標準，使得主從式運算與區域網路廣為接受使用，並進一步促進個人電腦的接受度。
IBM ／微軟／英特爾個人電腦（1981 年）	設計用於個人桌上型電腦的 Wintel 標準，其組成基礎為標準的英特爾處理器與其他標準裝置、微軟的 DOS 作業系統與後來的視窗軟體。由於這項標準的出現，其產品的低成本成為 25 年來全球各個組織在電腦運算方面的爆炸性成長。在今天，每日有超過 10 億台個人電腦推動著企業與政府的各項活動。
全球資訊網（1989-1993 年）	一套儲存、擷取、格式化與展示資訊於全球網頁上的標準，內容可包括文字、圖片、聲音與影像，創造了全球數十億的網頁。

5.2 基礎建設的組成元件

今日的資訊科技基礎建設由七大主要的元件組成。圖 5-9 說明這些基礎建設元件與各類元件的主要供應商。這些組成元件所構成的每項投資案，彼此之間必須互相協調以提供公司一個連結的基礎建設。

在過去，技術元件的供應商處於競爭狀態，提供給買方的是不相容、專屬且功能不完全的混合商品。但受到大客戶的壓力，愈來愈多業者以策略夥伴方式來合作。例如，提供硬體與服務的公司如 IBM，與多家主要的企業軟體供應

圖 5-9 資訊科技基礎建設生態系統

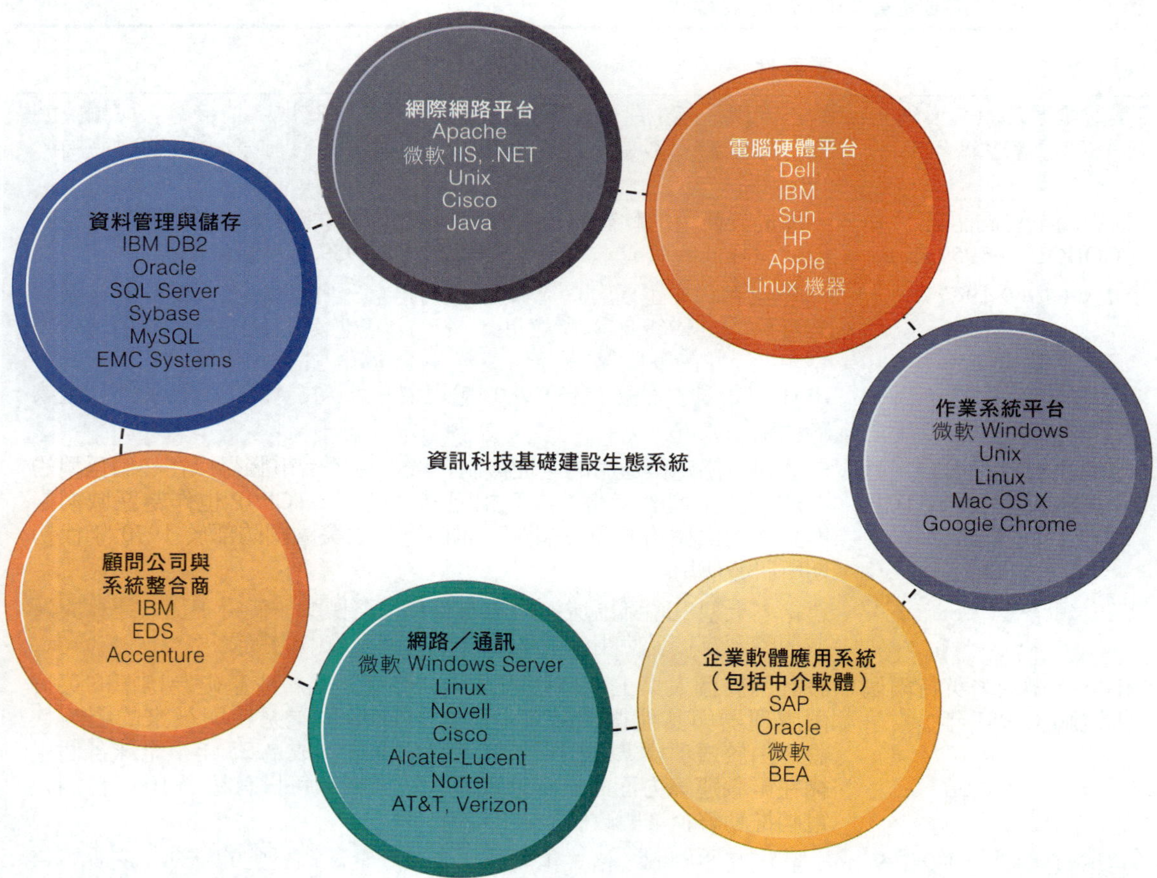

有七項主要的元件必須進行協調，提供公司一個一致的資訊科技基礎建設。上述所列的是每一項元件所使用的主要技術與其供應商。

商合作，且與系統整合業者有策略性的合作關係，同時承諾與客戶端想要使用的任何資料庫產品都能相容（即使 IBM 也在銷售自己的資料庫管理軟體 DB2）。

▶ 電腦硬體平台

美國企業在 2010 年花費約 1,090 億美元在電腦硬體上。這些元件包括客戶端電腦（桌上型個人電腦、行動運算裝置如筆記型電腦與膝上型電腦，但不包括 iPhone 與黑莓機）與伺服器。客戶端電腦通常使用 Intel 或是 AMD 的微處理器，在 2010 年將有 9,000 萬台個人電腦銷售給美國顧客（全球銷售 4 億台）（Gartner, 2010）。

在伺服器的市場大多使用 Intel 及 AMD 的處理器，並以排列在機架中的刀鋒伺服器形式呈現，但也包含 Sun SPARC 微處理器與 IBM 的 Power PC 等專為伺服器設計的晶片。在本章開場個案中所討論的**刀鋒伺服器**（blade servers）為超薄型電腦，由安裝在機架上有處理器的主機板、記憶體與連接網路裝置所組成。比起以往的箱型伺服器，它們所占的空間比較小。次級儲存裝置可由每一台刀鋒伺服器之硬碟，或由外接式之大量儲存裝置提供。

電腦硬體之生產愈來愈集中在領先的公司，像是 IBM、HP、Dell 與 Sun Microsystems（被 Oracle 併購）等大公司，晶片廠商則是集中於 Intel、AMD 與 IBM 三家公司。該產業中一致公認以 Intel 的處理器為標準，但主要的例外為 Unix 及 Linux 機器的伺服器市場，它們採用 Sun 或 IBM 的 Unix 處理器為主。

大型主機並未消失。事實上，大型主機市場在過去十年來一直呈現穩定成長，即使供應商逐漸減少到只剩 IBM 一家。IBM 也重新定位其大型主機，使其能用於大型企業網路中之大主機，以及公司的網站伺服器。一台 IBM 大型主機可執行 Linux 或是 Windows 伺服器上高達一萬七千種軟體，並且能夠代替上千台小型的刀鋒伺服器（參閱第 5.3 節有關虛擬化的討論）。

▶ 作業系統平台

在 2010 年，微軟 Windows 占有 75% 的伺服器作業系統市場，另外 25% 的企業伺服器則採用 **Unix** 作業系統，或是 **Linux** 系統，這是一種廉價及耐用的開放程式碼類似 Unix 之系統。微軟的 Windows Server 2008 有支援整體企業的作業系統與網路服務的能力，吸引企業尋求建置以 Windows 為基礎的資訊科技基礎建設（IDC, 2010）。

Unix 及 Linux 作業系統擴充性大、可靠度高且又比其他大型主機的作業系統便宜許多。它們也可以在多種不同的處理器上運作。提供 Unix 作業系統的主要廠商有 IBM、HP 與 Sun，它們之間仍有些微不同的地方，以及部分不相容的版本。

在用戶端層級中，90% 的個人電腦使用某一版本的微軟 Windows **作業系統**（operating system）（如 Windows 7、Windows Vista、Windows XP）來管理電腦資源與各項活動。然而現在比起過去有更多不同的作業系統，新的作業系統用於手持數位設備的運算，或是雲端連結電腦上。

Google 的 **Chrome OS** 提供輕量級的作業系統，用於網路電腦的雲端運算上。程式並不儲存於使用者的個人電腦上，而是透過網際網路利用 Chrome 網路瀏覽器來使用。使用者的資料透過網際網路放置於伺服器上。微軟也推出了 *Windows Azure* 作業系統作為它的雲端服務與平台。**Android** 是由 Android, Inc.（由 Google 併購）和稍後的 Open Handset Alliance 所發展的行動作業系統，是彈性、可升級的行動設備平台。

傳統客戶端作業系統軟體是圍繞滑鼠與鍵盤設計，但藉由使用觸控技術而逐漸變成更自然與直覺。用於暢銷的 Apple iPad、iPhone 與 iPod Touch 上的 *IPhone OS* 作業系統，特色為**多點觸控**（multitouch）介面，使用者使用手指操控螢幕上的物件。互動部分科技篇探討了使用多點觸控與電腦互動的影響。

▶ 企業應用軟體

除了特定群組或事業單位所使用的應用軟體，美國公司在 2010 年約花費 1,650 億美元於被視為資訊科技基礎建設組成元件的企業應用軟體上。我們已在第二章中介紹了不同的企業應用軟體。

最大的企業軟體供應商為 SAP 與 Oracle（它購併了 PeopleSoft）。同時也包含由 BEA 公司所提供的中介軟體，可用來將企業既有的應用系統連結在一起，以達到整合的目的。微軟正試著進入這個市場較底層尚未導入企業應用系統的中小企業部分。

▶ 資料管理與儲存

企業資料庫管理軟體負責組織與管理企業的資料，讓它們可以有效率地被存取與使用。領先的資料庫軟體供應商以 IBM（DB2）、Oracle、Microsoft（SQL Server）與 Sybase（Adaptive Server Enterprise）為主，它們在美國的資料庫軟體市場中占有率超過 90%。MySQL 為開放性原始碼之 Linux 關聯式資料庫產品，

互動部分：技術

新的觸動

當賈伯斯（Steve Jobs）第一次示範「捏」——在 iPhone 上以兩根手指縮放圖片與網頁，他不只是震動了行動電話產業，還有整個數位世界的注意。Apple iPhone 的多點觸控功能實現了夢想中使用觸控與軟體及設備互動的新方式。

觸控介面並不新穎，人們每天使用它們在 ATM 上領錢，或是在機場櫃檯報到，多點觸控的學術與商業研究已經進行了多年。Apple 的確讓多點觸控更令人驚奇與有用，讓它正如同 1980 年代的滑鼠與圖形使用者介面般受歡迎（這些操作方式也是其他地方的發明）。

多點觸控介面比起單點觸控可能有更多的用途。它可以讓你使用單一或多根手指執行特別的手勢，以控制螢幕上清單或物件而無需移動滑鼠、按下按鍵、滾動捲軸滾輪或敲擊按鍵。它會依據偵測到多少根手指與使用者的手勢來執行不同的動作。多點觸控手勢比起指令更容易記憶，專家認為因為它們是根據人類自然的行動而不需要被學習。

iPhone 的多點觸控螢幕與軟體讓你只用手指控制每件事情。在螢幕玻璃下的嵌板透過電場感應你的觸控，將這些資訊傳送給下方的 LCD 螢幕，特製軟體可辨認同時間的多個觸控點（相較起單一觸控只辨識一個觸控點）。你可以用「刷擊」快速在一系列網頁或圖片間前後移動，或是在螢幕上放三根手指並快速的滑動。藉由捏擊照片，你可以放大或縮小照片。

Apple 集中精神在所有的產品系列上提供多點觸控的功能，但有許多其他消費者科技公司已經將多點觸控使用於他們的一些產品上。Synaptics 是與 Apple 競爭的筆記型電腦商的觸控板領先的供應商，宣稱在他們的觸控板上已經有幾項多點觸控的功能。

微軟 Windows 7 作業系統展示了多點觸控功能：當你的 Windws7 配備了觸控螢幕 PC，你可以只靠手指瀏覽線上新聞、翻動相簿或瀏覽檔案與文件夾。如果要放大配有多點觸控螢幕 PC 上螢幕的某處，你可以放兩根指頭在螢幕上並分開。要右擊一個文件，用一根手指頭觸摸它並按住螢幕一秒鐘。

多種使用微軟 Windows 的 PC 擁有觸控螢幕，少數的 Windows 筆記型電腦模仿了 Apple 電腦與手持設備的多點觸控功能。在微軟的 Surface 電腦上執行 Windows 7，可讓企業客戶在桌上型螢幕中使用多點觸控。旅館、賭場與零售商店的客戶可以使用多點觸控手勢移動數位物件，如照片、玩遊戲與瀏覽產品選項。Dell Latitude XT 平板電腦使用多點觸控幫助不能使用滑鼠但是需要傳統電腦功能的人們。他們可以使用手指或觸控筆代替。用於智慧型手機的 Android 作業系統本身就支援多點觸控，而手持設備像是 HTC 的 Desire、Nexus One 與摩托羅拉的 Droid 就有此能力。

HP 現在有使用觸控技術的筆記型與桌上型電腦。它的 TouchSmart 電腦可以讓你同時使用兩根手指操作螢幕上的影像，或在螢幕上使用手勢執行特定指令而無需使用游標或捲軸列。你可以用手指按住一個物件拖到新的位置就可以移動一個物件。

TouchSmart 使用家庭用戶可以開始一種新型態的休閒運算——如在準備晚餐時播放音

樂、離開屋子前快速搜尋路標或為家庭成員留下手寫、影音或語音備忘錄。消費者與企業也都可以找到其他運用。根據 HP 副總裁與企業電腦總經理 Alan Reed 指出：「商業市場中讓使用者可以使用從未做過的方式的觸控科技潛能仍未被開發。」

芝加哥 O'Hare 機場整合了一組 TouchSmart 電腦到 "Explore Chicago" 旅客櫃員機中，讓旅客可以查看虛擬旅客中心。TouchSmart 電腦協助一名自閉症學生在 14 歲時生平第一次與其他人交談與溝通。在不使用 TouchSmart 電腦的無線鍵盤與滑鼠之下，使用者透過內建的網路攝影機及麥克風與遠端工作者進行語音交談、存取電子郵件與連接網際網路，以及管理通訊錄、行事曆內容與照片。

具有觸控能力的個人電腦也讓學校中低年級學生容易使用電腦，或讓家長與訪客使用的牆上資訊機型態設備更有吸引力。客戶也可以使用觸控方式向零售商下單、進行虛擬視訊服務請求，或教導與使用社交網路來做生意。

現在想知道新的多點觸控介面是否會如滑鼠驅動的圖形使用者介面一般受歡迎還為時過早。雖然在手機上用手指在螢幕上操控是很酷的事，但個人電腦上觸控的殺手級應用尚未出現。但已經有證據顯示觸控對於不能或不方便使用滑鼠的設備，或對已使用幾十年的選單或文件夾介面有困擾的人而言是有實際上的好處。

資料來源：Claire Cain Miller, "To Win Over Today's Users, Gadgets Have to Touchhable," *The New York Times*, September 1, 2010; Katherine Boehret, "Apple Adds Touches to Its Mac Desktops," *The Wall Street Journal*, August 4, 2010; Ashlee Vance, "Tech Industry Catches Its Breath," *The New York Times*, February 17, 2010; Kathy Sandler, "The Future of Touch," *The Wall Street Journal*, June 2, 2009; Suzanne Robitaille, "Multitouch to the Rescue?" Suite101.com, January 22, 2009; and Eric Lai, "HP Aims TouchSmart Desktop PC at Business," *Computerworld*, August 1, 2009.

個案研究問題

1. 多點觸控科技解決了什麼問題？
2. 多點觸控介面有什麼優點與缺點？有什麼用處？請解釋。
3. 描述三種可從多點觸控介面中獲益的商業應用。
4. 如果你或你的公司考慮使用多點觸控介面的系統與電腦，有什麼管理、組織與技術議題需要解決？

管理資訊系統的行動

1. 描述如果你的電腦有多點觸控能力，你會做什麼不一樣的事情？多點觸控會讓你使用電腦的方式有多少不同？

現在為 Oracle 所擁有。

實體資料儲存設備市場由 EMC 公司主導著大型系統市場，個人電腦硬碟則由 Seagate、Maxtor 與 Western Digital 等製造商占有。

數位資訊預計一年會成長 1.2 zettabytes，所有 tweets、部落格、影音、電子郵件與臉書（Facebook）貼文，以及傳統企業資料在 2010 年增加到數千座國會圖書館之多（EMC,2010）。

由於世界上新的數位資訊成長如此快速，數位資料儲存裝置的市場在過去五年每年成長率超過 15%。除了傳統的磁碟陣列及磁帶櫃之外，大型企業開始轉向以網路為基礎的儲存技術。**儲存區域網路**（storage area networks, SANs）將多個儲存裝置利用儲存專用之高速網路連結在一起。SAN 創造了一個大量資訊儲存中心，提供多台伺服器之快速應用及存取。

▶ 網路／電信平台

美國公司一年花費 1,000 億美元在網路和電信硬體，而網路服務占了更大的一塊，約 7,000 億美元（主要包含電信及電話公司收取之電話線路及網際網路上網費用；這部分將不在此討論）。第七章將詳細探討包含網際網路的企業網路環境。Windows Server 為區域網路中主導的作業系統，其次為 Linux 及 Unix。大型企業之廣域網路主要是使用一些 Unix 版本的作業系統。許多區域網路及企業廣域網路都使用 TCP/IP 的網路通訊協定作為網路通訊標準。

網路硬體的領導供應商為 Cisco、Alcatel-Lucent、Nortel 與 Juniper Networks。電信平台通常由電信／電話服務公司提供語音及資料連結、廣域網路、無線服務與網際網路的連線。領先的電信服務業者包括 AT&T 與 Verizon（參閱第三章的開場個案）。這個市場將因為新的手機服務、高速網際網路與網際網路電話服務而有爆發性的成長。

▶ 網際網路平台

網際網路平台與公司一般的網路基礎建設，以及軟體和硬體平台有一些重疊，也必須與它連結。美國企業每年估計花費 400 億美元於網際網路相關的基礎建設上。這些花費主要是支援公司網站的硬體、軟體與管理服務的費用，包括網站寄放服務、路由器，以及有線和無線網路設備。**網站寄放服務**（web hosting service）主要維護一台大型伺服器或多個網頁伺服器，並且提供付費會員空間以維持它們的網頁。

網際網路革命帶來電腦伺服器之爆發性增加，許多公司集合上千台小型伺服器來提供網際網路運作。從此之後，有一股穩定的力量在推動伺服器之整併，藉由提升每台主機之容量及能力來減少伺服器的數目。在伺服器價格戲劇化的下降之際，網際網路硬體伺服器的市場漸漸集中在 IBM、Dell 與 HP/Compaq 手中。

主要的網路應用軟體開發工具及套裝軟體是由 Microsoft（Microsoft Expression Web、SharePoint Designer、Microsoft .NET 系列開發工具）、Oracle-Sun（Sun 的 Java 是伺服器端以及用戶端最廣泛用來開發互動式網頁應用的開發工具），以及一群獨立的軟體開發者，包括 Adobe（Flash 與如 Arcobat 的文字工具）和 RealMedia（多媒體軟體）等業者所提供。

▶ 顧問諮詢與系統整合服務

今日，即使是大企業，也沒有人員、技術、預算或是足夠的經驗來部署並維護整個資訊科技基礎架構。導入新的基礎建設需要大幅度的改變企業內部流程和程序、教育訓練與軟體整合。提供這些專家服務的頂尖顧問公司包括埃森哲（Accenture）、IBM 全球服務（IBM Global Service）、惠普企業服務（HP Enterprise Service）、Infosys 與 Wipro Technologies。

軟體整合是要確保新的基礎建設能與公司既有的老舊系統相容，同時確保新的元件之間能夠順利運行。**老舊系統**（legacy systems）一般是老舊的交易處理系統，以往開發用於大型主機上，為了避免替換或重新設計之高成本，現仍然持續在使用中。由於取代這些系統之成本過高，且通常該系統若能整合至現代的基礎建設中，就無需更新。

5.3 當今硬體平台的發展趨勢

電腦硬體與網路科技激增的能力已經戲劇性地改變企業組成電腦運算能力的方式，將更多運算能力放在網路與行動手持裝置上。我們審視七種硬體趨勢：新興的行動數位平台、網格運算、虛擬化、雲端運算、綠色運算、高效能／節能處理器與自主運算。

▶ 新興的行動數位平台

第一章指出了新的行動數位運算平台已經出現，被當作是個人電腦與大型電腦的替代品。行動電話與智慧型電話如黑莓機與 iPhone 已經擁有許多掌上型電腦的功能，包括傳送資料、瀏覽網頁、傳送電子郵件與即時訊息，以及顯示數位內容和企業內部電腦交換資料。新的行動平台也包括了低成本及輕型的次筆記型電腦，稱為**網路筆電**（netbook），是針對無線傳輸與網際網路存取，以及核心運算功能如文書處理等所做的最佳化設計；另外，還有平板電腦（如 iPad）與有部分上網能力的數位電子書閱讀器（如 Amazon Kindle）。

最近幾年，智慧型電話、網路筆電與平板電腦將為成為連結網際網路的主要方式，企業運算從個人電腦及桌上型電腦逐漸移往這些行動裝置。舉例來說，通用汽車（General Motors）的資深主管會使用智慧型電話軟體更進一步研究汽車銷售資訊、財務表現、生產指標與專案管理狀況。醫療設備製造商 Astra Tech 的業務人員在與客戶會面之前，使用他們的智慧型手機進入 Salesforce.com 的客戶關係管理（CRM）軟體與取得銷售資料，檢查售出及退回的產品與整體收入趨勢。

▶ 網格運算

網格運算（grid computing）牽涉到連結許多遠距離的電腦於一個網路中，透過結合網格上所有電腦的運算能力，來建立一部虛擬的超級電腦。網格運算善用了一個現象，就是多數電腦平均僅使用其中央處理器時間的 25% 在處理指派的工作上，網格運算是利用這些閒置的可用資源於其他的運算任務。網格運算是因高速的網際網路連結才得以實現，讓公司能以最經濟的方式連結到遠端的機器，並進行大量資料的轉移。

網格運算需要電腦軟體在網格上來進行控管與資源分配。客戶端軟體與伺服器應用軟體進行溝通。伺服器軟體拆解資料與應用程式碼成許多區塊，並在隨後將這些拆解後的區塊傳送到網格上的機器。客戶端機器在執行其例行工作時，網格應用程式也可同時在後端進行運算。

網格運算的商業應用案例牽涉到成本節省、運算速度與敏捷性等議題，如同開場案例。本章開場案例顯示了藉由在網格中群聚伺服器上執行應用軟體，BART 減少了未使用的電腦資源，更有效率地使用既有的資源並減少成本與電力消耗。

▶ 虛擬化

虛擬化（virtualization）是展現一組運算資源（如運算能力與資料儲存體）

的程序，如此一來他們就可以使用這些資源而不受實體組態或地理位置的限制。虛擬化讓單一實體資源（如一座伺服器或儲存裝置）能夠以多種邏輯性資源出現在使用者面前。例如，一座伺服器或大型主機可以被設定為運行多個作業系統的狀態，因此可以被當作是不同機器。虛擬化也可讓多個實體資源（如儲存裝置或伺服器）對使用者而言成為單一邏輯性資源，就像儲存區域網路與網格運算的運作模式一樣。虛擬化讓公司可以透過位於遠端的運算資源處理電腦運算與儲存。VMware 公司是在 Windows 與 Linux 伺服器上虛擬化軟體的領先供應商。微軟也提供自己的 Virtual Server 產品，並在新版本的 Windows Server 中內建了虛擬化的功能。

虛擬化的商業利益

藉由提供在單一實體機器上運行多個系統的功能，虛擬化幫助組織增加設備使用率，減少資訊中心的空間與能源的使用。大部分的伺服器只使用了 15%-20% 的能量，而虛擬化可以大幅提升伺服器使用率到 70% 或更高。較高的使用率代表只需要更少的電腦就可以處理相同數量的工作，如同本章開場案例中 BART 的經驗所描述。

除了減少硬體與電力的支出，虛擬化可以讓企業在相同的伺服器上執行舊版本作業系統與老舊應用軟體，如同更新過的應用軟體一樣。虛擬化也有助於硬體管理的集中與整合。企業與個人現在也可以使用虛擬資訊科技基礎架構執行所有的運算工作，如同雲端運算一般。我們接著討論此一主題。

▶ 雲端運算

在本章稍早，我們介紹了雲端運算，企業與個人可以透過主要是網際網路的網路，使用如同虛擬資源池一般的電腦運算力、儲存體、軟體與其他服務。這些資源可以讓使用者根據他們的需求來使用，無須考慮資源的實際位置或是使用者所處何地。美國國家標準和技術協會（National Institute of Standards and Technology, NIST）將雲端運算定義為具有以下基本特質（Mell and Grance, 2009）：

- **依需要自助服務**：個人可以獲得自己的運算能力如伺服器時間或網路儲存體。
- **隨時隨地使用網路**：個人可以使用標準網路與網際網路設備包括行動平台，使用雲端資源。

- **與位置無關的資源彙整**：運算資源被彙整以服務不同使用者，不同的虛擬資源可以根據使用者需求動態地被分配。使用者通常不會知道運算資源的位置。
- **快速彈性調配**：運算資源可以快速提供、增加或減少以符合使用者需求的改變。
- **可量測的服務**：雲端資源的收費依照實際使用的資源數量而定。

雲端運算包含三種不同的服務型態：

- **雲端基礎建設服務**：客戶使用雲端服務供應商提供的處理能力、儲存體、網路與其他運算服務以執行他們的資訊系統。例如，Amazon 將多種雲端環境的 IT 基礎建設的多餘產能作為 IT 基礎建設服務銷售，包括了儲存客戶資料的簡易儲存服務（Simple Storage Service, S3）與執行應用軟體的彈性運算雲（Elastic Compute Cloud, EC2）。通常使用者只須支付實際使用的運算與儲存量費用。
- **雲端平台服務**：客戶使用位於服務供應商上的基礎建設與程式工具開發自己的應用軟體。例如，IBM 提供 Smart Business Application Development & Test 服務給軟體開發者並可以在 IBM 的雲端上測試。另一個例子是本章結尾個案研討中的 Salesforce.com 的 Force.com，可以讓開發者開發應用軟體並放置於在它的伺服器上提供服務。
- **雲端軟體服務**：客戶使用位於供應商硬體上的軟體並透過網路傳送。知名的例子為 Google Apps，它提供了一般線上商業應用軟體，另外 Salesforce.com 也透過網際網路出租 CRM 與相關軟體服務。兩者都對使用者收取年費，然而 Google Apps 也有簡化的免費版本。使用者從網頁瀏覽器使用這些應用軟體，而資料與軟體則位於供應者遠端的伺服器中。

雲端可以是私有或公共的。**公共雲**（public cloud）是由外部服務供應商營運，如 Amazon Web Services，可透過網際網路存取並對一般大眾開放。**私有雲**（private cloud）是整合伺服器、儲存體、網路、資料與應用軟體的專屬網路或資訊中心，作為分享給企業內部使用者使用的一套虛擬服務。如同公共雲，私有雲可以完全分配儲存體、運算能力或其他資源，依需求提供運算資源。財務機構與醫療提供者更偏好私有雲，因為這些機構處理太多敏感的財務與個人資料。

由於使用雲端運算的機構一般並沒有自己的基礎建設，他們不需投資太多於自己的硬體或軟體。相反地，他們購買遠端服務者的運算服務，並只根據實際使用量（公用運算 , utiltiy computing）支付費用，或以月費或年費的形式付費。依需求運算（on-demand computing）一詞也被用來描述這類的服務。

Envoy Media Group 是一家在多種通路如電視、廣播與網際網路上提供高度針對性媒體行銷的公司，將其整個展示網站放置於 Azimuth Web Services 上。這種「依使用付費」的訂價模式讓該公司可以快速且輕易地在需要時增加服務，而無須在硬體上大量投資。因為 Envoy 不再需要維護自己的硬體或資訊人員，雲端運算減少了約 20% 的成本。

雲端運算也有些缺點。除非使用者指定儲存資料在本地端，否則資料儲存與控制的責任就在供應商手中。有些公司擔心的安全風險是將機密資料與系統委託給外界廠商，但其也受雇於其他公司。系統的可靠度也是問題。公司期望系統是 24/7 可用，也不願意承受任何因為資訊科技基礎建設故障造成的營運產能損失。當 Amazon 的雲端在 2009 年 12 月故障時，美國東岸的用戶有數小時無法使用他們的系統。另一個雲端運算的限制是讓使用者必須依賴雲端運算供應商。

有些人相信雲端運算代表著運算方式的大幅改變，將會從企業把商業運算由私有資料中心移出至雲端服務開始（Carr, 2008）。這仍然具有爭議性。雲端運算對於缺乏資源購買與擁有自己硬體與軟體的中小型企業有立即的吸引力。然而，大型企業已經大量投資在複雜專屬系統以支援獨特的營運流程，其中有些還提供了策略優勢。對於他們而言，最可能的情境是混合式的運算模式，企業可以使用自己的基礎建設在最不可或缺的核心活動上，並且採用雲端運算在低關鍵性系統或在尖峰營運時期作為額外的運算能力。雲端運算將逐漸讓企業從擁有固定基礎建設產能轉變為更有彈性的基礎建設，其中一些由企業擁有，而另一些則是向電腦硬體商擁有的大型電腦中心租借。

▶ 綠色運算

藉由抑制硬體與能源消耗的激增，虛擬化已經成為推動綠色運算的主要科技之一。**綠色運算**（green computing）或**綠色 IT**（green IT），指的是將設計、製造、使用與丟棄電腦、伺服器與相關設備如螢幕、印表機、儲存裝置、網路與通訊系統對環境的影響降至最低的行動與技術。

減少電腦能源消耗已成為綠色最高的優先。當企業建置了數百或上千部伺服器時，有許多在電力與冷卻系統的花費與購買硬體上一樣多。美國環境保護署估計資料中心在 2011 年將使用超過 2% 的美國電力。資訊科技被認為增加了

2% 的世界溫室氣體。減少資料中心的能源消耗已成為嚴肅議題與環境挑戰。互動部分組織篇將檢視了此一議題。

▶ 自主運算

今日包含數千個網路設備與電腦系統的大型系統變得相當複雜，一些專家相信在不久的將來，電腦將會變得難以管理。處理這個問題的一種解決方式就是自主運算。**自主運算**（automatic computing）是產業間致力發展的一套系統，可以自我設定組態、最佳化與調整，在有當機情形時可以自我修復，並進行自我防護免於外來入侵攻擊與必要時的自我毀滅。

你可以在桌上型系統中體驗一些這些功能。例如，病毒與防火牆防護軟體可以偵測個人電腦上的病毒，自動隔離這些病毒並警告操作者。這些程式可以在連線到線上防毒服務如 McAfee，在需要時自動更新。IBM 與其他廠商開始在大型系統的產品中加入自主功能。

▶ 高效能與節能處理器

另一個減少能源需求與硬體擴張的方式是使用更有效率與節能的處理器。目前的微處理器在一個晶片上都具備了多處理核心（執行電腦指令的讀取與運作），**多核心處理器**（multicore processor）是一種有二或多個處理器核心的積體電路，可以加強效能與減少電源消耗，並更有效率的同時處理多個工作。這項技術可以讓二個或更多個處理引擎用更少的電力需求與散熱，比消耗大量資源的單一處理核心晶片更快速地執行作業。今天你可以在個人電腦中找到雙核心與 4 核心處理器，與 8、10 、12 與 16 核心處理器的伺服器。

Intel 與其他晶片製造商也發展出消耗更少電力的微處理器。低電力消耗對行動電話、網路筆電與其他行動數位設備是延長電池壽命的基礎。你現在可以在筆記型電腦、數位媒體設備與智慧型電話中找到高電力效率的微處理器，如 ARM、Apple 的 A4 處理器與 Intel 的 Atom。A4 處理器使用於最新的 iPhone 與 iPad 中，消耗大約 500 到 800 毫瓦的電力，是膝上型電腦雙核心處理器電力消耗的 1/30 到 1/50。

互動部分：組織

Nordea 利用資訊科技走向綠色

在 2007 年秋天的一個早晨，Dennis Jönsson 正在閱讀全球暖化的最新報導，並認為應該有一些人對此做些事情。接著他了解到他與他在 Nordea 的同事都有航空公司的金卡並可使用機場貴賓室，就是問題的一部分——特別是因為 Nordea 的員工每天早上占用了大部分 7 點 10 分從哥本哈根飛往赫爾辛基班機上的大部分座位。

Nordea 是斯堪地那維亞國家與波羅的海區域中最大的銀行集團。它有 1,000 萬客戶、1,400 家分行，並有 610 萬電子客戶是領先的線上銀行。該銀行在 23 個國家有 34,000 名員工。銀行的創始可追溯至 1820 年，這些年來，該銀行一共合併了 250 家銀行，包括丹麥的 Unibank、芬蘭的 Merita、瑞典的 Nordbanken 與挪威的 Christiania Kreditkasse。合併的歷史形成了地理上分散的組織，需要在各國分行間大量的旅行。

一個人旅行搭機在兩個斯堪地那維亞國家的首都間旅行的二氧化碳排放量大約是 200 公斤，是同樣距離在有四人的轎車排放量的兩倍。總體來看，短長程的空中旅行是 Nordea 總二氧化碳排放量的三分之一。減少旅行不但從環境觀點來看是值得的，從成本節省的觀點來看也是。每年有相當多的金錢花在空中旅行上。除此之外，對大多數需要頻繁旅行的 Nordea 員工而言，旅行天數的減少也代表有更多時間在家裡陪伴朋友與家人。

在 2008 年年初，Dennis Jönsson 本人是在 7 點 10 分飛往赫爾辛基班機上 Nordea 的員工之一。他被 IT 管理小組要求對「Nordea 與全球暖化」的題目舉行一場演講，主要是關於 Nordea 可以採取什麼行動。討論的問題是 Nordea 是否可以更有效率的利用科技以節省成本與同時減少對環境的影響。該演講專注於 IT 部門管轄的兩個領域。第一是不同分行間的空中旅行，第二是電腦的能源消耗，這在資訊科技密集組織如銀行的總體電力消耗占有相當大的部分。在 2008 年春天，Jönsson 被 Nordea 任命為綠色資訊科技經理。

採用科技減少空中旅行的行動包括兩個建議。首先是在 Nordea 分行的會議室配置專門用途的高品質視訊會議設備。第二是提供配有網路攝影機、耳機與軟體的桌上型與筆記型電腦，可以進行雙方視訊通話。視訊會議與視訊電話被希望可以減少旅行的需要，同時提升 Nordea 協同工作的品質。

在電腦能源消耗方面，Nordea 著手於限制電腦機房所需的電力，並以創新的方法冷卻使用中的電腦。在啟動專屬管理系統中的一個可以記錄 Nordea 辦公室電力使用的新元件後，Nordea 發現在晚上的電力使用率仍然很高。理由很簡單：許多電腦在晚上並未被關閉。在關機計畫中開始將電力管理軟體裝入 Nordea 的 23,100 台電腦中，如果電腦沒有被使用則在晚上會被強迫關機。關閉螢幕與讓電腦進入睡眠或待機模式的設定也被調整。這使得每年節省了 350 萬 kKh，相當於 647 噸的二氧化碳排放。在伺服器方面，IT 部門使用伺服器虛擬化減少耗能的實體機器數量。

對於像 Nordea 這樣資訊科技密集的組織，冷卻電腦是很重大的成本。組織必須在花錢冷卻電腦機房的同時又花錢加熱其他區域。解決方法讓電腦機房所在的位置是可以將多餘熱能用於加熱目的上，或可以使用減少環境影響的冷卻方式。今日 Nordea 的其中一個主要電腦機房是位於海邊，冷冽的斯堪地那維亞海水被用來冷卻機房。藉由降低冷卻上的電力消耗，Nordea 節省了金錢也減少對環境的影響。

Nordea 注意到減少成本與減少環境影響是緊密相關的，因為降低公司對環境的影響通常代表消耗更少資源，而資源就是金錢。換句話說在商業案例上很難找到綠色 IT 的壞處。綠色 IT 的最大障礙在於改變人們的行為與已經建立好的活動。

企業社會責任，低環境影響是其中一部分，現在被整合進 Nordea 吸引與保留客戶與有經驗員工策略的一部分。在遵循歐盟能源使用規範之下，Nordea 設定減少 15% 的能源消耗、30% 的旅行與 50% 的紙張消耗為目標。該規範認為 2020 年是達成以上目標的合理期限，但 Nordea 自行制定的期限是 2016 年。如果該企業可以成功做到，則資訊科技在各方面都扮演重要角色——是問題的一部分，同時也是解決方案的一部分。

資料來源：Based on 15 personal interview with representatives of Nordea during 2010; http://www.nordea.com.

本個案是由 Copenhagen Business School 的 Jonas Hedman 和 Stefan Henningsson 所提供。

個案研究問題

1. 在哥本哈根與赫爾辛基之間飛行旅行牽涉了哪些商業、個人與社會成本？
2. 資訊科技如何成為環境問題的肇事者與解決方案？
3. 對企業社會責任的論點有哪些？
4. 為什麼企業應盡力使得世界更長久？

管理資訊系統的行動

找到碳排放揭露專案（carbon disclosure project, CDP）網站，並回答以下問題：

1. 在碳排放揭露專案背後有哪些組織與機構？什麼是 CDP 的目標？
2. CDP 指數如何與 Google Finance 整合？
3. 使用 SAP 來分析 CDP 中的組織會有哪些結果？

5.4 當今軟體平台的發展趨勢

當今軟體平台的演進中出現以下四個主要的議題：

- Linux 與開放程式碼軟體
- Java 與 Ajax
- 網路服務與服務導向架構
- 軟體委外與雲端服務

▶ Linux 與開放程式碼軟體

開放程式碼軟體（open source software）是指由世界上數十萬程式設計人員組成之社群所產生的軟體。根據開放程式碼的專業領導組織 OpenSource.org 之定義，開放程式碼軟體是免費且可由使用者進行修改。針對原始碼進行的衍生工作也必須是免費的，使用者也可在不需獲得額外授權的情況下複製軟體。開放程式碼軟體顧名思義不限於任何特定的作業系統或是硬體技術，雖然目前大多數的開放程式碼軟體是以 Unix 或 Linux 作業系統為基礎。

開放程式碼運動已發展了三十餘年，也證明這樣的方式可以產出商業化的高品質軟體。受歡迎的開放程式碼軟體工具有 Linux 作業系統、Apache HTTP 網頁伺服器、Mozilla Firefox 網頁瀏覽器與 Oracle Open Office 桌面生產力套裝軟體。開放程式碼工具已使用在網路筆電上，成為微軟 Office 外的另一個低價選擇。主要的硬體和軟體供應商，包括 IBM、HP、Dell、Oracle 與 SAP 等現在都已開始提供與 Linux 相容版本的產品。在本章的追蹤學習模組中，可由 Open Source Initiative 內找到更多關於開放程式碼定義與開放程式碼軟體之歷史緣由。

Linux

或許最知名的開放程式碼軟體是與 Unix 相關的作業系統 Linux。Linux 是由一位芬蘭的程式設計師 Linus Torvalds 所開發，於 1991 年 8 月在網際網路上公開。Linux 的應用程式可嵌入在手機、智慧型手機、網路筆電與消費電子裝置中。Linux 可透過網際網路免費下載使用，或是購買由軟體廠商如 Red Hat 提供附加工具與支援的低成本商業版本。

雖然 Linux 沒有使用在許多桌上型系統中，但在區域網路、網頁伺服器與高效能運算工作上扮演主要的角色，在伺服器作業系統的市占率超過 20%。IBM、HP、Intel 和 Dell、Oracle-Sun 都將 Linux 作為提供公司的主力產品。

開放原始碼軟體的崛起，特別是 Linux 及其支援的應用，深刻影響到公司的軟體平台：降低成本、可靠性、應變能力與整合，因為 Linux 可以在從主機到伺服器到客戶端的所有主要的硬體平台上運作。

▶ 網頁軟體：Java 與 Ajax

Java 是一種與作業系統和處理器無關的一種物件導向程式語言，已成為網路上領先的互動程式環境。Java 於 1992 年由 James Gosling 與 Sun Microsystems

的 Green Team 所發明的。2006 年 11 月 13 日，Sun 將大部分的 Java 以 GNU General Public License（GPL）的方式作為開發原始碼軟體釋出，並在 2007 年 5 月 8 日完成此程序。

Java 平台已經進入手機、智慧型手機、汽車、音樂播放器、遊戲機與有線電視系統的機上盒中，作為互動內容與收費服務。Java 軟體不受限於任何電腦或電腦裝置，當然也不受限於該裝置所使用的微處理器或作業系統。在每一種 Java 的運算環境，Sun 都開發了 Java 虛擬器，讓所有使用 Java 的環境裝置能解譯 Java 程式碼。用這種方式，程式碼只需編寫一次，即可適用任何裝有 Java 虛擬器的裝置中。

Java 開發者可以寫出小程式嵌入在網頁或下載到網頁瀏覽器上執行。**網頁瀏覽器**（Web browser）為一操作容易的軟體工具，具有圖形化的使用者介面用以顯示網頁，以及存取網頁和其他網際網路資源。微軟的 Internet Explorer、Mozilla 的 Firefox 和 Google 的 Chrome 瀏覽器都是例子。在企業層級，Java 已使用在更複雜，需要與企業後台交易處理系統溝通的電子商務及電子化企業應用中。

Ajax

你是否曾經在填寫一筆網路訂單時，因為一個錯誤而必須整份重填，而且需要長時間等待螢幕上顯示新的訂單表格？或是在地圖網站點擊北方箭號後，等待一段時間好讓它重新下載整個頁面？**Ajax**（Asynchronous JavaScript and XML）正是另一項網頁開發技術用來創造互動式網路應用，可以改善所有這種不方便的地方。

Ajax 是一種允許客戶端和伺服器在後台交換少數資料的技術，當使用者每一次要求改變時不需要重新下載整個網頁。因此，當你點擊地圖網站上的北方，像是 Google Maps，伺服器只會下載應用中需要改變的部分，而不需再等待載入整個地圖。你也可以在地圖應用程式上抓著地圖往任何方向移動，而不需要重新載入整個網頁。Ajax 使用下載到客戶端電腦的 JavaScript 程式，讓使用者維持一種與伺服器端近乎連續的對話狀態，帶來更流暢的使用體驗。

▶ 網路服務與服務導向架構

網路服務（web services）指的是一組鬆散耦合的軟體元件，彼此間使用標準的網頁溝通標準與語言來進行資訊交換。網路服務可在兩套不同的系統間交換資訊，而不論該系統所使用的作業系統或程式語言為何。網路服務也可用來建立開放標準的網頁應用系統，連結兩個不同組織的系統，也可建立應用軟體來連結組織內部獨立的系統。網路服務並不限於使用在任何一個作業系統或程式語言，而不同的應用程式可使用網路服務作為標準的溝通方式，而不再需要費時撰寫客製化的程式碼。

網路服務的技術基礎在於 **XML**，其全名為**延伸標記語言**（Extensible Markup Language, XML）。這套語言在 1996 年時由全球資訊網聯盟（World Wide Web Consortium, W3C；監督網頁發展的國際組織）所制定，無論在功能上或彈性上，都遠超過用於網頁的超文字標記語言（HTML）。**超文字標記語言**（Hypertext Markup Language, HTML）是一種網頁描述語言，用來指定文字、圖形、影像與聲音在網頁文件上相對位置。有別於 HTML 僅限於描述資料如何呈現在網頁型式的文件上，XML 具備呈現顯示、溝通與資料儲存的功能。在 XML 中，數字不再只是數字；XML 標籤標示這些數字表示的是價格、日期或是郵遞區號。表 5-2 中描述了一些 XML 指令的範例。

藉由將選定的文件內容標示上它們的意義，XML 使得電腦可以自動操作與解析資料，並且不需人為操作就可以處理資料。網頁瀏覽器與電腦程式，如訂單處理或企業資源規劃軟體，可以根據程式化的規則來應用與顯示資料。XML 提供了資料交換的標準，使得網頁服務可將資料在處理流程間進行傳遞。

網路服務透過 XML 在一個標準協定上進行溝通。SOAP 的全名為**簡單物件存取協定**（Simple Object Access Protocol, SOAP），其為一組建構訊息的規則，可讓應用系統將資料與指令傳送到另一個系統上。WSDL 的全名為**網路服務描述語言**（Web Services Description Language, WSDL），是一個通用的架構用於描述網路服務所執行的任務，以及接收何種指令與資料，讓網路服務也可被其他應用系統使用。UDDI 的全名為**統一描述搜尋與整合**（Universal Description, Discovery, and Integration, UDDI），可將網路服務列在一個網路服務目錄之上，

表 5-2 XML 的範例

白話英文	XML
Subcompact	<AUTOMOBILETYPE="Subcompact">
4 passenger	<PASSENGERUNIT="PASS">4</PASSENGER>
$16,800	<PRICE CURRENCY="USD">16,800</PRICE>

而讓需要的人易於定址。公司透過這個目錄進行搜尋與定址，宛如該公司在電話簿的分類廣告頁上找到所需的服務一般。經由這個協定，軟體應用系統可以隨心所欲地與其他系統溝通，而不再需要在每一個不同的系統之間建立客製化程式以利溝通的進行。每個人都用相同的標準來分享各種應用。

用以建立公司軟體系統的網路服務集合，即為眾所皆知的服務導向架構之組成要素。**服務導向架構**（service-oriented architecture, SOA）乃為一組自我管理的服務，透過彼此之間的溝通來建立一個作業應用軟體。企業工作即是透過執行一系列的這類服務來達成。軟體開發人員可在其他的軟體組合中，重複使用這些服務來組裝出需要的軟體。

事實上，所有的軟體大廠都有提供工具與整體平台，經由網路服務來進行應用軟體的建立與整合。IBM 將網路服務工具納入其 WebSphere 電子化企業軟體平台中，而微軟也在其 .NET 平台上提供網路服務的工具。

Dollar 租車公司的系統使用網路服務，來連結其與西南航空網站的線上訂位系統。雖然這兩家公司的系統是建立在不同的技術平台之上，但在 Southwest.com 上預訂航班的旅客，不需要離開該航空公司的網站，即可向 Dollar 預約租車。透過微軟的 .NET 網路服務技術作為媒介，Dollar 很容易地就讓公司的訂位系統與西南航空的資訊系統分享資料。西南航空的訂位資訊被轉換成網路服務協定，再轉換成 Dollar 的電腦系統所能解讀之格式。

以前也有其他的租車公司將其資訊系統連結到航空公司的網站。但在沒有使用網路服務的情況下，這些系統之間的連結必須一個個依序建立。網路服務提供 Dollar 一套與其他公司的資訊系統「對話」的標準方法，而不需要各個系統之間建立特殊的連結。Dollar 目前已擴展其網路服務的應用範圍，透過網路服務直接連結到小型旅行業者和大型旅行公司的預約系統，以及專為手機或智慧型手機設計的無線網站上。不再需要為每一位新的商業夥伴的資訊系統或新的無線裝置撰寫新的程式碼了（參閱圖 5-10）。

▶ 軟體委外與雲端服務

今日多數的商業公司皆持續運作其現存的老舊系統來配合其商業需求，而這些系統的替換成本是相當驚人的，但是他們將可由公司外部的來源取得絕大多數的新應用軟體。圖 5-11 描繪出美國公司在取得外部來源軟體方面，呈現快速成長的趨勢。

有三個取得軟體的外部來源：商業軟體廠商發行的套裝軟體、將客製應用

圖 5-10 Dollar 租車公司如何利用網路服務

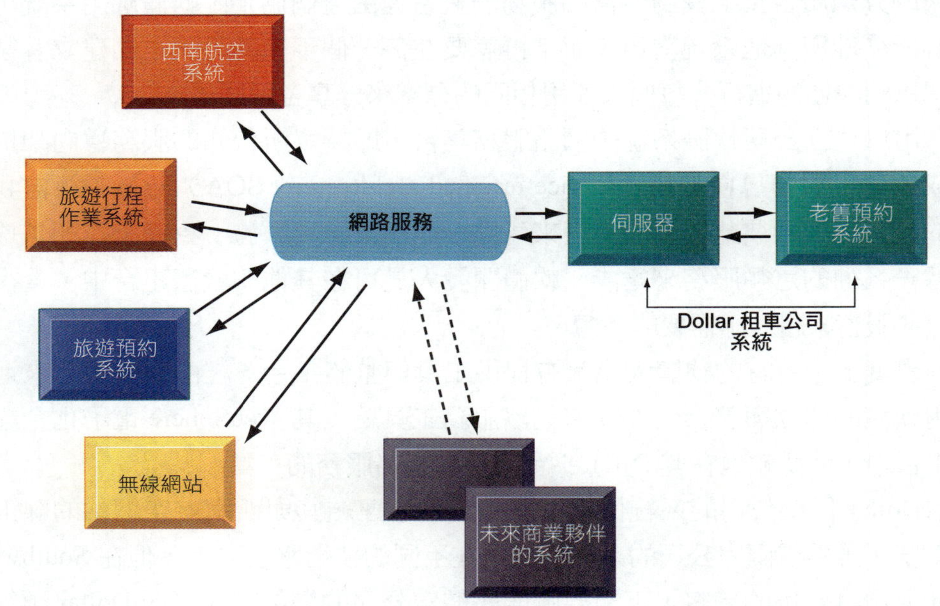

Dollar 租車公司使用網路服務來提供標準軟體中介層，以與其他公司的系統進行「對話」。Dollar 租車公司可使用這一組網路服務來連結其他公司的資訊系統，而不需建立與其他公司系統之間的獨立連結。

程式的開發外包到外部的軟體公司與以雲端為基礎的軟體服務與工具。

套裝軟體與企業軟體

在先前我們已經提到過，套裝軟體型式的企業應用系統，是現今資訊科技基礎建設中的一種主要的軟體元件。**套裝軟體**（software package）是指事先寫好可以在市場中購得的一組程式，它讓個人或組織不需要再為特定的功能撰寫自己的軟體程式，例如薪資發放或訂單處理。

企業應用軟體供應商如 SAP 與 Oracle-PeopleSoft 已開發出強大的套裝軟體，針對全球公司的主要商業流程，提供倉儲、顧客關係管理、供應鏈管理、財務金融到人力資源方面的支援。這些大型企業軟體系統提供公司一套單一、整合、世界各地通用的軟體系統，公司所需支付的成本比起自行開發的要低廉許多。第六章會更詳細地討論企業系統。

圖 5-11 公司軟體來源的改變

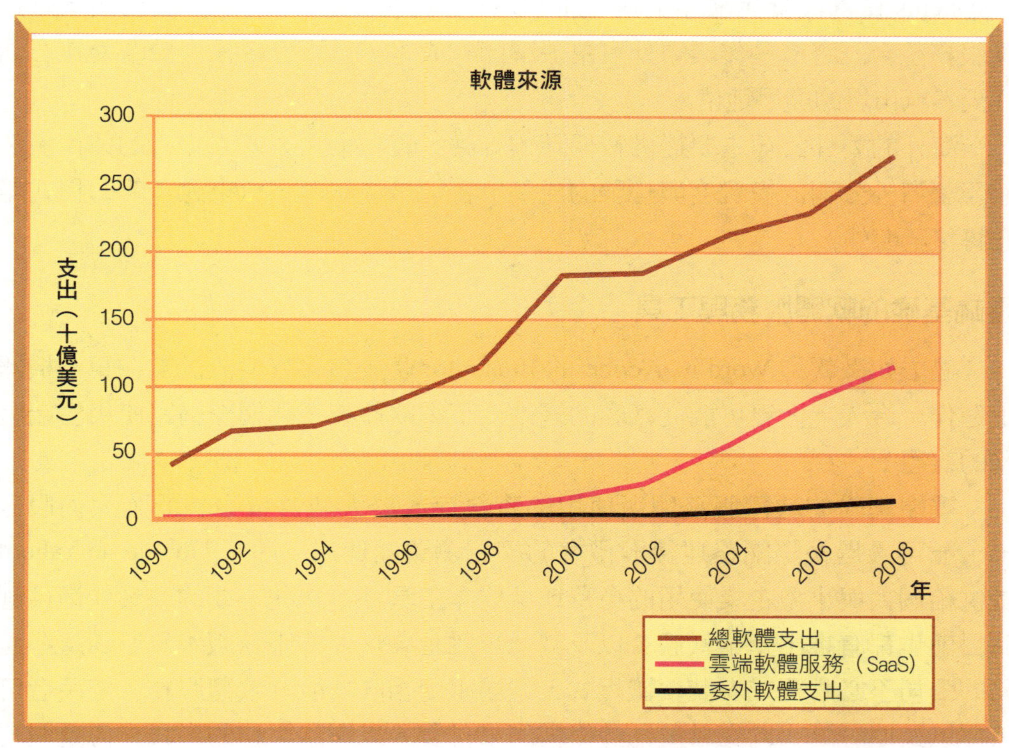

2010 年美國公司將支出 2,910 億美元在軟體上。約有 40%（1,160 億美元）源自公司外部，由銷售企業應用程式的企業軟體廠商，或獨立應用服務供應商提供租賃或銷售軟體模組。另外 10%（290 億美元）是由雲端軟體服務廠商以雲端服務提供。

資料來源：BEA National Income and Product Accounts, 2010; Gartner Group, 2010; 作者推估。

軟體委外

軟體**委外**（outsourcing）是指公司將客製軟體的開發或維護既有老舊程式的工作委由外面的公司承包，通常是委外至海外工資較低廉地區的公司。根據產業分析師指出，2010 年美國的海外委外的收入約為 500 億美元，而國內委外收入為 1,060 億美元（Lohr, 2009）。最大的支出是付給美國國內那些提供中介軟體、整合性服務與其他軟體支援的公司，這些公司通常被要求操作大型的企業系統。

例如，在 2008 年 3 月，世界第三大的石油生產商荷蘭皇家殼牌集團（Royal Dutch Shell PLC），與 T-Systems International GmbH、AT&T 與 EDS 簽訂了一

紙五年 40 億美元的委外合約。根據合約協議，AT&T 需負責提供網路通訊、T-Systems 負責代管與儲存服務，而 EDS 則負責終端使用者運算服務與基礎建設服務整合。將這些作業委外可幫殼牌節省成本，並可專心投入於改善在石油與天然氣市場的競爭地位。

海外的委外公司主要提供較低階的維護、資料輸入與客服中心的運作。然而隨著海外公司的複雜度與經驗的成長，特別是在印度，愈來愈多新的程式開發將移至海外。

雲端基礎的軟體服務與工具

過去如微軟的 Word 或 Adobe 的 Illustrator 是先包裝好並設計為在單一機器上運作。今天，你更可能從廠商的網站上下載軟體或透過網際網路使用雲端服務的軟體。

雲端基礎的軟體服務與所使用的資料存放於大型資料中心的強大伺服器上，並可透過網際網路連線與標準的網頁瀏覽器使用。除了 Google 或 Yahoo! 提供給個人與小型企業使用的免費或低成本工具外，一些主要的商業軟體供應商目前也都有推出企業軟體，以及其他複雜企業功能的服務版本。訂購這些服務的公司不必購買或安裝軟體程式，只需租用相同功能的軟體服務，使用者可選擇以長期訂購或以交易量為計價基礎來付費。以網路服務的形式來傳遞服務與提供遠端使用軟體現在稱做**雲端軟體服務**（software as a service, SaaS）。最著名的例子就是本章結尾個案中所描述的 Salesforce.com，其提供客戶關係管理的軟體隨選服務。

為了維持與委外商或技術服務供應商之間的合作關係，公司需要擬訂內含**服務水準協議**（service level agreement, SLA）的合約。SLA 是顧客和服務供應商之間的一紙正式合約，定義了服務供應商所需盡的特定責任，以及顧客所期望的服務水準。SLA 一般會具體說明提供服務的本質與水準、績效衡量的標準、可供選擇的支援項目、安全防護與災害復原的提供、軟硬體擁有權與升級事宜、客戶支援、計費與合約終止的條件。我們提供了追蹤學習單元可供參考。

混搭與小工具

你個人或是公司工作上使用的軟體會是由很大的程式所自行組成，或是可以與其他網際網路上應用程式自由整合的可交換元件所組成。個人與企業用戶可混合搭配這些軟體元件，組成所需的客製化應用程式來與他人分享資訊。這種方式產生的應用軟體即稱為**混搭**（mashups）。其中的想法是希望將不同來源的程式碼結合以產生新的應用成果，希望能夠「大於」各部分的加總。如果你曾經編輯過個人化的 Facebook 個人資料，或是開啟部落格上播放影片或投影片的功能，那麼你已經是在進行混搭。

網路混搭結合了兩種或是兩種以上線上應用來創造一種混合物，比起原先的程式能夠提供客戶更多價值。例如，EveryBlock Chicago 結合 Google Maps 與芝加哥市的犯罪資料。使用者可依地點、警察勤務區或犯罪類型來進行搜尋，搜尋結果會以彩色的地圖標示定位在 Google Maps 上。Amazon 使用混搭技術整合合作廠商的產品描述與使用者檔案。

小程式（apps）是很小的軟體程式，可以在網際網路、你的電腦或手機上執行，並且一般是透過網際網路傳送。Google 稱自己的線上服務為小程式，包括 Google Apps 桌上生產力套裝工具。但當我們今日談到小程式，大部分會關注於為行動數位平台開發的軟體程式。這些小程式讓智慧型手機與其他行動手持設備成為一般用途的運算工具。

大部分的小程式用於 iPhone、Android 與黑莓機作業系統平台，許多是免費或比起傳統軟體更少的費用購買。在 iPhone 與 iPad 平台上已經有超過 25 萬個小程式，而在使用 Google Android 作業系統的智慧型手機上有超過 8 萬個。這些行動平台的成功大部分依靠於他們提供的小程式品質與數量。小程式將客戶綁住於特定的硬體平台：當使用者在他或她的手機上加入愈多小程式，換到競爭行動平台的轉換成本就提高了。

目前，一般最常被下載的是遊戲（65%），接著是新聞與天氣（56%）、地圖／導航（55%）、社交網路（54%）、音樂（46%）與影片／電影（25%）。但對商業使用戶也有很實用的軟體可以編寫文件、連線到企業系統、排程與參與會議、追蹤貨運與處理留言。也有大量的電子商務應用程式可以在線上研究與購買商品與服務。小程式的使用數量仍然持續在成長。

5.5 管理議題

建置和管理協調一致的資訊科技基礎建設引起了許多挑戰：應付平台與基礎建設的改變（包括雲端與行動運算）、管理與治理與基礎建設的明智投資。

▶ 處理平台與基礎建設的改變

當公司成長時，它可能快速地超過基礎建設的能量。當公司規模縮小時，它們可能會無法負擔在景氣時所購買過多的基礎建設。當大部分資訊科技基礎建設的投資是來自固定的購買成本和授權時，公司如何保留彈性？怎樣的基礎建設規模是合適的？**擴充性**（scalability）的意思是電腦、產品或系統擴充的能力，以服務大量的使用者而不會當機。新的企業應用、合併與併購與業務量的改變，都會影響電腦的工作負荷，必須在規劃硬體能量時一併列入考量。

使用行動運算與雲端運算平台的公司，需要制定新的政策與程序來管理這些新平台。它們必須編制所有商業用途的行動裝置財產清單，並發展政策與工具來控制裝置上的資料與應用程式，進行追蹤、更新與安全防護。使用雲端運算與雲端軟體服務的公司，將需要與遠端服務廠商簽訂契約協議，來確保關鍵應用的軟硬體在需要時能正常運作，並且符合企業對資訊安全的標準。企業管理者可以自行決定電腦服務回應時間的水準與公司主要系統的可用性，以維持所期望的企業績效水準。

▶ 管理與治理

誰將控管公司的資訊科技基礎建設，是一個在資訊系統管理者及執行長之間存在已久的議題。第二章中介紹了資訊科技治理的概念，並描述了一些所面對的議題。其他有關資訊科技治理的重要問題有：部門應該擁有決定它們資訊技術的責任嗎？或資訊科技基礎建設應該是集中式管理和控制嗎？資訊系統由中央管理和由事業單位自行管理其間的關係為何？基礎建設的成本在事業單位間如何分配？每一個組織依據它們自己的需求有不同的答案。

▶ 基礎建設的明智投資

資訊科技基礎建設是公司主要的投資。如果在基礎建設上花費過多，它會閒置及拖累公司的財務績效。如果在基礎建設上花費過少，重要的企業服務將不能交付，且公司的競爭者（投資適當的公司）將勝過投資不足的公司。公司在基礎建設上應該花費多少？這是一個不容易回答的問題。

另一個相關的問題是，公司是否應該購買自己的資訊科技基礎建設元件，或是自外部供應商（包括雲端服務商）租賃。購買自己的資訊科技資產或向外部供應商租賃的決定，通常稱作**租賃或購買**（rent versus buy）決策。

雲端運算也許是低成本增加擴充性與彈性的方法，但企業應該根據安全需求與對營運程序與工作流程的影響，仔細評估此一選擇。在某些例子中，租賃軟體的成本比起自行購買並維護應用軟體還高出許多。然而如果讓企業能專注於核心事業議題而非技術挑戰上，使用雲端軟體服務也許是有好處。

技術資產的總持有成本

技術資產的實際持有成本包括電腦軟硬體的原始購買與安裝成本、持續的硬體管理與軟體升級、維護、技術支援、訓練，甚至還包括了運作與安置科技資產的公用設施與不動產成本。**總持有成本**（total cost of ownership, TCO）模式可以用來分析這些直接與間接成本，以協助公司確認某項特定科技導入的實際成本。表 5-3 描述了在進行 TCO 分析時，需納入考量及最重要的 TCO 因素。

當所有的成本因素都考慮進去後，個人電腦的 TCO 也許會比原來這些設備的購買價格還要高上三倍。雖然企業員工的無線手持設備的購買價格也許只要數百美元，但每個設備的 TCO 則高出許多，根據不同顧問公司的估計，在 1,000 至 3,000 美元之間。從配有行動運算設備員工身上獲得的生產力與效率，必須與整合這些設備至公司資訊科技基礎建設與技術支援所增加的成本達成平衡。其他成本部分包括無線通訊的費用、使用者訓練、服務人員的支援與特定應用的軟體。如果行動設備執行許多不同的應用軟體，或是需要與後端系統如

表 5-3 總持有成本（TCO）的成本元素

基礎建設組成元件	成本元素
硬體採購	電腦硬體裝備的購買價格，包括電腦、終端機、儲存設備與印表機。
軟體採購	採購或授權每位使用者的軟體。
安　裝	安裝電腦與軟體的成本。
教育訓練	提供資訊系統專業人員與使用者訓練的成本。
支　援	提供持續技術支援、技術諮詢服務等的成本。
維　護	軟硬體升級的成本。
基礎建設	採購、維護與支援相關基礎建設的成本，如網路與特殊的裝置（如儲存備份單元）。
當機成本	當軟硬體故障，使得系統無法執行處理與使用者作業時所損失的生產力。
空間與能源	放置與提供電力給這些科技的不動產與公用設施成本。

企業應用軟體整合，其成本則更高。

軟硬體取得的成本通常只占 TCO 的 20%，因此經理人需要更密切注意各項行政成本，以了解公司軟硬體的總成本。經由更好的管理可以減少這些行政成本。許多大型企業購置了重複、不相容的軟硬體，因為它們的部門與事業單位可以自行進行科技採購。

除了改採用雲端服務，企業可以透過更多的集中化與標準化硬體與軟體資源來降低 TCO。如果企業可以縮減不同電腦型號的數量與允許員工使用的軟體類型，企業可以減少支援基礎建設所需的資訊系統人員數量。在集中式的基礎建設中，所有系統可從一個中心來管理，問題的處理也可以在該處進行。

資訊科技基礎建設投資的競爭力模式

圖 5-12 描述了一個競爭力模式，可用來處理公司究竟該投資多少在資訊科

圖 5-12 資訊科技基礎建設的競爭力模式

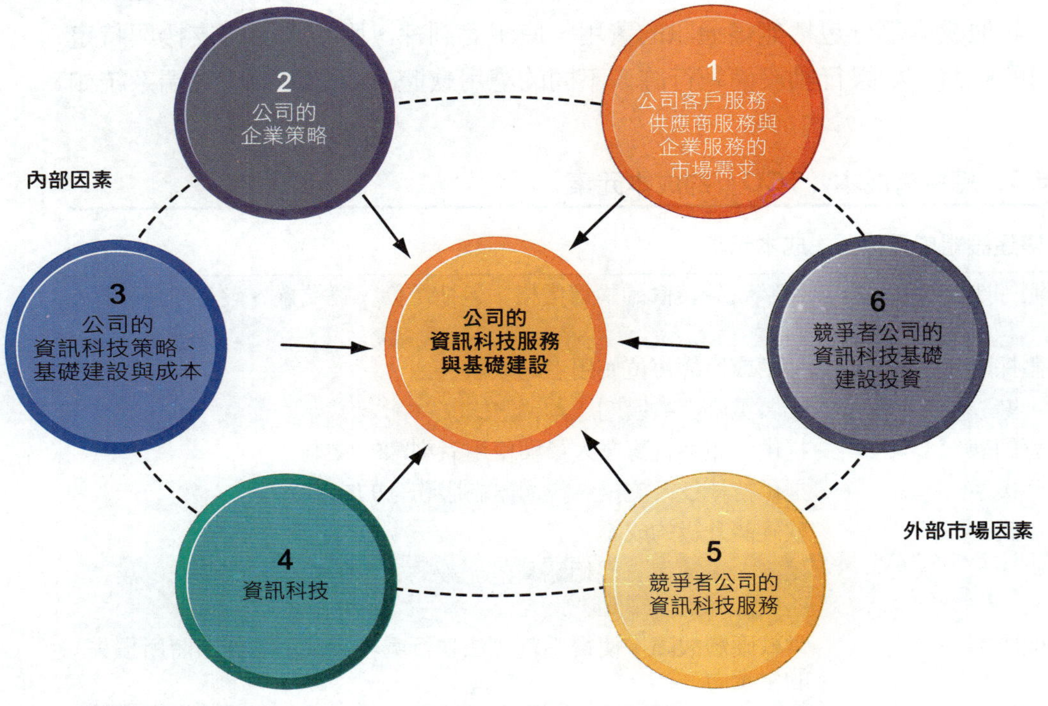

你可用六個因素來回答這個問題：「我們公司應該花費多少錢在資訊科技基礎建設上？」

技基礎建設上的問題。

公司提供服務的市場需求 列出一張目前提供給顧客、供應商與員工的服務清單。調查每一個團隊，或鎖定焦點團隊，找出目前提供的服務是否滿足每個團隊的需求。例如，顧客是否有抱怨查詢價格及可用量的回應速度緩慢？員工是否有抱怨在尋找工作上所需正確的資訊是有困難的？供應商是否有抱怨在了解你的生產需求上有困難？

公司的企業策略 分析公司五年的企業策略，並試著評估要達到策略目標需要哪種新服務及功能。

公司的資訊科技策略、基礎建設與成本 檢視未來五年公司的資訊技術規劃，並評量其與公司業務計畫的配合度。決定資訊科技基礎建設的總成本。你可能會希望執行 TCO 分析。如果你的公司沒有任何資訊科技策略，你將需要一份未來五年公司的策略規劃。

資訊技術評量 你的公司是否落後於科技曲線？或是位於資訊技術的高風險處？這兩種情況是可以避免的。通常在仍處實驗階段、昂貴與有時不可靠的先進技術上耗費資源是不值得的。你應該將預算花費在已經建立標準，且有多個供應商已經在做成本而不是設計上競爭的技術。無論如何，你不應該拖延新技術的投資，或是容許競爭者在新的技術上發展新的經營模式與能力。

競爭對手的服務 試著評量競爭者提供什麼樣的技術服務給顧客、供應商與員工。建立量與質的衡量標準，來比較他們與你的公司。如果你公司的服務水準落後，代表公司正位於不利的競爭地位。找尋公司可以超過服務水準的方法。

競爭者的資訊科技基礎建設投資 比較你和競爭者在資訊科技基礎建設上的花費。許多公司對於他們創新的資訊科技支出是公開的。如果競爭者試著將資訊科技支出保密，當那些支出對公司財務有影響時，你可以在上市公司給證管會的年報中找到資訊科技的投資資訊。

你的公司並不需要和競爭者花一樣多，或是更多的錢。也許有較便宜的方法來提供客戶服務，這可以成為一個成本優勢。然而，你公司的支出也有可能遠比競爭者少很多，且績效也不好，同時損失市場占有率。

5.6 管理資訊系統專案的實務演練

在此小節的專案提供你發展管理資訊科技基礎建設與資訊科技委外的實際經驗，使用試算表軟體來評估不同的桌上型系統，並使用網路來研究如何編列銷售會議的預算。

管理決策問題

1. 匹茲堡醫學中心（University of Pittsburgh Medical Center, UPMC）相當倚賴資訊系統來經營其 19 座醫院與其他的連鎖保健中心與國際和商業的合資機構。對於伺服器與儲存技術的擴充需求每年約成長 20%。UPMC 為每一套應用系統架設一部獨立的伺服器，而這些伺服器和其他電腦使用不同的作業系統，包括好幾個版本的 Unix 與 Windows。UPMC 必須管理許多不同廠商提供的技術，這些廠商包括 HP、Sun Microsystems、Microsoft 與 IBM。評量這種情況對企業營運績效的影響。在擬訂這些問題的解決方案時，需考量到哪些因素與管理決策？
2. Qantas Airways 是澳洲領先的航空公司，由於高油價與全球航空運輸不景氣而面臨到成本壓力。為了維持競爭力，該航空公司必須設法找到維持低成本，同時又能提高顧客服務水準的方法。Qantas 擁有一個運作超過三十年的老舊資料中心。管理階層必須決定是要用新一代的科技、還是要委外？Qantas 該委外給一個雲端運算的供應商嗎？ Qantas 的管理階層在決定是否要委外時，必須考量到哪些因素？假如 Qantas 決定要將資料中心委外，列舉並描述在服務水準協議上必須強調的關鍵點。

改善決策制定：使用試算表評估硬體及軟體的選擇

軟體技術：試算表公式

商業技術：科技的訂價

在此練習中，你要使用試算表軟體來計算桌上型電腦系統、印表機與軟體的成本。

你被要求取得一個有 30 個人的辦公室所需軟硬體價格資訊。使用網際網路，在 Lenovo、Dell 與 HP/Compaq 的企業網站上，找出 30 部個人電腦系統（含有螢幕、電腦與鍵盤）各自標示的價格。（為了達成練習的目的，可以忽略這些桌上型系統通常已經先裝好套裝軟體的情況。）同時也要取得 15 部由 HP、Canon 與 Dell 製造的桌上型印表機個別的價格。每部桌上型系統必須符合下表所列出的最低需求。

桌上型電腦的最低規格需求

處理速度	3 GHz
硬　碟	350 GB
RAM	3 GB
DVD-ROM 速度	16 倍速
螢幕（對角量測）	18 吋

每部桌上型印表機必須符合下表的最低規格需求。

單色印表機的最低規格需求

列印速度（黑白列印）	20 頁／每分鐘
列印解析度	600×600
網路功能	有
最高單價	700 美元

在找到桌上型系統與印表機的價格後，找出 30 套最新版本的微軟 Office、Lotus SmartSuite、Oracle Open Office 桌上生產力套裝軟體與 30 套的微軟 Windows 7 專業版的價格。這些應用套裝軟體會有不同的版本，因此要確定每種套裝軟體內都含有文字處理、試算表、資料庫與簡報等功能。

準備一份試算表說明關於桌上型系統、印表機與軟體的研究成果。使用你的試算表軟體找出桌上型系統、印表機與軟體的組合，它可以提供每一個使用者最好的效能與價格。因為每兩名員工會共用一台印表機（15 部印表機／ 30 套系統），在試算表中每名使用者的印表機成本只有一半。同時假設你的公司會採用每家廠商所提供的標準保固與服務合約。

改善決策制定：利用網路研究如何編列銷售會議的預算

軟體技術：網際網路上的軟體

商業技術：研究交通與住宿成本

Foremost 合成材料公司正規劃一場即將在 10 月 15 日到 16 日舉辦一場兩天的銷售會議，由 10 月 14 日晚間的歡迎會揭開序幕。議程包括全天的會議，公司所有的銷售人員，包括 125 位銷售代表與 16 位經理皆必須出席。每一位銷售代表需要有自己的房間，且公司需要兩間一般會議室，其中一間需要能容納所有的銷售人力與少數的來賓（200 人），另外一間則要能容納半數的人員。管理階層對於代表們的房租費預算已定為 120,000 美元。這家飯店也必須提供電腦與投影機、商務中心與宴會設施等服務。飯店的設施也要能讓公司代表得以在房間中工作，並在游泳池或健身房中度過愉快的時光。該公司將要在佛羅里達州的邁阿密或 Marco Island 兩個地點擇一舉行會議。

Foremost 通常喜歡在 Hilton 或 Marriott 連鎖旅館舉行會議。請上 Hilton（www.hilton.com）與 Marriott（www.marriott.com）網站，在這兩個城市中選擇上述兩者其中一家旅館，能讓該公司在其預算內舉行銷售會議。

連結到 Hilton 及 Marriott 的首頁，尋找最符合 Foremost 銷售會議需求的飯店。在選擇飯店之後，找出在會議前下午抵達的航班，以便出席人員得以在前一天登記入住，並參加傍晚舉行的歡迎會。出席者將來自於洛杉磯（54 人）、舊金山（32 人）、西雅圖（22 人）、芝加哥（19 人）與匹茲堡（14 人）等地。請確認由這些城市飛抵的航班票價費用是多少。在完成之後，請編列出會議的預算。預算將包括每一個航班的機票費用、房間費用與每位出席者一天 60 美元的餐飲費用。

- 你的最終預算為何？
- 你選擇哪一家作為舉辦這次銷售會議的最佳旅館，為什麼？

追蹤學習模組

以下的追蹤學習單元提供與本章內容相關的題目：

1. 電腦的硬體及軟體如何運作。
2. 服務水準協議。
3. 開放原始碼軟體的創新精神。
4. 比較資訊科技基礎建設演進的階段。
5. 雲端運算。

摘要

1. 資訊科技基礎建設以及其組成元件為何？

資訊科技基礎建設為分享式科技資源，提供公司特定的資訊系統應用平台。它包含全公司所共享的硬體、軟體與服務。主要的組成要素包括電腦硬體平台、作業系統平台、企業軟體平台、網路及通信等平台、資料庫管理軟體、網際網路平台與顧問諮詢服務和系統整合。

2. 資訊科技基礎建設的演進階段與技術驅動力為何？

資訊科技基礎建設之演進分為五個階段：大型主機時期、個人電腦時期、主從式架構時期、企業運算時期與雲端和行動運算時期。莫爾定律闡述運算能力之指數增加與電腦科技之成本下滑之間的關係，並說明微處理器之能力每 18 個月會倍增，但運算成本卻減半。大量數位儲存定律指出儲存資料的成本也以指數遞減，在磁性記憶體裝置中，1 美元所能儲存的資料量，每 15 個月會增加 1 倍。梅特卡夫定律則幫助解釋當使用人數快速成長時，對網路參與者的價值會呈指數函數增加。同時因為通訊成本快速下降，以及科技產業產生更多使用運算和通訊標準的協議，也驅動電腦設備的使用量會暴增。

3. 現今電腦硬體平台之發展趨勢為何？

愈來愈多運算出現在行動數位運算平台。網格運算是將分散在不同地域的電腦連結到單一的網路上，透過網格上所有電腦運算能力的結合，形成運算的網格。虛擬化組織運算資源，可使它們的使用不受限於實體組態或地理位置。在雲端運算中，公司和個人可透過網際網路取得運算能力與應用軟體服務，而不需購買軟硬體安裝在自有的電腦上。多核心處理器是擁有兩個或多個處理器的微處理器，可增進效能。綠色運算包括了降低生產、使用與丟棄資訊科技設備對環境負面影響的行動與科技。自主運算是系統本身可進行組態設定，在受到損害時可自我修復。節能處理器大幅減少行動數位設備上的電力消耗。

4. 現今電腦軟體平台之發展趨勢為何？

開放程式碼軟體由全球程式設計師社群開發及維護且可以免費下載。Linux 是一個功能強大有彈性的開放程式碼的作業系統，可以在多種硬體平台上運作，而且廣泛使用在網頁伺服器。Java 是一個不受限於作業系統及硬體的程式語言。在互動式網頁程式設計的環境居於領先地位。網頁服務並不是指特定產品，而是以開放式網頁標準為基礎的鬆散耦合式軟體元件，且可以在任何應用軟體及作業系統上運作。

網頁服務可當成網頁應用軟體的元件來連結兩個不同組織的系統或是連結單一公司內的多個系統。公司正由外界供應商採購新的應用軟體，包含套裝應用軟體，並將常用的應用軟體開發包給外部供應商（可能在海外），或租用線上軟體服務（SaaS）。混搭（mashups）結合兩種不同的軟體服務創造出新的軟體應用與服務。小程式是小型軟體程式執行於網際網路上、電腦上或是行動電話上，一般是透過網際網路傳送。

5. 管理資訊科技基礎建設所帶來的挑戰與管理上的解決方案為何？

主要的挑戰包括處理平台和基礎建設的改變、基礎建設的管理與治理與明智的基礎建設投資。解決方案的指導方針包括採用競爭力模式來決定要花費多少在資訊科技基礎建設的投資，在何處做策略性的基礎建設投資，同時建立資訊科技資產的總持有成本（TCO）。科技資源的總持有成本不僅包括電腦軟硬體的初期投資，也涵蓋電腦軟硬體升級、維修、技術支援與訓練的成本。

專有名詞

迷你電腦 188
Wintel 個人電腦 190
主從式架構 190
伺服器 190
客戶端 190
多層次主從式架構 190
網頁伺服器 190
應用伺服器 190
視窗 191
雲端運算 192
莫爾定律 192
奈米科技 193
技術標準 196
刀鋒伺服器 199
Unix 199
Linux 199
作業系統 200
Chrome OS 200
Android 200
多點觸控 200
儲存區域網路 203
網頁寄放服務 203
老舊系統 204
網路筆電 205
網格運算 205
虛擬化 205
公共雲 207
私有雲 207
綠色運算 208
綠色 IT 208
自主運算 209
多核心處理器 209
開放程式碼軟體 212
網頁瀏覽器 213
Ajax 213
網路服務 213
延伸標記語言 214
超文字標記語言 214
服務導向架構 215
套裝軟體 216
委外 217
雲端軟體服務 218
服務水準協議 218
混搭 219
小程式 219
擴充性 220
總持有成本 221

複習問題

1. 資訊科技基礎建設以及其組成元件為何？
   - 由技術與服務的觀點定義資訊科技基礎建設。
   - 列出並描述公司需要管理的資訊科技基礎建設元件。
2. 資訊科技基礎建設的演進階段與技術驅動力為何？
   - 列出每一個資訊科技基礎建設演進的時期，並描述其區別特徵。
   - 定義並解釋以下名詞：網路伺服器、應用伺服器、多層次主從式架構。
   - 描述莫爾定律與大量數位儲存定律。
   - 描述網路經濟、通訊成本下降與技術標準將如何影響資訊科技基礎建設。
3. 現今電腦硬體平台之發展趨勢為何？
   - 描述演變中的行動平台、網格運算與雲端運算。
   - 解釋企業如何由自主運算、虛擬化、綠色運算與多核心處理器中獲利？
4. 現今電腦軟體平台之發展趨勢為何？
   - 定義並描述開放程式碼軟體與 Linux，並解釋它們的企業效益。
   - 定義 Java 與 Ajax，並解釋為什麼它們這麼重要。
   - 定義並描述網路服務與 XML 所扮演的角色。
   - 命名並描述軟體的三種外部來源。
   - 定義並描述軟體混搭與小程式。
5. 管理資訊科技基礎建設所帶來的挑戰與管理上的解決方案為何？
   - 命名並描述資訊科技基礎建設所帶來的管理挑戰。
   - 解釋如何使用競爭力模式與計算科技資產的總持有成本（TCO）可以幫助公司決定基礎建設投資案？

問題討論

1. 為何選擇電腦軟硬體對於組織而言是重要的管理決策？哪些管理、組織與技術上的議題在選擇電腦軟硬體時應該要考慮的？
2. 組織應該在所有軟體需求上採用軟體服務供應商嗎？為什麼是或不是？哪些管理、組織與技術上的因素是決策時應該考慮的？
3. 雲端運算的優缺點為何？

群組專案：評估伺服器與行動設備的作業系統

與三到四名同學一組，選擇評估伺服器與行動設備的作業系統。你要研究與比較 Linux 與最新版 Window 或 Unix 之間的功能與成本。另外，你可以比較 Android 行動作業系統與最新版的 iPhone 作業系統（iOS）。如果可以請使用 Google 網站來發佈網頁、團隊溝通訊息公告與課堂作業的連結；進行腦力激盪並協力完成專案文件。試著使用 Google Docs 將你的發現在課堂上進行報告。

Salesforce.com：走向主流的雲端服務 個案研究

過去幾年來，Salesforce.com 一直是最具分裂性技術的公司之一，憑藉著創新的經營模式與轟動的成功足以撼動整個資訊業而聞名。有別於一般購買軟體安裝在個別機器端運行的模式，該公司透過「軟體服務化」的形式，在網際網路上提供客戶關係管理（customer relationship management, CRM）與其他應用軟體解決方案的雲端軟體服務。

它在 1999 年由 Oracle 的前任執行長 Marc Benioff 所成立，自創立以來持續不斷地成長擴張到 3,900 名員工、8 萬 2,400 家企業客戶與 210 萬用戶。在 2009 年該公司的營收已達 13 億美元，成為世界上前 50 名的軟體公司之一。Salesforce.com 將這些成就歸功於用隨選模式來配送軟體所帶來的各項益處。

隨選模式省去在系統方面的先期大型軟硬體資本投資，以及在企業電腦上冗長的上線導入時間。服務訂購的費用可低到每一個月每一個使用者僅需支付 9 美元，即可使用專供小型銷售和行銷團隊使用，功能較為簡化的 Group 版本，而對大型企業的服務訂購者僅需要支付每人每月約 65 美元的月費即可使用進階版本的軟體服務。

例如美國雀巢公司（Nestlé）擁有的位於明尼拿波里斯的 Häagen-Dazs Soppe 曾估計要花費 6 萬 5,000 美元在客製化的資料庫以幫助管理者與授權的零售店保持聯繫。該公司只需支付 2 萬美元用 Salesforce 建立服務，再加上每月的 125 美元月費讓 20 名使用者透過無線手持設備或網站從遠端監視全美所有 Häagen-Dazs 授權的分店。

Salesforce.com 系統導入的時間最長是三個月，一般為少於一個月。服務訂購者不需要購買、升級或維護任何硬體設備。不需要安裝作業系統、資料庫伺服器或應用軟體伺服器，不需顧問諮詢與聘用員工，也不需要支付高額的授權與維護費用。這套系統可透過標準的網頁瀏覽器登入使用，而部分功能可透過行動手持設備使用。Salesforce.com 也持續地在後台不斷地進行系統的更新。客戶可透過一些工具的使用來對軟體的部分功能進行客製化，以支援其公司較為獨特的企業流程。訂購用戶可以在營運變差或有更好的系統出現時離開。如果有員工被資遣，他們也可以減少所購買的 Salesforce 訂購用戶數量。

Salesforce 在持續發展與調整經營的過程中，曾面臨一些重大的挑戰。第一個挑戰來自於競爭的增加，傳統產業的領導廠商與新的挑戰者皆冀望能複製 Salesforce 的成功模式。微軟、SAP 與 Oracle 也針對現有的 CRM 產品推出訂購版來與 Salesforce 的服務抗衡。規模較小的競爭者如 NetSuite、Salesboom.com 與 RightNow 也侵蝕 Salesforce 的市占大餅。

Salesforce 在規模與市占率上，與大型競爭者相較仍有很大的空間需要努力。在 2007 年時，SAP 市占率將近是 Salesforce 的四倍。而 IBM 客戶基礎中有包含將近 9,000 家軟體公司在 IBM 的軟體上運行其應用軟體，這些客戶選擇 IBM 提供的解決方案的機會遠高於使用 Salesforce.com。

Salesforce 需要持續向客戶證明它在遠端處理他們的企業資料與應用軟體上是夠可靠與安全的。該公司曾經歷過一些服務中斷。例如在 2009 年 1 月 6 日，一個核心網路設備故障，使得來自歐洲、日本與北美的資料有 38 分鐘是無法處理的，超過 1 億 7,700 萬交易被影響。即使大部分的 Salesforce 客戶可接受透過雲端提供的 IT 服務可用度會稍低於全時間，但某些客戶與批評者利用該次中斷作為機會質疑整個雲端服務概念的適用性。在 2009 年 2 月相似的中斷又發生，影響歐洲與數小時後的北美。

到目前為止，Salesforce 只經歷過一個安全漏洞。2007 年 11 月，一名 Salesforce 員工被詐騙而洩露了他的企業密碼，導致 Salesforce 的客戶清單外洩。Salesforce 的客戶遭受接二連三的高度鎖定詐騙與入侵，顯示其事件是存在的。即使此事件亮起了紅燈，許多客戶認為 Salesforce 的在此狀況的處理上是令人滿意的。所有 Salesforce 的主要客戶會定時派稽查人員到 Salesforce 檢查其安全性。

Salesforce 的另一個挑戰則是如何將其經營模式拓展到其他的領域中。目前 Salesforce 的使用者中，主要以那些需要追蹤銷售線索以及客戶名單的業務人員居多。Salesforce 用來提供附加功能的一個途徑，是和 Google 建立夥伴關係，並將軟體服務與更多特殊用途的 Google Apps 進行整合。Salesforce 將其服務與 Gmail、Google Docs、Google Talk 與 Google Calendar 相結合，讓使用者得以透過網頁完成更多的工作。Salesforce 和 Google 都希望他們所建立的 Salesforce.com for Google Apps 創新策略能刺激隨選軟體有更進一步的成長。

Salesforce 也與 Apple 建立夥伴關係以讓它的軟體可在 iPhone 上使用。該公司希望可以進入 iPhone 使用者的龐大市場，讓他們可以隨時隨地使用 Salesforce 的應用軟體。Salesforce 也推出一套可以整合 Facebook 社群網路的開發工具，讓客戶可以建立呼叫 Facebook 功能的應用程式（2010 年年初 Salesforce 推出了自己的社群網路軟體稱為 Chatter，可以讓員工建立個人檔案並隨時更新同事的消息來源狀態，如同 Facebook 與 Twitter）。

為了讓營收成長到產業觀察家與華爾街所期待的水準，Salesforce 將主力從銷售軟體應用程式，轉變為提供更寬闊的雲端算運算平台，讓許多軟體公司可以銷售其應用軟體。如同執行長 Marc Benioff 指出，過去十年來，「我們專注於將軟體作為服務……接下來的十年，Salesforce.com 將會真正專注於雲端平台服務。」

該公司正努力提供雲端運算服務給它的客戶。新的 Salesforce.com 網站大力強調雲端運算，將產品分為三種類型的雲端：銷售雲、服務雲與客製雲。銷售與服務雲包括了改善銷售與客戶服務的應用軟體，而客製雲是 Force.com 應用開發平台的另一個名稱，讓客戶可以開發自己的應用軟體在更寬闊的 Salesforce 網路中使用。

Force.com 提供一套開發工具與 IT 服務，讓使用者可以客製化他們的 Salesforce 客戶關係管理應用軟體，或是建立新的應用軟體並在 Salesfoce 資料中心基礎建設的雲端中執行。Salesforce 將 Force.com 開放給其他的獨立軟體開發人員，並在其 AppExchange 上列出這些程式。

透過使用 AppExchange，小型企業可以上網輕易地下載超過 950 個以上的應用軟體程式，有一些附加元件是專屬於 Salesforce.com，與一些其他不相關的元件，例如即使並非客戶應對功能如人力資源。基於 Force.com 開發環境的 Force.com 網站，讓使用者開發網頁與註冊網域名稱，價格是根據網站流量來決定。

Salesforce 的雲端基礎建設包括位於美國的兩個資料中心與新加坡的第三個資料中心，而其他在歐洲及日本的則在未來的規劃中。Salesforce 另外與 Amazon 合作讓 Force.com 的客戶可以進入 Amazon 的雲端運算服務（彈性運算雲與簡單儲存服務）。Amazon 的服務可以處理 Force.com 需要額外處理能量與儲存空間的突然性激增的雲端運算工作。

根據 Inernational Data Center（IDC）的報告估計 Force.com 平台讓使用者建立與執行商業應用與網站，比起非雲端方案快上五倍且只需要一半的成本。例如一家醫療復健服務的國際性供應商 RehabCare 使用 Force.com 為醫療人員開發了 iPhone 上的行動病患註冊應用軟體。RahabCare 的資訊系統團隊在四天內建立了在 Force.com 上執行的雛形軟體。如果使用微軟的開發工具則需要六個月才能開發出相類似的行動應用軟體。現在約有 400 個診所的人員在使用這個應用系統。

位於明尼蘇達州 Bloomington 的自助出版商 Authors Solutions 使用 Force.com 平台放置營運所需的應用軟體。報導指出因為不需要維護與管理自己的資料中心、電子商務與工作流程應用軟體節省了高達 75% 成本，並且有可以在營運快速成長時有擴充的能力。工作流程的改變一次花費了 30 到 120 個小時，僅用了以往時間的四分之一。導入新產品的時間與成本，比起一般要 120 到 240 小時（成本為 6,000 到 12,000 美元），減少了 75%。在相同員工數量下，新平台也可以比舊系統多處理 30% 的工作量。

但問題在於，Salesforce 的 App Exchange 與 Force.com 平台的使用族群規模是否大到足以帶來 Salesforce 所冀望的成長水平。目前仍不清楚該公司產生營收，是否足夠提供與 Google 或 Amazon 相同規模雲端運算服務所需，也可以支付雲端運算的投資。

部分分析師相信，這個平台對於大型公司來說無法滿足實際應用上的需求，因而較不具吸引力。另一個挑戰是提供持續可用性。Salesforce 的訂購者依靠此服務是 24/7 可用的。但因為曾有前面所描述的系統中斷，使得許多公司不禁要重新思考其所仰賴的雲端服務軟體。Salesforce.com 提供了一套工具來向顧客確保系統的可靠度，同時也提供連結其服務的 PC 版應用程式，讓使用者得以進行離線工作。

目前，有些公司很勉強的搭上了雲端軟體服務與雲端運算的列車。然而目前還不清楚透過網路傳送軟體長期而言成本是否真的會比較低。根據 Gartner 顧問公司分析師 Rob DiSisto 指出，最初幾年訂購 Salesforce.com 的軟體服務也許比較便宜，但在此之後呢？是否升級與管理隨需求使用軟體的支出會比公司花錢擁有與使用自己的軟體還要高？

資料來源："How Salesfoce.com Brings Success to the Cloud," *IT BusinessEdge.com*, accessed June 10, 2010; Lauren McKay, "Salesforce.com Extends Chatter Across the Cloud," *CRM Magazine*, April 14, 2010; Jeff Cogswell, "Salesforce.com Assembles an Array of Development Tools for Force.com," *eWeek*, February 15, 2010; Mary Hayes Weier, "Why Force.com Is Important to Cloud Computing," *Information Week*, November 23, 2009; Jessi Hempel, "Salesforce Hits Stride," *CNN Money.com*, March 2, 2009; Client Boulton, "Salesforce.com Network Device Failure Shuts Thousands Out of SaaS Apps," *eWeek*, January 7, 2009; J. Nicholas Hoover, "Service Outages Force Cloud Adopters to Rethink Tactics," *Information Week*, August 18/25, 2008; and Charles Babcock, "Salesforce Ascends Beyond Software As Service," *Information Week*, November 10, 2008.

個案研究問題

1. Salesforce.com 如何使用雲端運算？
2. 在 Salesforce 持續成長的過程中面臨到哪些挑戰？其將如何應付這些挑戰？
3. 哪一類的企業可從轉換到 Salesforce 平台中獲得利益？為什麼？
4. 在決定是否引進 Salesforce.com 到你企業中時，你會考量到哪些因素？
5. 企業可以使用 Salesforce.com、Force.com 與 App Exchange 營運整個企業嗎？解釋你的答案。

Chapter 6

達成卓越經營與客戶親密度：企業應用

學習目標

在讀完本章之後，您將能夠回答下列問題：

1. 企業系統如何幫助企業達成卓越經營？
2. 供應鏈管理系統如何協調與供應商之間的規劃、生產與物流事宜？
3. 客戶關係管理系統如何幫助企業達成客戶親密度？
4. 企業應用系統帶來什麼樣的挑戰？
5. 企業應用系統如何在平台上提供新的跨功能服務？

互動部分

DP World 應用 RFID 使港埠管理更上一層

企業應用系統走向雲端

本章大綱

6.1 企業系統

什麼是企業系統？

企業軟體

企業系統的商業價值

6.2 供應鏈管理系統

供應鏈

資訊系統與供應鏈管理

供應鏈管理軟體

全球供應鏈與網際網路

供應鏈管理系統的商業價值

6.3 客戶關係管理系統

什麼是客戶關係管理？

CRM 軟體

操作型與分析型的 CRM

客戶關係管理系統的商業價值

6.4 企業應用：新的機會與挑戰

企業應用的挑戰

下一代的企業應用軟體

6.5 管理資訊系統專案的實務演練

管理決策問題

改善決策制定：使用資料庫來管理客戶服務需求

達成卓越經營：評估供應鏈管理服務

追蹤學習模組

SAP 企業流程藍圖

供應鏈管理與供應鏈評量的企業流程

CRM 軟體的最佳實務企業流程

Cannondale 學習如何管理全球供應鏈

如果你喜歡騎自行車，那麼你可能非常喜歡使用 Cannondale 的車子。總部位於美國康乃狄克州 Bethel 的 Cannondale 公司，是生產高階自行車、服飾、鞋類與各類配件的世界級龍頭公司，在全世界超過 66 個國家有經銷及批發商。它的供應以及配送網路遍佈全球，公司必須在不同的國家間協調製造、組裝以及銷售／配送據點的作業。Cannondale 每年生產超過 100 種不同型號的自行車，其中 60% 是因應消費者多變的喜好而新推出的。

Cannondale 的生產型態分為存貨生產與訂單生產。一部典型的自行車通常需要 150 天的生產前置期與 4 週的生產時間，其中某些型號產品的材料表中有超過 150 個零件（材料表中列出製造某個成品所需要的原料、半成品、元件，小零件與製造一個成品每一種的需求量）。Cannondale 必須管理超過 100 萬組的材料表以及超過 20 萬種不同的零件，其中部分零件來自產能有限且前置期較長的特殊供應商。

顯然，要管理這種多樣的消費者需求而不斷改變的產品所需的零件供應，必須要有很大彈性的生產體系。但最近這樣的靈活性卻不見了。Cannondale 有個老舊過時的物料需求規劃系統，用來進行生產規劃、控管存貨與管理製造流程，且只能每週產生一次報表。到星期二中午，星期一出的報表已經過時。因此公司被迫替換各種零件以滿足生產需求，有時候會因此而喪失訂單。Cannondale 必須在有限的預算內，找出可以更精準地追蹤各類零件、支援靈活的生產，並且能與現有系統整合的解決方案。

Cannondale 最後選擇了 Kinaxis 公司的隨選軟體服務 RapidResponse 作為解決方案。RapidResponse 從 Cannondale 現有的製造相關系統內自動擷取資料，經由簡單易用的試算表介面提供精確且詳盡的供應鏈資訊。從各個不同作業據點彙整而來的資料，集中後作為分析與決策之用。各處的供應鏈夥伴可以透過不同的假設情況模擬製造與存貨管理的各種資料，以觀察各種零件替代選擇對整個供應鏈所可能造成的影響。新舊的預測資料可以相互比較，系統也可以評估新計畫的限制。

Cannondale 的採購人員、生產管制人員、主生產排程人員、供貨人員、產品經理、客服與財務人員，運用 RapidResponse 來產出銷售報表、預測、監控每天庫存的可用量，並且把生產排程資訊輸入公司的生產及訂單處理系統。使用者可以看到各個據點最新的資料。管理人員則利用此系統每天檢視是否有延誤的訂單。

透過 RapidResponse 改善後的供應鏈資訊讓 Cannondale 能夠在較少的存貨水準與安全庫存的情況下，比以前更快速地回應客戶的訂單。產品的生產週期與前置期也跟著縮短了。該公司的承諾交貨期也變得更準確與可靠。

資料來源：Kinaxis Corp., "Cannondale Improves Customer Response Times While Reducing Inventory Using RapidResponse," 2010; www.kinaxis.com, accessed June 21, 2010; and www.cannondale.com, accessed June 21, 2010.

Cannondale 在供應鏈上的問題點出了供應鏈管理（supply chain management, SCM）系統在企業扮演的關鍵角色。該公司的經營績效因無法協調貨源、生產與配銷程序而受限。因為無法準確根據已接訂單來決定每種產品需要量，並準備剛好的存貨數量而導致成本無法降低。相反地，該公司為了「預防萬一」而準備了很多額外的「安全庫存」。客戶想要買東西卻沒有貨時，訂單就喪失了。

在本章開場的圖表中，特別指出這個個案與本章的重點。如同大多數的公司一樣，Cannondale 有著複雜的供應鏈與製造程序，必須協調位於不同地點的作業。公司必須與數百甚或數千家各種零件與原物料的供應商做生意。如果公司對零件庫存與生產線需要何種零件缺乏精確且即時的資訊，就不可能每次需要零件或者元件的時候都剛好有正確的數量可用。

由 Kinaxis 所提供的隨選供應鏈管理軟體服務協助解決了這樣的問題。Kinaxis 的 RapidResponse 由 Cannondale 現有的製造系統中擷取資料，並組合來自各處的資料，以提供 Cannondale 供應鏈單一且最即時的訊息。Cannondale 員工可直接看到可用與正在購買中的零件，以及自行車在生產線上的狀態。有了

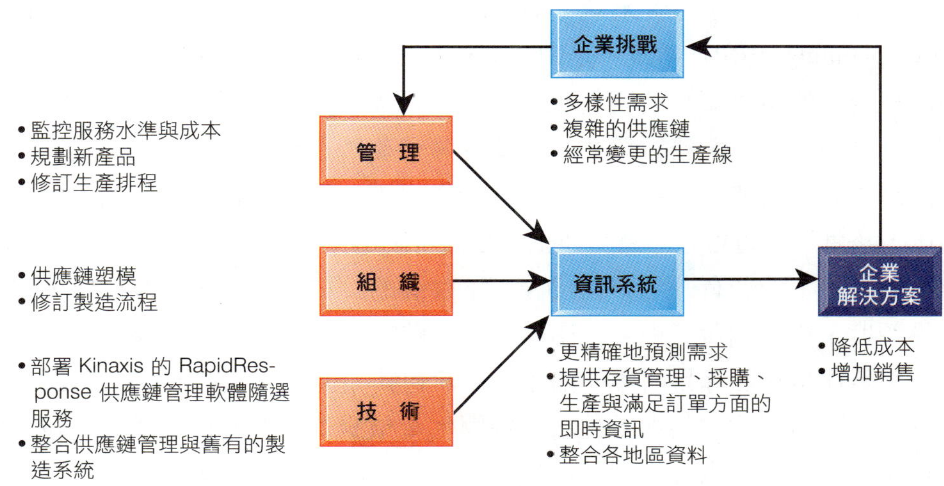

更好的規劃工具後，使用者可以知道供需變化所產生的影響，也可以對這些變化做更好的決策。此一系統已經大幅的增強了運作效率與決策品質。

6.1 企業系統

環顧全球，公司不論是在內部或是與其他公司之間將愈來愈緊密地連在一起。當你經營一個企業，你希望能在顧客下了張大訂單或是供應商有一筆出貨延遲之時，能做出立即的反應。尤其是當你經營一家大企業時，你或許也想了解這些事件在企業各個環節所產生的衝擊與即時知道企業在任何時間點的表現。企業系統的整合能力讓這一切成為可能。現在讓我們來看看企業系統是如何的運作，以及它們能為公司做些什麼？

▶ 什麼是企業系統？

想像一下，你所經營的企業是基於數十個、甚至數百個彼此之間無法溝通的資料庫與系統。再想像一下，你的公司擁有十條不同的主要產品線，每項產品都在不同的工廠中生產，有各自獨立不相容的系統來控制生產、倉儲與配銷等作業。

一開始，你的決策制定經常是參考人工編製的紙本報表，經常過了時效而讓你難以真正了解企業整體究竟發生了哪些事。業務人員無法知道接單當時是否有庫存，製造單位也無法簡單地使用銷售資料來安排生產。現在，你會比較了解為什麼公司需要一套特別的企業系統來整合資訊了。

第二章所介紹的企業系統，就是眾所皆知的企業資源規劃（enterprise resource planning, ERP）系統，是由一套整合的軟體模組與一個共用的集中式資料庫所組成。資料庫蒐集的資料來自公司的不同單位與部門，以及大量來自生產製造、財務會計、業務行銷與人力資源等主要的企業流程，使支援幾乎所有組織內部企業活動的應用系統有足夠的資料可用。當一筆新的資訊由一個流程輸入後，該筆資訊將可立即為其他企業流程所使用（參閱圖 6-1）。

舉例來說，倘若有一名業務代表下了輪圈的訂單，該系統會查核該名客戶的信用額度、排定出貨日期、找出最佳運送路徑，同時由存貨中保留必要的品項。如果庫存量無法滿足訂單的需求，系統會排定時程來製造更多的輪圈，並向供應商訂購所需的物料與零件。銷售與生產預測資料會進行立即的更新，總帳與企業的現金水準也會依據該份訂單的營收與成本資訊自動更新。使用者可

圖 6-1　企業系統如何運作

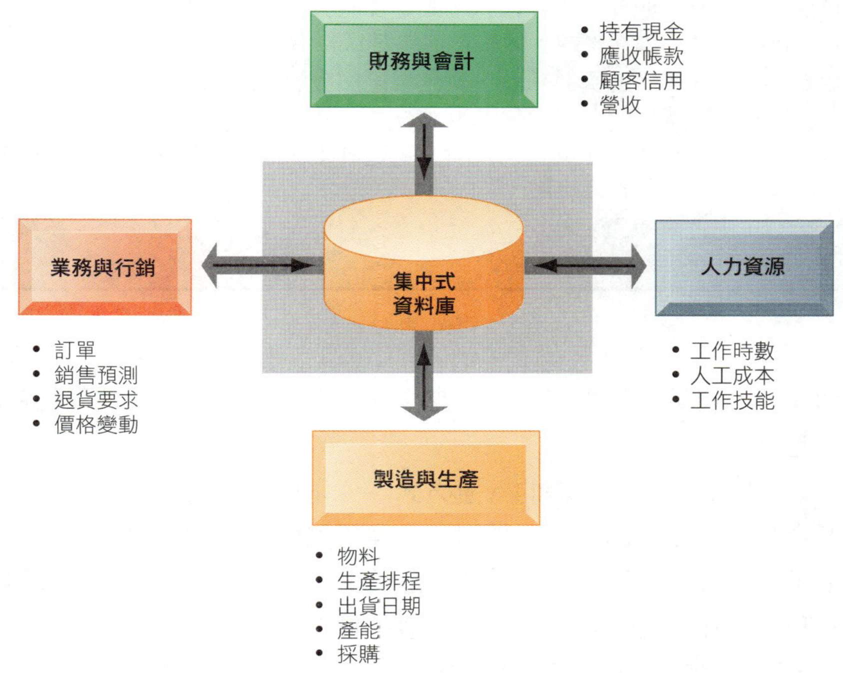

企業系統包含一組整合的軟體模組與一個集中式資料庫，可使資料為企業中許多不同的企業流程與功能領域所分享。

以在任何時候登入系統，找出特定的訂單目前停留在哪一個處理階段。管理階層可以在任何時間獲得即時的企業運作資訊。系統也可產生企業的整體資料供管理階層進行產品成本與獲益率的分析。

▶ 企業軟體

企業軟體（enterprise software）是依循數千個預先定義的企業流程來建置，它可以反映最佳實務。表 6-1 描述企業系統支援的一些主要企業流程。

公司要導入這種軟體，首先必須挑選系統中它們希望使用的功能，然後將它們的企業流程對應到軟體中預先定義的企業流程。（本章的追蹤學習模組中，顯示 SAP 企業軟體如何處理一件新設備的採購流程。）通常一項主要的工作是先確認組織需納入系統的企業流程，然後如何將這些流程對應到企業軟體的流程中。公司會使用軟體提供的組態表來客製化系統的特定功能，以配合企業營運

表 6-1 企業系統所支援的企業流程

財務與會計流程，包括總帳、應付帳款、應收帳款、固定資產、現金管理與預測、產品的成本會計、成本中心會計、資產會計、稅務會計、信用管理與財務報告。
人力資源流程，包括人事管理、工時計算、薪資、生涯規劃與發展、紅利計算、應徵者追蹤、時間管理、津貼、人力規劃、績效管理與差旅費用報告。
製造與生產流程，包括採購、存貨管理、購買、出貨、生產計畫、生產排程、物料需求規劃、品質控管、配銷、運輸處理與廠房和設備維護。
業務與行銷流程，包括訂單處理、報價、簽約、產品組合、訂價、請款、信用檢核、獎勵和佣金管理與銷售規劃。

的方式。例如，公司可以利用這些表格來選擇是要依據產品線、地理位置或是配銷通路來追蹤營收。

倘若企業軟體並不支援組織的營運方式，公司可以改寫部分的軟體，使其能支援它們企業流程運作的方式。然而，企業軟體通常是相當複雜的，大量客製化的結果可能會降低系統的效能，連帶危及資訊與流程的整合，但這卻是系統最主要的利益所在。公司若欲從企業軟體中獲得最高的效益，它們必須改變工作的方式，以符合軟體中所定義的企業流程。為了導入新的企業系統，美味烘焙公司（Tasty Baking Company）確認目前的企業流程並將其轉化成選用的 SAP 系統中的作業流程，來確保能由企業系統中獲得最大的效益。美味烘焙公司審慎規劃，將系統的客製化比例控制在 5% 之下。對 SAP 系統本身做最少的更改，並且盡可能地使用 SAP 內建的工具與功能。SAP 的企業軟體中包含超過 3,000 個組態表格。

主要的企業軟體的供應商有 SAP、Oracle（以及其併購的 PeopleSoft）、InforGlobal Solutions 與微軟。也有專為小型企業使用設計的版本，以及可由網頁提供軟體服務的隨選版本（請參閱第 6.4 節互動部分技術篇）。雖然企業系統設計的初衷是在自動化公司內部後台的企業流程，但企業系統已經變得更具外部導向，而且可與客戶、供應商與其他組織進行溝通對話。

▶ 企業系統的商業價值

企業系統的價值，在於提升營運效率的同時，又可提供公司整體的資訊，來幫助管理者制定更好的決策。在各地擁有許多營運據點的大型公司，已使用企業系統來強化標準業務流程與資料，讓世界各地的每位員工都能以相同的方式來做生意。

例如，可口可樂導入一套 SAP 企業系統，來標準化與協調 200 個國家中重要的企業流程。若缺乏標準，公司整體的企業流程會讓公司無法統籌全球的購買力以獲取較低的原料價格，也無法快速回應市場的變化。

企業系統能幫助公司快速回應客戶對於資訊與產品的要求。因為系統整合了訂單、製造與出貨資料，而能更有效地告知製造單位僅生產客戶已經訂購的部分，購買恰好履行實際訂單所需之零件或原料、維持生產，並讓零件或成品在倉庫中的時間縮到最短。

Alcoa 是世界級的鋁錠與鋁製產品生產的領導者，在全球 41 個國家與 500 個地區營業，一開始時是以產品線劃分組織，每個組織都有一套自己的資訊系統。許多這類的系統是重複且沒有效率的。該公司處理採購付款以及財務作業的成本相當高，週期時間也比其他同業長（週期時間係指一項作業從開始到結束所花時間）。該公司無法在全球一致的情況下運作。

自導入 Oracle 的企業系統之後，Alcoa 消除了許多重複的流程和系統。企業系統藉由確認貨品收到與自動產生付款單據，幫助 Alcoa 減少採購至付款的週期時間。Alcoa 的應付帳款處理時間減少了 89%。企業系統也使得 Alcoa 能將財務及採購活動集中處理，幫助公司使全球的成本減少了約 20%。

企業系統提供了有價值的資訊來改善管理者的決策制定。公司總部有能力存取每一分鐘的銷售、存貨與生產資料，並使用此資料去建立更準確的業務與生產預測。企業軟體中包含分析工具，利用系統所擷取的資料來評估整體的組織績效。企業系統資料具有整個組織都能接受的共同標準定義與格式。績效計算的數字在公司也表達相同的意義。企業系統讓高階主管在任何時刻，皆可輕易地發現組織中某特定單位的績效表現，判斷獲利率最高與最低的產品為何，或計算公司整體的成本。

例如，Alcoa 新的企業系統包含了全球人力源管理的功能，可以展現出投資員工訓練和產品品質之間的關聯；衡量提供服務給全公司員工的成本；以及衡量員工聘雇、福利及訓練的有效性。

6.2 供應鏈管理系統

如果你管理的是一家小公司，僅生產少量的產品或銷售有限的服務，你僅會與幾個供應商有生意上的往來，那麼你只需透過電話或傳真機就可協調供應商訂單與出貨事宜。但如果你所管理的公司生產更為複雜的產品與服務，那麼你將會有幾百家的供應商，你的供應商也會有它們自己的供應商組合。突然間你所處的情境會讓你必須協調幾百家甚至幾千家協力廠商的活動來生產你的產品與服務。我們在第二章介紹過的供應鏈管理系統即是替這些複雜與具有規模的供應鏈中的問題提供解答。

▶ 供應鏈

一個公司的**供應鏈**（supply chain）是一個由組織與企業流程所構成的網路，用來採購原料、將原料轉換成半成品以及成品，並將成品配送到客戶手中。它連結供應商、製造工廠、配銷中心、零售商店與客戶，將商品與服務由供應端提供給消費端。物流、資訊流與金流在供應鏈中朝兩個方向移動。

商品由最初的原物料開始，順著供應鏈移動，逐步加工成為半成品（通常也稱做零組件或零件），直到最後的成品出廠。成品會被運到配銷中心，從這裡再配送給零售商與客戶。商品退貨的流程則剛好相反，是由買方送回到賣方手中。

讓我們來看看 Nike 球鞋供應鏈的範例。Nike 在世界各地設計、行銷與販售球鞋、襪子、運動服飾與配件。它主要的合約供應商在中國、泰國、印尼、巴西與其他國家都有設廠。這些公司負責製作 Nike 的球鞋成品。

Nike 的合約供應商並非製造球鞋的所有組成部分，它們從其他供應商手中取得球鞋所需的零件——鞋帶、鞋帶孔、鞋幫與鞋底——然後進行組合完成最終的球鞋成品。這些供應商同樣也有自己的供應商。例如，鞋底的供應商擁有人工橡膠的供應商，用於製模時融化橡膠的化學品供應商，以及橡膠模具的供應商。鞋帶的供應商則有棉線、染料與塑膠鞋帶頭的供應商。

圖 6-2 提供一個 Nike 球鞋供應鏈的簡單示意圖，顯示在供應商、Nike 與 Nike 經銷商、零售商和客戶間資訊流與物流的移動。Nike 的合約製造商是其主要的供應商；鞋底、鞋帶孔、鞋幫與鞋帶的供應商為次要（第二層）的供應商；而這些供應商的供應商則為更次要（第三層）的供應商。

供應鏈的**上游**部分，包括組織的供應商、供應商的供應商與管理其成員間關係的流程。**下游**部分包括組織與用以配銷和送交產品到最終客戶手中的流程。負責製造的公司，如 Nike 球鞋的合約製造商，同時也管理它們自己的內部**供應鏈流程**，用來將供應商提供的原料、零件和服務轉換為成品或半成品（元件或零件）給客戶，並管理物料及存貨。

圖 6-2　Nike 的供應鏈

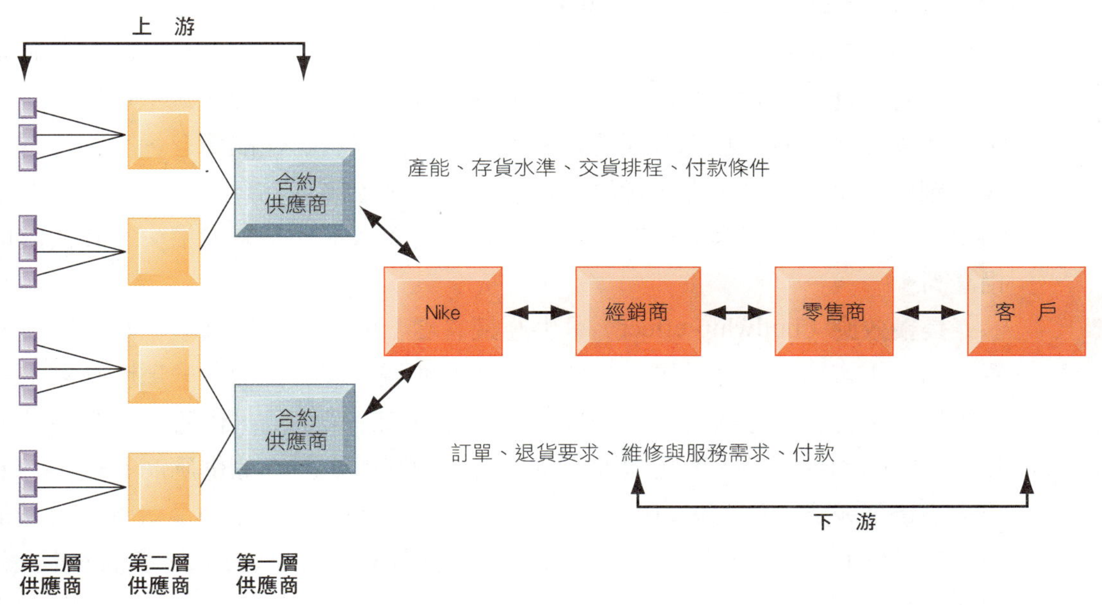

本圖描繪出 Nike 的供應鏈中主要的成員，以及用來協調包括採購、製造與移動產品等各種活動的上、下游資訊流。這裡展示的是一個簡化的供應鏈，在上游的部分僅把焦點放在球鞋供應商與鞋底供應商。

圖 6-2 中所描繪的供應鏈已經被簡化了。僅顯示球鞋的兩家合約製造商，以及球鞋鞋底的上游供應鏈部分。Nike 擁有數百家生產球鞋、襪子與運動服飾的合約製造商，每家廠商都有自己的一組供應商。Nike 在供應鏈的上游部分，實際上可能就包含了幾千家供應商。Nike 也有大量的經銷商與數不清的零售商店負責販售它的球鞋，因此在供應鏈下游的部分也是相當龐大且複雜的。

▶ 資訊系統與供應鏈管理

供應鏈上的無效率，例如零件短缺、未能有效利用工廠產能、過剩的成品庫存或很高的運輸成本，皆是由於不正確或過時的資訊所造成。例如，由於不能確切掌握何時可從供應商收到下一批貨，製造商可能持有過多的零件庫存。供應商則可能因為沒有精確的需求資訊，而訂購過少的原料。這些供應鏈上無效率的浪費可能高達公司營運成本的 25%。

倘若製造商擁有客戶確切需要多少數量、何時需要與何時可生產這些產品等方面的資訊，就有可能執行高效率的**即時策略**（just-in-time strategy）。零件會剛好在需要的時候送達，而成品會在搬離生產線後馬上進行出貨動作。

然而，在供應鏈中由於有許多無法預期的突發事件——不確定的產品需求、供應商延遲出貨、有瑕疵的零件或原料或製造流程當線。為了滿足客戶，製造商經常藉著持有超過其所想像與實際需要的材料與產品庫存，來應付這一類不確定的事件。安全存量扮演著緩衝供應鏈缺乏彈性的角色。雖然持有過多的庫存是很昂貴，但因低的訂單滿足率致使訂單取消所帶來的損失，其代價也相當高。

長鞭效應（bullwhip effect）是供應鏈管理上的一個惡性循環，其原因在於產品的需求資訊隨著在供應鏈上成員之間的傳遞而產生扭曲。一項產品需求的小幅提升，會讓供應鏈上的不同成員——經銷商、製造商、供應商、次要供應商（供應商的供應商）與更次要供應商（供應商的供應商的供應商）——必須囤積存貨來滿足「萬一有的需求」。這些改變在供應鏈上產生漣漪效應，由一開始計畫訂單上的小改變持續擴大，造成過多的庫存、生產、倉儲與運輸成本（參閱圖 6-3）。

例如，寶僑（Procter & Gamble, P&G）發現幫寶適紙尿褲在供應鏈上的許多點，由於扭曲的資訊造成庫存過高的情形。雖然客戶在商店中的購買量相當穩定，但在寶僑進行大規模的降價促銷活動時，會讓來自經銷商的訂單量在短期之內飆升。幫寶適產品與其零組件在生產線上的各個倉儲點持續累積，只為了應付實際上不存在的需求。為了排除這樣的問題，寶僑修正其行銷、業務與供應鏈流程，並採用更準確的需求預測。

當供應鏈所有成員皆擁有正確且及時的資訊時，長鞭效應可藉由降低需求與供給的不確定性而緩和其影響。倘若供應鏈的所有成員都能分享有關存貨水準、排程、預測與出貨的動態資訊，他們將可更精確地知道如何調整其原料、製造與配銷計畫。供應鏈管理系統提供這一類的資訊，來幫助供應鏈成員制定更好的採購與排程決策。表 6-2 描述企業如何受惠於這些系統。

▶ 供應鏈管理軟體

供應鏈軟體系統可歸類為幫助企業規劃其供應鏈（供應鏈規劃）的軟體，或是幫助其執行供應鏈步驟（供應鏈執行）的軟體。**供應鏈規劃系統**（supply chain planning systems）讓公司得以模型化現有的供應鏈，產生產品的需求預測，並據以發展最佳的原料採購與製造計畫。這樣的系統幫助公司制定更好的

圖 6-3　長鞭效應

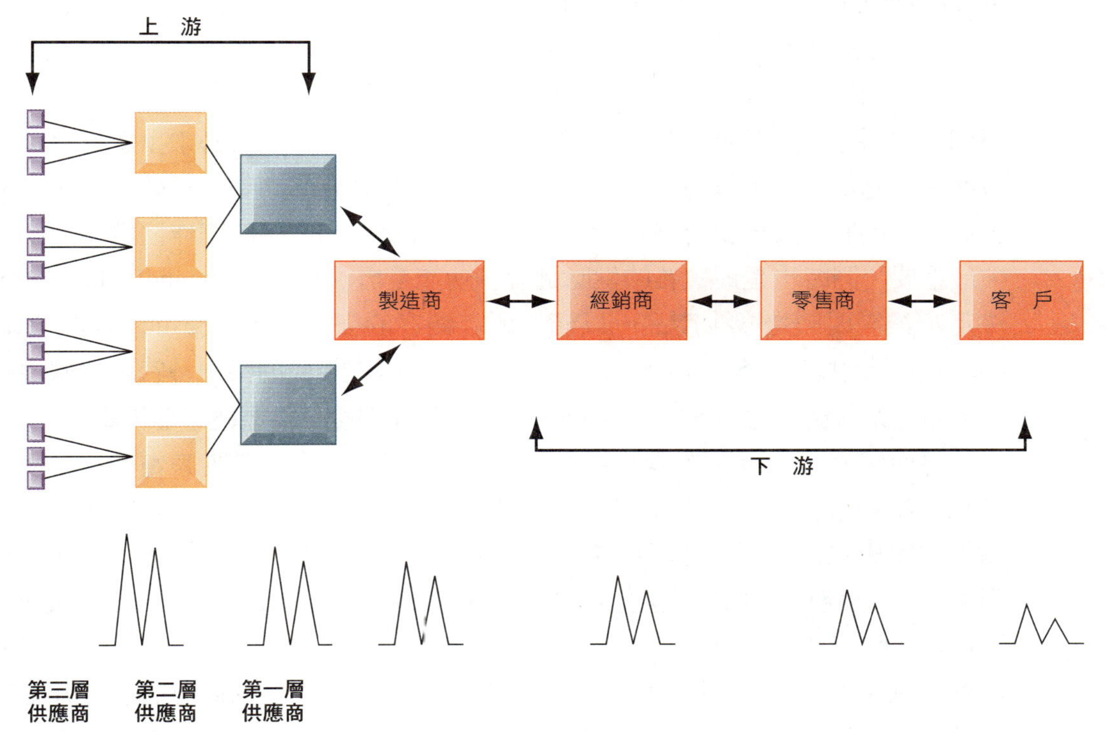

不正確的資訊會造成產品需求的小幅波動，但這樣的波動會隨著愈往供應鏈上游回溯而擴大。一項產品在零售的小幅波動會造成經銷商、製造商與供應商的多餘庫存。

表 6-2　資訊系統如何帶動供應鏈管理

供應鏈管理系統的資訊可以幫助公司
決定何時生產、儲存與移動何種產品
訂單的快速溝通
追蹤訂單狀態
檢查存貨可用量與監視庫存水準
降低庫存、運輸與倉儲成本
追蹤出貨
根據實際客戶需求規劃生產
快速溝通產品設計上的改變

決策，例如決定在一定的時間內要生產多少特定的產品；建立原料、在製品與成品的存貨水準；決定在何處儲存成品；並確認產品交運的運輸模式。

例如，如果有一個大客戶開出比平常大的訂單，或是發出通知更改訂單內容，這將對整個供應鏈產生廣泛的影響。可能必須向供應商訂購額外的原料或不同的原料組合。製造商也許必須更改作業排程。運輸業者必須重新排定交貨時間。供應鏈規劃軟體針對生產與配銷計畫進行必要的調整。相關的資訊變更由彼此之間有關聯的供應鏈成員所分享，才可使他們之間的工作協調一致。其中最重要，同時也是最複雜的供應鏈規劃功能是**需求規劃**（demand planning），決定企業需要製造多少產品，以滿足所有顧客的需求。Manugistics 與 i2 Technologies（皆由 JDA Software Group 所收購）是兩家主要的供應鏈管理軟體供應商，而企業軟體供應商 SAP 與 Oracle-PeopleSoft 則提供供應鏈管理模組。

惠而浦公司生產洗衣機、烘衣機、冰箱、微波爐與及其他家電產品，使用供應鏈規劃系統來確保生產出客戶所需的產品。該公司使用 i2 Technologies 公司的供應鏈規劃軟體，功能包括主生產排程、上線規劃與庫存計畫。惠而浦也安裝了 i2 網路版的協同規劃預測補貨（Collaborative Planning, Forecasting, and Replenishment, CPFR）工具，用以分享與結合主要銷售夥伴的銷售預測資料。供應鏈規劃上的改善，同時結合新理念規劃的配送中心，幫助惠而浦提升客戶的滿意度到 97%，同時減少了 20% 的超額成品庫存與 50% 的預測錯誤（Barrett, 2009）。

供應鏈執行系統（supply chain execution systems）管理通過配銷中心與倉儲的產品流動，確保產品以最有效率的方式遞送到正確的地點。該系統追蹤貨品的實際狀態，物料、倉儲與運輸作業的管理，以及牽涉到各個單位的財務資訊。Haworth Incorporated 公司的倉儲管理系統（Warehouse Management Systems, WMS）即是這類系統的範例。該公司在辦公室家具製造與設計方面是世界級的領導廠商，在四個州有配銷中心。倉儲管理系統追蹤與控制產品由 Haworth 配銷中心到客戶手中的整個流程。以客戶訂單的運送計畫為主，倉儲管理系統依照空間、設備、存貨與人員的即時狀況移動貨品。

在互動部分管理篇中描述了 DP World 公司如何運用 RFID 技術以增加客戶供應鏈的效率。經由 RFID 掃描與追蹤的技術，DP World 正透過能夠更流暢、快速與有效率的運送客戶貨櫃的最佳化供應鏈流程來改善客戶滿意度。

互動部分：組織

DP World 應用 RFID 使港埠管理更上一層

DP（Dubai Ports）World 有足夠的理由感到驕傲，因為它是世界上港埠營運公司的龍頭之一。時至今日，該公司在 31 個國家擁有 50 個港口，還有 11 個正在開發中。公司雇用了一個超過 3 萬人國際化的專業團隊來服務世界上一些最具有活力的經濟體系的客戶。

DP World 採用以客為尊的方法，透過提供高品質與創新服務來管理貨櫃、散裝貨物與其他貨物的方式來改善客戶的供應鏈。它大量的投資港埠的基礎建設、技術與人力，以求盡力服務客戶。

就像其他全球港口與碼頭營運公司一樣，DP World 協助全世界的運輸業者，處理複雜與昂貴的供應鏈管理問題。在港口貨櫃碼頭需要處理的典型問題之一就是進出港口的壅塞問題，而這起因於冗長的處理程序與紙張為主的後勤作業。對於此問題，DP World 引進許多資訊科技解決方案來加強港埠的使用率。這些解決方案包括貨物通關的電子化放行、電子資料交換（EDI）報關、雙向數位無線電通訊與利用電子代幣式的進階預約系統。

DP World 管理階層想要把事情做得更好，所以決定以「即時」的原則來處理貨櫃裝卸作業，以改善貨櫃的周轉率。他們發現無線射頻識別（radio frequency identification, RFID）技術是個增加卡車在各港埠閘門間移動效率的有效方法。時至今日，DP World 在其所營運的杜拜與澳洲港埠內，使用內建 RFID 的自動閘門系統。根據阿拉伯聯合大公國 DP World 的總監 Mohammed Al Muallem 表示：「使用自動化的閘門系統後，我們不只減少了交通擁擠的情況，也消除了很多冗長的處理程序，我們的港埠生產力增加，而且改善了客戶滿意程度。客戶的貨物現在可以用更快的速度來通關與運送。」

在建置 RFID 之前，DP World 花了好幾個月的時間，與好幾個彼此競爭的 RFID 廠商進行概念驗證測試。由於各港埠的整個外在環境條件嚴苛，該公司要求 99.5% 的標籤都必須能夠成功地讀取到，這對許多廠商來說可是一大挑戰。經過廣泛的測試與驗證後，DP World 選擇了主動無線追蹤解決方案全球領導廠商 Identec Solutions，作為 RFID 的合作供應商。

RFID 追蹤系統是如何運作的？進到港埠的卡車都在後方底盤裝設由 Identec Solutions 所提供的主動式 RFID 標籤。當卡車朝閘門移動的時候，車上的唯一標籤識別碼由整合在自動閘門系統的 RFID 讀取器讀出。到達閘門時，光學字元辨識系統（OCR）判別卡車是否裝有貨櫃並辨識卡車貨櫃的身分號碼，同時讀取卡車的車牌號碼以為備用的識別方式。系統用這些訊息自動產生票證，告訴卡車駕駛應該到哪一個車道進行貨櫃裝卸。該系統也可以判別卡車是否準時，這項訊息是貨櫃能否有效率地裝卸的基礎訊息。卡車離開閘門時，RFID 標籤再度被讀取而駕駛員則收到記載完成執行工作的收據。

RFID 讓 DP World 增加貨櫃裝卸的生產力，經由港埠閘門增加卡車進出的速度並增加燃料效率。DP World 雪梨地區辦公室的專案協調員 Victoria Rose 表示：「我們見證了 RFID 可以經由改善卡車管理方式來改善閘門效率，降低閘門附近的排隊長度與雍塞情況，並且經由簡化卡車處理程序而降低在港區道路上跑的卡車數量。」

Identec 以 RFID 為基礎的解決方案，也讓 DP World 透過更順暢、快速與更有效率的在各港埠閘門間運輸貨櫃，改善了客戶的供應鏈效率，從而增進客戶滿意度。廢除冗長的紙張處理程序與各閘門的人工檢查作業，減少人工資料輸入的錯誤，也展示了 DP World 以客為尊且提供超高水準服務的方法。科技也可以讓運輸公司節省時間、增加營收與降低成本。

DP World 也透過 RFID 所提供更為精確的卡車進出港埠資料，幫助加強保全工作。比方說，系統可以自動檢查某部卡車是否有預約以及是否有被授權進入港埠。

下一步，DP World 將考慮擴展 RFID 掃描與追蹤技術應用，將供應鏈流程最佳化。「調查港埠內的使用狀況與思考如何運用取得的資料，將會是未來幾個月的重點。」Rose 補充道。

資料來源：Dave Friedlos, "RFID Boosts DP World's Productivity in Australia," *RFID Journal*, July 27, 2009 (www.rfidjournal.com/article/view/5086, accessed October 20, 2010); Rhea Wessel, "DP World Ramps Up Its Dubai Deployment," *RFID Journal*, August 13, 2009 (www.rfidjournal.com/article/view/5130, accessed October 20, 2010); "DP World UAE Implements Automated Gate System at Jebel Ali Port," *The Zone*, May-June 2008 (www.jafza.ae/media-files/2008/10/23/20081023_Issue-11.pdf, accessed October 20, 2010), p. 11; DP World (www.dpworld.com, accessed October 20, 2010); Identec Solutions (www.identecsolutions.com, accessed October 20, 2010).

個案研究問題

1. Identec Solutions 以 RFID 為基礎的技術，如何幫助 DP World 增加客戶供應鏈的效率與效果？
2. 描述兩個因為建置了 Identec 以 RFID 為基礎的技術後所帶來的改善。
3. 供應鏈執行的觀念與本互動部分的關聯性如何？
4. 在 RFID 專案展開的初期，DP World 可能面臨了什麼樣的管理、組織與技術上的挑戰？

管理資訊系統的行動

瀏覽 Identec Solutions 的網站（www.identecsolutions.com）並學習其他採用該公司追蹤服務以改善供應鏈效率的公司個案。挑選其中一家公司並據以回答下列問題：

1. 這家公司使用 Identec Solutions 的追蹤技術解決了什麼問題？
2. 這家公司為何選擇 Identec Solutions 作為合作夥伴？
3. 該公司了解到建置追蹤系統的好處有哪些？

本個案由杜拜大學的 Faouzi Kamoun 所提供。

▶ 全球供應鏈與網際網路

在網際網路問世前，供應鏈協調的障礙乃是難以讓資訊在各個採購、原料管理、製造與配銷方面的內部供應鏈系統間平順的流動。而與外部供應鏈夥伴分享資訊也著實不易，這是因為供應商、經銷商或物流業者的系統是建立在不相容的技術平台或標準之上所致。網際網路技術加強了企業系統與供應鏈管理系統在這方面的整合。

管理者可以透過網頁介面登入供應商的系統，來判斷存貨與產能是否能滿足公司產品的需求。企業夥伴們可以利用網頁上的供應鏈管理工具在線上做協同預測。業務代表可以存取供應商的生產排程與物流資訊，以監控客戶的訂單狀態。

全球供應鏈議題

愈來愈多的公司進入國際市場、製造過程外包，並從其他國家取得貨品的供應，同時也將產品銷售海外。這些公司的供應鏈延伸到許多國家與區域。在管理全球化的供應鏈上，存在更高的複雜度以及更多的挑戰。

相較於國內供應鏈，全球供應鏈一般橫跨廣大的地理區域與時差，擁有來自各個國家的成員參與。雖然向國外採購的許多商品價格可能較為低廉，但通常需要負擔額外的運輸、庫存（需要較大的安全庫存來緩衝）與當地稅金及手續費等成本。供應鏈的績效標準可能隨地區或國家不同而異。供應鏈管理也必須反映國外政府法規與文化上的差異。這些因素都會影響公司在所服務的全球市場中如何接單、擬定配銷計畫、衡量倉儲大小與管理進出口物流。

網際網路幫助企業管理全球供應鏈的許多地方，包括購料、運輸、溝通與國際財務。例如今日的成衣業，主要依賴將生產外包給在中國或是其他低工資國家的合約製造商。成衣公司開始使用網路來管理他們的全球供應鏈與生產事宜。

例如位在加州的成衣製造商 Kellwood Co. 的子公司 Koret，便使用 e-SPS 網路軟體來掌握整體供應鏈供需之間的各項流程。e-SPS 網路軟體的功能包括購料、在製品追蹤、生產製程安排、產品開發追蹤、問題辨識與協同合作、交期預測，以及和生產相關的查詢與報表。

在商品從購料、生產到出貨的過程中，零售商、製造商、承包商、代理商與物流業者之間的溝通是相當必要的。許多企業，特別是小型公司，仍舊透過電話、電子郵件或是傳真來分享產品資訊。這些方法不僅減緩了供應鏈的運作速度，也增加了錯誤與不確定性。透過 e-SPS，所有的供應鏈成員皆可透過這套網路系統來進行溝通。倘若 Koret 的一家供應商改變了某個產品的狀態，所有供應鏈的成員都能得知這個改變。

除合約製造外，全球化更促使將倉儲管理、運輸管理與相關的作業外包給第三方物流的供應商，例如 UPS Supply Chain Solutions 與 Schneider Logistics Services。這些物流服務供應商提供網路軟體給客戶使用，讓他們更容易看到全球供應鏈的運作。客戶能夠透過瀏覽一個安全的網站，來監控庫存與出貨，協助他們的全球供應鏈更有效率的運作。

需求驅動的供應鏈：由推式到拉式製造與有效率的客戶回應

除了降低成本之外，供應鏈管理系統帶來更有效率的客戶回應，使得企業的運作更能由客戶的需求所驅動（有效率的客戶回應系統在第三章中已有介紹）。

早期的供應鏈管理系統是以推式模型來驅動（即所謂的建立庫存後銷售）。在**推式模型**（push-based model）中，主生產排程的建立是基於預測或產品需求的最佳猜測，產品是被「推向」顧客。透過網頁上的工具，使得新一代的資訊流成為可能，供應鏈管理可以更容易的遵循拉式模型。在**拉式模型**（pull-based model）也就是所謂的需求驅動模型或接單後生產，實際客戶的下單或購買成為驅動供應鏈的事件。其交易是由供應鏈下游的零售商開始向上移動，經過零售商、經銷商到製造商，最終會到達供應商，僅製造與配送顧客所訂的產品。只有滿足這些訂單的產品，才會往回移動到下游的零售商。製造商僅使用實際的訂單需求資訊來驅動其生產排程和零組件或原料的採購，如圖 6-4 所示。第三章中所描述威名百貨（Wal-Mart）的持續補貨系統，是為推式模型的範例。

網際網路與網際網路技術讓供應鏈上的循序移動成為可能，而資訊與物料依序由公司到公司間移動，為了讓供應鏈同步運作，資訊流在供應鏈網路的成員之間同時多方向的流動。由製造商、物流供應商、外包製造商、零售商與經銷商所組成的複雜網路中的成員，可立即針對排程或訂單的改變進行調整。最終，網際網路可以在供應鏈上建立一個「數位物流神經系統」（參閱圖 6-5）。

▶ 供應鏈管理系統的商業價值

你已見識到供應鏈管理系統如何將公司內部與外部供應鏈流程平順化，在生產、儲存與移動何種產品方面提供更精確的資訊給管理階層。透過導入一個

圖 6-4 推式與拉式的供應鏈模型

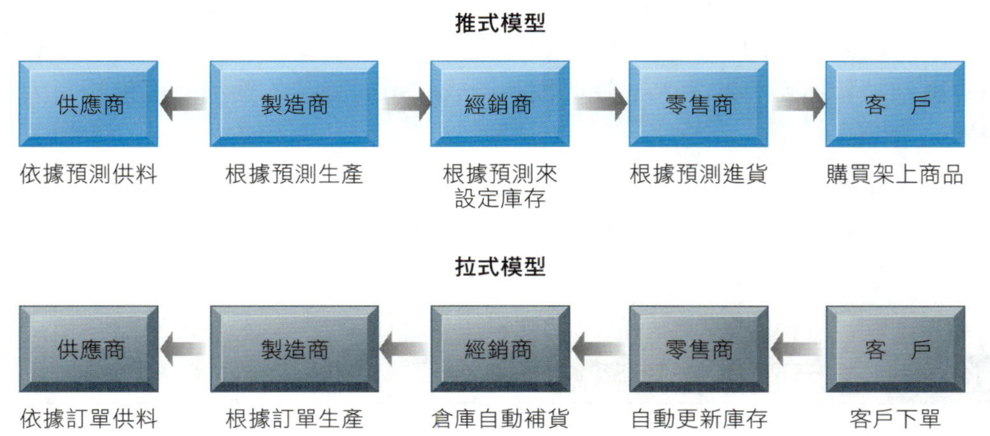

推式與拉式模型的差異，一言以蔽之，其含意可由「製造我們所賣的，而非賣我們所製造的」這句口號來詮釋。

圖 6-5 未來網際網路驅動的供應鏈

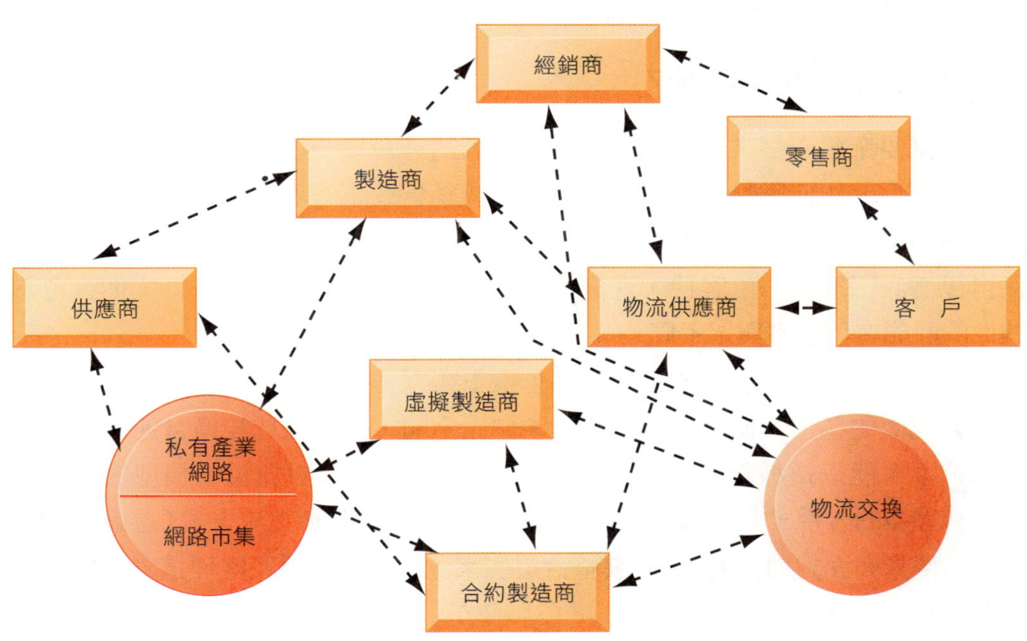

未來網際網路驅動的供應鏈，其運作有如一個數位物流神經系統。它提供公司之間、公司的網路社群與電子市集之間多重方向的溝通，以致於所有供應鏈網路上的夥伴可以立即調整存貨、訂單與產能。

網路化與整合的供應鏈管理系統，公司可使供給與需求更為契合、降低存貨水準、改善配送服務、加速產品上市時間，同時能更有效的運用資產。

供應鏈總成本對於許多企業來說，是最主要的營運費用支出，在某些產業中會占到總營運預算的 75%。降低供應鏈成本可對公司的獲利率產生相當大的影響。

除了能降低成本，供應鏈管理系統還能幫助增加銷售。倘若一項產品在客戶需要時缺貨，則該客戶常會嘗試向其他人購買。更精確的管控供應鏈，能夠強化在正確的時間將正確的商品提供給要購買的客戶。

6.3 客戶關係管理系統

你或許聽過這幾句口號，如「顧客永遠是對的」、「顧客第一」等。今天，這些話比過去任何時候都要來得真實。因為基於創新產品或服務所獲致的競爭優勢可能相當短暫，公司因而了解到，唯一持久的競爭優勢是來自於和客戶之間的關係。有人說競爭的基礎已經從誰賣最多的產品和服務，轉變為誰「擁有」客戶，客戶關係已成為公司最具價值的資產。

▶ 什麼是客戶關係管理？

你需要哪些資料來建立與呵護長期穩固的客戶關係？你想知道究竟哪些人是你的客戶、如何聯繫他們、他們的服務或銷售成本是否過高、他們對哪些產品或服務有興趣，以及他們花了多少錢在你的公司消費？可能的話，你會想確保自己徹底了解每一位客戶，就像你經營著一家小鎮裡的商店一樣，你也會想讓你的好顧客們感到與眾不同。

在鄉里間經營的小公司有可能讓企業主與管理者以個人面對面的方式來實際認識他們的客戶。但對於在都會、區域、全國，甚至全球規模營運的大公司來說，不可能以這種親密的方法來「認識你的顧客」。對於這種類型的企業來說，有太多的客戶，客戶與公司之間也有太多不同的互動交流方式（透過網站、電話、傳真與面對面接觸）。想要整合這些來源的資料，以及處理這一大批客戶變得相當不容易。

一個大企業的銷售、服務與行銷的流程是高度部門化，且部門之間並不能相互分享重要的客戶基本資訊。一些特定客戶的資訊在公司中可能以個人帳戶的方式來儲存和管理，而同樣該位客戶的其他資訊可能以其購買的產品來管理。沒有辦法整合所有這類的資訊，提供全公司對同一客戶有全面的看法。

這就是客戶關係管理系統能提供幫助的地方。在第二章中介紹過的客戶關係管理（CRM）系統，擷取並整合來自組織中各個系統的客戶資料，彙整資料、分析資料，然後將結果傳送到各個系統與企業中所有的客戶接觸點。**接觸點**（touch point）（也可稱為聯絡點）指的是一種與客戶互動的方式，例如電話、電子郵件、客戶服務中心、傳統郵件、網站、無線裝置或是零售商店。

設計優良的 CRM 系統可提供對於客戶的單一觀點，可用以改善銷售與客戶服務。同樣地，這些系統也提供客戶對於企業的單一觀點，而不論其所使用的接觸點為何（參閱圖 6-6）。

好的 CRM 系統提供資料與分析工具，用來回答以下問題：「特定客戶對於公司的終生價值為何？」、「誰是我們最忠誠的客戶？」（對於開拓新客戶所需的成本比維持現有客戶高上六倍）、「誰是我們最賺錢的客戶？」以及「這些讓我們有利可圖的客戶想買些什麼？」公司利用對這些問題的解答來開發新客戶、提供現有客戶更好的服務與支援、依據客戶偏好更精確地提供客製化產品與服務，並提供永續價值來留住能獲利的客戶。

▶ CRM 軟體

商用 CRM 套裝軟體的範疇，可由僅具有限功能的利基工具，如為特定客戶提供個人化網頁，到大型的企業應用系統，其可擷取與客戶間不同的互動資訊，使用複雜的報表工具來分析這些資料，並與其他主要的企業系統相連結，如供應鏈管理與企業系統。愈來愈多的 CRM 套裝軟體還包括用於**夥伴關係管理**（partner relationship management, PRM）與**員工關係管理**（employee relationship management, ERM）的模組。

PRM 使用許多與客戶關係管理相同的資料、工具與系統，來加強公司和銷售夥伴之間的協同合作。倘若公司並不直接對客戶銷售，而是透過經銷商或零售商來進行，PRM 可幫助這些通路來對客戶進行直接銷售。PRM 提供公司與銷售夥伴在交換資訊、分配潛在客戶與資料的能力，整合潛在客戶的產生、訂價、促銷、訂單組成與可銷售的產品。亦提供公司評量夥伴績效的工具，讓企業得以確定其最佳夥伴能收到所需的支援，以完成更多的商業交易。

ERM 軟體處理與 CRM 高度相關的員工議題，如設定目標、員工績效管理、績效獎金的計算與員工訓練。主要的 CRM 應用軟體供應商包括 Oracle 擁有的 Siebel Systems 與 PeopleSoft、SAP、Saleforce.com 與微軟的 Dynamic CRM。

圖 6-6 客戶關係管理（CRM）

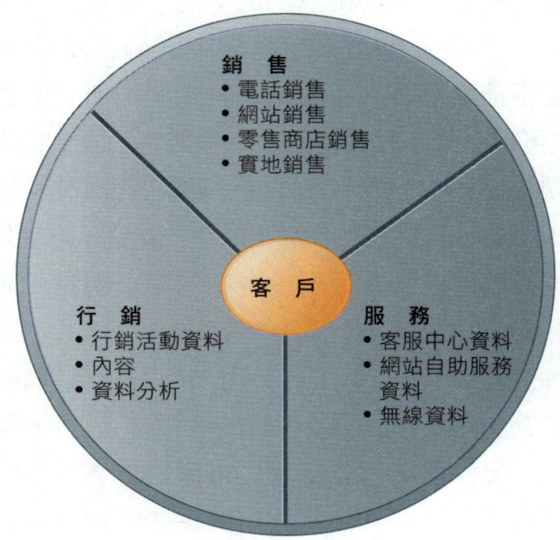

CRM 系統以一個多面向的觀點來檢視客戶。這些系統使用一套整合應用系統來指出客戶關係的所有觀點，包括客戶服務、銷售與行銷。

典型的客戶關係管理系統提供銷售、客戶服務與行銷方面的軟體與線上工具。在此我們簡短地描述其中幾個功能。

業務自動化

CRM 系統中的業務自動化（Sales Force Automation, SFA）模組可讓銷售人員藉由將焦點放在最具獲利潛力的客戶身上以提高其生產力，而這些人是最佳的產品銷售與服務對象。CRM 系統提供潛在銷售與聯絡資訊、產品資訊、產品結構與銷售報價等功能。這樣的軟體系統，可組合特定客戶過去購買的相關資訊，幫助銷售人員為客戶提供個人化的建議。CRM 軟體讓客戶與相關的資訊更易於在銷售、行銷與交貨部門所分享。讓銷售人員有效地降低單位銷售與爭取新客戶和維持舊客戶的成本以提升銷售績效。CRM 軟體也具備銷售預測、銷售區域管理與團隊銷售方面的能力。

客戶服務

CRM 系統中的客戶服務模組提供的資訊與工具，可讓客服中心、服務台與客戶支援服務人員更有效率，也具備了分配與管理客戶服務請求的能力。

以預約或諮詢專線這樣的功能來說：當客戶撥電話到一組標準號碼時，系統會將該通電話轉給正確的服務人員，客戶服務資訊僅在其第一次來電時輸入系統。一旦客戶的資料存入系統中，任何客服人員皆可處理與客戶的關係。對於提供客戶資訊的一致性與精確度上的改善，可幫助客服中心每天處理更多的來電，並降低每一通來電所需的處理時間。因此，客服中心與客戶服務小組可獲致更高的生產力、降低交易時間，並以較低的成本達到更高品質的服務。客戶會感到相當高興，因為不再需要花費太多的時間在電話中向客服代表重新敘述他或她所遭遇的問題。

CRM 系統也可包括網頁自助服務的功能：公司網站上可建置提供支援客戶個人化資訊諮詢的功能，也可以透過電話聯絡客服人員以獲得進一步協助的選項。

行　銷

CRM 系統藉由提供擷取潛在商機與客戶的資訊、產品與服務資訊、篩選潛在行銷對象和安排與追蹤直銷郵件或電子郵件等方面之功能，來支援直銷活動的進行（參閱圖 6-7）。行銷模組也包含一些工具，可用於分析行銷與顧客資

圖 6-7　CRM 系統如何支援行銷工作

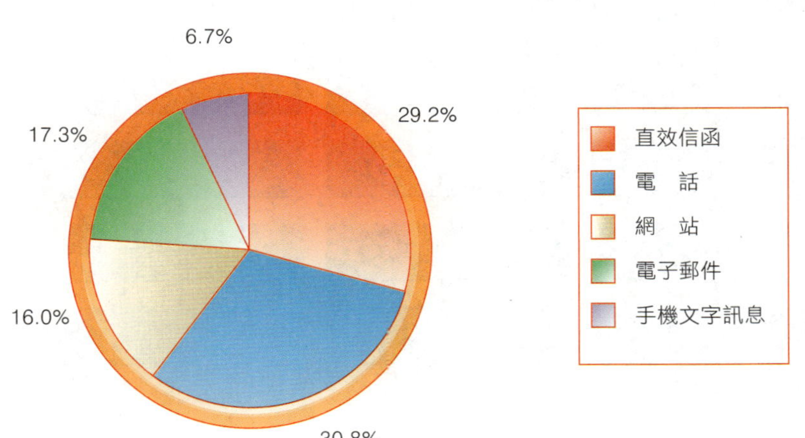

客戶關係管理軟體提供對使用者的單一觀點，來管理與評估不同通路的行銷活動，包括電子郵件、直效信函、電話、網站與無線訊息。

料、確認具獲利與不具獲利的顧客、設計能滿足特定客戶需求與興趣的產品與服務，並找出交叉銷售的機會。

交叉銷售（cross-selling）是一種向客戶銷售互補性產品的行銷方式（舉例來說，在金融服務之中，可向擁有支票帳戶的客戶促銷貨幣市場一般帳戶或是居家改善貸款）。CRM 工具也可幫助公司管理與執行各階段的行銷活動，由規劃到決定各個活動的成功率。

圖 6-8 描繪出銷售、服務與行銷流程中最重要的功能，這些功能在主要的 CRM 軟體產品中都有。類似企業系統，這類軟體也是企業流程導向，包含數以百計被認為各個領域之中最佳實務的企業流程。為了達到最高的效益，公司必須修改並模組化其企業流程，以配合 CRM 軟體中最佳實務的企業流程。

圖 6-8　CRM 軟體的功能

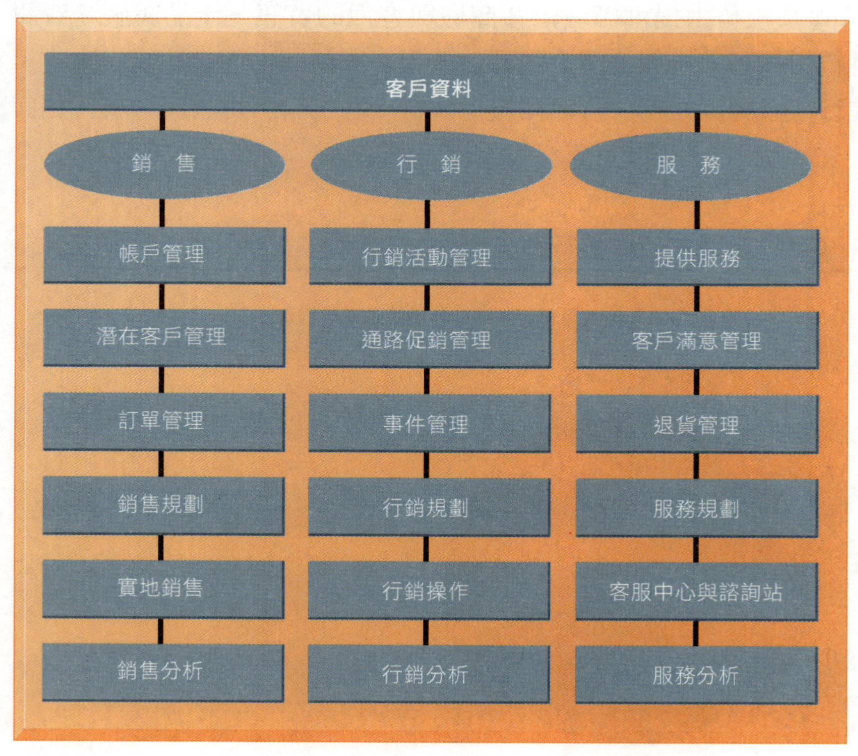

主要的 CRM 軟體產品在於支援銷售、服務與行銷方面的企業流程，從許多不同的來源整合客戶資訊。其中同時包括對於操作型與分析型 CRM 的支援。

圖 6-9　客戶忠誠度管理流程圖

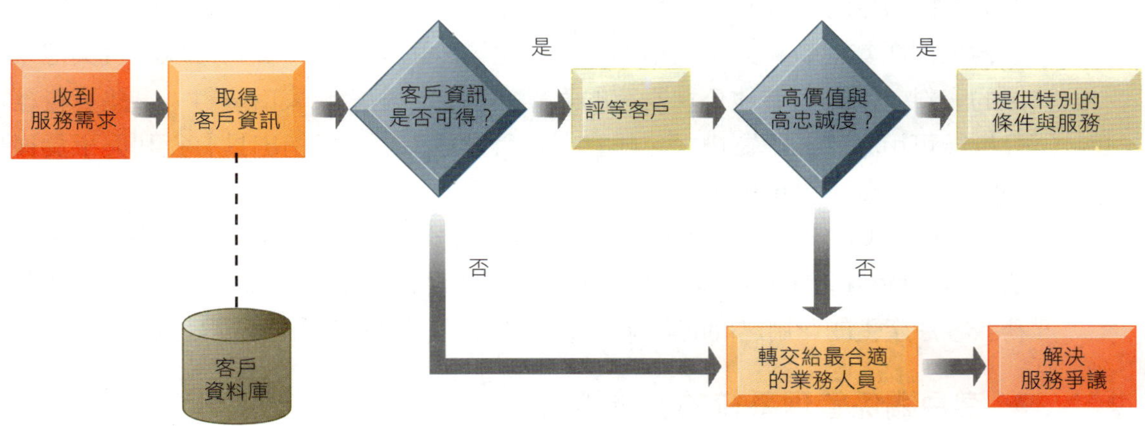

本流程圖指出一個在客戶服務過程中提高客戶忠誠度的最佳範例，可以由客戶關係管理軟體所模型化。這套 CRM 系統幫助公司確認高價值的客戶以提供其特別待遇。

圖 6-9 展示出如何利用 CRM 軟體經由客戶服務提升客戶忠誠度的最佳實務是可以被模型化。藉由找出能獲利的長期客戶對其提供直接且特別的服務，來增加保有客戶的機會。CRM 系統可以根據該客戶對於公司的價值與忠誠度，給予每位客戶一個評量分數，並提供該項資訊來幫助客服中心將每位客戶的服務請求，轉給最能處理該名客戶需求的服務人員。系統能自動提供服務人員該名客戶詳細的輪廓描述資訊，包括代表其價值與忠誠度的分數。客服人員可以使用這些資訊，給予客戶特別的條件與額外的服務，來鼓勵客戶持續與公司進行交易。在本章追蹤學習單元中，你會找到其他有關 CRM 系統中最佳實務的企業流程資訊。

▶ 操作型與分析型的 CRM

先前談到所有的應用都同時支援客戶關係管理的操作或分析。**操作型 CRM**（operational CRM）包含面對客戶接觸的應用系統，例如用於業務自動化、客服中心與客戶服務支援，以及行銷自動化的工具。**分析型 CRM**（analytical CRM）包含分析來自操作型 CRM 應用系統中產生的客戶資料，提供改善企業績效管理的資訊等應用。

分析型 CRM 應用系統建立在資料倉儲之上，其整合來自操作型 CRM 系統與顧客接觸點的資料，進行線上分析處理（online analytical processing, OLAP）、資料挖掘與其他資料分析技術的使用。組織所蒐集的客戶資料可以結合其他來源的資料，例如由其他公司購買的直銷活動客戶名單或人口資料。這些資料經分析後可用來確認購買模式、建立行銷目標之區隔，並指出具有獲利與不具獲利的客戶（參閱圖 6-10）。

分析型 CRM 另一個重要的產出為客戶對公司帶來的終身價值。**客戶終身價值**（customer lifetime value, CLTV）是根據特定客戶產生之營收，與在取得與服務該客戶產生的費用之間的關係，以及客戶與公司間關係的預期壽限來計算。

▶ 客戶關係管理系統的商業價值

擁有有效客戶關係管理系統的公司可以實現許多好處，包括客戶滿意度的提升、直接行銷成本的減少、更有效的行銷活動與降低客戶取得與維持的成本。由 CRM 系統所提供的資訊可以辨識出利潤最高的客戶，並且區隔出來進行集中行銷與交叉銷售，以增加營收。

圖 6-10　分析型 CRM 之資料倉儲

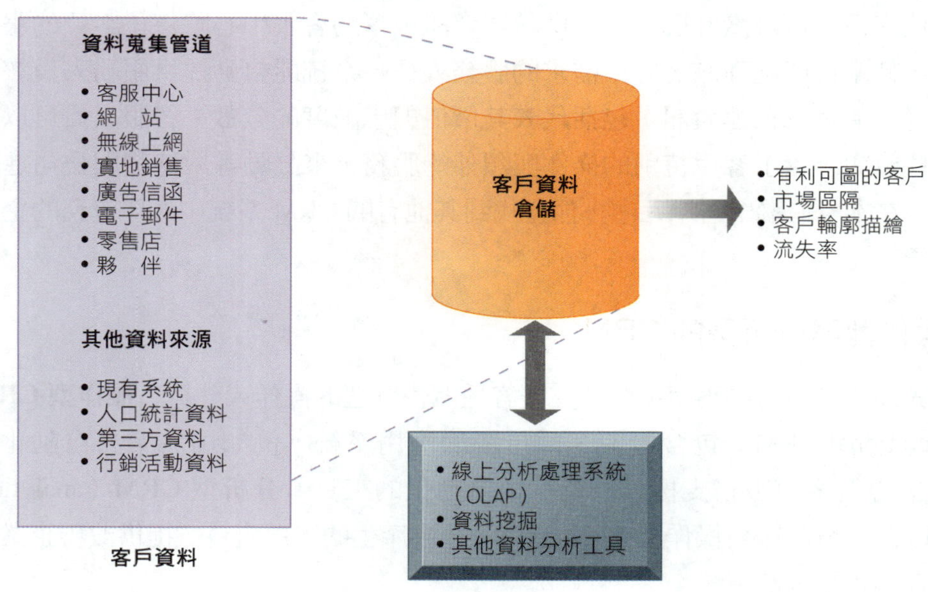

分析型 CRM 利用客戶資料倉儲與工具以分析來自公司的客戶接觸點及其他來源的資料。

客戶流失會隨著銷售、服務與行銷上更好的回應客戶需求而降低。**流失率**（churn rate）用以衡量停止使用或購買公司產品或服務的客戶數目。為公司客戶基礎之成長或衰退的一項重要指標。

6.4 企業應用：新的機會與挑戰

許多公司已經導入了企業系統、供應鏈管理系統與客戶關係管理系統，因為它們在協助達成卓越經營與強化決策制定方面是相當有力的工具。更精確的說，是因為它們在改變組織運作方面有如此大的威力，使得在導入上充滿了挑戰。讓我們簡單地檢視其中的一些挑戰，以及從這些系統中獲得價值的新方法。

▶ 企業應用的挑戰

大幅降低庫存成本、接單到出貨的時間、更有效率的客戶回應與更高的產品和客戶獲利率，這些方面的承諾讓企業系統、供應鏈管理系統與客戶關係管理系統顯得相當吸引人。但要獲得這些價值，你必須清楚地了解到如何改變你的公司，才能有效的應用這些系統。

企業應用系統牽涉到許多複雜的軟體，在購買與導入方面都相當昂貴。一家大型財星 500 大企業可能需要花上好幾年的時間，來完成一套企業系統的大規模導入，供應鏈管理系統與客戶關係管理系統的導入也是如此。一套如 SAP 或 Oracle 此類的大型軟體導入，包括軟體、資料庫工具、顧問費、人事成本、訓練或許還需要硬體成本，全部加總起來可能超過 1,200 萬美元。而二線廠商如 Epicor 或者 Lawson 的中小型公司適用的企業系統，其導入成本平均為 350 萬美元（Wailgum, 2009）。

企業應用系統不僅需要根本性的技術變革，同時企業營運的方式也要做基本的改變。公司必須徹底改變它的企業流程來配合軟體的運作。員工必須接受新的工作職能與責任。他們必須學習如何執行一連串新的工作，了解他們輸入系統的資訊會如何影響到公司其他部門。這一切都需要新的組織學習。

供應鏈管理系統需要多個組織來分享資訊與企業流程。每個系統參與者也許需要改變部分的流程及使用資訊的方式，來建立一個最適合整體供應鏈的系統。

有些公司在剛完成企業應用系統導入時，遭遇到很大的運作問題與損失，這是由於它們不了解需要進行多少組織變革所致。例如，Kmart 於 2000 年 7 月份導入了 i2 Technologies 的供應鏈管理系統後，在貨物上架方面遇到難題。i2 的軟體無法有效配合 Kmart 的促銷導向經營模式，導致產品的存貨高漲與需求下滑。Overstock.com 的訂單追蹤系統，在 2005 年 10 月因為將自行開發的系統轉換成 Oracle 的軟體而停擺了整整一週。該公司因急著上線，而沒有正確的同步 Oracle 系統中的退貨紀錄與原有的應收帳款系統。這個問題導致該年度第三季 1,450 萬美元的損失。

企業應用系統也會帶來「轉換成本」。一旦你採用某家廠商，如 SAP、Oracle 或其他家的企業應用系統後，要轉換到其他廠商的代價是相當昂貴的，公司變得相當依賴廠商來更新它的產品與維護你安裝的系統。

企業應用系統建立在組織整體的資料定義上。你將需要完全了解你的企業如何使用資料，以及資料在客戶關係管理、供應鏈管理或企業系統中的組成結構。CRM 系統一般需要進行資料清理的工作。

為解決此類問題，企業軟體供應商提供了精簡版的軟體與「快速上手」方案給中小型企業，對大公司則提供最佳實務指引。在互動部分技術篇裡，我們將會描述隨選與雲端工具如何因應此一問題。

採用企業軟體的公司也可將客製化減到最少來節省時間與成本。例如，位在賓夕法尼亞州營業額 20 億美元的金屬切割工具公司 Kennametal，在十三年內花了 1,000 萬美元來維護一個有 6,400 個客製化程式的企業資源規劃（ERP）系統。該公司現在用一個簡單且沒有客製化的 SAP 系統來加以取代，並且修改作業流程來配合系統（Johnson, 2010）。

▶ 下一代的企業應用軟體

在今日，許多應用系統廠商致力於傳遞更高的價值，讓軟體變得更有彈性、可通過網頁來存取，並具備與其他系統整合的能力。獨立不相容的企業系統、客戶關係軟體與供應鏈管理系統，皆已如昨日黃花不再復見。

主要的企業軟體廠商已建立了所謂的**企業解決方案、企業套件**或**電子化企業套件**，來讓它們的客戶關係管理、供應鏈管理與企業系統的運作更緊密相連，並可與客戶和供應商的系統相連結。這一類軟體的範例，包括 SAP Business Suite、Oracle 的 e-Business Suite 和微軟的 Dynamic Suite（專供中型企業使用），它們目前多使用網路服務與服務導向架構（SOA，參閱第五章）。

SAP 下一代的企業系統架構是以企業服務導向架構為基礎。融入服務導向架構（SOA）標準，並用自己的 NetWeaver 工具作為整合平台，來連結 SAP 自有的應用系統，而網路服務則由獨立的軟體廠商所開發。目的在讓企業軟體更易於上線與管理。

例如，SAP 企業軟體的最新版本將財務、物流及採購與人力資源行政等主要應用結合到 ERP 的核心模組中。企業後續得以延伸這些應用連接到特定的網路服務功能，如 SAP 或其他廠商提供的員工招募或收款管理。SAP 透過其官方網頁提供超過 500 個網路服務。

Oracle 也將 SOA 與企業流程管理功能納入其中介軟體產品 Fusion 之中。企業可使用 Oracle 的工具來客製化 Oracle 的應用程式，而不再需要拆解整套系統。

下一代的企業應用系統也包含開放程式碼與隨選解決方案。相較於商用企業應用系統，開放程式碼產品如 Compiere、Apache、Open for Biz（OFBiz）與 Openbravo 等皆未達成熟階段，也沒有太多的支援服務。然而，某些公司如小型製造商會選擇採用開放程式碼系統，因為這類的軟體並不需要支付授權費用，收費是以使用量為基礎（開放程式碼軟體的支援與客製化則需要額外的成本）。

現在，SAP 在某些國家為中小型企業提供稱為 Business ByDesign 的隨選企業軟體解決方案。對大型企業來說，只能購買安裝在公司內使用的版本。然而 SAP 也擁有一些需要訂購的特殊功能應用系統（例如 e-sourcing 與費用管理），它可與客戶自己的 SAP 商業套裝系統相整合。

在雲端軟體服務（software as a service, Saas）中最具爆炸性成長的是客戶關係管理。Salesforce.com 與 Oracle 的 Siebel 系統已是租用 CRM 解決方案的領導者，而 Oracle 與 SAP 也發展雲端軟體服務的能力。軟體廠商如 NetSuite 與 Plex Online 也開始提供雲端軟體服務與雲端版本的企業系統。Compiere 提供雲端與就地安裝兩種版本的 ERP 系統，如同我們在互動部分技術篇所述，使用雲端企業軟體已經開始起飛。

主要的企業軟體廠商也讓某些軟體產品可以在行動手持裝置上執行。你可以在追蹤學習模組中找到更多與此主題相關的訊息，使用無線應用程式於客戶關係管理、供應鏈管理與健康管理。

Salesforce.com 與 Oracle 目前將一些 Web 2.0 的功能加入軟體中，讓企業組織能更快速的發掘新想法、改善團隊生產力，並可與客戶進行更深入的互動。例如，Salesforce 的 Idea 讓員工、客戶與企業夥伴能集「眾人智慧」，提出新的想法。Dell Computer 導入這項技術，命名為 Dell IdeaStorm（dellideastorm.com），鼓勵客戶對於戴爾產品特性改變的一些新想法與功能提出建議，並舉行

互動部分：技術

企業應用系統走向雲端

你已經在本書中讀過有關 Salesforce.com 的資料，它是個最成功的企業級雲端軟體服務的個案。直到最近，網際網路上仍然少有雲端軟體服務的企業軟體可用。但時至今日，隨著數量漸增的雲端企業資源規劃，以及客戶關係管理系統的供應商進入此市場，狀況已經改變。當傳統的企業軟體廠商如 Oracle，運用原有的有利位置搶占雲端應用市場，新加入戰局的廠商如 RightNow、Compiere 與 SugarCRM 卻用不同的新策略獲得成功。

大部分對雲端運算有興趣的都是中小企業，且缺乏專業知識或者財務資源在公司內建立並維護企業資源規劃與客戶關係管理系統的公司。另一些則是單純的想藉由將應用移上雲端來節約成本。根據 IDC（International Data Corporation）的調查，美國大約 3.2% 的小企業，也就是大約 23 萬家使用雲端服務。小企業花在雲端上面的錢，在 2010 年增加了 36.2%，而達到 24 億美元。

即使大企業也開始轉換到雲端服務。例如，相機製造商 Nikon 在決定要合併來自 25 個不同的資料來源與應用系統的客戶資料成為單一系統時，決定採用雲端解決方案。公司高層希望減少維護與管理成本，而不是減少原本就符合使用需求，且運作良好從不當機的儲存設備費用。

Nikon 找到一家位於蒙大拿州 Bozeman 的雲端客戶關係管理系統供應商 RightNow 提供適合的方案。該公司成立於 1997 年，並吸引了那些對於可客製化的應用系統、無懈可擊的客戶服務，以及穩固的基礎架構感到好奇的客戶。價格從每人每月 110 美元開始，平均導入時間是四十五天。

Nikon 已經使用好多個不同的系統來進行企業運作，並且正在為整合多個舊系統中的客戶資料而奮戰。為了尋找廠商協助建置以網站為基礎的常見問題與解答（FAQ）系統，用以回答客戶問題並利用此資料來進行技術支援，該公司找上了 RightNow。Nikon 發現這家公司不只能建置上述的系統，還提供了一系列其他好用的服務。當它們發現這家公司可以把寄出的電子郵件、聯絡人管理與客戶紀錄整合成在 RightNow 的雲端上運作的單一系統，便馬上進行移轉，期待這個投資能夠得到好的回報。

但 Nikon 得到的遠超過預期：驚人的 32 倍投資報酬率，等於三年內可以省下 1,400 萬美元！ FAQ 系統中客戶打給客服人員的電話數量減少了許多。更多客戶發現網站上可以找到所需的有用訊息，電話回應時間減少了 50%，寄進來的電子郵件數量下降了 70%。雖然因為複雜度的關係，Nikon 仍然自己管理 SAP 系統，但把整個客戶關係管理系統移轉到 RightNow。

不是每家公司都有這麼好的成效，雲端運算也有其缺點。許多公司對於資料與安全性的控制非常在乎。雖然雲端運算公司已經準備好要處理這樣的問題，但確保可用性與服務水準協議仍然不常見。管理基於雲端的客戶關係管理系統的公司，仍然無法保證資料可以隨時取用，或是這些公司將來是否還會存在。

許多較小的公司則利用一種稱為開放原始碼雲端運算的新型態雲端運算。在此模式之下，雲端供應商把應用程式的原始程式提供給客戶，並且可以如他們所願的自行修改。這與過去的模式不同，過去廠商提供的系統可以客製，但不是直接修改原始程式。

例如，紫外線純水系統製造商 O-So-Pure（OSP）公司的總裁 Jerry Skaare，選擇由亞馬遜 EC2 雲端虛擬環境代管的 Compiere 雲端版企業資源規劃（ERP）系統。OSP 公司早就不適用現有的 ERP 系統，而且受制於沒有效率且過時的會計、存貨、製造與電子商務流程。Compiere 提供完整的點對點 ERP 解決方案，將從會計到採購、訂單履行、製造與倉儲過程完全自動化。

Compiere 使用模型驅動的平台，將商業邏輯儲存在應用程式辭典中，而不是寫在軟體中。使用 Compiere 的公司可以透過建立、修改或者刪除應用程式辭典中的商業邏輯來進行客製化工作，而不需要大量進行程式撰寫。與傳統的 ERP 鼓勵使用者修改企業流程來配合軟體系統相比，Compiere 鼓勵客戶進行客製化以符合其獨特的企業需求。

因為 Compiere 的軟體是開放原始碼，也讓使用者修改較為容易。OSP 為這個特質所吸引，除此之外，還有雲端版本的功能穩定、可擴充性佳與成本低等特性。Skaare 對於這套系統可以掌握「我們公司的一點小小特質」，感到非常舒服。雖然 Skaare 不太可能自己進行修改，但對他來說，知道自己的員工可以塑造屬於 OSP 的 ERP 系統是很重要的。開放原始碼雲端運算就提供了這樣的彈性。

為了不被超越，現有的客戶關係管理廠商如 Oracle 已經跨入雲端軟體服務，價格從每人每月 70 美元起。Oracle 可能有優勢存在，因為它的客戶關係管理系統具有很多功能，而且包括內建的預測與分析工具，也包含了互動儀表板。使用者可以使用這些工具來回答諸如「銷售策略多有效率？」或者「客戶花了多少錢？」等問題。

生涯規劃教育的先驅 Bryant & Stratton 學院，使用 Oracle 的隨選客戶關係管理系統來創造更成功的行銷企劃。Bryant & Stratton 分析過去針對剛畢業的高職學生與成人繼續教育的企劃案。Oracle 隨選客戶管理追蹤特定學生族群的廣告，用以決定每個潛在客戶、入學申請與註冊學生的成本。這些資訊幫助學校確認每種行銷方案的真正價值。

資料來源：Marta Bright, "Know Who. Know How." *Oracle Magazine*, January/February 2010; Brad Stone, "Companies Slowly Join Cloud-Computing," *The New York Times*, April 28, 2010; and Esther Shein, "Open-source CRM and ERP: New Kids on the Cloud," *Computerworld*, October 30, 2009.

個案研究問題

1. 何種型態的公司較容易採用雲端企業資源規劃與客戶關係管理系統？其原因為何？哪些公司不適合這種型態的軟體系統？
2. 採用雲端企業應用系統的利弊為何？
3. 決定採用雲端或者傳統的企業資源規劃或者客戶關係管理系統時，哪些管理、組織與技術上的議題要特別注意？

管理資訊系統的行動

瀏覽 RightNow、Compiere 或者其他提供雲端企業資源規劃或客戶關係管理的競爭對手網站，然後回答以下問題：

1. 如果有的話，這些公司提供哪些種類的開放原始碼軟體服務？描述其某些功能。
2. 這些公司針對哪些類型的公司行銷其服務？
3. 這些公司還提供了哪些其他的服務？

投票。

企業應用系統的供應商也改進商業智慧的功能，以協助管理階層從系統產生的大量資料中擷取更有意義的部分。取代過去要求離開應用系統並執行另外的報表與分析工具的方法，供應商們開始將分析工具嵌入在原有應用系統中。他們也提供互補性的分析工具，如 SAP 的 Business Objects 與 Oracle 的商業智慧企業版。

服務平台

另一個延伸企業應用系統的方法，是利用它為新一代或改良後的企業流程建立一個服務平台，提供多個功能領域資訊的整合。這個全企業的整體服務平台，可提供超越傳統應用系統、更深一層的跨功能整合。**服務平台**（service platform）整合多個企業功能、事業單位或企業夥伴的多個應用系統，為客戶、員工、管理者與企業夥伴提供一個平順銜接的經驗。

例如，接單到收款流程牽涉到接收訂單與後續作業進行直到收取該訂單的款項。這樣的流程始於潛在客戶管理、行銷活動與訂單輸入，這些流程一般是由 CRM 系統所支援。一旦收到訂單後，製造即進行排程，並確認零件的可用量，這些流程通常是由企業軟體所支援。訂單的處理隨後來到配銷規劃、倉儲、訂單履行與交貨等流程，通常由供應鏈管理系統所支援。最後，會向客戶開出請款單，由企業財務應用系統或應收帳款兩者之一來處理。倘若該項購買在某些時候需要客戶服務，客戶關係管理系統將會再次使用到。

接單到收款這一類的服務，需要來自企業應用系統與財務系統的資料，會更進一步的整合成為企業的複合流程。為了達成以上目的，公司需要使用軟體工具，它應用現存的應用系統作為新一代跨企業流程的建構單元（參閱圖 6-11）。企業系統的供應商也提供中介軟體與工具，使用 XML 與網路服務來整合企業系統與老舊的應用系統以及其他供應商的系統。

這些新一代服務將逐漸透過企業入口網站來提供。入口網站軟體可以整合來自企業應用系統與自行建置之現存系統中的資訊，透過網頁介面展現在使用者面前，如同資訊出自單一的來源。例如，Valero Energy 這家北美最大煉油公司，使用 SAP NetWeaver Portal 來建立入口網站服務，讓經銷商能夠在網站上一次瀏覽其所有的帳戶資訊。SAP NetWeaver Portal 提供一個整合介面，來存取客戶發票、報價、電子轉帳與信用卡交易資料，而這些資料是存在 SAP 客戶關係管理系統的資料倉儲與一些非 SAP 的系統中。

圖 6-11　接單到收款服務

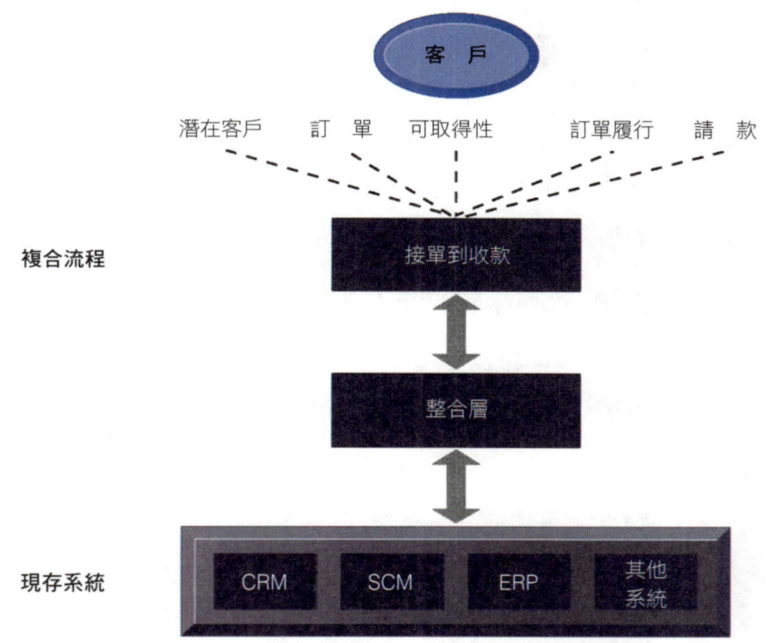

接單到收款是一個複合的流程，其整合來自各個獨立企業系統與現有財務應用系統中的資訊。這個流程必須被模型化，並使用應用整合工具轉換到一套軟體系統之中。

6.5 管理資訊系統專案的實務演練

本節的專案將給你實務演練的體驗，分析企業流程整合、提供供應鏈管理與客戶關係管理應用方面的建議，使用資料庫來管理客戶服務需求，並評估供應鏈管理的商業服務。

管理決策問題

1. 設立於多倫多、擁有 55 家經銷商網路的賓士汽車加拿大分公司，對於它的客戶缺乏足夠的了解。經銷商們不定期提供客戶資料給賓士公司。但賓士公司並未強迫經銷商一定要回報這些資訊，而追蹤未回報經銷商的流程也相當繁瑣。對於經銷商來說，並沒有任何誘因驅使他們與賓士公司分享資訊。客戶關係管理（CRM）與夥伴關係管理（PRM）系統如何協助解決這個問題？

2. Office Depot 在美國與全世界銷售各式各樣的辦公室產品與服務，包括一般辦公室用品、電腦用品、商務機器（與相關耗材）與辦公室家具。該公司嘗試使用即時補貨系統與更嚴密的庫存控制系統，以比其他零售商更低的成本提供更多種類的辦公室用品。它使用來自需求預測系統與零售點的資訊，供補其 1,600 家零售商店的存貨。解釋這些系統如何幫助 Office Depot 將成本極小化，以及其他系統帶來的好處。確認並描述其他對於 Office Depot 特別有幫助的供應鏈管理應用系統。

改善決策制定：使用資料庫來管理客戶服務需求

軟體技術：資料庫設計；查詢與報表

商業技術：客戶服務分析

在本練習中，你將使用資料庫軟體來開發一套應用系統，追蹤客戶需求與分析客戶資料，來確認客戶的優先等級處理方式。

Prime Service 是一家大型服務公司，為紐約州、紐澤西州與康乃迪克州將近 1,200 家企業提供維護與修理服務。其客戶包含各種規模的企業。有服務需求的客戶會打電話給服務部門，請求修理暖氣管、破裂的窗戶、有漏洞的屋頂、斷裂的水管與其他疑難雜症。該公司為每一個服務需求指定一個代碼，並以手寫的方式記錄服務需求代碼、客戶帳號代碼、請求日期、待修理設備的種類與問題的簡單描述。服務需求是以先到先服務的原則處理。在服務工作完成之後，Prime 會計算該項工作的成本，將費用價格填入服務申請單，並向客戶請款。

這樣的工作處理方式讓管理階層感到相當不滿，因為對於那些最重要、最具利潤，其消費超過 70,000 美元的客戶，公司的對待方式無異於那些消費較少的客戶。管理階層想要提供更好的服務給它們最好的客戶。也想知道哪種類型的服務問題最常出現，以確保其擁有適當的資源來應付。

Prime Service 擁有一個儲存著客戶資訊的小型資料庫，你可以在 MyMIS-Lab 找到它。書中也有這個資料庫的範例圖片，網站上也會提供針對這個練習最新版本的資料庫。資料庫中的欄位包括帳戶號碼、公司（帳戶）名稱、住址、城市、州、郵遞區號、帳戶大小（以美元記帳）、聯絡人姓氏、聯絡人名字與聯絡人電話號碼。聯絡人指的是在每一家公司中，與 Prime 聯絡有關維護與修理工作之負責人的姓名。

請使用你的資料庫軟體來設計一個解決方案，使 Prime 的客服代表能確認

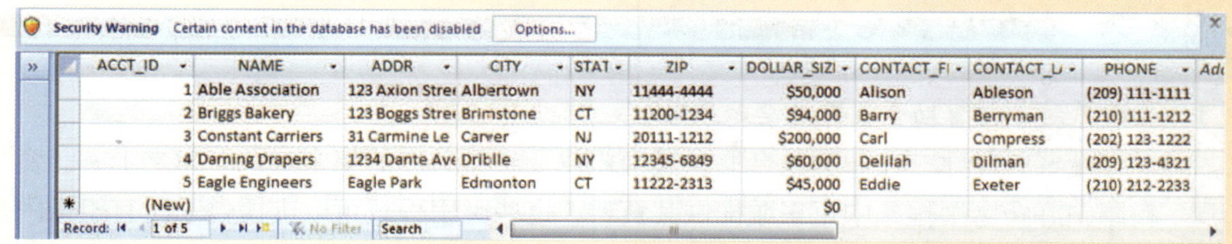

Security Warning　Certain content in the database has been disabled　Options...

ACCT_ID	NAME	ADDR	CITY	STAT	ZIP	DOLLAR_SIZI	CONTACT_FI	CONTACT_L	PHONE	Add
1	Able Association	123 Axion Stre	Albertown	NY	11444-4444	$50,000	Alison	Ableson	(209) 111-1111	
2	Briggs Bakery	123 Boggs Stre	Brimstone	CT	11200-1234	$94,000	Barry	Berryman	(210) 111-1212	
3	Constant Carriers	31 Carmine Le	Carver	NJ	20111-1212	$200,000	Carl	Compress	(202) 123-1222	
4	Darning Drapers	1234 Dante Ave	Driblle	NY	12345-6849	$60,000	Delilah	Dilman	(209) 123-4321	
5	Eagle Engineers	Eagle Park	Edmonton	CT	11222-2313	$45,000	Eddie	Exeter	(210) 212-2233	
(New)						$0				

Record: 1 of 5　No Filter　Search

最重要的顧客，使他們可以接受優先提供的服務。你的解決方案必須包括一個以上的表格。輸入至少 15 筆的服務請求到資料庫中。請建立幾份管理階層會感興趣的報表，例如最高與最低優先次序的帳戶，或顯示出最頻繁的服務問題報告。建立一份報表以提醒客服代表在特定的日子哪些服務電話必須優先回覆。

達成卓越經營：評估供應鏈管理服務

軟體技術：網頁瀏覽器與簡報軟體

商業技術：評估供應鏈管理服務

貨運公司不再僅只是將貨品從一個地方運到另一個地方。有一些也可以提供客戶供應鏈管理的服務，並幫助客戶管理資訊。在本專案中，你將使用網頁來研究與評估兩家提供這類商業服務的公司。

研究 UPS Logistics 與 Schneider Logistics 這兩家公司的網站，看看這些公司的服務如何用在供應鏈管理上，並回答下列的問題：

- 這些公司可以提供客戶哪些供應鏈流程的支援？
- 客戶如何使用這些公司的網站來幫助其供應鏈管理？
- 比較這些公司所提供的供應鏈管理服務。你將選擇哪一家公司來幫助你的公司進行供應鏈管理？為什麼？

追蹤學習模組

以下的追蹤學習單元提供與本章內容相關的題目：

1. SAP 企業流程藍圖。
2. 供應鏈管理與供應鏈評量的企業流程。
3. CRM 軟體的最佳實務企業流程。

摘 要

1. 企業系統如何幫助企業達成卓越經營？

企業軟體建立在一套整合的軟體模組以及一個共用的集中式資料庫之上。該資料庫由許多應用程式中蒐集並提供其資料，這些應用程式可以支援幾乎所有組織內部的企業活動。當一筆新的資訊由一個流程輸入後，該筆資訊將可立即為其他企業流程所使用。

企業系統藉由採用統一的資料標準與企業流程，以及單一的通用技術平台，以支援組織的集中化。企業系統產生的公司整體資料，可以幫助管理者評估組織績效。

2. 供應鏈管理系統如何協調與供應商之間的規劃、生產與物流事宜？

供應鏈管理系統使得供應鏈成員間資訊的流動自動化，讓他們可以使用該資訊，在採購、生產與交貨的時間與數量等相關方面制定更好的決策。來自供應鏈管理系統更精確的資訊，降低了不確定性與長鞭效應的影響。

供應鏈管理軟體包括用於供應鏈規劃的軟體，以及用於供應鏈執行的軟體。網際網路技術藉由提供位於不同國家的組織之間的連結能力，來分享資訊，達成全球供應鏈的管理。供應鏈成員間溝通的改善也帶來更有效率的客戶回應，並朝向需求驅動的模型邁進。

3. 客戶關係管理系統如何幫助企業達成客戶親密度？

客戶關係管理（CRM）系統整合並自動化許多在銷售、行銷與客戶服務方面直接面對客戶的流程，提供由企業的角度來面對客戶。公司在與客戶互動時，可以使用這些有關客戶的知識來提供更好的服務，或銷售新產品與服務。這些系統也可用於辨識可獲利或不具獲利潛力的客戶，或是降低客戶流失的機會。

主要的客戶關係管理套裝軟體同時具備操作型 CRM 與分析型 CRM 的功能。軟體系統中通常也包含用於管理與銷售夥伴之間關係的模組（夥伴關係管理），以及員工關係管理的模組。

4. 企業應用系統帶來什麼樣的挑戰？

企業應用系統是很難導入的。需要廣泛的組織變革、很大的軟體投資與審慎評量這些系統如何強化組織的績效。倘若企業應用系統是建立在有瑕疵的流程上，或是公司不知道如何使用這些系統來衡量績效的改善，將無法為企業帶來價值。員工需要接受訓練來為新的程序與角色做好準備。資料管理也是特別需要注意的地方。

5.　企業應用系統如何在平台上提供新的跨功能服務？

服務平台整合來自不同的企業應用系統（客戶關係管理、供應鏈管理與企業系統）與傳統分散的應用系統中不同的資料與流程，來建立新一代的複合流程。網路服務將不同的系統緊密地結合在一起。新的服務將透過企業入口網站來提供，該網站可整合各個分散的應用系統，使資訊宛如出自單一來源。這些產品中的一部分已經有開放原始碼、行動與雲端的版本可供使用。

專有名詞

企業軟體　239
供應鏈　242
即時策略　244
長鞭效應　244
供應鏈規劃系統　244
需求規劃　246
供應鏈執行系統　246
推式模型　250
拉式模型　250
接觸點　253
夥伴關係管理　253
員工關係管理　253
交叉銷售　256
操作型 CRM　257
分析型 CRM　257
客戶終身價值　258
流失率　259
服務平台　264

複習問題

1. 企業系統如何幫助企業達成卓越經營？
   - 定義企業系統並解釋企業軟體如何運作。
   - 描述企業系統如何為企業帶來價值。
2. 供應鏈管理系統如何協調與供應商之間的規劃、生產與物流事宜？
   - 定義供應鏈，並指出其組成要件。
   - 解釋供應鏈管理系統如何協助減少長鞭效應與如何為企業帶來價值。
   - 定義並比較供應鏈規劃系統與供應鏈執行系統。
   - 描述全球供應鏈的挑戰與網際網路科技如何幫助公司將全球供應鏈管理得更好。
   - 區別供應鏈管理中推式模型與拉式模型之間的差異，並解釋現今的供應鏈管理系統如何實現推式模型。
3. 客戶關係管理系統如何幫助企業達成客戶親密度？
   - 定義客戶關係管理，並解釋為何現今客戶關係是如此重要。
   - 描述夥伴關係管理（PRM）與員工關係管理（ERM）和客戶關係管理（CRM）之間的關聯性為何。
   - 描述用於銷售、行銷與客戶服務的客戶關係管理軟體之工具與功能。
   - 區別操作型與分析型 CRM 的差異。

4. 企業應用系統帶來什麼樣的挑戰？
   - 列舉並描述企業系統帶來的挑戰。
   - 解釋如何面對這些挑戰。
5. 企業應用系統如何在平台上提供新的跨功能服務？
   - 定義服務平台，並描述整合企業應用資料的工具。
   - 企業應用系統如何運用雲端運算、無線技術、Web 2.0 與開放原始碼等技術的優勢？

問題討論

1. 供應鏈管理並不在於管理貨品的實體移動，主要是在管理資訊。請討論這句話的涵意。
2. 倘若一家公司想要導入一套企業應用系統，它最好先做好功課。請討論這句話的涵意。
3. 哪一個企業應用系統是最需要先建置的？企業資源規劃（ERP）、供應鏈管理（SCM）或客戶關係管理（CRM）？解釋你所選擇的答案。

群組專案：分析企業應用系統的供應商

與三到四名同學一組，使用網站來研究並評估兩家企業應用軟體供應商的產品。例如，你可以比較 SAP 與 Oracle 的企業系統、i2 與 SAP 的供應鏈管理系統，或是 Oracle 的 Siebel CRM 和 Salesforce.com 的客戶關係管理系統。利用你從這些公司網站上所獲得的資訊，以支援的商業功能、技術平台、成本與易用性的角度，來比較你所挑選的套裝軟體。你會選擇哪一家廠商？為什麼？不論是用在大公司或小公司，你是否會選擇一樣的廠商？如果可能的話，請使用 Google 的網站來連結網頁、團隊溝通訊息公告與課堂作業，進行腦力激盪並協力完成專案文件。試著使用 Google Docs 將你的發現在課堂上進行報告。

Border States Industries 用 ERP 為加速企業的成長 個案研究

Border States Industries 也叫做 Border States Electric（BSE），是建築、工業、公共事業與資料通訊市場的大盤批發商。該公司總部位於北達科他州 Fargo，在美國墨西哥與美國加拿大邊境、南達科他州、威斯康辛州、愛荷華州與密蘇里州有 57 個營業據點。BSE 雇用了 1,400 名員工，公司的股份透過員工持股計畫全部由員工持有。2008 年 3 月 31 日會計年度結算時，BSE 的營收超過 8 億 8,000 萬美元。

BSE 的目標是隨時提供客戶所需，包括提供除了貨物運送以外的客戶服務。所以該公司不只是個大盤批發商，同時也是個供應鏈解決方案的供應商，提供包括物流、工作現場曳引車與組裝（把各個零散但相關的零件組裝成單一成品）等廣泛的服務作業。BSE 有超過 9,000 家製造商的配送合約。

從 1988 年開始，該公司就依靠自己稱為 Rigel 的舊有企業資源規劃系統來支援企業核心作業運作。然而，Rigel 是專為電子批發業所設計，到了 1990 年代中期這個系統就已經無法支援公司的新事業以及滿足快速成長所需。

當時，BSE 管理當局決定導入新的企業資源規劃（ERP）系統，並選定 SAP 的企業軟體系統。該 ERP 解決方案包括了 SAP 的銷售與配送、材料管理、財務與稽核與人力資源等。

公司一開始編列 600 萬美元導入新系統，自 1998 年 11 月 1 日開始執行。高階主管和 IBM 與 SAP 的顧問合作導入，雖然管理者的密集參與是系統導入成功的關鍵之一，但主管們執行該專案的時候也影響到了日常作業。

BSE 也決定大幅的進行客製化。公司自行開發可以與其他合作廠商如 Taxware Systems、Innovis 與 TOPCALL International GmbH 公司等自動交換資料的程式。Taxware 公司的系統能讓 BSE 在各州與城市做生意的時候可以符合銷售稅務法規。Innovis 的系統支援電子資料交換（EDI），讓 BSE 可以與其供應商進行採購與付款電子交易。TOPCALL 的系統讓 BSE 可以由 SAP 系統中直接傳真資料給客戶與供應商。

在導入當時，BSE 沒有 SAP 系統的使用經驗，顧問也對 BSE 所使用 SAP 的軟體版本不熟悉。捨棄採用 SAP 內建的最佳實務作業流程，該公司自行聘請顧問來把某些客製化的部分看起來跟舊有的 Rigel 系統一樣。舉例來說，他們試著讓發票看起來就像是舊系統 Rigel 產生的一樣。

進行這類的改變造成 SAP 軟體的客製化大增，以致新系統上線時程延宕到 1999 年 2 月 1 日。當時持續的客製化與調整造成導入成本增加到 900 萬美元（增加了 50%）。

由 BSE 的舊系統轉換與清理資料花了比管理階層預期更長的時間。第一批「專家使用者」太早訓練以致當新系統準備上線時還要再重來一次。BSE 從未曾完整的測試過系統，以致必須邊用邊測試。

接下來的五年間，即使併購了數家小公司並且擴張營業據點到美國的 24 州，SAP 系統依然應用的很成功。隨著企業成長，利潤與存貨也跟著增加。然而，網際網路帶來額外的變革需求，因為客戶想要透過電子商務網站前台與 BSE 進行交易。BSE 將線上刷卡與特定客戶的特價促銷流程自動化。不幸的是，現有

SAP 系統無法支援這些改變，所以數千筆的特價促銷資料必須人工處理。

為了處理營業據點的信用卡交易，BSE 的員工要離開座位，走到後面辦公室裡處理信用卡專用的系統，手動輸入信用卡號碼並等待授權成功後，回到座位繼續處理該筆交易。

2004 年，公司開始將 SAP 升級到較新的版本。該版本新增對於材料表與套件組裝的支援，而這是舊系統所沒有的。此功能因為能夠讓 BSE 事先準備可直接出貨到工作現場的套件，而能提供給公用事業的客戶較好的支援服務。

這次公司儘量減少客製，並且採用 SAP 內建大盤經銷商最佳實務流程。同時也用 Esker 系統來取代 TOPCALL，用以傳真與電郵發票、訂單確認與採購單通知，並搭配 Vistex 公司的工具將特價促銷退費申請自動化。BSE 每年要處理超過 36 萬件的特價促銷退費申請，透過 Vistex 的工具可以將申請完成時間縮短到 72 個小時，處理時間也縮短了 63%。過去必須要要 15 到 30 天才能從供應商拿到退費。

BSE 計畫以 160 萬美元與 4.5 個月的時間導入，管理階層相信以這種型態的專案應該是足夠的。這次一切順利，系統如期上線而且只花了 140 萬美元，比預算少了 14%。

2006 年年底，BSE 併購了一家大公司，期望能每年增加 20% 的銷售量。此次併購增加了 19 個營業據點，併購完成後一天內這些營業據點就已經可以使用 SAP 系統。公司目前用系統追蹤 150 萬個不同的品項。

從 1998 年第一次採用 SAP 系統以來，BSE 銷售額增加了 300%，利潤增加超過 500%，60% 付款交易採用電子資料交換進行，特價促銷處理時間減少了 63%。存貨周轉率一年超過四次。過去需要等待 15 至 20 天才能看到每月的財務報表，現在每月與本年累計到目前的財務狀態在關帳後一天內就可拿到。人工處理郵件、準備存款作業與送支票到銀行去等人工作業大幅度的減少。超過 60% 的廠商寄送電子發票，這麼一來減少了處理應付帳款的人力與交易上的錯誤，交易成本因而降低。

支援 SAP 系統運作的全職員工確實增加。BSE 一開始本來預期只要三個資訊人員就可以支援系統運作，但 1999 年上線的時候需要 8 個人，2006 年增加到 11 個人以支援額外的軟體功能以及併購作業。BSE 的資訊科技成本，自第一次導入系統後每年增加 300 萬美元。然而於此同時銷售額也增加，所以系統增加的費用負擔僅占了銷售額的 0.5%。

BSE 管理高層指出，ERP 系統自動執行的交易大多集中在會計部門，牽涉到的只是交易性的資料。如此一來可把資源釋放，增加更多員工可以直接服務客戶以降低成本與增加銷售額。

過去，BSE 一直在主要系統以外，用個人電腦上微軟的 Access 與 Excel 試算表來保存大量資料。由於資料分散在各個系統，管理階層缺乏對於整個公司的統一觀點資料。現在所有資料都被統一標準化在單一平台上，而且資訊可以隨時更新與提供給管理階層。管理階層可以隨時知道整個公司運作的現況。而且 SAP 系統已將公司規劃與預算資料放在線上，老闆們可以做更快更好的決策。

2006 年，Gartner Group 顧問公司對 BSE 導入 ERP 系統進行獨立驗證評量。高階主管參與面談，Gartner 也以成本占銷售額百分比的方式來計算 SAP 對財務影響程度，分析了 ERP 系統對於企業流程成本的影響。成本分析的項目則包括銷貨成本、管銷費用、倉儲成本、資訊技術支援與配送。

Gartner 的分析確認了從 1998 到 2001 年的導入成本為 900 萬美元，但在兩年半內就因為 ERP 系統所帶來的節省而回收。在 1998 至 2006 年間，使用 SAP 系統節省了 3,000 萬美元，幾乎是同一時間內累積盈餘的三分之一。與銷售額相比，倉儲成本下降 1%，配送成本減少 0.5%，總費用減少 1.5%。Gartner 算出此項軟體從 1998 到 2006 年的投資報酬，是每年 330 萬美元，或是原始投資的 37%。

BSE 現在集中注意在提供網路銷售更多的支援，包括線上下單、存貨管理、訂單狀態與發票查詢，這些都在 SAP 軟體中實現。公司導入了 SAP NetWeaver Master Data Management 系統，來提供管理型錄資料與準備線上發佈與紙張出版所需的資料。公司也正使用 SAP 的 Web Dynpro 開發環境來啟用無線倉儲與存貨管理活動，並且與 SAP 系統連動。此外，還用了 SAP NetWeaver 商業智慧軟體來多方了解客戶、購買行為與交叉銷售和進一步銷售的機會。

資料來源：Border States Industries, "Operating System-SAP Software," 2010; Jim Shepherd and Aurelie Cordier, "Wholesale Distributor Uses ERP Solution to Fuel Rapid Growth," AMR Research, 2009; SAP AG, "Border States Industries: SAP Software Empowers Wholesale Distributor," 2008; www.borderstateselecric.com, accessed July 7, 2009; and "Border States (BSE)," 2008 ASUG Impact Award.

個案研究問題

1. BSE 擴張時遇到什麼問題？這些問題可歸因於有關管理、組織與技術上的哪些因素？
2. 用 SAP 企業資源規劃軟體開發一個解決方案容易嗎？解釋你的答案。
3. 列出與描述 SAP 軟體系統帶來的好處。
4. 新系統改變企業多少東西？解釋你的答案。
5. 這個解決方案帶給 BSE 有多成功？確認並描述用來衡量成功標準的依據。
6. 如果你負責 SAP 系統的導入，你會有什麼不同的作法？

Chapter 7

電子商務：數位市集與數位商品

學習目標

在讀完本章之後，您將能夠回答下列問題：

1. 電子商務、數位市集與數位商品的獨有特徵為何？
2. 電子商務的主要營運與獲利模式為何？
3. 電子商務如何改變行銷？
4. 電子商務如何影響企業對企業交易？
5. 行動商務在商業活動中扮演什麼角色？最重要的行動商務應用為何？
6. 建立電子商務網站時，哪些議題需要被重視？

互動部分

定位基礎的行銷與廣告

Facebook：為他們的獲利管好自己的隱私

本章大綱

7.1 電子商務與網際網路

今日的電子商務

為何電子商務與眾不同？

電子商務的主要觀念：全球市場下的數位市集與數位商品

7.2 電子商務：商業與技術

電子商務的型態

電子商務的營運模式

電子商務的獲利模式

Web 2.0：社群網路與群眾智慧

電子商務行銷

B2B 的電子商務：新的效率與關係

7.3 行動數位平台與行動商務

行動商務的服務與應用

7.4 建立電子商務網站

建構網站的元件

營運目標、系統功能與資訊需求

建立網站：自建或委外

7.5 資訊管理系統專案的實務演練

管理決策問題

改善決策制定：使用試算表來分析一家網路公司

達成卓越經營：評估電子商務代管服務

追蹤學習模組

製作一個網頁

電子商務的挑戰：線上雜貨店的故事

製作一份電子商務營運計畫

電子商務的熱門新職缺

4Food：漢堡店走向社群網路

4Food，一家位在曼哈頓新開的有機漢堡店，開店宗旨是提供美味的食物。但同樣有趣的是它計畫使用社群網路拓展生意。這家店不想變成只是單純吃東西的地方，而是想成為廣大社群網路的體驗空間。

在這家位於麥迪遜大道與40街路口的餐廳內，一個240平方英呎的螢幕持續的顯示Twitter推文（tweets）的訊息、餐廳訊息與Foursquare上線登錄資料。Foursquare是個行動應用程式網站，能讓已註冊的使用者與朋友聯絡，並更新本人所在位置資訊。在某些餐廳、酒吧或者其他地點登錄可以累積點數。顧客看著推文訊息以及狀態更新，然後利用4Food提供的免費Wi-Fi無線網路，用手機或行動裝置回覆或者加入他們自己的訊息。

這家餐廳有很多方法可以點餐，你可以用iPad向店內的員工點餐，或者可以自己直接在線上點。當然，4Food有自己的Facebook粉絲頁，用以進行社群網站行銷。標記該粉絲頁可以讓你有機會贏得iPad。4Food提供第一個把自己的照片標記在該餐廳前面的標記牆——一個邀請人們利用塗鴉程式Magic Marker來寫下推文的人，價值20美元的食物。該店也用社群網路來進行招募，並且發起用創新點子來改變城市的「紐約除舊」企劃案。

但真正讓這家店與眾不同的是他們集眾人智慧來進行行銷與新菜單開發。餐廳有線上工具可以讓顧客自己創造專屬的三明治與前菜，並且為他們發明的這些食物命個聰明的名字。每次客人點了這些由其他客人所發明的食物，發明者就可以得到店內0.25美元的點數。利用4Food所提供的調味料，可以組合出上百萬種菜色。

有些客人毫不猶豫的利用自己廣泛的社群網路來推銷自己發明的漢堡。如果能夠持續地推薦4Food，那些在社群網路上擁有成千上百追蹤者的客人，將可以在有生之年吃到免費的漢堡。這些方式創造了成本很低的誘因，讓大量的客人主動的推薦這家餐廳。此外這家公司也用很少的費用來進行悄悄話的口碑行銷，而這只需要在社群網路上曝光後把促銷訊息傳出去。

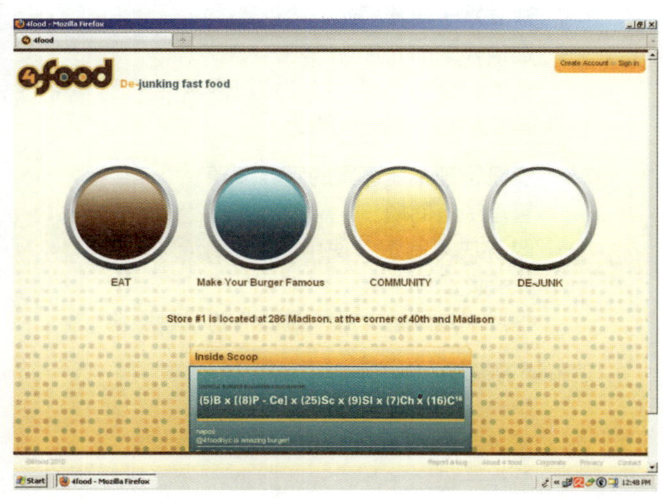

4Food會成功嗎？與紐約市內其他兩萬家餐廳競爭並不容易，但利用社群網路科技來促成和客人緊密的連結，同時與其分享成功產品的好處，該餐廳希望能夠建立一套成功方程式。

資料來源：Mike Elgan, "New York Burger Joint Goes Social, Mobile," *Computerworld*, May 31, 2010; and www.4food.com, accessed October 22, 2010.

4Food 例示了電子商務的新面貌。在網際網路上販售實體的東西依然重要，但現在最刺激與有趣的事情，是圍繞著經由社群網路而與朋友家人連結的服務與經驗；分享照片、影片、音樂與點子，使用社群網路來吸引客人並設計新的產品與服務。4Food 的商業模式依附在行動科技與社群網路上，用以吸引客人、接受訂單、品牌行銷與透過客戶回饋意見來改進菜單。

在本章開場的圖中，特別要注意這個案例與本章所提出的幾個重點。對 4Food 來說它的挑戰就是要在紐約市兩萬家餐廳競爭對手中脫穎而出。電子商務與社群網路技術創造了新的機會，可用以連結客戶與區別自己和對手的產品及服務。餐廳的管理階層決定圍繞在社群技術的基礎上，讓社群網路成為用餐經驗的一部分。4Food 利用社群網路與行動科技——包括 Twitter 與 Foursquare 與 Facebook—來吸引客人、處理訂位、行銷品牌形象與蒐集客戶回饋以改善菜單內容。利用社群網路的各種工具，4Food 能將自己與其他的餐廳差異化，並且以極低的成本來宣傳公司。

7.1 電子商務與網際網路

你是否曾上網站購買過音樂或者下載電影？你是否曾在零售商店購買球鞋前，先使用網站來搜尋相關資訊？如果是，你已經參與了電子商務。2010 年，1 億 3,000 萬美國成年人曾在網上買過一些東西，世界其他地區也有數百萬之多。雖然大多數的購買仍是透過傳統通路來進行，但電子商務持續地快速成

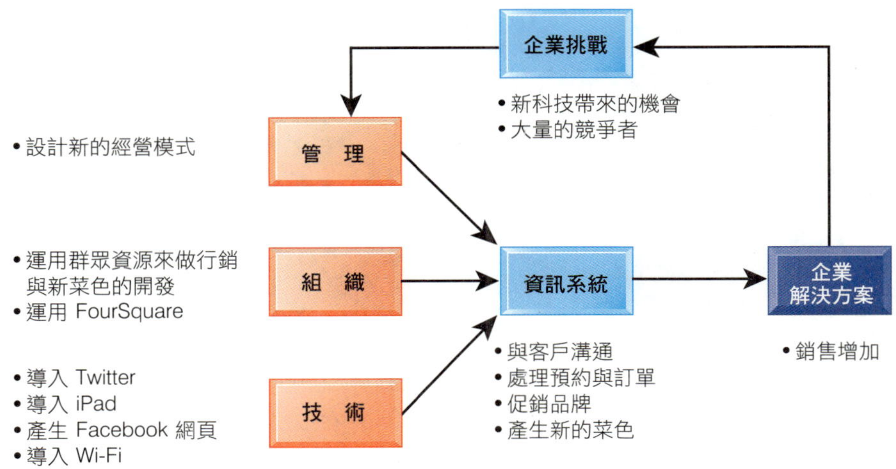

長，同時改變了許多公司的經營方式。2010 年，電子商務在美國零售業的銷售額中占了 6%，且每年成長 12%（eMarketer, 2010a）。

▶ 今日的電子商務

電子商務指的是使用網際網路與網站來從事商業交易。更為正式的說，電子商務是組織與個人以數位形式達成的商業交易。絕大多數指的是在網際網路與網站上發生的交易。商業交易牽涉到跨越組織或個人範疇的價值交換（如金錢）以取得商品或服務。

電子商務始於 1995 年，當時第一個網際網路上的入口網站 Netscap.com，在網站上首次接受刊登來自大公司的廣告，並推廣網站作為廣告與銷售新媒體的構想。電子商務的銷售曲線會呈指數成長乃是始料未及，在初期每年都有兩到三倍的成長。電子商務一直到 2008-2009 年僅呈現微幅增加的衰退期前，都有兩位數的成長。2009 年整個電子商務獲利仍是持平（參閱圖 7-1），但與每年衰退 5% 的傳統零售業相比，仍然不算太差。事實上，在這段衰退期間電子商務還是整個零售業裡面較為穩定的一塊。某些線上零售商甚至以創紀錄的速度成長：2009 年亞馬遜書店的營收比 2008 年的銷售額成長了 25%。即使在衰退期，2010 年有在網路上買東西的人仍然增加了 6% 而達到 1 億 3,300 萬人，每年平均購買額成長了 5% 而達到 1,139 美元，而這一年亞馬遜銷售額成長了 28%。

圖 7-1 電子商務的成長

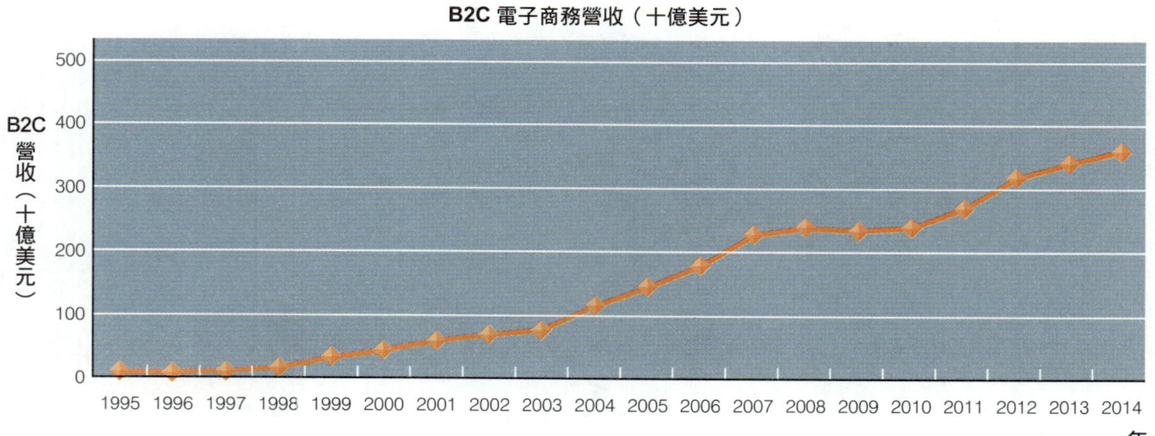

一直到 2008-2009 年的明顯衰退前，零售業電子商務的營收每年成長 15%-25%。2010 年，電子商務的營收再度以每年預估 12% 的比例開始成長。

透視許多科技創新的歷史，例如電話、收音機與電視，電子商務在初期的快速成長，使電子商務類股在股市中泡沫化。像其他泡沫化一樣，「網路公司」（dot-com）的泡沫化發生在 2001 年 3 月。大量的電子商務公司在這歷程中倒閉。然而仍有許多其他公司，如亞馬遜、eBay、Expedia 與 Google 卻有更正向的表現，在營收方面屢創新高，其調整良好的經營模式創造了利潤，也抬高了股價。到 2006 年，電子商務整體營收再度轉虧為盈，持續成為美國、歐洲與亞洲等地成長最快速的零售交易形式。

- 2010 年的線上銷售增加超過 15%，預估將達 2,550 億美元，比 2009 年增加了 12%（包含旅遊服務與數位化下載），而線上購物人數將達 1 億 3,300 萬人，另有 1 億 6,200 萬人僅是逛逛蒐集資訊而沒有購買行為（eMarketer, 2010a）。
- 全美的上網人數在 2010 年將成長到 2 億 2,100 萬人，在 2004 年時僅有 1 億 4,700 萬人。在全球，目前有超過 19 億人連結到網際網路。整體網際網路族群的擴張，連帶的也刺激了電子商務的成長。
- 據估計 2010 年 8,000 萬家庭有寬頻網路，約占家戶總數的 68%。
- 約有 8,300 萬美國人使用智慧型手機如 iPhone、Droid 或黑莓機等智慧型手機來上網。行動商務則因為應用程式、鈴聲、下載娛樂項目與定位基礎的服務而快速發展。再過幾年，手機將會是最普遍的上網裝置。
- 平均每天有 1 億 2,800 萬使用網際網路的美國成人上線。1 億 200 萬人寄發電子郵件、8,100 萬人使用搜尋引擎與 7,100 萬人閱讀新聞。約有 6,300 萬人使用社群網路、4,300 萬人使用網路銀行、3,800 萬人觀賞線上影片、2,800 萬人在維基百科網站找資料（Pew Internet & American Life Project, 2010）。
- B2B 電子商務——透過網際網路進行企業對企業間的商業活動，以及與企業夥伴之間的協同合作將超過 3.6 兆美元。

電子商務的變革尚處於萌芽階段。當有更多的商品與服務在線上販售，以及更多的家庭轉到寬頻通訊，個人或企業將會增加使用網際網路來進行商業交易。在此同時，更多的產業將因電子商務的衝擊而轉型，包括旅遊預約、音樂與娛樂、新聞、軟體、教育與金融等。表 7-1 列示了新一代電子商務的發展情形。

表 7-1 電子商務的成長

企業轉型

- 相較於實體零售店、服務與娛樂，電子商務仍舊是成長最快速的商業形式。
- 第一波電子商務改變了書籍、音樂與航空旅遊的商業世界。在第二波，有九個新的產業面臨了相同的轉型情境：分別為行銷和廣告、電信、電影、電視、珠寶與奢侈品、房地產、線上旅遊、付費方式與軟體。
- 電子商務提供的內容廣度逐漸成長，特別是在服務經濟方面，如社群網路、旅遊、資訊交換、娛樂、服飾零售、家電與家具等方面。
- 線上購物者的人口統計持續擴大與一般購物者相近。
- 純電子商務經營模式更進一步精進改善，以達更高的獲利水準，在此同時，傳統的零售品牌，如 Sears、JCPenney、L.L. Bean 與 Walmart 等，將使用電子商務來維持其在零售業的優勢地位。
- 小型企業與創業家持續湧入電子商務市集中，通常是依附在由亞馬遜、Apple 與 Google 等產業巨人所建立的基礎設施上，且逐漸使用雲端運算資源。
- 行動商務在美國因為定位基礎服務與包含電子書的娛樂性下載而開始起飛。

技術基礎

- 無線網際網路連結（Wi-Fi、Wi-Max 與 3G/4G 智慧型行動電話）迅速成長。
- 功能強大的手持行動裝置能支援音樂、網站瀏覽與娛樂與語音通訊等功能。播客興起成為傳送影片、廣播與用戶自製內容的新平台。
- 家庭及企業的網際網路寬頻基礎，隨著傳輸費用下滑變得更為強大。在 2010 年時，超過 8,000 萬的住戶使用寬頻纜線或 DSL 連接網際網路，占全美家戶數的 68%（eMarketer, 2010a）。
- 社群網路軟體與網站如 Facebook、MySpace、Twitter、LinkedIn 與其他數以千計的類似網站，成為新的電子商務、行銷與廣告的平台。Facebook 全球有 5 億的使用者，其中 1 億 8,000 萬在美國（comScore, 2010）。
- 以網際網路為基礎的新型運算模式，例如雲端運算與軟體服務化，加上 Web 2.0 的軟體工具，大幅減少電子商務網站的成本。

新經營模式問世

- 超過半數的網際網路使用人口加入線上社群網路，參加社群書評網站、建立部落格與分享照片。這些網站共同聚集了大量人氣，其規模之大對於行銷人員的吸引力不亞於電視的觀眾人數。
- Google 與其他科技廠商，如微軟和 Yahoo! 嘗試著主宰線上廣告，甚至擴展成為離線平台如電視與報紙的廣告經紀商，致使傳統的廣告經營模式已徹底瓦解。
- 報紙與其他傳統媒體的經營開始採用線上互動模式，但儘管線上讀者漸漸增加，仍是拱手讓出不少廣告收益給其他線上企業。
- 經由在好萊塢與紐約的主要版權擁有者，以及主要網際網路分銷商如 Google、YouTube、Facebook 與 Microsoft 的合作，線上娛樂的經營模式提供了電視、電影、音樂、運動與電子書的興起。

▶ 為何電子商務與眾不同？

為何電子商務的成長如此迅速？答案就在於網際網路與網站的獨特性。簡單的說，相較於以往的科技變革，如收音機、電視與電話，網際網路與電子商務技術顯得內容更為豐富且功能更為強大。表 7-2 中闡述網際網路與網站作為商業媒介所具備的獨特性。讓我們更仔細地來探討這些獨有的特徵。

無所不在

在傳統的商務行為中，市集是一個實體的場所，如零售商店，可讓你登門拜訪並進行商業交易。電子商務則是無所不在，意味著在任何地點、任何時間均可交易。讓我們不論是在家中、工作場所或是坐在你的車裡使用行動商務，

表 7-2　電子商務技術八項特徵

電子商務技術構面	商業重要性
無所不在。網際網路／網頁技術適用於任何地方：工作場合、居家與使用移動設備的任何地方、任何時候。	市集跨越傳統的範疇，擺脫時間上和地理上的限制。「電子市集」於焉而生，自此消費購物可以在任何地方進行。顧客感受到便利性的提升，而購物成本也明顯下降。
全球可及。網路技術跨越國界、適用於全球。	商業能順暢地跨越文化和國界而不需修正。市場包括潛在的幾十億消費者和全球數百萬家公司。
全球通用標準。一套技術標準，即網際網路標準。	使用一套全球通用的技術標準，使得不同規格的電腦彼此間可以輕易溝通。
豐富性。可傳送視訊、聲音與文字訊息。	影片、聲音與文字的行銷訊息，能整合成單一的行銷訊息與消費者體驗。
互動性。技術可用來與使用者互動。	消費者參與動態調整個人認知體驗的對話，讓消費者成為產品導入市場過程中的參與者。
資訊密度。技術降低資訊成本，同時提高品質。	資訊處理、儲存與溝通的成本戲劇性地降低，大幅改善流通性、正確性與及時性。資訊變得更豐富、更低廉且更精確。
個人化／客製化。技術能使個人化的訊息能傳遞到個人與團體。	行銷訊息的個人化與產品和服務的客製化取決於個人的特質。
社群科技。使用者內容產生與社群網路。	新一代網際網路社交與經營模式，促成使用者內容的創造與傳播，並能支援社交網路。

皆可使用你的電腦進行逛街購物。**電子市集**（marketspace）的概念於焉產生，這是一個超越傳統範疇的市集，擺脫時間和地理上的限制。

從消費者的觀點來看，無所不在的特性降低了**交易成本**（transaction costs）——參與市場所需付出的成本。再也不需要為了完成商業交易，花費時間或金錢往返市場，也大幅減少了決定購買前所需耗費的心力。

全球可及

電子商務技術允許跨文化及跨國界的商業交易，比傳統商務確實更為便利且具備成本效益。因此，電子商務市場的潛在大小，約略相當於全世界線上族群的總和（已超過 19 億人，且急速成長中）(Internetworldstats.com, 2010)。

相反地，多數的傳統商務較為地方性或區域性——商業行為僅發生在當地廠商或有當地代理的國際公司之間。例如，地方上或區域內主要的電視台與廣播公司以及報章媒體等機構，雖擁有有限但強大的全國性聯播網，可以吸引國內觀眾的目光，但無法輕易地跨越國家的疆界，接觸全世界的觀眾。

通用標準

電子商務技術最耀眼且不平凡的特性，即為網際網路的技術標準，同時電子商務的技術標準是全球通用的。它們為世界各國所共享，讓任何一台電腦皆可與其他任何的電腦進行連線，而不需考量所用的技術平台。相反地，絕大多數的傳統商務技術在國與國之間都不相同。例如，電視與廣播標準各地不同，行動電話技術亦然。

網際網路與電子商務的通用技術標準，大幅降低了**市場進入成本**（market entry costs）——即商家將商品引進市場所需支付的成本。在此同時，對於消費者而言，通用標準降低了**搜尋成本**（search costs）——即找到合適商品所需付出的努力。

豐富性

資訊的**豐富性**（richness）指的是訊息的複雜度與內容。傳統市場、全國性的銷售團隊，以及小型的零售商店，皆擁有高度的豐富性：它們在銷售商品時，可以利用聽覺與視覺提供貼近個人、面對面接觸的服務。傳統市場的豐富性使得它擁有強大的銷售力與商業環境。但在網頁技術發展之前，豐富性和延伸度之間必須取得一個平衡點：當接觸的顧客數量愈多，提供訊息的豐富性將會愈低。但網站可以將包含文字、聲音、影像的豐富訊息，同時傳送給許多人。

互動性

不像二十世紀的任何商業技術，除了電話是可能的例外，電子商務技術具有互動性，意味著它可讓商家與消費者進行雙向溝通。以電視為例，它無法詢問觀眾任何問題或是進行對話，同時也無法要求顧客將訊息輸入表單中。相反地，這些活動在電子商務的網站上都可以做到。互動性允許線上的商家以類似面對面的體驗方式來接觸顧客，但是規模要來得廣泛且遍及全球。

資訊密度

網際網路與網站技術大大地增加了**資訊密度**（information density）——所有市場的參與者，如消費者與商家，可獲得的資訊總量與品質。電子商務技術大幅提升了資訊的流通性、正確性與即時性，同時降低了資訊蒐集、儲存、處理與溝通的成本。

電子商務市集中的資訊密度使價格與成本更為透明化。**價格透明**（price transparency）指的是消費者易於在市場中找到各種不同價格；**成本透明**（cost transparency）指的是消費者找出商家為產品付出之實際成本。

對商家來說，同樣也有好處。線上商家可發掘比以往更多有關消費者的訊息。商家可以將消費者依其願意支付的價格將市場區隔，讓商家可以採行**差別訂價**（price discrimination）策略——將相同或相似的商品，以不同的價格賣給不同的目標族群。例如，一位線上的商家可以找到對於昂貴的國外渡假有高度興趣的消費者，提供比較貴的高規格旅遊計畫，知道這位消費者願意為這一類的旅遊付出額外的費用。同時，線上商家也可針對那些價格敏感的消費者，以較低的價格提供相同的旅遊計畫。資訊密度幫助商家用成本、品牌與品質來區隔它們的產品。

個人化／客製化

電子商務的技術允許**個人化**（personalization）：商家可以針對特定個人，以他的姓名、興趣與過去的購買經驗來調整訊息內容。電子商務技術同時也能做到**客製化**（customization）——依據使用者的偏好或以往的行為，針對所提供的產品或服務進行調整。有了電子商務技術的互動本質，在購買的同時，可在電子市集中蒐集到許多與消費者相關的資訊。隨著資訊密度的增加，線上商家可以儲存與使用大量的消費者資訊，包括過去的購買紀錄與行為。

現今能達到的個人化與客製化程度，以傳統的商務技術來看是難以想像的。例如，你可以切換頻道來改變欣賞的電視節目，但卻無法更改所選擇頻道的內容。相反地，在線上華爾街日報（Wall Street Journal Online）的網站中，你可以選擇你想先閱讀哪一類的新聞故事，並有機會在某些事件發生時提醒你。

社群科技：使用者產生的內容與社群網路

相對於以往的技術，網際網路與電子商務科技已演變得更具社會性，允許使用者建立文字、影片、音樂或相片等形式的內容，並與自己的朋友（以及世界各地較大的社群）分享。透過這些形式的溝通，使用者得以建立新的社群網路，並強化現有的社群網路。

翻開近代史，所有過去的大眾傳媒，包括報章雜誌都採用廣播模式（一對多），在一個集中地點由專家（專業的作家、編輯、導演與製片家）製作內容，匯集大量的觀眾來欣賞標準化的商品。新世代的網際網路與電子商務給予使用者更大的權力，能大量地創作與傳播內容產品，並允許使用者自行規劃其想要消費的內容。網際網路以多對多的模式提供獨一無二的大眾傳播。

▶ 電子商務的主要觀念：全球市場下的數位市集與數位商品

商業活動的地點、時機與營收模式，有部分取決於資訊的成本與傳播。網際網路建立了電子市集，在此世界各地成千上萬的人們可以直接、即時且免費地交換大量的資訊。如此一來，網際網路已然改變了公司經營的方式，並延伸到全球各地。

網際網路縮小了資訊的不對稱。**資訊不對稱**（information asymmetry）存在於交易中的一方擁有比另一方更多重要的交易資訊。而這些資訊可幫助決定它們相對的議價能力。在數位市集中，消費者與供應商可以「看到」商品所訂定的價格，因此，相較於傳統市集，數位市集可以說是更為「透明化」。

例如，在網路上出現汽車零售網站之前，車商和客戶間顯著存在著資訊不對稱。只有車商曉得製造價格，而且消費者很難從逛街中找出最好的價格。車商的利潤就依靠這些不對稱的資訊而來。現在的消費者可以拜訪大量提供競爭價格資訊的網站，目前已經有四分之三的美國人在買車時，會使用網際網路進行訪價，來找到最好的購車條件。因此，網站已減少了在買車期間產生的資訊不對稱情形。同時網際網路也減少了企業之間採購資訊的不對稱情形，並能協助找尋較好的價格與條件。

數位市集相當具有彈性和效率，它可以較低的搜尋與交易成本來營運，較低的**選單成本**（menu costs）（商家改變價格的成本）、價格差異，而且還能依據市場情況動態地改變價格。在**動態訂價**（dynamic pricing）中，產品的價格變化取決於客戶的需求特性與賣方的供貨情形。

這些市集可以減少或增加轉換成本，取決於所出售的產品與服務之本質，還有可能造成一些額外的延後滿足。不像實體市集，你無法在網站上立即使用一項產品，如所購買的衣飾（然而線上下載的數位音樂或其他數位產品，是有可能立即享有）。

數位市集提供許多直接銷售商品給消費者的機會，跨過批發商或零售商等中間人。消除通路上的中間商，能顯著地降低購買的交易成本。在傳統的配銷通路中，一項產品經過各層中間商的轉手後，商品的市場價格可能會高達原始製造成本的 135% 以上。

圖 7-2 示範了消除配銷通路中的每一層過程可以節省多少。藉由直接銷售給消費者或減少中間商的數目，公司可以在減低售價的同時，達到提高利潤的目的。在價值鏈中消除組織或企業流程中間步驟的過程稱為**去中間化**（disintermediation）。

圖 7-2　去中間化對消費者的好處

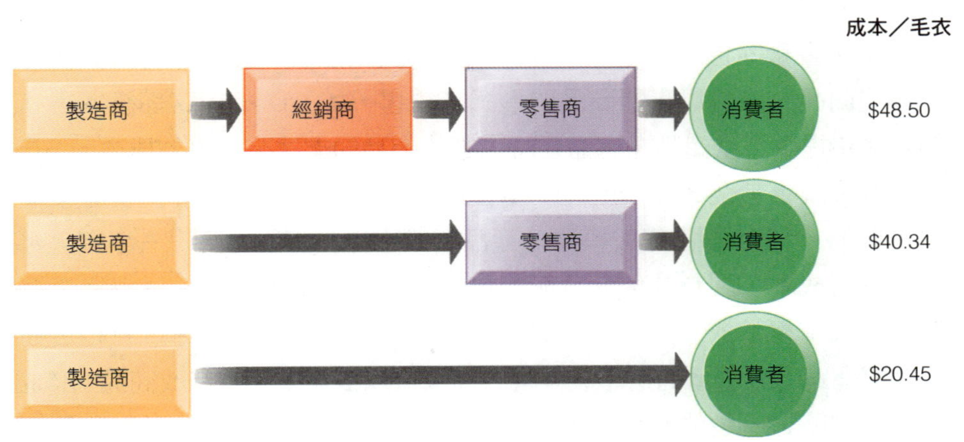

典型的配銷通路有好幾層的中介，每一層都會增加產品的最終成本，如同毛衣的例子一樣。除去這些層級將會減低對消費者的最終成本。

表 7-3 數位市集與傳統市場之比較

	數位市集	傳統市場
資訊不對稱	不對稱降低	高度的不對稱
搜尋成本	低	高
交易成本	低（有時甚至沒有）	高（時間、旅行）
延遲滿足	高（若是數位商品的個案則較低）	較低：即刻購買到手
選單成本	低	高
動態訂價	低成本、即時	高成本、較慢
差別訂價	低成本、即時	高成本、較慢
市場區隔	低成本、中度準確	高成本、低度準確
轉換成本	較高或較低（取決於產品特性）	高
網路效應	強	弱
去中間化	可能性大	可能性小

在服務業的市場中也存在著去中間化。航空業與飯店業者所經營的線上訂位網站，因為消除了中間的旅遊業者，而增加了單位票價的利潤。表 7-3 總結了數位市集與傳統市集的差異。

數位商品

網際網路數位市集大幅提高了數位商品的銷售量。**數位商品**（digital goods）指的是可以透過網路進行傳遞的商品。音樂、影片、好萊塢電影、軟體、報紙、雜誌與書籍等皆可完全以數位商品的形式來呈現、儲存、傳遞與販售。目前，這些商品大多是以實體商品的形式來銷售，如 CD、DVD 與紙本書籍。但是網際網路提供這些商品在有需要時以數位商品的方式來配送的機會。

一般來說，數位商品多生產一單位的邊際成本趨近於零（複製音樂檔案的成本是零）。然而，製造第一個原始產品的成本卻是相當的高——事實上幾乎等於商品的總成本，因為其他存貨與配銷的成本顯得微不足道。透過網際網路配送商品的成本相當低，行銷成本維持不變，而商品的訂價則可以有相當多變化（在網際網路上，很低的選單成本導致商家可以依需要時常修改商品的價格）。

網際網路對於數位商品市場帶來幾近革命性的衝擊，其結果在我們周遭每日可見。那些倚賴銷售實體商品的企業——如書店、出版商、音樂公司與電影公司——可能會面臨銷售銳減，甚或倒閉的窘境。報紙與雜誌的讀者逐漸轉向

表 7-4 網際網路如何改變了數位商品市場

	數位商品	傳統商品
每單位的邊際成本	零	遠大於零，高
生產成本	高（幾乎等於商品成本）	變動
複製費用	趨近於零	遠大於零，高
配銷遞送成本	低	高
存貨成本	低	高
行銷成本	變動	變動
訂　價	變動相當大（如銷售組合、隨機訂價的遊戲）	固定，依據單位成本而定

網際網路，即使線上訂閱讀者增加，廣告也還是不斷流失。唱片公司因為網際網路上的音樂下載網站與盜版猖獗，而營收大幅下滑，唱片行也逐漸從市場上消失。影片出租公司，如百視達（Blockbuster）（現已破產）等以實體 DVD 與實體店鋪為主的企業，其銷售量已被網際網路型錄與數位串流影音經營模式的 NetFlix 逐步侵蝕。好萊塢製片商也面臨相同的困境，網際網路盜版者將影片以數位串流影音的方式傳播，對於好萊塢在 DVD 出租與銷售擁有的專賣權視若無睹。到目前為止，因盜版問題而蒙受的損失已高達整體電影產業營收的一半以上。但時至今日，因為主要片商與 YouTube、亞馬遜與 Apple 已經學會如何合作，盜版影片已不會嚴重影響好萊塢的營收。表 7-4 描述數位商品，以及其與傳統實體商品的差異究竟為何。

7.2 電子商務：商業與技術

電子商務已經由 1995 年早期放在入口網站上的幾則廣告，成長到 2010 年占有整個零售銷售額的 6%（預估有 2,550 億美元），超過了型錄郵購業。電子商務本身是商業模式與資訊科技的迷人組合。我們先從對電子商務的基本型態有所了解開始，接著再描述其營運與獲利模式。另外，也會討論新技術如何幫助企業與美國 2 億 2,100 萬人、全球超過 8 億人的線上客戶接觸。

▶ 電子商務的型態

有許多方式來分類電子商務交易：一種是藉由電子商務交易的參與者來區

別。而有三種主要電子商務分類為企業對消費者（B2C）電子商務、企業對企業（B2B）電子商務與消費者對消費者（C2C）電子商務。

- **企業對消費者**（business-to-consumer, B2C）電子商務包含出售零售商品與服務給個別的購物人。BarnesandNoble.com 是一家販賣書籍、軟體與音樂給個別消費者的 B2C 電子商務的例子。
- **企業對企業**（business-to-business, B2B）電子商務包含企業間貨物銷售及服務。ChemConnect 的網站買賣化學與塑膠製品，為 B2B 電子商務的範例之一。
- **消費者對消費者**（consumer-to-consumer, C2C）電子商務包含消費者直接販售物品給其他消費者。例如，拍賣網站的巨人 eBay，讓人們拍賣物品給出價最高的消費者，或者以固定價格銷售。Craigslist 則是消費者用來跟他人進行買賣最常用的平台。

另外一種電子商務交易分類的方式，是依交易參與者所使用的平台來區分。直到最近，幾乎所有的電子商務交易都使用透過有線網路連結上網際網路的個人電腦。現在兩種行動裝置正在竄出：使用行動電話網路的智慧型手機與專屬電子閱讀器如 Kindel，以及使用 Wi-Fi 無線網路的智慧型手機和平板電腦。這種用手持式無線裝置可由任何地方採購物品和服務，稱為**行動商務**（mobile commerce 或 m-commerce）。B2B 及 B2C 兩類電子商務交易都能使用行動商務技術，我們將在第 7.3 節做更深入的探討。

▶ 電子商務的營運模式

之前所描述資訊經濟所帶來的改變，除創造全新的商業模式外，也摧毀了舊有的。表 7-5 描述了某些已經浮現的網際網路營運模式。無論方式為何，這些商業模式都利用網際網路替現有的商品與服務加值，或者用網際網路構築新的商品與服務。

入口網站

Google、Bing、Yahoo!、MSN 與 AOL 等入口網站，提供了有力的搜尋工具，並且在同一地方提供完整的內容與服務，例如新聞、電子郵件、即時訊息、地圖、行事曆、購物、音樂下載、影音串流與其他更多服務。一開始，入口網站只是進入網際網路的大門。但現在入口網站營運模式提供使用者一處可

表 7-5　網際網路經營模式

種　類	說　明	範　例
網路零售商	直接販賣實體產品給消費者或獨立企業。	Amazon RedEnvelope.com
交易仲介商	藉由處理線上銷售交易來節省使用者的金錢與時間，在每次交易發生時賺取手續費，亦提供費用率與交易條件的資訊。	ETrade.com Expedia
市集創造者	提供一個數位環境，讓買方與賣方能在此會面、搜尋產品、展示產品與產品訂價。可服務消費者或 B2B 電子商務，由每次交易中收取手續費來創造收益。	eBay Priceline.com ChemConnect.com
內容供應商	經由網站提供數位內容創造收益，如數位新聞、音樂、照片或影片。客戶可能付費以取得內容，收益也可能來自販賣廣告空間。	WSJ.com GettyImages.com iTunes.com Games.com
社群供應商	提供線上相會空間，讓興趣相投的人們可以溝通交流並尋找有用的資訊。	Facebook MySpace iVillage，Twitter
入口網站	提供進入特定內容或服務網站的起始點。	Yahoo! Bing Google
服務供應商	提供 Web 2.0 應用服務，如照片分享、影片分享與使用者自製內容。提供其他的服務，如線上資料儲存與備份。	Google Apps Photobuket.com Xdrive.com

以搜尋資料、讀新聞消磨時間、找樂子、認識其他人與接收廣告訊息的網站。入口網站的主要收益來自吸引大量人潮、收取廣告刊登費、將使用者導向其他網站以收取介紹費、或者收取特別服務的費用。在 2010 年，入口網站產生了約 135 億美元的營收。雖然入口／搜尋網站數以百計，但由於品牌知名度高，排名前五大（Google、Yahoo!、MSN/Bing、AOL 與 Ask.com）的網站吸引了超過 95% 流量（eMarketer, 2010e）。

網路零售商

線上零售商店，通常稱為**網路零售商**（e-tailer），有著不同大小的規模，大到如 2010 年營收 240 億美元的亞馬遜，小到如有個網站的地方小店。網路零售商與傳統實體商店類似，差別在於客人只需要連上網際網路看有無存貨就可以下訂。整體而言，線上零售商在 2010 年創造了 1,520 億美元的營收。網路零售商的價值在於提供全年無休的便宜方便購物管道，並且提供消費者多樣的選擇。某些公司如 Walmart.com 與 Staples.com 則採虛實整合的經營模式，把網路商店視為實體的延伸，販賣相同的產品。其他則為完全沒有實體店鋪的虛擬商店。亞馬遜、BlueNile.com 與 Drugstore.com 就是以此種型態營運的網路零售商。其他變化型的網路零售商型態——例如，線上版本的型錄郵購、線上大賣場與製造商直營銷售——也一樣存在。

內容供應商

雖然一開始電子商務只是商品零售管道，但現在已經轉變成整體內容的提供。「內容」被廣泛的定義成所有各種型態的智慧財產。**智慧財產**（Intellectual Property）泛指能夠被儲存到可見實體或者數位型態媒體（包含網站）的人類表達方式，如文字、CD、DVD。內容供應商透過網站來傳播資訊內容，例如數位影音、音樂、照片、文字與藝術創作。內容供應商的價值在於，客戶可以在線上很方便地尋找各類不同的內容，以便宜的價格取得後可以在不同的電腦裝置或者智慧型手機上播放或觀賞。

供應商不一定要自己創作內容（雖然有時候兩者是同一個人，如 Disney.com），多數是透過網際網路傳播他人製作或創作的內容。例如 Apple 在 iTunes Store 上販賣音樂，但本身並不創作或製作。

iTunes Store 驚人的普及性以及 Apple 能夠連上網路的 iPhone、iPad 與 iPod，創造出如播客或者行動串流等新的數位內容遞送模式。**播客**（podcasting）是一種透過網際網路發行影音廣播的方法，讓已訂閱的使用者可以把影音檔案下載到個人的電腦或者可攜式播放器上。**串流**（streaming）則是一種透過網際網路發行影音內容的方式，連續不斷的將內容傳輸到使用者的裝置上而不需儲存。

雖然各種預估數字不盡相同，但 2010 年下載以及訂閱的營收約在 80 億至 100 億美元之間。這是電子商務中發展最快的領域，預估每年有 20% 的成長率（eMarketer, 2010b）。

交易仲介商

利用電話或者郵件以人工方式替客戶處理交易的，被稱為交易仲介商。大量採用這種方式的產業有金融服務業與旅遊業。線上交易仲介商的價值在於節省時間與金錢，在同一個地點提供特別的金融商品以及套裝行程清單。線上股票交易與旅遊訂位服務所收取的費用比傳統的作法少很多。

市集創造者

市集創造者（market creators）建立一個可以讓買賣雙方碰面、展示與搜尋商品，以及議價的數位環境。他們的價值在於建立一個賣家可以很容易的展示物品，買家可以直接與賣家交易的平台。eBay 與 Priceline 等線上拍賣市集就是市集創造者營運模式的好例子。另外一個例子就是亞馬遜的 Merchants 平台（eBay 也有類似的方式），此一平台允許商家在亞馬遜的網站上開店，以固定價格銷售商品。這令人聯想起傳統的露天市集，市集創造者提供場地設施（通常是小鎮上的某個廣場）讓買賣雙方進行交易。線上市集創造者在 2010 年將有 120 億美元的營收。

服務供應商

網路零售商賣產品，服務供應商則賣服務。線上服務已經急遽擴張，Web 2.0 應用程式、照片分享、線上資料儲存與備份，都是服務供應商營運模式的例證。軟體不再是放在盒子裡面的一張光碟，漸漸的你不再是由經銷商處購買軟體，而是在網路上訂閱軟體即時服務（參閱第五章）。Google 已經在開發線上軟體服務這條路上領頭前進，例如 Google Apps、Gmail 與線上資料儲存服務。

社群供應商

社群供應商（community provider）創造一個線上數位環境，在那裡興趣類似的人可以進行交易（買賣商品），分享興趣、照片、影片；與志趣相投的朋友交流；接受有興趣的訊息；甚至用稱為阿凡達（avatars）的線上虛擬人型來玩幻想遊戲。社群網路的網站如 Facebook、MySpace、LinkedIn 與 Twitter；以及線上社群如 iVillage；以及其他數以百計的利基網站如 Doostang 與 Sportsvite 都提供建立社群的工具與服務。社群網路的網站近幾年蓬勃發展，通常一年使用者就會倍增，即使如此，這些網站仍然為獲利而奮鬥。

▶ 電子商務的獲利模式

一家公司的**獲利模式**（revenue model）描述了公司如何創造營收、賺得獲

互動部分：組織

定位基礎的行銷與廣告

2010 年 10 月，位於英國的行動電話服務商 O2 啟動了國內第一個大規模的定位基礎（location-based）的服務，用來對行動電話用戶進行精準行銷。精準行銷的概念被認為是企業中最重要的部分。該公司的行動行銷部門 O2 Media，已經利用客戶資料對公司提供個人化行銷。例如，一個鎖定有小孩家庭的主題遊樂園 iPhone 應用程式（apps）很成功，估計約有 30% 被鎖定的使用者最後下載了該程式。傳統的精準行銷鎖定的是年紀、性別與興趣等等，定位基礎的行銷則更進一步的在對的時間地點鎖定對的人，讓他們在對的地點購買。

O2 的系統是這樣運作的。該公司的客戶藉由提供年紀、性別與興趣來進入該系統。當客戶接近一處與個人的輪廓相符的商店時，會收到折價或者其他促銷的簡訊。O2 剛推出此服務的時候，僅限於提供星巴克以及萊雅護髮產品存貨出清的折扣，但該公司相信其他夥伴會陸續加入。

這項服務是以一個稱為「地理柵欄」（geofencing）的技術為基礎，由一家位於美國加州的 Placecast 公司所提供。2009 年 Placecast 公司啟動了一次名為 ShopAlerts 的測試計畫，其中有三種不同型態的零售商參與——American Eagle Outfitters（年輕人服飾）、North Face（戶外裝備與服飾）與 Sonic（速食）。雖然這三種零售商的潛在客戶可能有重複，但大部分的使用者都只會符合其中一種。精準行銷降低了行銷訊息被淹沒在「垃圾郵件」中的可能；也就是說，客戶會收到他們知道可能有關的文字訊息。根據 Placecast 對 ShopAlerts 使用者進行的研究顯示，大部分人收到訊息後馬上查看，65% 收到訊息後有購買。（有趣的是，購買的不一定是訊息中所提到的！）

O2 必須解決這種行銷手法的幾個議題：

- 加入與退出。客戶必須隨時可以退出，一開始也必須要申請加入。
- 年齡。O2 的方案 16 歲以下不可以加入。
- 資料分享。精準行銷的基礎是客戶提供的資訊，而這些資訊不可與其他客戶分享。
- 頻率。因為簡訊是客戶進入某個地理柵欄所觸發，有可能客戶在同一條街上走來走去而被簡訊轟炸。Placecast 在美國的測試設定 48 小時內最多發送一則，每週最多三則簡訊，O2 則限制在每天一則。
- 裝置。O2 的方案可以用在所有的手機上，不需要下載應用程式（也就是說不需要使用智慧型手機），也不會影響電池壽命。

正如你所期待，O2 跟他的夥伴們對於這項冒險計畫充滿狂熱。根據 O2 Media 的總經理 Shaun Gregory 的說法：「市場潛力很大，這種行銷方法是在老式大眾接觸手法的棺材上，釘上另一根釘子。」萊雅客戶關係管理主管 Hal Kimber 指出：「這機會讓我們很興奮，從中學到的經驗對我們客戶關係管理創新進步來說，價值是無法衡量的。」

使用文字訊息必須考慮潛在客戶與他們使用簡訊的方式。2010 年 10 月，一次由研究線上行為模式的市場研究公司 comScore 所進行的調查指出，世界各地的行動電話使用行為差異很大。此次調查涵蓋日本與歐美，研究人員發現樣本中 80% 的歐洲人互送文字訊息，美國人的比例是 66.8%，日本則只有 40.1%。當然，不傳文字簡訊不代表不接受文字廣告訊息。

看起來在日本加入 Placecast 的方式較不需重視，反而需要注意定位基礎的行動廣告，一種用來變更使用者在使用應用程式時所接收廣告的複雜手法。例如，使用某些 iPhone 或者 Android 應用程式的人，通常也會同時看到線上橫幅廣告。AdLocal（現已併入日本 Yahoo!）有日本最大比例的定位基礎廣告市占率（十億美元！），此種技術確保使用者不是因為身分，而是因為所在位置而收到廣告。廣告主可用精靈引導的方式建立廣告，並且決定廣告要出現的地點與日期（為了特別促銷或者折扣）。這種智慧行銷的方式看來很有可能在歐美大行其道。

資料來源：“O2 Launches UK's First Location-Based Mobile Marketing,” O2 news release, October 15, 2010; Katheryn Koegel, “Consumer Insights on Location-based Mobile Marketing,” January 2010; “comScore Releases First Comparative Report on Mobile Usage in Japan, United States, and Europe,” comScore press release, October 7, 2010; Farukh Shaikh, “Yahoo Japan Scoops Up Location-Based Mobile Ad Firm Cirius Technology,” *eBrands*, August 17, 2010 (http://news.ebrandz.com/yahoo/2010/3515-yahoo-japan-scoops-up-location-based-mobile-ad-firm-cirius-technologies-.html, accessed October 25, 2010).

個案研究問題

1. 個案描述了兩種用來吸引消費者興趣的方法。Placecast 與 AdLocal 方法有何不同？
2. 你認為精準行銷比亂槍打鳥好嗎？對廣告主有什麼差別？對消費者呢？
3. comScore 提出的調查報告沒有區分年齡層，只有國家。你認為不同年齡層的行為模式不同，是否會讓精準行銷在不同年齡層中效果不同？
4. 思考你身邊可以接觸到的企業，有哪些可以從 O2 的計畫裡面獲利？他們應該提供什麼？

管理資訊系統的行動

瀏覽 Vouchercloud 網站（www.vouchercloud.com）並且回答以下問題：

1. Vouchercloud 與 O2 的異同處有哪些？
2. 你認為哪種方式對一個位在繁忙的人行徒步區的商家比較有效？請解釋你的看法。

本個案由 Staffordshire 大學的 Andy Jones 所提供。

利與產生更高的投資報酬率。雖然電子商務已經發展出許多獲利模式，但大多數公司都採用以下六種獲利模式之一，或者這些模式的不同組合：廣告、銷售、訂閱、免費／免費收費混合、交易手續費與合作獲利模式。

廣告獲利模式

在**廣告獲利模式**（advertising revenue model）中，網站靠著先吸引大批人潮瀏覽，而後推播廣告的方式獲利。這種廣告模式在電子商務中很常見，但可爭議的是，若沒了廣告收益，這些網站可能就變得完全不同。所有網站上的內容——從新聞、影片到各類的言論——都是免費提供給使用者，所有費用都由廣告主來支付，用以換取將各式廣告內容推播給使用者的權利。2010 年各企業預估的廣告費用為 2,400 億美元，其中 250 億花在線上廣告（廣告形式有付費訊息、付費關鍵字搜尋、影片、小工具、遊戲與其他如即時訊息等）。過去五年，廣告主增加在線上廣告的費用，而削減傳統媒體如無線電台與報紙的花費。電視廣告的費用也與線上廣告同時增長。

擁有大量瀏覽人潮或者能吸引特定族群並且將他們留住（「黏著度」）的網站，能收取更高的廣告費用。例如，Yahoo! 所有的收益幾乎都從顯示廣告（橫幅廣告）而來，關鍵字搜尋廣告則較少。Google 98% 的收益，則從以類似競標的方式，販賣關鍵字給廣告主而來（AdSense 方案）。Facebook 的使用者每週停留在站上的時間超過五小時，比其他入口網站都還多。

銷售獲利模式

在**銷售獲利模式**（sales revenue model）中，網站靠著銷售貨物、資訊與服務給客戶而獲利。例如亞馬遜（銷售書籍、音樂及其他產品）、LLBean.com 與 Gap.com 這些網站，都採用銷售獲利模式。內容供應商則靠著收取下載音樂檔案（iTunes Store）與書籍，或者下載串流影音（參閱第三章 Hulu.com TV Shows）的費用來賺錢。Apple 率先推動並加強消費者對於小額付費的接受程度。**小額付費系統**（micropayment systems）以合理成本提供內容供應商處理量大金額小的付款交易（每筆交易從 0.25 美元到 5 美元）。在 MyMISLab 的追蹤學習單元中，對於小額付款及其他電子商務付款系統有詳細的說明。

訂閱獲利模式

在**訂閱獲利模式**（subscription revenue model）中，網站靠著不斷提供內容或者服務，讓付費訂閱的使用者可以取得部分或全部的網站內容。內容供應商通常都是用這種獲利模式。例如，線上版本的消費者報告（Consumer Reports）只對付出每月 5.95 美元或者每年 26 美元的付費使用者，提供存取如詳細評比、評論與推薦等進階內容的權限。Netflix 則是這類網站中最成功的，在 2010 年 9 月份時該公司的付費用戶有 1,500 萬人，*華爾街日報*則是擁有全世界最大的付費新聞網站，有超過 100 萬的用戶。這種經營模式要成功，網站的內容必須要是高附加價值、具差異性、無法隨處取得與容易複製。成功經營線上訂閱模式的公司包括 Match.com 與 eHarmony（約會服務）、Ancestry.com 與 Genealogy.com（族譜研究）、微軟的 Xboxlive.com（電玩遊戲）與 Rhapsody.com（音樂）。

免費／免費收費混合獲利模式

在**免費／免費收費混合獲利模式**（free/freemium revenue model）中，網站免費提供基本的服務與內容，但對進階或者特別服務收取費用。例如，Google 提供免費的各項應用程式，但對高階服務收取費用。付費收音機服務的業者 Pandora，提供有限時間的免費播放，但付費用戶則不限時間。照片分享網站 Flickr 則提供基本的免費服務，讓朋友與家人可以共享照片，但也提供 24.95 美元的高階服務，提供不限容量、高解析度影片的儲存與播放，並且不受廣告干擾。這種模式的基本想法就是用免費服務吸引大量用戶，然後讓其中的部分用戶付費享受高階服務。此模式的問題之一就是如何把「免費用戶」轉換成願意付費的。「免費」是非常有可能賠錢的。

交易手續費獲利模式

在**交易手續費獲利模式**（transaction fee revenue model）中，網站靠著促成或執行交易而獲利。例如，eBay 提供線上競標平台，並在賣家賣出商品時收取小額的交易費用，線上仲介商 E*Trade 則在替客戶買賣股票時收取手續費。此一模式廣為接受的原因在於，使用者不會馬上知道使用此類平台的真正成本。

合作獲利模式

在**合作獲利模式**（affiliate revenue model）中，合作網站（affiliate Websites）將網站瀏覽用戶導向到其他的網站，以收取轉介費或者因轉介而成交的獲利中，取得固定比例的利潤。例如，MyPoints 替廠商與潛在消費客戶搭起橋樑，並對客戶提供特別折扣，藉此從中獲利。當網站會員利用特別折扣進行消費後，可以得到兌換免費商品或服務的點數，而 MyPoints 就可以賺得轉介費。社群回饋網站 Epinions 與 Yelp 透過將潛在客戶導向到購物網站去購物而獲利。亞馬遜則將標誌放在合作網站的部落格上，藉以將企業客戶導向公司網站進行交易。個人部落格也可以加入合作網站。某些部落客直接向廠商收費或者免費試用品，替公司產品發聲並提供該產品銷售管道的連結。

▶ Web 2.0：社群網路與群眾智慧

電子商務獲利最快的領域，是 Web 2.0 線上服務。最普及的 Web 2.0 服務是社群網路，一處人們可以在線上與朋友或者朋友的朋友們碰面的網站。每天超過 6,000 萬的美國網際網路使用者造訪如 Facebook、MySpace、LinkedIn 與其他數以百計的社群網路網站。

社群網路網站透過人們在生意上或者私人關係來連結彼此，讓使用者以銷售、求職或者尋找新朋友為目的來探查自己的朋友（還有朋友的朋友）。MySpace、Facebook 與 Friendster 吸引想要拓展社交圈的用戶，而 LinkedIn 則專注於專業人士的求職網路。

社群網路網站與線上社群提供電子商務新的發展機會。Facebook 與 MySpace 販賣橫幅、影片與文字廣告；出售使用者偏好的資料賣給市調公司；同時販賣如音樂、影片與電子書等產品。企業者透過建立自己的 Facebook 粉絲頁與 MySpace 個人檔案來與潛在客戶互動交流。例如，寶僑替 Crest 牙膏建立了一個 MySpace 個人檔案，並公開替虛擬角色 “Miss Irresistable” 招募朋友。公司也可以聆聽社交網站上使用者的心聲，藉此由客戶處得到有價值的回饋訊息。在類似 YouTube 的使用者創作內容網站中，廣告被安插在高品質的影片中，好萊塢也成立了自己的頻道來行銷自己的產品。在互動部分管理篇中，我們將更深入的探討 Facebook 上的社群網路對隱私權的影響。

在類似 Kaboodle、ThisNext 與 Stylehive 的**社群購物**（social shopping）網站中，使用者可以彼此交換購物心得。Facebook 則提供類似服務，鼓勵使用者自發性地進行分享。線上社群也是進行病毒式行銷的好地方。這種方式類似傳統的口碑行銷，差別在於訊息能在網站上高速的傳播，而且不受限於某個地理區域的一小群朋友間。

群眾智慧

建立一個上萬人甚至上百萬人可以互動的網站，提供了企業一個可以行

互動部分：管理

Facebook：為他們的獲利管好你自己的隱私

Facebook 是世界上最大的社群網路網站，在 2004 年由 Mark Zuckerberg 創立。2010 年 10 月時，該網站在全世界共有 5 億的使用者，遙遙領先其他同性質的網站。Facebook 讓使用者建立個人檔案並加入各種自治的社交網路，包括校園、工作場所與地區性的網路。該網站有一系列的工具，可以讓使用者彼此聯繫並與他人互動，例如發送訊息、建立小團體、分享照片與自行建立應用程式。

雖然身為社群網路網站的領導者，該公司仍一直想盡各種辦法試圖獲利。即使許多投資者對未來的獲利前景仍表樂觀，但 Facebook 仍然需要調整營運模式，以將累積的使用者流量與個人資料變成賺錢工具。

如同其他同性質的公司一般，Facebook 主要靠廣告來賺錢。Facebook 代表了可在人口族群資訊、興趣與個人喜好、地理區域與其他限定的條件下，在一個舒適迷人的環境裡接觸這些目標群眾的絕佳機會。企業不論大小都可以在 Facebook 上面的各個主要功能頁面裡刊登廣告，或者成立可以讓使用者了解公司並進行互動的粉絲專頁。

但許多人並不喜歡與自己朋友以外的人分享個人訊息。這對 Facebook 來說是麻煩問題。該公司必須提供相當程度的隱私權讓用戶覺得放心，但也就是這樣的隱私權設定無法蒐集到足夠的訊息，對 Facebook 來說，訊息愈多，賺的錢就愈多。Facebook 的目標就是要藉由建立一個分享更多就能使用得更舒適有趣的環境，說服使用者放心地自願分享訊息。在試圖達成此目的之過程中，該公司犯了不少錯誤，但也逐步的改善隱私權設定。

2007 年推出的 Beacon 廣告服務，成了眾人對於 Facebook 處理個人隱私資料批評的避雷針。這項服務本來是用來通知用戶的朋友們買了什麼東西，瀏覽了 Facebook 以外的哪些網站。但是使用者對於即使退出了 Beacon 的服務後，仍然一直將自己的訊息通知其他人而感到憤怒。在眾人反彈以及集體訴訟的威脅下，Facebook 於 2009 年 9 月份停止了該項服務。

Facebook 也因為自行保留了使用者試圖移除的個人檔案，而飽受批評。2009 年年初公司調整服務條款，將擁有刪除資料的權利納入條款內。但這在某些國家是違法的，很快遭受到使用者的強烈反對。

為了回應此事件，Facebook 在安全主管 Chris Kelly 的主導下，大幅調整隱私權政策。此次調整採取了開放合作策略，與過去強烈批評舊策略的人一起合作討論，參加的人包括抗議行動的發起人。2009 年 2 月，經過所有使用者的公開投票後，獲得 75% 的同意後開始實施新政策。使用者現在可以停用或者完全刪除帳號，只有停用以後的訊息會被保留。

2009 年年底，在推出新的隱私權控制措施後，Facebook 與使用者之間的緊張關係達到頂點，起因在於某些設定預設是公開的。即便使用者之前設定的是只有「朋友」可以查看相片與個人檔案訊息，這些個人資料還是洩漏出去了，其中網站創辦人 Zuckerberg 自己也受害。當被問到這項改變時，Zuckerberg 解釋是為了回應社會規範中走向開放揚棄隱私的精神而採行，他表示：「我們認為這應該是社會規範的一部分，所以我們就做了。」

此次事件仍然餘波盪漾，更多的隱私權問題仍然持續著。2010 年 10 月，Facebook 發表了新功能，讓使用者可以自行決定如何與其他朋友與第三方應用程式分享個人訊息。其中包括一組可以讓使用者定義出屬於小團體的朋友，以及每個小團體可以看到的私人訊息，而屬於這些小團體的朋友是公開或者私人的也可以設定。

過後不久，華爾街日報的一項調查發現，Facebook 上面的某些應用程式把使用者的識別資料——可以知道姓名、甚至某些情況下可以看到朋友姓名的身分識別資料——洩漏給一堆的廣告與網際網路追蹤公司。而這種分享身分資料的行為是違反 Facebook 的隱私權政策。

然而，這些隱私權問題並沒有嚇退廣告主。Facebook 在每個人的首頁上以及個人檔案側邊欄放上廣告。除了來自廣告主的圖片以及頭條消息外，還加上那些已經對這些廣告點過顯示喜歡這則廣告的朋友的姓名。尼爾森公司的調查發現，在廣告上加入認識的人的訊息，增加了對該則廣告 68% 的記憶，對品牌印象則增加了兩倍。為了判斷哪些廣告對哪些特定族群有用，Facebook 把個人檔案內容摘要成關鍵字，然後根據這些關鍵字進行廣告配對，過程中不需要與廣告主分享使用者個人資料。

儘管如此，Facebook 能從廣告上賺多少錢依然不明。公司堅持不會以任何形式向使用者收費。Facebook 2010 年的預估收益有近 10 億美元，與私人市場推估的 330 億美元仍有很大的距離。但是這個網站已經是整個網路社群架構中不可或缺的一部分，而 Facebook 的管理階層堅持對於 2010 年或可見的未來的獲利依然表示不用擔心。

資料來源：Emily Steel and Geoffrey A. Fowler, "Facebook in Privacy Breach," *The Wall Street Journal*, October 18, 2010; Jessica E. Vascellaro, "Facebook Makes Gains in Web Ads," *The Wall Street Journal*, May 12, 2010 and "Facebook Grapples with Privacy Issues," *The Wall Street Journal*, May 19, 2010; Geoffrey A. Fowler, "Facebook Fights Privacy Concerns," *The Wall Street Journal*, August 21, 2010 and "Facebook Tweaks Allow Friends to Sort Who They Really 'Like,'" *The Wall Street Journal*, October 5, 2010; Emily Steel and Geoffrey A. Fowler, "Facebook Touts Selling Power of Friendship," *The Wall Street Journal*, July 7, 2010; Brad Stone, "Is Facebook Growing Up Too Fast?" *The New York Times*, March 29, 2009; and CG Lynch, "Facebook's Chief Privacy Officer: Balancing Needs of Users with the Business of Social Networks," CIO.com, April 1, 2009.

個案研究問題

1. 本章個案描述了什麼觀念？
2. 描述 Facebook 隱私權政策與系統功能的弱點。哪些管理、組織與技術因素和這些弱點有關？
3. 列舉並描述 Facebook 在平衡隱私與獲利間所採取的各種方法。Facebook 可以如何保障用戶隱私權？對它的營運模式與獲利有何影響？
4. 你認為 Facebook 把網站流量轉化成營收的營運模式會成功嗎？會與不會的原因為何？

管理資訊系統的行動

瀏覽 Facebook 的網站，並檢視其隱私權政策。然後回答以下問題：

1. 對何種使用者資訊 Facebook 保有其權利？
2. 對於經由在 Facebook 平台上運作的第三方應用程式分享的資訊，Facebook 的立場為何？
3. 你認為隱私權政策清楚且合理嗎？如果要修改，你會改什麼？

銷、廣告與了解哪些客戶喜歡（或者討厭）公司產品的新管道。在稱為**群眾智慧**（the wisdom of crowds）的現象中，有人懷疑一大群人可以對各種不同的議題或者產品，做出比一個人或是一群專家更好的決策（Surowiecki, 2004）。

顯然，事情不一定是這樣，但可能以很有趣的形式發生。在行銷上來說，群眾智慧的概念建議公司應該與數千名客戶群諮商，作為建立關係的手段，接著可以更了解客戶如何使用這些產品與服務，以及是否喜歡（或討厭）。主動蒐集客戶意見可以建立信賴關係，並傳達出公司在乎客戶的想法，並且需要他們提供建議的訊息。

除了單純蒐集建議外，公司也可以透過**集體創作**（crowdsourcing）的方式主動來解決問題。例如，在 2006 年 Netflix 提出一個 100 萬美元獎金的競賽，獎賞能夠提升預測客戶喜好與真正選看的電影結果差異 10% 準確率的個人或團隊。到了 2009 年，Netflix 收到了來自 186 個國家的 5,169 個團隊所提出的 44,014 種方法。優勝的隊伍改善了 Netflix 公司關鍵性的部分：一個可以推薦客戶訂購哪些電影的推薦系統。該系統以客戶過去觀賞紀錄加上數百萬個與其相似的客戶所觀賞過的電影，決定該推薦給客戶哪些電影（Howe, 2008; Resnick and Varian, 1997）。

公司也可以預測市集的方式來運用群眾智慧。**預測市集**（prediction markets）以一對一打賭的形式存在，參與者可以對新產品的單季銷量、產品設計或政治大選等特定結果下注。最大的商業化預測市集是 2000 年成立的 Betfair，提供對於如美式足球、賽馬與道瓊指數單日漲跌等特定結果下注的服務。Iowa Electronic Market（IEM）則是專注於選舉結果的學術性預測市集，你可以對於區域與全國性選舉結果下賭注。

▶ 電子商務行銷

電子商務與網際網路改變整個產業並產生了新的營運模式後，沒有產業比行銷與行銷傳播受到更大的影響。網際網路提供一種新的方式，讓市場行銷人員以遠低於傳統模式如搜尋引擎行銷、資料挖掘、推薦者系統與鎖定目標的電子郵件，來辨識出數以百萬計的潛在客戶。網際網路開啟了**長尾行銷**（long tail marketing）的時代。在沒有網際網路之前，要接觸到廣大的客戶所費不貲，行銷人員得要專注在用如音樂、好萊塢電影、書籍或汽車等熱銷產品吸引大眾目光。相較之下，網際網路可以較低成本接觸到需求較少的潛在客戶，也就是在鐘型（常態分配）曲線圖形左右兩端的客戶。例如，網際網路讓銷售個人創作音樂給少數人變成可能獲利。任何商品都可能有需求，把這些長尾銷售串連起來，就有了營運模式。

網際網路也提供了蒐集客戶資訊的新方法——經常是即時且自發性的——用來調整產品供應與增加客戶價值。表 7-6 列出電子商務中常見的潛在客戶行銷與廣告的形式。

許多電子行銷的公司用行為標的技巧來增加橫幅廣告、多媒體與影片廣告的效率。**行為標的**（behavioral targeting）係指追蹤使用者在數千個網站的點選過程（點選行為的歷史），用以了解他們的興趣與傾向，並把特定適合其行為模式的廣告推播給他們。擁護者相信對於客戶較為深入的了解將使行銷更有效（公司只為了那些對其產品較有興趣的人付出廣告費用），這代表更多的銷售與營收。但是很不幸的，在消費者不知情的情況下追蹤數以百萬計網路使用者的行為模式，也產生侵犯隱私權的問題（參閱第四章的討論）。當使用者對網站失去信任後，會傾向不購買任何東西。

表 7-6　線上行銷與廣告形式（十億美元）

行銷形式	2010 年收益	描　述
搜尋引擎	$12.3	在消費者逛街或購買的時候，精準的標定消費者正在尋找的東西而推播的文字廣告。銷售導向。
顯示廣告	$ 5.8	有互動功能的橫幅廣告（彈出與隱藏視窗）；增加每個人瀏覽網頁的活動軌跡之行為標的分析。品牌開發與銷售。
分類廣告	$ 1.9	求職、房地產與服務廣告；互動、多媒體與個人化搜尋結果。銷售與品牌經營。
多媒體	$ 1.57	動畫、遊戲與拼圖。互動、標的與娛樂。品牌經營導向。
合作與部落格行銷	$ 1.5	將客戶帶到上層網站的部落格與網站行銷；互動、個人化、經常伴隨著有影片。銷售導向。
影　片	$ 1.5	成長快速的格式，參與和娛樂；行為標的，互動。品牌經營與銷售。
贊　助	$ 0.4	由促銷商品的廠商所提供的線上遊戲、拼圖、競賽與折價券網站。銷售導向。
電子郵件	$ 0.27	有效、有互動與多媒體潛力的標的行銷工具。銷售導向。

行為標的行銷在兩種不同的層次進行：單一網站與跨不同廣告網路的任意網站追蹤。所有網站都會蒐集瀏覽者的行為紀錄，然後存放在資料庫中。他們有工具可以記錄瀏覽者從哪個網站來，離開網站時到哪裡去，使用哪種作業系統與瀏覽器，甚至是地理位置資料。他們也會記錄瀏覽過哪個網站的哪些網頁，每頁花多少時間，瀏覽過的網頁類型，以及買過什麼東西（參閱圖 7-3）。公司用這些資料來分析消費者興趣與行為，以建立現存或者潛在客戶精確的檔案。

這些訊息也讓公司了解網站運作的情形，替每個使用者建立個人化的網頁以顯示有興趣的產品或服務，改善客戶的使用經驗，並透過進一步了解購物者而創造附加價值（參閱圖 7-4）。藉由個人化技術修改呈現給每個客戶的網頁，行銷人員可以用很低的價格善用每個銷售人員以達成某些利益。例如，通用汽車會在顯示給女性車主的雪佛蘭廣告橫幅上強調安全與效用，男性車主則會收到強調力量與粗獷的橫幅廣告。

假設你擁有一家有許多客戶的國際廣告公司，正試著想要接觸數以百萬計的客戶，你會如何做？假設你擁有一家全球性的製造公司，正試著想要接觸產

圖 7-3　網站訪客追蹤

按下 1

購物者在首頁中按下。店家可以知道購物者在 2:30 PM 時從 Yahoo! 入口網站到達（這可以協助決定客服中心人員的數目），與她花了多少時間停留在該首頁（這也可能顯示這網站的導引設計不良）。

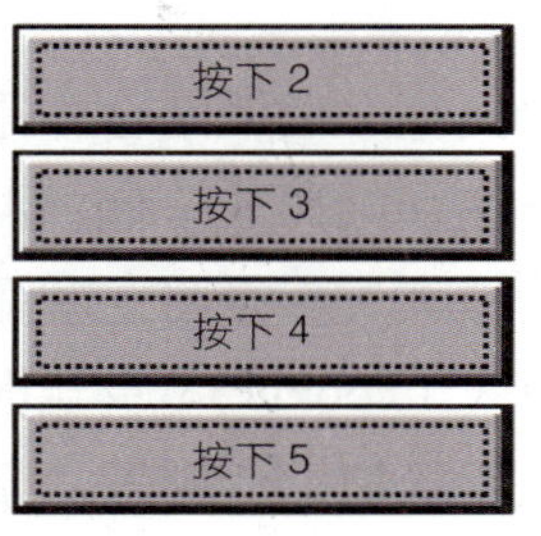

購物者中按下女性短衫的項目，然後選擇女性的白短衫，之後又點選同樣款式但是顏色為粉紅色的。購物者又點選這款式，尺寸大小為十號、顏色為粉紅色，並且將它放入購物車中。這些資訊可以協助店家決定哪一個尺寸與顏色比較受到歡迎。

從購物車的網頁點選完之後，購物者關上瀏覽器離開該網站，卻沒有購買任何的短衫。這個行為可能暗示著購物者改變了她的心意，或是她對網站的結帳與付款程序有困難。像這樣的行為也許表示著網站並沒有設計良好。

電子商務網站有工具可以追蹤一個客戶在線上商店內的每一個步驟。近距離的檢視客戶在販賣女性服飾的網站上的行為，可以透露出店家需要在每一個環節步驟上需要學習什麼，與應該做出哪些動作來增加銷售。

圖 7-4 網站個人化

使用者
網 站
以本身投資組合及最近市場
趨勢為基礎，提出一些建議
Steve P. Munson 歡迎回來
將這些建議的書結帳
標題：一分鐘管理
領導變革
結果導向的領導統御
Sarah，
這裡是妳要的項目
請出價：鐵製花紋檯燈
可攜式的閱讀燈
LED 書籍閱讀燈

公司能建立獨特的個人化網站，來展示特殊興趣產品或產品的廣告或服務的內容給個別使用者，以增進客戶的經驗及產生額外的價值。

品的潛在客戶，你會如何做？在數以百萬計的網站中，與每一個網站合作是不切實際的。廣告網路串連數百萬使用者常常造訪的數千個網站形成一個網路，可以在整個網路中追蹤使用者行為，建立每個使用者的檔案，然後將這些訊息賣給廣告主。知名的網站通常會下載許多網路追蹤小程式（cookie）、臭蟲與信標，然後在使用者不知道的情況下，將線上瀏覽行為回報給遠端伺服器。當你要找個年輕單身、擁有大學學歷、住在東北部、年齡在 18-34 歲之間、有興趣買歐系車的人？沒問題。廣告網站可以找出成千上百個符合條件的人，並且在他們於網站間瀏覽的時候把歐系車的廣告推播出去。儘管估計數字有異，行為標的行銷比起隨機推播橫幅或影音廣告來說，消費者回應的次數多出了十倍（參閱圖 7-5）。所謂的廣告交換使用相同的技術，可以在幾毫秒內競標存取有特殊屬性的個人檔案。

圖 7-5　網路廣告，例如 DoubleClick 如何運作

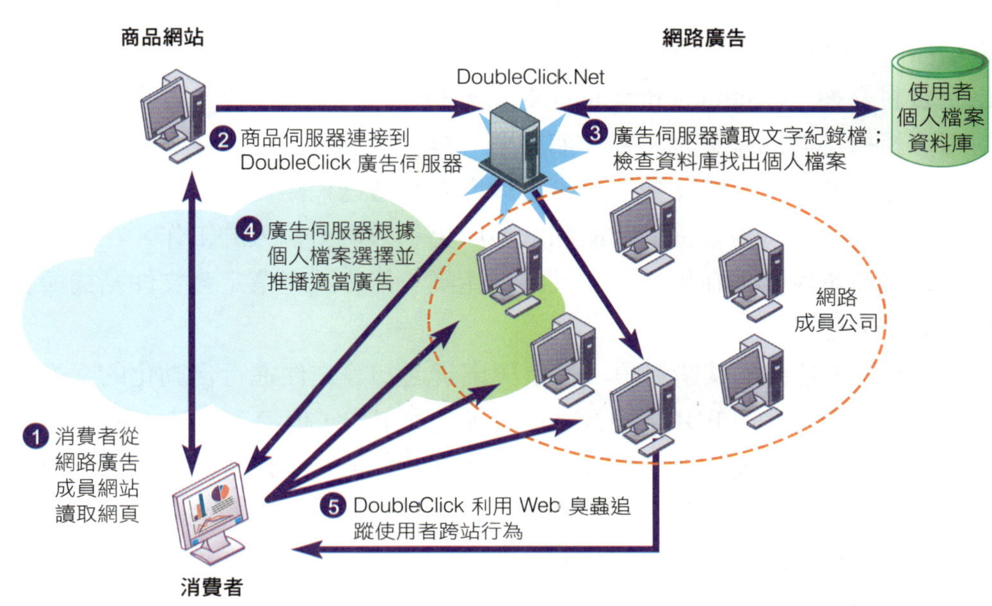
商品網站
網路廣告
DoubleClick.Net
使用者個人檔案資料庫
2 商品伺服器連接到 DoubleClick 廣告伺服器
3 廣告伺服器讀取文字紀錄檔；檢查資料庫找出個人檔案
4 廣告伺服器根據個人檔案選擇並推播適當廣告
網路成員公司
1 消費者從網路廣告成員網站讀取網頁
5 DoubleClick 利用 Web 臭蟲追蹤使用者跨站行為
消費者

網路廣告在隱私權的支持者眼中成為對立的一方，因為他們有能力在網際網路中去追蹤個別消費者。我們已在第四章中討論隱私權的議題。

▶ B2B 電子商務：新的效率與關係

企業之間的交易（企業對企業商務或 B2B）代表著巨大的市場。2009 年美國 B2B 的交易量有 12.2 兆美元，其中 B2B 的電子商務（線上 B2B）占了 3.6 兆美元（美國人口普查局，2010；作者的預估）。到了 2014 年，在每年平均成長 7% 的條件下，B2B 電子商務在美國應該會成長到 5.1 兆美元。在企業間進行交易是很複雜而且需要大量人工作業的，因此耗費大量資源。某些公司估計，每筆企業採購訂單所耗費的管理成本平均至少 100 美元。管理成本包括處理紙張作業、核准採購決策、花時間用電話與傳真找產品與安排採購、安排出貨與收貨。經濟學上來說，這每年多花了數兆美元在那些可以被自動化的採購流程上。即使只有一部分的公司間交易被自動化，某些採購程序用網際網路來輔助，數兆美元便可以拿來用在更有生產力的地方，商品價格將下降，生產力會提升，國家財富將擴張。這就是 B2B 電子商務可以做到的地方。B2B 電子商務的挑戰在於改變現有採購作業的模式與系統，同時設計與導入新的網際網路

B2B 解決方案。

企業對企業電子商務係指企業個體之間的商務交易往來。這些交易將不斷地增加使用網際網路的機制。在今天，仍有 80% 的 B2B 電子商務是建置於使用**電子資料交換**（electronic data interchange, EDI）的專屬系統。電子資料交換使得兩個組織之間的標準化交易，如發票、提單、出貨排程與採購訂單，能利用電腦對電腦的方式進行交換。交易可以自動的透過網路從一方的資訊系統傳至另一方，減少了一方紙張的印刷和處理與另一方資料輸入的工作。在美國每一個主要的產業與其他在世界上的大多數產業，都有該產業定義文件結構與資訊欄位的 EDI 標準。

EDI 原本是將如採購訂單、發票與出貨通知等文件進行自動化的交換。雖然許多公司仍然使用 EDI 來進行文件自動化的工作，但導入即時（JIT）存貨補貨與連續生產的公司卻使用 EDI 當作連續補貨的系統。供應商必須線上存取採購公司生產與交貨的排程，自動的將原料與貨物送至預定的地點，過程之中不需公司的採購人員的介入（參閱圖 7-6）。

雖然現在仍然有許多組織使用私有網路來進行電子資料交換，但由於網際網路技術可提供彈性與低價的平台與其他公司連結。企業可以延伸數位科技至更廣泛的活動，並且擴大它們交易夥伴的範圍。

以採購為例。採購包括了不只是採購貨品與原料，還有供料來源的搜尋、與供應商談判、貨款償付與安排送貨。現在企業可以使用網際網路來找出最低價的供應商、搜尋供應商產品的線上目錄、與供應商談判、下訂單、付款與安排交通運輸，並不侷限於連結於傳統 EDI 網路上的夥伴。

圖 7-6　電子資料交換（EDI）

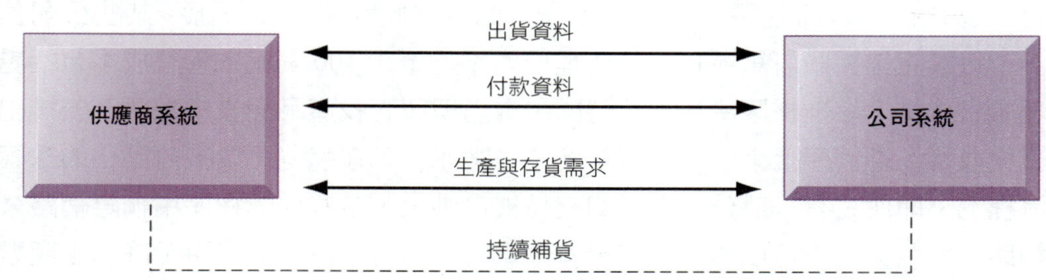

公司使用 EDI 讓 B2B 電子商務的交易能自動化，與持續的補充存貨。供應商可以自動地寄出出貨資料至採購的公司。而採購公司可以使用 EDI 提供生產與存貨的需求，以及付款資料給供應商。

網際網路與網頁科技讓企業能夠建立新的電子店面來銷售給其他企業，而且能如 B2C 一樣運用多媒體圖形顯示與互動式的特色。或者是，企業可以使用網際網路科技來建立外部網路或電子市集來連結其他企業進行採購與銷售的交易。

私有產業網路（private industrial networks）通常是由一個大型企業以企業間網路連結供應商與其他主要企業夥伴所組成（參閱圖 7-7）。這個網路由買主所擁有，它允許公司與特定的供應商、經銷商與其他企業夥伴分享產品設計與開發、行銷、生產排程、庫存管理與非結構化的溝通，包括圖片與電子郵件。私有產業網路的另一個說法為**私有交易所**（private exchange）。

連接福斯（Volkswagen）集團與供應商的 VWGroupSupply.com 是一個很好的案例。VWGroupSupply.com 處理福斯全球 90% 的採購，包含所有的成車與汽車零組件。

網路市集（net marketplaces），有時稱為電子交易平台（e-hubs），提供許多不同買家與賣家一個建立在網際網路科技上的單一數位市場（參閱圖 7-8）。它們為產業所有，或以買方與賣方之間獨立中間商的方式來營運。網路市集由買賣交易與提供給其他客戶的服務中創造營收。網路市集的參與者可以透過線上協商、拍賣、請求報價或使用固定價格來決定成交價。

圖 7-7　私有產業網路

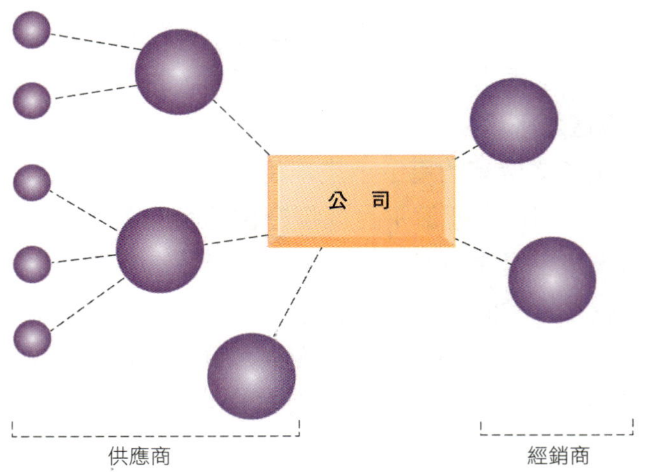

私有產業網路，亦稱為私有交易所，連結公司與其供應商、經銷商與其他主要的企業夥伴，來達到有效率的供應鏈管理或其他協同商業活動。

圖 7-8 網路市集

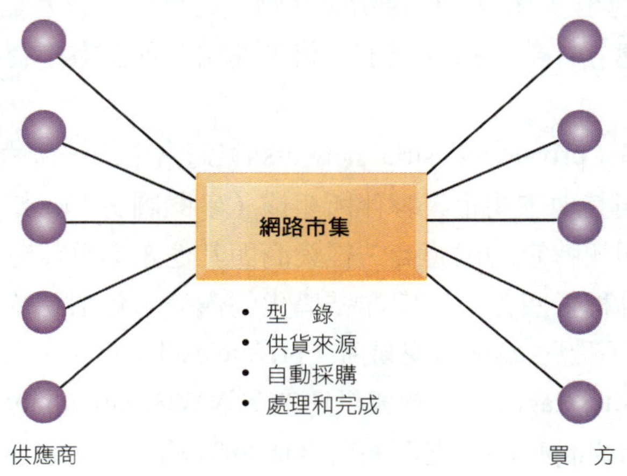

網路市集是一個線上市集，許多的買方可以向多個供應商購買。

有許多不同型態的網路市集與分類方式。有些網路市集銷售**直接產品**（direct goods），有些則銷售**間接產品**（indirect goods）。直接產品是在生產流程中使用的產品，如用在汽車車身製造的鋼板。間接產品則是其他所有未直接在生產流程中使用的產品，如辦公室用品或用來維護與修理的零件。有些網路市集支援建立在與特定供應商長期關係的合約式採購，其他則支援短期的現貨採購，貨品是根據立即的需要來採購，通常是向好幾個不同的供應商購買。

有些網路市集為特定產業，如汽車業、電信業或機械工具產業，提供垂直市場交易，其他則提供水平市場的產品與服務交易，我們可在不同產業如辦公室設備或運輸業發現這類應用。

Exostar 即為一個產業擁有的電子市集範例，它的焦點放在長期合約的購買關係上，並提供一般的網路與運算平台以提升供應鏈的效率。這個由航太與國防工業資助的網路市集，是由 BAE Systems、波音、洛克希德馬丁、雷神與勞斯萊斯等公司聯合設立，這個網路市集將這些公司連結至它們的供應商，並且促進彼此間的協同合作。超過 16,000 家在商業、軍事與政府領域的交易夥伴，使用 Exostar 的原料搜尋、電子採購與協同合作的工具來購入直接與間接產品。Elemica 是另一個服務化學工業的網路市集案例。

交易所（exchanges）是一個獨資的第三方網路市集，可連結成千上萬的買主與供應商進行現貨採購。許多交易所對單一產業，如食品業、電子業或工業設備產業，提供垂直的市場交易，它們主要處理直接產品交易。例如，Go2paper 處理來自超過 75 個國家在造紙產業中買賣紙張、紙板與牛皮紙等的現貨市場。

交易所在電子商務開始的最初幾年間迅速擴張，但有許多業已倒閉。供應商抗拒加入，因為交易所鼓勵競爭性的價格競標，讓價格不斷下降，同時並不能提供與買方的長期關係或一些值得降價的服務。許多重要的直接採購並不是以現貨的基礎來進行，而需要訂定契約與考量到如交貨時間、客製化與產品品質等議題。

7.3 行動數位平台與行動商務

沿著任何主要城市的市區街道走一遭，算算有多少人正在用 iPhone 或黑莓機。搭火車或坐飛機時，你會看到同行者閱讀線上新聞、用手機看影片或者在 Kindle 上看小說。再過五年，大部分美國的網際網路使用者會把手機當成主要上網裝置。行動商務已經起飛。

在 2010 年，行動商務占所有電子商務的比例不到 10%，其中 50 億美元的年度營收來自銷售音樂、影片、手機鈴聲、應用程式、電影、電視，以及如餐廳位置與交通動態的定位基礎服務（location-based services）。然而，行動商務是電子商務中成長最快速的形式，在某些區域每年成長率超過 50%，預估到 2014 年將成長到 190 億美元（參閱圖 7-9）。2010 年預估全球有 50 億個行動電話用戶，其中中國超過 8 億 5,500 萬，3 億在美國（eMarketer, 2010d）。

▶ 行動商務的服務與應用

行動商務的成長主要來源為定位基礎服務，2010 年的營收有 2 億 1,500 萬美元；從類似 iTunes 的管道售出的軟體應用程式（18 億美元）；娛樂性下載如手機鈴聲、音樂、影片與電視節目（10 億美元）；行動顯示廣告（7 億 8,400 萬美元）；如 Slifter 的直購服務（2 億美元）；以及電子書的銷售（3 億 3,800 萬美元）。

行動商務在時間緊迫、人員四處移動、需要用更有效率的方法來完成工作的服務上，其應用已經開始起飛。這樣的發展在如歐洲、日本、南韓及其他擁有完整無線寬頻網路的國家非常普遍。下面我們將舉例說明。

圖 7-9 合併行動商務營收

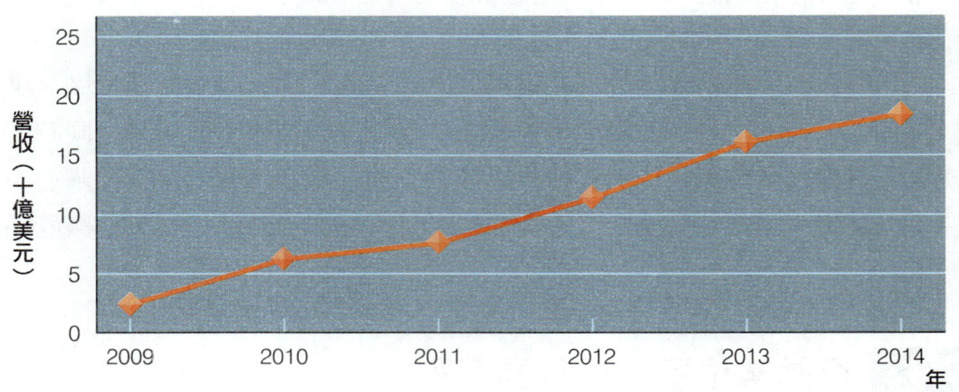

行動商務是成長最快的 B2C 電子商務型態，雖然在 2010 年只占所有電子商務的一小部分。

定位基礎服務

Wikitude.me 提供特別的瀏覽器，給內建可以精準定位人員與手機位置的全球定位系統與羅盤的智慧型手機。藉由來自維基百科（Wikipedia）上 80 萬個特定景點座標與幾千個本地基地台的資訊，瀏覽器可以描繪出你所在特定景點座標的資訊，然後把它顯示在手機螢幕上，或者顯示在地圖與拍攝的照片上。例如，使用者可以在遊覽車上把手機上的相機對準窗外的遠山，該座山的名稱與高度就會顯示在手機螢幕上。在歐洲中世紀的城市或者洛杉磯市中心迷路了嗎？打開 Wikitude 的瀏覽器，把相機對準某棟建築物，就可以知道所在地址以及其他有趣的詳細資料。Wikitude.me 也可以讓使用者對周遭的環境貼上地理定位標籤，然後把訊息上傳到 Wikitude 與其他人分享。2010 年 Facebook 與 Twitter 都推出定點（Places）的功能，讓朋友可以知道使用者的現在位置。與其互相競爭的服務還有 Foursquare 與 Gowalla，可以標示現在所在位置並廣播給朋友們。

Loopt 是一套免費的社群網路應用程式，可以讓你分享狀態並透過如 iPhone、黑莓機等智慧型手機及其他超過 100 種的行動裝置，來追蹤朋友所在的位置。使用者也可以將 Loopt 與其他社群網路整合，如 Facebook 與 Twitter。Loopt 有 400 萬用戶。這項服務不會販售個人資料給廣告商，而是根據所在地理位置推播廣告。Loopt 的目標是根據走路可及的位置來推播廣告（在 200 到 250

公尺的距離內）。

Foursquare 提供 400 萬註冊用戶類似的服務，可與朋友連結並更新所在位置。在指定位置定點（Places）則可以累積點數，還可以選擇將定點發布到 Twitter、Facebook 或者兩者都發布。使用者也可以因為在有某些標籤的地點，依照定點的次數或時間獲得徽章。超過 3,000 家的餐廳、酒吧與其他生意（包括本章開頭所描述的 4Food）利用 Foursquare 加上促銷活動來吸引客戶。

銀行與金融服務

銀行與信用卡發卡公司正陸續推出可讓客戶從行動裝置上管理帳戶的服務。摩根大通與美國銀行的客戶可以用手機查詢餘額、轉帳與支付帳單。

無線廣告與零售

雖然現在行動廣告市場規模不大（7 億 8,400 萬美元），但由於許多公司開始發掘行動定位特定資料庫的潛在應用，而開始迅速成長（從去年開始有 17% 成長，預估在 2014 年超過 62 億美元）。Alcatel-Lucent 提供一項由 1020 Placecast 代管的新服務，該服務會找出距離使用者一定範圍內的廣告主店鋪，並告訴使用者店鋪地址、電話甚至折價券或促銷活動的連結。1020 Placecast 的客戶包括凱悅、聯邦快遞與艾維士租車。

Yahoo! 在其行動網頁上為百事可樂、寶僑、希爾頓、日產汽車與英特爾播放廣告。Google 則把廣告連結與透過行動搜尋引擎的搜尋結果相互結合，微軟則在美國的 MSN 行動入口提供橫幅與文字廣告。廣告被嵌在遊戲、影片與其他應用程式中。

Shopkick 是一個可以在顧客走進 Best Buy、Sports Authority 與 Macy 等零售商的商店時，提供折價券的行動應用程式。Shopkick 應用程式會在消費者進入合作夥伴的店鋪時自動辨識，然後提供名為 “kick-bucks” 的虛擬貨幣，用以兌換 Facebook 虛擬貨幣、iTunes 禮物卡、旅遊券、DVD 或者在店鋪內立即退費。

2010 年，購物者透過智慧型手機連上網站，訂購了 22 億美元的實體商品（亞馬遜占了 10 億）。30% 的零售商有行動商務網頁——原本網頁的簡易版，讓使用者可以透過行動電話下訂單。服飾零售商 Lilly Pulitzer 與 Armani Exchange、Home Depot 與 1-800 Flowers 都有為行動商務而提供特別的應用程式。

遊戲與娛樂

手機將迅速成為可攜式娛樂平台。例如 iPhone 和 Droid 等智慧型手機提供可下載或者進行影音串流的數位遊戲、電影、電視節目、音樂與手機鈴聲。

使用主要無線寬頻網路的使用者，可以觀賞隨選影音串流、新聞影片與氣象報告。由 Sprint 與 AT&T 無線公司所提供的 MobiTV 以直播電視節目為號召，包括 MSNBC 與 Fox Sports。電影公司則開始製作專門在行動電話上播放的短片。使用者創作內容也開始出現在行動平台上。Facebook、MySpace、YouTube 與其他社群網路的網站都有手機版。2010 年在 Facebook 上面最普遍的十大應用程式都是遊戲，其中第一名的 FarmVille 每天有超過 1,600 萬使用者。

7.4 建立電子商務網站

建立成功的電子商務網站需要對企業、科技、社會議題與系統性的方法有深入的了解。對這些題目的完整探討不在本書範圍內，同學們應該參考討論此議題的專門著作（Laudon and Traver, 2011）。兩個成功建立電子商務網站最重要的挑戰是：(1) 對企業營運目標有清楚的認識，(2) 知道如何選擇正確的技術以達成營運目標。

▶ 建構網站的元件

假設你是一家中型生產工業用零件的公司，全球大約有 1 萬個員工，在歐洲、亞洲與北美洲的八個國家營運。管理高層撥出 100 萬美元的預算要求在一年內建立一個電子商務網站。該網站的目的是銷售與服務公司位在全球的 2 萬個客戶，其中多數是小型機械與金屬組裝工廠。你該從何處著手？

第一，你必須要知道你在哪些關鍵性的地方需要做決策。在組織與人力資源方面，必須要組成一個擁有足夠的技能，可以建立與管理一個成功電子商務網站的團隊。這個團隊必須要能對技術、網站設計與實施在網站上的社交與資訊政策做決定。如果想要避免某些公司曾經遭遇過的災難，整個網站開發計畫必須要嚴格的管理。

此外，你也必須決定網站須採用的軟體、硬體與通訊基礎架構。客戶的需求將決定所採用的技術。他們需要的是能夠很快找到需要的產品、檢視產品、下單購買，並且希望能夠很快收到貨品。還有，網站的設計也必須仔細考量。

一旦找出關鍵決策點，你就必須開始思考此一專案的計畫。

▶ 營運目標、系統功能與資訊需求

規劃網站的過程中，你必須回答以下問題：「你希望這個網站能夠幫公司做些什麼？」這裡所要指出的關鍵是，讓營運決策決定所採用的技術，而非反其道而行。如此方可確保所建立的技術平台與公司目標一致。這裡我們假設你已經找出營運策略，並且選擇了可以達成策略目標的營運模式（複習第三章）。但如何把你的策略、營運模式與概念轉換成可行的電子商務網站呢？

你的規劃必須指出網站所要達成特定的營運目標，然後列出系統功能與資訊需求。營運目標簡單的說就是你希望你的網站該有的能量。系統功能是指為達成營運目標，資訊系統所需具備的能力。資訊需求是指為達成營運目標，資訊系統需要產出的各類資訊。

表 7-7 描述了與典型的電子商務網站相關的某些基本的營運目標、系統功能與資訊需求。目標必須轉化成對系統功能的需求，最終轉成一組精確的資訊需求。對於系統的資訊需求通常定義的比表 7-7 所列示得更為精確。電子商務的營運目標通常與實體商店的類似，但必須能夠以數位方式每天廿四小時，一週七天無休的營運。

▶ 建立網站：自建或委外

建置與營運網站有很多的選擇，多數與有多少經費可以運用有關。從整個網站開發委外給廠商到完全自行建立都是可以選擇的方法。還有第二件事情要決定：網站會在公司自己的主機上面運作，或者要委外給網頁代管業者？很多廠商可以為你設計、建置與管理網站，有些則只有建置或網頁代管（非兩項都有）。圖 7-10 列出了可行的方案。

自建決策

如果選擇自行建置網站，有很多選擇。除非技術能力很強，否則應該採用預先建立的樣板來建置網站。例如，Yahoo! Merchant Soluctions、Amazon Stores 與 eBay 都提供只要輸入文字、圖片和其他資料的建置樣板，只要網站建好就可以在其基礎建設上面運作。這是最簡單便宜的方案，但外觀與功能都受限於業者所提供的樣板與基礎建設能產生的外觀與感覺。

如果你對電腦有經驗，也許會選擇自行建置網站。有眾多工具可供選擇，

表 7-7　系統分析：典型電子商務網站的營運目標、系統功能與資訊需求

營運目標	系統功能	資訊需求
顯示商品	數位型錄	動態文字與圖片型錄
提供產品資訊（內容）	產品資料庫	產品描述、存貨數量、存貨水位
個人化／客製化產品	客戶站內追蹤	每一個客戶瀏覽紀錄；可以確認客戶瀏覽途徑與適當回應的資料挖掘能力
執行付款交易	購物車／付款系統	安全的信用卡清算機制；多種選擇
累積客戶資訊	客戶資料庫	所有客戶的姓名、地址、電話與電子郵件；線上客戶註冊
提供客戶售後支援服務	銷售資料庫與客戶關係管理系統	客戶身分、產品、日期、付款、出貨日期
協調行銷／廣告	廣告伺服器、電子郵件伺服器、電子郵件、活動企劃管理、橫幅廣告管理	網站上客戶行為紀錄，以及連動到電子郵件與廣告活動的客戶
了解行銷效果	網站追蹤與報告	不同的訪客人數、造訪過的網頁、購買的商品、行銷企劃的確認
提供生產與供應商鏈結	存貨管理系統	產品與存貨水位、供應商編號與聯絡人、產品訂購數量

圖 7-10　自建或代管網站的選擇方案

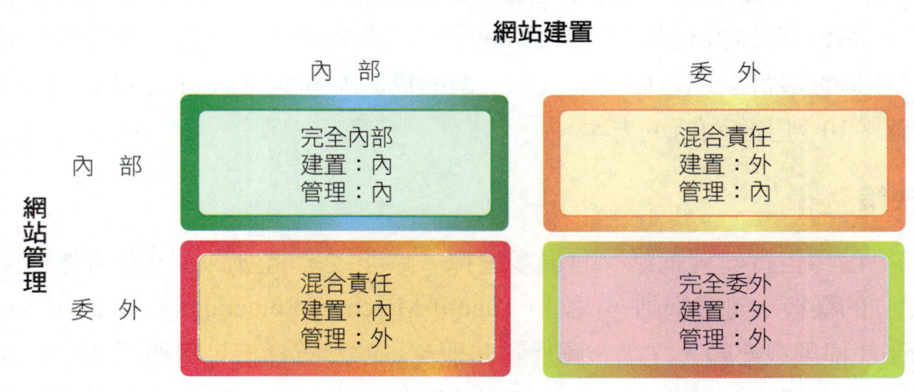

建立電子商務網站的時候有很多方案可以選擇。

有的幫助你一切從頭開始建立，如 Adobe Dreamweaver、Adobe InDesign 與 Microsoft Expression，到最高階的預先包裝好的網站建置工具，可讓你依照本身需求建置複雜的網站。

決定自己建立網站有許多風險，某些複雜功能如購物車、信用卡認證與處理、存貨管理與訂單處理等的開發成本很高，做不好的風險很大。你將會重複做些專業公司已經開發完成的工作，你的人員將會面對漫長而困難的學習曲線，延誤了進入市場的時間，你的努力還有可能白費。往好的方面看，你可能建立一個完全符合需求的網站，並且把因應企業環境變更而需快速修改網站的知識留在公司內部。

如果你選擇較昂貴的網站建立套裝程式，可以購買到最新且測試完整的軟體。你可以快速地進入市場。然而為使決策適當，可能需要花很長時間去評估各種不同的套裝軟體。也有可能為了符合營運需求而修改，也許需要額外聘請顧問來進行客製。改得愈多，成本花費愈多。一個 4,000 美元的套裝軟體很容易會變成 4 萬到 6 萬美元的開發專案。

過去傳統零售商經常自行設計電子商務網站（因為已有現成技術熟練的資訊人員與基礎建設）。然而時至今日，大型零售商高度倚賴外部廠商來提供成熟的網站功能，但公司內部依然保有相關人員配置。新設立的中型公司則常先購買成熟的套裝軟體，然後依照需求自行修改。只需要簡單店面的小型家族型公司則採用網站樣板。

代管決策

現在來看看網頁代管決策。大多數的企業選擇網頁委外代管，付錢請專業公司管理網站，也就是說網頁代管公司必須負責確保網站每天廿四小時都「活著」且可以使用。同意每月付費後，公司就無須擔心如設定與維護網站伺服器、網路通訊或是專業技術人員雇用等等問題。

如採用**主機代管**（co-location）的合約，公司必須購買或租賃網站伺服器（可以完全控制設備運作），但把機器放置在代管公司的實體設施內。廠商負責維護設施、通訊線路與機器。在雲端運算的時代，把網站放在虛擬設備內價格較為便宜。這種情形下無須購買伺服器，而只要租用雲端運算中心的運算能力。雲端主機代管價格差異頗大，從每個月 4.95 美元到每個月數十萬美元，視網站大小、頻寬、儲存空間與技術支援需求而定。超大型的服務供應商（如 IBM、HP 與 Oracle）由於在全球各個國家策略性地建立了大量的伺服器群組（server farms)，而能達到規模經濟。這背後代表的意義是單純網頁代管服務的價格與伺服器的價格一樣快速滑落，每年跌幅達 50%。

網站預算

簡單的網站第一年建置與代管的成本約為 5,000 美元或者更少。大型公司具高度互動性且與公司內部系統連接的網站，每年則需花費數百萬美元建立與運作。例如，2006 年 9 月線上打折銷售男女設計服飾的 Bluefly 公司，投入原有以 Art Technology Group 系統為基礎的網站系統改善作業。並在 2008 年 8 月將新版的網站上線。時至今日，該公司在與該網站相關的重新開發作業上，已經投入超過 530 萬美元的網站開發經費。2010 年，Bluefly 線上銷售額有 8,100 萬美元，每年成長 7.5%。該公司每年電子商務的預算超過 800 萬美元，大約是總營收的 10%（Bluefly, Inc., 2010）。

圖 7-11 提供了網站建置中每一個元件所占成本比例。一般而言，自 2000 年以來，建立與運作網站所需的硬體、軟體與通訊成本已大幅滑落（超過 50%)，這使得小公司也可以建立複雜的網站。於此同時，系統維護與內容建置的成本已經上升到超過一個典型網站預算的一半。提供內容與確保一天 24 小時與一週七天不停機的運作都是很花人力的。

圖 7-11 建置網站每一元件所占成本比例

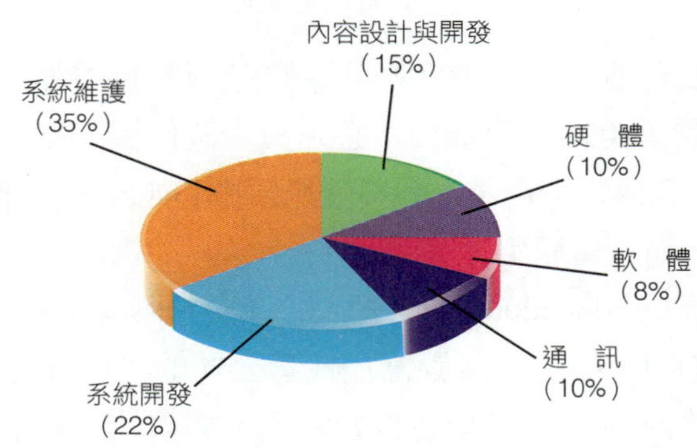

7.5 管理資訊系統專案的實務演練

本部分的專案將給您實務演練的體驗，為企業發展一套電子商務策略，利用試算表軟體來分析電子商務公司的獲利能力，並使用網頁工具來研究與評估電子商務網頁代管服務。

管理決策問題

1. Columbiana 是加勒比海的一個獨立小島。它想要發展觀光業來吸引更多的旅客前來旅遊。這個島嶼國家擁有許多歷史建築、軍事要塞與其他景點，並有熱帶雨林及壯觀的山脈等天然資源。沿著美麗的白沙海灘，可以找到幾家高級飯店與一些便宜的住處。一些主要的航空公司以及許多小型的航空業者，都有定期往返 Columbiana 與其他國家的航班。Columbiana 政府想要刺激觀光，並為該國的熱帶農作產品開發新市場。網站可以如何提供協助？適合採用什麼樣的網際網路經營模式？網站上必須具備哪些功能？
2. 瀏覽以下公司的網站：Blue Nile、J.Crew、Circuit City、Black & Decker、Peet's Coffee & Tea 與 Priceline。判斷在哪些網站上新增公司贊助的部落格會有最大的利益？列出由部落格為企業帶來的好處。指出部落格的目標讀者。決定公司中的何人作為該部落格的主筆，並為這個部落格選定幾個主題。

改善決策制定：使用試算表來分析一家網路公司

軟體技術：試算表下載、格式化與試算公式

商業技術：財務報表分析

公開上市的公司，包括那些專門從事電子商務的企業，必須要向證券交易委員會提交財務資料。透過分析這些資料，你可以判斷出一家電子商務公司的獲利能力以及其經營模式是否可行。

由網際網路上挑選一家電子商務公司，例如 Ashford、Buy.com、Yahoo! 或 Priceline。仔細研究網頁上描述的這家公司與其宗旨及組織架構。並在網站上找尋評論這家公司的文章。隨後上證券交易委員會的網站 www.sec.gov，點選 Filings & Forms 連結來存取該公司的 10-K 報表（年報），上面會有損益表與資產負債表。僅選擇 10-K 報表中你需要檢查的財務報表部分，並下載到你的試算表當中（MyMISLab 對於如何下載這個 10-K 的資料到試算表提供了更詳盡的解說)。以這家公司過去三年來的資產負債表與損益表，建立一個簡單的試算表。

- 這家公司在網路上的營運是成功、勉強維持或是失敗？什麼資訊是你做出這個評斷的依據？為什麼？當回答這些問題時，請特別注意這家公司過去三年在營收、銷貨成本、毛利、營業費用與淨利等方面的趨勢。
- 準備一個簡報(至少要有五張投影片)，內容包含適當的試算表或圖表，將你的工作成果向你的教授與同學報告分享。

達成卓越經營：評估電子商務代管服務

軟體技術：網頁瀏覽軟體

商業技術：評估電子商業代管服務

這個專案會幫助您發展您的網際網路技能，用來為新成立的小公司評估電子商務網站代管服務。

您想要建立一個販賣來自於葡萄牙的毛巾、亞麻布製品、陶器與餐具的網站，並且調查小型商業網際網路店面的代管服務。您的網站需要能夠提供安全信用卡付費與計算運貨成本和稅金。剛開始您只想展示 40 種不同產品的照片與說明。拜訪 Yahoo! Small Business、GoDaddy 與 Volusion，並且比較他們所提供給小型企業的電子商務代管服務的範圍、他們的功能和成本，並調查他們所提供建立電子商務網站的工具。比較這些服務，決定您在建置網路商店時，會想要使用哪一家提供的服務？撰寫一份簡報指出您的抉擇，並解釋個別服務的優勢與劣勢。

追蹤學習模組

以下的追蹤學習單元提供與本章內容相關的題目：

1. 製作一個網頁。
2. 電子商務的挑戰：線上雜貨店的故事。
3. 製作一份電子商務營運計畫。
4. 電子商務的熱門新職缺。

摘　要

1. 電子商務、數位市集與數位商品的獨有特徵為何？

電子商務涉及企業與個人之內部與其間以數位形式來完成商業交易。電子商務技術的獨有特徵包括無所不在、全球可及、通用標準、豐富性、互動性、資訊密集度、個人化與客製化的能力與社群科技。

相較於傳統市場，數位市集可說是更為「透明化」，具有降低資訊不對稱、搜尋成本、交易成本與選單成本，而且還能依據市場條件動態地改變價格。數位商品指的是可透過數位網路交付的商品，如音樂、影片、軟體與書籍等。數位商品一旦問世後，透過數位形式來交付這項產品的成本就相當低廉。

2. 電子商務的主要營運與獲利模式為何？

電子商務營運模式是網路零售商、交易仲介商、市集創造者、內容供應商、社群供應商、服務供應商與入口網站。主要的獲利模式是廣告、銷售、訂閱、免費／免費收費混合、交易手續費與合作獲利。

3. 電子商務如何改變行銷？

網際網路提供行銷人員一個比傳統媒體更便宜的方式，可以辨認並與數以百萬計的潛在客戶溝通。集體創作則是善用群眾智慧以協助公司從客戶身上學習，用以改善產品以及增加客戶價值。行為標的技術增加橫幅、多媒體與影音廣告的有效性。

4. 電子商務如何影響企業對企業交易？

B2B 電子商務經由以電子方式尋找供應商、徵求投標、下單、追蹤運輸中貨物而產生效率。網路市集提供單一、數位化的交易場所給買賣雙方。私有企業網路連接公司與其供應商與其他策略夥伴，藉以發展高效率且回應快速的供應鏈。

5. 行動商務在商業活動中扮演什麼角色？最重要的行動商務應用為何？

行動商務特別適用於定位基礎服務方面的應用，如尋找當地的飯店和餐廳、監控當地的交通和氣象，並提供個人化的定點行銷服務。行動電話與手持裝置也應用在帳單的行動付費、金融、證券交易、運輸排程更新與下載數位內容，如音樂、遊戲與視訊短片等。行動商務需要使用無線的入口網站與能處理小額付款的特殊數位付費系統。

6. 建立電子商務網站時，哪些議題需要被重視？

建立成功的電子商務網站，對網站需要達成哪些營運目標有清楚的認識，並選擇正確的技術以達成目標。電子商務網站能以內部自建、部分或者全部委外給廠商。

專有名詞

電子市集 282
交易成本 282
市場進入成本 282
搜尋成本 282
豐富性 282
資訊密度 283
價格透明 283
成本透明 283
差別訂價 283
個人化 283
客製化 283
資訊不對稱 284
選單成本 285
動態訂價 285
去中間化 285
數位商品 286
企業對消費者 288
企業對企業 288
消費者對消費者 288
行動商務 288
網路零售商 289
智慧財產 290
播客 290
串流 290
市集創造者 291
社群供應商 291
獲利模式 291
廣告獲利模式 294
銷售獲利模式 294
小額付費系統 294
訂閱獲利模式 294
免費／免費收費混合獲利模式 295
交易手續費獲利模式 295
合作獲利模式 295
社群購物 296
群眾智慧 299
集體創作 299
預測市集 299
長尾行銷 299
行為標的 300
電子資料交換 304
私有產業網路 305
私有交易所 305
網路市集 305
交易所 306
主機代管 313

複習問題

1. 電子商務、數位市集與數位商品的獨有特徵為何？
   - 說出並描述形成今日電子商務的四種商業趨勢和三種技術趨勢。
   - 列舉並描述電子商務技術的七項獨有特徵。
   - 定義數位市集與數位商品，並描述其特徵。
2. 電子商務的主要營運與獲利模式為何？
   - 說出並描述主要的電子商務營運模式。
   - 說出並描述電子商務獲利模式。
3. 電子商務如何改變行銷？
   - 解釋社群網站與群眾智慧如何協助公司改善行銷。
   - 定義行為標的與解釋它如何在個別的網站和網路廣告上運作。
4. 電子商務如何影響企業對企業交易？
   - 解釋網際網路技術如何支援企業對企業間電子商務。
   - 定義與描述網路市集並區別其與私有產業網路的差別（私有交易所）。

5. 行動商務在商業活動中扮演什麼角色？最重要的行動商務應用為何？
   - 列出並描述重要的行動商務的服務類型與應用。
   - 描述一些行動商務的障礙。
6. 建立電子商務網站時，哪些議題需要被重視？
   - 列出並描述建立電子商務網站時要考慮的每一個因素。
   - 列出並描述一個典型的電子商務網站的四個營運目標、四個系統功能與四個資訊需求。
   - 列出並描述建立與代管電子商務網站的各種選項。

問題討論

1. 網際網路如何改變消費者與供應商之間的關係？
2. 網際網路不會淘汰公司，但公司必須改變其經營模式。你同意這句話嗎？為什麼同意或為什麼不同意？
3. 社群網路科技如何改變電子商務？

群組專案：執行電子商務網站的競爭分析

與三到四名同學一組，選擇兩家在同一產業裡的競爭者，並用它們的網站做電子商務。參觀它們的網站。你可以比較像是 iTunes 和 Napster、Amazon.com 和 BarnesandNoble.com，或是 E*Trade 和 Scottrade 等公司的網站。以它們的功能面、使用者友善程度與支援公司商業策略的能力等做一份評估報告。哪一家公司的網站比較好？為什麼？你能對這些網站做出一些改善的建議嗎？可能的話，請使用 Google 網站來發佈網頁、團隊溝通訊息公告與課堂作業的連結，進行腦力激盪並協力完成專案文件。試著使用 Google Docs 將你的發現在課堂上進行報告。

亞馬遜與威名百貨：哪一個巨人將主宰電子商務？個案研究

自從 1995 年登上網路公司的舞台後，亞馬遜（Amazon）已經從一個線上小書商變成世界上最大的零售商之一，而且是最大的電子商務零售商。從一家在線上賣書的網際網路創業公司開始，它已經走了很漫長的路。除了書籍之外，亞馬遜現在販賣各類數以百萬計的全新、二手、值得珍藏的東西，比如服飾與配件、電子商品、電腦、廚房與家庭用品、音樂、DVD、影片、相機、辦公室用品、玩具與嬰兒用品、軟體、旅遊服務、運動商品、珠寶與手錶。2010 年，販賣電子以及一般商品首度變成亞馬遜銷售項目的大宗。

亞馬遜想成為「網路上的威名百貨」，而它也真的是網際網路上的最大零售商。但 2010 年冒出頭的另一家公司，挑戰了這個「網路上的威名百貨」的頭銜：威名百貨。雖然威名百貨是電子商務世界裡面的遲到者，世界最大的零售商似乎瞄準了亞馬遜，準備挑戰它的霸主地位。

與亞馬遜相比，威名是在 1962 年以傳統的、離線的實體商店起家，並且從一家由創辦人 Sam Walton 管理的雜貨店，變成在全世界擁有接近 8,000 家店的世界最大零售商。

坐落於阿肯色州的 Bentonville，威名百貨去年的銷售額是 4,050 億美元，約是亞馬遜的 20 倍。事實上，單就目前的規模來看，威名百貨與亞馬遜之間的戰爭實力相差甚遠。威名顯然是較強壯的一方，就現在來說，亞馬遜對威名來說整體並不構成威脅。

但是亞馬遜也不是軟柿子。該公司已經在網路零售上建立了一個高知名度且成功的品牌，成為量多價低的線上超級商店。公司建立了龐大的倉管設施，以及一套專為網站送貨設計的高效率配送網路。它的白金級送貨服務，Amazon Prime，以合理價格（目前一年僅需 79 美元）提供兩天內免費配送，通常這是線上零售商的弱點。即使不用 Amazon Prime，購買透過 Super Saver 運送的商品，只要超過 25 美元就免運費。

亞馬遜的技術平台非常強固有力，不但可以支援自己販賣的項目，也可以替中小型公司將商品放在亞馬遜網站上販賣，並且使用它的訂單與付款處理機制的服務（亞馬遜不擁有這些商品，運送由第三方處理，亞馬遜收取銷售額的 10%-20%）。這種方式讓亞馬遜可以提供比自己獨力經營更多系列的產品，同時保有低庫存成本並增加收益。亞馬遜更透過併購進一步擴張商品選擇，比如 2009 年合併了線上鞋子購物網 Zappos.com，這家公司在 2008 年零售上營收 10 億美元，並讓自己在鞋類市場上擁有優勢地位。

2009 年第三季，當零售業整體銷售額下降了 4% 之際，亞馬遜卻增加了 24%。它在與威名百貨的兵家必爭之地電子與一般商品的銷售額上，增加了 44%。電子商務預期將成為整個零售銷售額裡面最大的一部分。隨著愈來愈多購物者為了避免在實體店面購物時的爭議而選擇線上購物，某些預測指出電子商務將在下一個十年內會占有美國總體零售額的 15%-20%。假如這件事情發生，亞馬遜就站在最有利的位置上。於此同時，電子商務並沒有受到太多經濟蕭條的影響，而且恢復得比傳統零售業快，這也讓威名百貨非常介意。

然而，威名百貨也不是省油的燈。它是比

亞馬遜更大更知名的廠商，由於經營規模與將管銷費用減到最低的本事，威名百貨有辦法提供任何商品的最低價格，自然而然消費者就將威名百貨與最低價格聯想在一起。威名百貨可以賠錢出售利潤極低的熱門商品，而把賺錢希望放在其他大量販售的物品上。它也有個傳奇性的連續補貨系統，能在商品到達結帳櫃檯時就開始補貨。威名百貨調整存貨以符合消費者需求的效率、彈性以及能力，是它持續保持競爭優勢的來源。威名百貨在實體店面的曝光率也很高，在全美及其他國家有很多分店。與在亞馬遜訂購後等待貨物送到家不同，這些實體店面提供逛街、購買，然後馬上帶回家的立即滿足感。

威名百貨相信亞馬遜的最大弱點是成本以及線上買家從購物到收貨之間的延遲時間。在威名百貨的線上購物網有超過 150 萬項商品，可以送到客戶所在區域的威名百貨分店，然後客戶可以到店取貨。網購的客戶到店取貨的時候，也許會想要買其他的東西。在某些店裡甚至設置了服務櫃檯，讓購物者可以很方便的取貨。威名百貨在芝加哥市郊的一家分店正在測得來速窗口，就如同常在藥妝以及速食店所見的，可以讓網購客戶免下車取貨。

2009 年年底，威名百貨購物網站開始積極的調降大量受歡迎商品的價格，確保每一項商品都比亞馬遜便宜。威名百貨降價的項目包括書籍、DVD、其他類電子商品與玩具。這個動作傳遞的訊息很清楚：威名百貨不會在電子商務的戰場上不戰而降。威名百貨購物網的執行長 Raul Vazquez 重複這個想法，並說道：「威名百貨會調整價格到『如我們所需的低』，以便維持網上『最低價領導者』的地位。」換言之，兩家公司開始進行價格戰，而且都決心要贏。

兩家公司競爭最激烈的區域在線上書籍銷售。亞馬遜的 Kindle 電子書閱讀器，也許已經用以 9.99 美元販賣最受歡迎書籍的電子版本的方式，來拉開戰爭序幕。雖然許多出版商對於將他們的書以這個價格來販賣電子版本有些卻步，但紙本書籍的戰爭卻已如火如荼。從許多知名書籍如史蒂芬金的最新小說 *Under the Dome* 的價格，就可以看出兩家低價競爭的意圖。威名百貨只賣 10 美元，宣稱不會理會 9.99 美元的電子書版本。亞馬遜馬上降價，威名幾天後又降成 9 美元。事實上這本書的零售訂價是 35 美元，批發價約為 17 美元，這意味著這兩家公司每賣一本就虧至少 7 美元。

在進入線上書籍販賣的市場時，正好電子書閱讀器以及 Apple 的 iPhone 與 iPad 促成了電子書普及，因此威名百貨把大幅降價當成快速搶得市占率的方法。亞馬遜則展示了在短期它也可以與威名百貨進行價格戰的能力。當這個個案寫成的時候，亞馬遜已經把 *Under the Dome* 的價格調回 17 美元，而威名百貨的價格可想而知為 16.99 美元。兩家公司已經在許多知名的書籍上征戰數回，如 J. K. Rowling 的哈利波特、混血王子的背叛與 James Patterson 的絕命追緝令。絕命追緝令在此個案寫作時亞馬遜賣 13 美元，威名百貨則是 12.99 美元。

兩家公司的仇恨蔓延到其他種類的商品上。亞馬遜與威名百貨在 Xbox 360、暢銷 DVD 與高價電子產品上已經交鋒數回。即使受歡迎的玩具如終年暢銷的兒童玩具烤箱也遭受波及。隨著 2009 年假日購物季熱烈進行，威名百貨把此玩具由原來的 28 美元調降到只有 17 美元，同一天亞馬遜砍價到 18 美元。

亞馬遜宣稱運送不會是個弱點，其發言人 Craig Berman 表示：「在亞馬遜買東西意味著你不必去人擠人。我們把東西送到門口，你不必堵車或找停車位。」此外，亞馬遜也在加速運送時間上有所進展。10 月份，它開始在美國的七個城市實施當天配送，但買東西的人需額外付錢。藉由與運輸商合作並改善內部系統，亞馬遜也開始在週末提供第二天運送，減少了某些訂單兩天的送貨期。亞馬遜也持續拓展貨源，以求能跟威名百貨提供一樣多的商品。2010 年 11 月，威名百貨推出所有網路購物訂單免運費服務。

亞馬遜的創辦人與執行長傑夫貝佐斯喜歡將美國的零售市場描述成「可以容納很多贏家的空間」。隨著兩家公司的發展，這還會是真的嗎？威名百貨在傳統實體通路的地位依然不可撼動，但它會推倒網路上的亞馬遜嗎？或者亞馬遜依然會是「網路上的威名百貨」？又或者，威名百貨會把線上零售市場擴大，而在過程中反而幫助亞馬遜壯大？

資料來源：Kelly Evans, "How America Now Shops: Online Stores, Dollar Retailers (Watch Out Walmart)," *The Wall Street Journal*, March 23, 2010; Brad Stone, "The Fight Over Who Sets Price at the Online Mall," *The New York Times*, February 8, 2010; Paul Sharma, "The Music Battle, Replayed with Books," *The Wall Street Journal*, November 24, 2009; Martin Peers, "Rivals Explore Amazon's Territory," *The Wall Street Journal*, January 7, 2010; "Is Wal-Mart Gaining on Amazon.com?" *The Wall Street Journal*, reprinted on MSN Money, December 18, 2009; "Amazon Steps Into Zappo's Shoes," *eMarketer*, July 24, 2009; Brad Stone, "Can Amazon Be the Wal-Mart of the Web?" *The New York Times*, September 20, 2009; and Brad Stone and Stephani Rosenbloom, "Price War Brews Between Amazon and Wal-Mart," *The New York Times*, November 24, 2009.

個案研究問題

1. 本章中的哪些觀念在個案中有提到？
2. 用價值鏈與競爭力模式分析亞馬遜及威名百貨。
3. 威名百貨與亞馬遜的成功可歸因於管理、組織及技術上的哪些因素？
4. 比較威名百貨與亞馬遜的電子商務營運模式。哪一個比較強？解釋你的答案。
5. 你比較喜歡在哪一個網站購物？是亞馬遜或威名百貨？原因為何？

附　錄

個　案

個案 1　企業可以從文字挖掘中學到什麼？

個案 2　徵信機構的錯誤——民眾的大問題

個案 3　樂高：結合商業智慧與彈性資訊系統來擁抱改變

個案 4　網路中立的戰爭

個案 5　監視員工上網：是不道德還是好主意？

個案 6　Google、蘋果與微軟爭奪你的網際網路經驗

個案 7　當防毒軟體癱瘓你的電腦

個案 8　MWEB 事業部：被駭

個案 9　歐洲的資訊安全威脅與政策

個案 10　擴增實境：真實世界變得更美好

個案 11　資訊科技使 Albassami 的工作成為可行

個案 12　塔塔顧問服務公司的知識管理與協同合作

個案 13　資料導向的學校

個案 14　領先的 Valero 運用即時管理

個案 15　CompStat 將犯罪減少了嗎？

個案 16　企業流程管理有什麼不一樣嗎？

個案 17　Zimbra 藉著 Oneview 迅速取得領先

個案 18　電子病歷是醫療照護制度的一帖良方嗎？

個案 19　DST Systems 靠著 Scrum 與應用系統生命週期管理而成功

個案 20　Motorola 向專案組合管理求助

個案 21　JetBlue 與 WestJet：兩個資訊系統專案的故事

個案 22　Fonterra：管理世界的乳品貿易

個案 23　行動電話如何支援經濟發展

個案 24　WR Grace 重整總帳系統

個案 1

企業可以從文字挖掘中學到什麼？

文字挖掘是從大量的非結構性資料中找出類型與關聯性，這些資料產生自我們的電子郵件、電話交談、部落格文章、線上客戶問卷與推文（tweets）。行動數位平台加強了此類數位資訊的擴展，隨時隨地都有數億人們在通話、打字、搜尋、使用應用程式（apping）、購物與寫數十億封電子郵件。

今日消費者不只是消費者，他們有更多方式可以協同合作、分享資訊與影響朋友及同儕的選擇，而過程中他們產生的資料對企業是非常有價值的。不像結構化資料是由事件產生，如完成一筆購買交易，非結構化資料沒有嚴謹的格式。即使如此，管理者相信這樣的資料也許可以提供對客戶行為與態度的獨特深入了解，而此在數年前是難以被找出的。

例如在 2007 年，由於 2 月暴風雪導致了大範圍的航班取消與班機滯留在甘迺迪機場，伴隨而來的是，JetBlue 經歷了空前的客戶不滿。在風暴期間與之後，航空公司每天收到客戶的電子郵件從平日每天只有 400 封，上升至 1 萬 5,000 封。此數量遠大於平常，而 JetBlue 沒有簡單的方法去讀客戶所說的每件事情。

幸運的是，該公司最近與文字分析軟體領導廠商 Attensity 簽約，可以在兩天內利用軟體分析所有收到的電子郵件。根據 JetBlue 的研究分析師 Bryan Jeppsen 指出，Attensity Analyze for Voice of the Customer（VoC）讓 JetBlue 快速的找出客戶的觀點、偏好與需求，且無法用其他方式辦到。此工具使用專門的技術自動化從來自於問卷反應、服務註記、電子郵件訊息、網路論壇、部落格內容、新聞文章與其他客戶溝通等非結構化文字中辨識實際狀況、選項、需求、趨勢與問題點。該技術可以正確與自動地辨認客戶用來表達反映的不同「語態」（如負面語態、正面語態或條件式語態），幫助組織找到關鍵事件與關聯性，如購買的意願、離開的意願或客戶「期望」的事件。它可以顯現特定的產品與服務議題、對行銷的反饋及公共關係的效果，甚至是購買信號。

Attensity 的軟體整合了 JetBlue 的其他客戶分析工具，如 Satmetrix 的 Net Promoter 可以將客戶分類為可對公司產生正面、負面或沒有回應的族群。藉由同時使用 Attensity 的文字分析與其他工具，JetBlue 建立了客戶權利規範以處理對該公司的主要申訴。

連鎖旅館如 Gaylord Hotels 與 Choice Hotels 使用文字挖掘工具深入分析從客戶提供的數千份客戶滿意度調查。Gaylord Hotels 使用 Clarabridge 基於網際網路的軟體服務的文字分析方案，加以蒐集與分析資料，來自於該公司會議中心客戶與會議規劃者的問卷、電子郵件、交談訊息、客服中心與線上論壇。Clarabridge 軟體排序連鎖旅館的客戶問卷與蒐集的正反面意見，並將它們組織成不同的分類以突顯不明顯的詳情。例如，客戶對許多事情的抱怨次數遠超過吵鬧的房間，但對吵鬧房間的抱怨者更常與不願意再回旅館住宿的問卷指標連結在一起。

分析客戶問卷一般需要數週，但現在只需數天，這得感謝 Clarabridge 軟體。各部門經理與企業主管也可以使用文字挖掘的發現影響對建築物改善的決策。

Wendy's International 採用 Clarabridge 軟體分析每年從網路反映論壇、客服中心註記、電子郵件訊息、收據上的問卷與社群媒體蒐集來的近 50 萬個訊息。該連鎖商客戶滿意度團隊之前使用試算表與關鍵字搜尋來審視客戶意見，是一項非常緩慢的方法。Wendy 的管理階層尋找更好的工具以加速分析、找出新出現的申訴與明確指出該公司在店面、區域與企業層級上營運出問題的地方。

Clarabridge 的技術讓 Wendy 可以在數分鐘內追蹤客戶經驗至店面層級。這種即時性資訊可以協助店面、區域與公司管理者找出和解決與餐點品質、清潔與服務速度相關的問題。

文字分析軟體一開始用於有能力使用這種複雜軟體的政府機構與有資訊系統部門的大型企業，但 Clarabridge 現在開始提供針對小型企業使用的產品版本。該技術已開始用於執法機構、搜尋工具介面與「聆聽平台」，如 Nielsen Online。聆聽平台是專注於品牌管理的文字挖掘工具，讓公司可以找出消費者對於他們品牌的感覺，並採取步驟以回應負面觀點。

結構性資料分析並不會因為文字挖掘而消失，而企業可以使用這兩種方式發展出他們客戶態度的清楚輪廓，更容易建立與培養他們的品牌並能更深入了解以提升獲利。

資料來源：Doug Henschen, "Wendy's Taps Text Analysis to Mine Customer Feedback," *Information Week*, March 23, 2010; David Stodder, "How Text Analytics Drive Customer Insight" *Information Week*, February 1, 2010; Nancy David Kho, "Customer Experience and Sentiment Analysis," *KMWorld*, February 1, 2010; Siobhan Gorman, "Details of Einstein Cyber-Shield Disclosed by White House," *The Wall Street Journal*, March 2, 2010; www.attensity.com, accessed June 16, 2010; and www.clarabridge.com, accessed June 17, 2010.

個案研究問題

1. 非結構性資料的增加為企業帶來了什麼挑戰？
2. 文字挖掘如何改善決策？
3. 哪一種企業可以從文字挖掘中獲得好處？解釋你的答案。
4. 文字挖掘可能會如何侵犯個人資訊隱私？解釋你的答案。

個案 2

徵信機構的錯誤——民眾的大問題

你已經找到夢想中的車，你有不錯的工作與足夠的金錢付頭期款，你所需的就只有一項 1 萬 4,000 美元的汽車貸款。你有一些信用卡帳單，而你也勤奮地每一個月都繳款。但當你申請貸款時卻被拒絕了。當你詢問原因，你被告知在銀行有你從不知道的未繳貸款。你已經成為被信用紀錄公司資訊系統中錯誤與過時資料所害的數百萬人之一。

美國消費者信用紀錄的大部分資料被三家全國性的徵信機構所蒐集與維護，分別是 Experian、Equifax 與 TransUnion。這些組織從不同來源蒐集資料以建立個人借貸與繳款習慣的詳細紀錄，這些資訊可以協助借款人取得個人信用價值、償還貸款的能力，並會影響利率與貸款的其他條件，如該貸款是否被放到第一順位。它甚至會影響尋找與保住工作的機會，因為至少有三分之一的雇主在做出雇用、解雇或升遷決定時會參考信用報告。

美國的徵信機構從不同來源蒐集個人資訊與財務資料，包括債權人、放款人、公用事業、收帳機構與法院。這些資料被整合與儲存到由這些信用機構維護的大型資料庫中，然後信用機構將這些資訊賣給公司用做信用評等。

徵信機構宣稱他們知道每位消費者皮夾中有哪些信用卡、有多少到期的貸款與是否準時支付電子帳單。但如果該系統蒐集到錯誤的資訊，不論是來自身分竊賊或借款人傳送上的錯誤，注意！要解開這團混亂幾乎是不可能的。

這些機構知道提供借款人與消費者正確資訊的重要，但他們也了解自己的系統要為許多信用報告錯誤負責。有些錯誤的發生是因為比對貸款與個人信用報告的程序。

從借款人傳送給徵信機構的資訊量增加了犯錯的可能性，例如 Experian 每天更新 3,000 萬份的信用報告與每個月 20 億份的信用報告。它將信貸申請或信用帳戶中的個人識別資訊與消費者信用檔案中的個人識別資訊比對，個人識別資訊包括的項目如姓名（名字、姓氏與中間名）、完整現居地址與郵遞區號、完整先前居住地址與郵遞區號，以及社會安全號碼。新的信用資訊會進入最吻合的消費者信用檔案中。

徵信機構很少收到吻合信用檔案中所有欄位的資訊，因此他們必須判斷多少差異性是可以被允許並仍將其稱為符合。有瑕疵的資料導致不完整的比對。一個消費者也許在信貸申請上提供不完整或不正確的資訊。借款人可能將不完整或不正確的資訊上呈給徵信機構。如果不對的人比其他人還吻合，此資料不幸的就會進入到錯誤的帳戶中。

也許消費者在帳戶申請時填寫的不夠清楚，不同信用帳戶中的姓名也會導致比對的不完整。以 Edward Jeffery Johnson 來說，一個帳戶也許是 Edward Johnson，而另一個可能是 Ed Johnson，又另外一個可能是 Edward J. Johnson。假設 Edward 社會安全號碼的最後兩碼被調換，更有可能比對錯誤。

如果另一個人的姓名或社會安全號碼與你檔案中的資料有部分吻合，電腦可能將這個人的紀錄加入至你的檔案中。你的紀錄可能染上汙點，只因為企業員工在處理稅款與法院及政府的破產資料不小心調換了數字或誤讀了文件。徵信機構宣稱他們不可能審查每月收到的35億份信用帳戶資料的正確性。他們必須持續應付偽造借款人資訊的消費者的不實申請，或是非法信用修復公司，他們會不斷對信用報告中負面資訊提出質疑，不論其是否有效。為了區分好壞，信用紀錄公司使用自動 e-OSCAR（Electronic Online Solution for Complete and Accurate Reporting）系統將消費者申訴轉給借款人判別。

如果你的信用報告中有錯誤，這些機構通常不會直接與借款人聯繫以修正這些資訊。為了節省金錢，這些機構會將消費者抗議書與證據送往第三方承包商經營的資料處理中心，這些承包商快速的將這些申訴彙整成簡短的意見與一個在26個選項選單中的2位數字。例如代碼A3代表「屬於另一個有類似姓名的個人」。這些摘要通常都太短而無法包括銀行為了了解此申訴的所需背景資料。

雖然此系統修正了大部分的錯誤（72%申訴的資料被更新或修正），如果該系統失效則消費者仍無太多選擇。消費者提出第二次申訴而沒有新的資訊也許被判定為「草率」的。如果消費者嘗試親自聯絡犯錯的借款者，銀行並沒有義務調查此申訴——除非是由徵信機構送來的。

資料來源：Dennis McCafferty, "Bed Credit Cloud Cost You a Job," *Baseline*, June 7, 2010; Kristen McNamara, "Bad Credit Derails Job Seekers," *The Wall Street Journal*, March 16, 2010; Anne Kadet, Lucy Lazarony, "Your Name Can Mess Up Your Credit Report," *Bankrate.com*, accessed July 1, 2009; "Credit Report Fix a Headache," Atlanta Journal-Constitution, June 14, 2009; and "Why Credit Bureaus Can't Get It Right," *Smart Money*, March 2009.

個案研究問題

1. 評估徵信機構資料品質問題對徵信機構、借款人與個人的商業影響。
2. 徵信機構資料品質的問題是否引起了任何道德議題？解釋你的答案。
3. 分析徵信機構資料品質問題的管理、組織與技術因素。
4. 要如何解決這些問題？

個案 3

樂高：結合商業智慧與彈性資訊系統來擁抱改變

位於丹麥 Billund 的樂高集團（LEGO Group）是世界上最大的玩具製造商之一。樂高的主要產品是好幾代的小孩都在玩的積木與拼圖。這家丹麥公司從 1932 年成立以來就一直是穩定的成長，而在大部分歷史中，它的主要工廠是位於丹麥。

2003 年樂高遭遇來自電子玩具模仿者與製造商的嚴峻挑戰。為了試圖降低成本，該集團決定開始漸進的重整程序且持續至今。在 2006 年，該公司宣佈大部分的生產將會委外給電子製造服務商如 Flextronics，其在墨西哥、匈牙利與捷克都有廠房。委外生產的決定是分析樂高整體供應鏈之後的直接結果。為了降低勞動成本，人力密集程序被委外，只有在 Billund 保留高技能員工。樂高的人力從 2003 年 8,300 名逐漸降低到 2010 年的 4,200 名。除此之外，生產線被搬遷到靠近本身市場的附近。所有改變的結果是樂高將自己從製造商轉變為市場導向公司，可以快速回應變化中的全球需求。

過去幾年伴隨樂高的重整程序而來的雙位數銷售成長，使得該公司在國外擴張並使人力更加國際化。這些改變顯示了對公司供應鏈與人力資源的挑戰。供應鏈必須要重新設計以簡化生產線而不會降低品質。改善的物流計畫讓樂高與零售商、供應商與新委外廠商更加緊密。同時，人力資源部門需要在公司內部扮演更加策略性的角色。人力資源現在負責執行有效的政策，以從多元文化背景中留住與雇用勝任的員工。

使公司營運適合這些改變需要有彈性與堅實的資訊科技基礎建設配合商業智慧的能力，以協助管理階層執行更佳的預測與計畫。作為解決方案的一部分，樂高選擇採用 SAP 的商業套裝軟體。SAP AG 是一家專精於企業軟體解決方案的德國公司，也是世界上最大的軟體公司之一。SAP 的軟體產品包括了各種設計為有效率支援公司所有基礎能力與營運的應用軟體。樂高選擇導入 SAP 的供應鏈管理（SCM）、產品生命週期管理（PLM）與企業資源規劃（ERP）模組。

SCM 模組包括的基礎功能如供應鏈監視和分析及預測、規劃與存貨最佳化。PLM 模組讓管理階層可以最佳化開發流程與系統。ERP 模組包括了其他應用軟體與用於人事管理與發展的人力資產模組（HCM）應用軟體。

SAP 的企業套裝軟體是建構於彈性的三層主從式架構，可以輕易的修改為最新版本軟體中的服務導向架構（SOA）。在第一層中，客戶端介面——瀏覽器式的圖形使用者介面可以在筆記型電腦、桌上型電腦與行動設備上將使用者需求傳送至應用伺服器端。應用伺服器——系統中的第二層——接收與處理客戶端需求。接著這些應用伺服器將這些處理好的需求程序送到資料庫系統中——第三層——其中含有一個或多個關聯式資料庫。SAP 的企業套裝軟體支援不同廠商的資料庫如 Oracle、微軟、MySQL 與其他廠商。這些關聯式資料庫含有的表格儲存了樂高產品、日常營運、供應鏈與數千名員工的資料。管理者可以輕易的使用 SAP 查詢工具從資料庫中得到報表，因為它們不需要特別的技能。除此之外，分散式架構讓經授權的人員可以直接在該公司不同的地點使用資料庫系統，包括了歐洲、北美與亞洲。

SAP 的 ERP-HCM 模組含有先進的功能如「才能管理者」，與其他處理員工管理、報告與差旅和時間管理。這些功能讓樂高的人事部門可以選擇最合適的候選人、安排訓練時程與發展留住人員的激勵計畫。同時也可以包括了績效管理與對人力資源趨勢有即時深入了解。使用這些先進的功能，加上其他軟體廠商的工具，樂高的管理者可以追蹤員工的領導潛能、發展他們的生涯與預測要雇用哪些技能的新員工。

資料來源：“Business 2010: Embracing the Challenge of Change,” The Economist Intelligence Unit, February 2005 (http://graphics.eiu.com/files/ad_pdfs/Business%202010_Global_FINAL.pdf, accessed November 16,2010); “LEGO Creates Model Business Success with SAP and IBM,” IBM Global Financing, May 19, 2010 (www-01.ibm.com/software/success/cssdb.nsf/CS/STRD85KGS6?OpenDocument, October 20, 2010); “Human Resources as an Exponent of Good Governance” (in Danish) (www.sat.com, October 20, 2010); “LEGO, The Toy of the Century Had to Reinvent the Supply-Chain to Save the Company,” Supply Chain Digest, September 25, 2007 (www.scdigest.com/assets/on_target/07-09-25-7.php?cid=1237, accessed November 16, 2010); G. W. Anderson, T. Rhodes, J. Davis, and J. Dobbins, SAMS Teach Yourself SAP in 24 hours (Indianapolis, IN; SAMS, 2008).

個案研究問題

1. 解釋資料庫在 SAP 三層式系統中的角色。
2. 解釋為什麼分散式架構是彈性的。
3. 找出在 SAP 商業套裝軟體中的商業智慧功能。
4. 在分散式架構中使用多個資料庫有什麼優缺點？請解釋。

本個案由 Aalborg University 的 Daniel Ortiz Arroyo 所提供。

個案 4

網路中立的戰爭

你是哪一種網際網路的使用者？你主要使用網路寄送一些電子郵件與查電話號碼嗎？或者你整天都在線上觀看 YouTube 影片、下載音樂檔案或熱衷於玩多人線上遊戲？如果你是後者，你正在消耗大量的頻寬，而成千上萬和你一樣的人們也許開始讓網際網路慢了下來。YouTube 在 2007 年消耗了與 2000 年全部網際網路一樣多的頻寬。這是今天要求依據使用者所用的傳輸量來計費的其中一個原因。

如果網際網路需求超過網路的承載量，網際網路也許不會突然停止，但使用者會面臨緩慢的下載速度與 YouTube、Facebook 與其他大量資料服務的緩慢效能。(在都市地區如紐約與舊金山，大量使用 iPhone 已經拖累了 AT&T 無線網路的服務，AT&T 指出有 3% 的用戶占用了 40% 的資料流量。)

其他研究者相信隨著網際網路上數位流量的成長，即使是每年 50% 的成長速度，處理流量的技術仍會以一樣快速的步調在增加。

除了這些技術議題，關於計算網際網路使用的爭議圍繞於網路中立性的概念上。網路中立性的想法是網路服務供應商必須允許顧客平等的存取內容與應用，不論來源或是內容的本質為何。目前網際網路的確是中立的：所有網際網路流量被網際網路骨幹擁有者以先到先服務為基準的平等對待。

然而，電信與有線電視公司對此協議並不滿意。他們想要能根據在網際網路上所傳遞內容所需的網路頻寬收取不同的價格。業者相信差異訂價才是「最公平的方式」以提供必要的投資金額在網路的基礎建設上。

網際網路服務供應商指出在網際網路上對版權內容的盜版行為急遽湧起。美國第二大網際網路服務商 Comcast 指出對版權內容的非法檔案分享消耗了 50% 的網路流量。在 2008 年該公司降低對 BitTorrent 檔案封包的傳輸速度，它被廣泛用於盜版與非法分享有版權的內容如影片。聯邦通訊委員會 (Federal Communications Commission, FCC) 命令 Comcast 應停止以網路管理名義降低點對點流量，Comcast 接著提起訴訟挑戰 FCC 要求其遵守網路中立性的管轄權。2010 年 4 月，聯邦巡迴法院的判決有利於 Comcast，就是 FCC 無權規範網際網路供應商如何管理自己的網路。

網路中立性的擁護者正催促國會管制此產業，以避免網路供應商採取與 Comcast 類似的行為。這個不可思議的網路中立性鼓吹者聯盟包括了 MoveOn.org、Christian Coalition、美國圖書協會 (American Library Association)、每一個主要的消費者團體、許多部落客與小型公司，以及大型網路公司如 Google 與 Amazon。

網路中立性的擁護者主張當網路營運商選擇性阻擋或削弱某些內容如 Hulu 影片或使用其他低成本競爭性服務如 Skype 與 Vonage 時，增加了審查制度的風險。已有許多例子是網際網路服務供應商限制對於敏感內容的存取 (如巴基斯坦政府阻擋使用反對伊斯蘭教的網站與 YouTube，作為其內容毀謗伊斯蘭教的回應)。

網路中立性的支持者也主張中立的網際網路，鼓勵每個人創新而無須得到電話與有線電視公司或其他機關的許可，而此種方式的競技場已產生了無數的新企業。當商業與社會逐漸移往線上時，允許無限制的資訊流動成為了自由市場與民主的基礎。

網路擁有者認為如網路中立性鼓吹者所提出法案中的管制阻礙了美國的競爭力，會停滯創新與減緩建設網路的資本支出，同時遏止它們在面對網際網路與無線通訊急遽成長需要配合提升網路能力的意願。美國的網際網路服務在整體速度、成本與服務品質上遠落後於其他許多國家，增加了這些供應商言論的可信度。

並且如果對網際網路的使用有足夠的選擇性，當局則不需要鼓勵網路中立性，因為不滿意的客戶可以簡單的更換至另一個強調網路中立系統，並允許無限制網際網路使用的供應商。

由於對 Comcast 的規範被推翻，FCC 對於支持網路中立性的做法已經改變，它尋求以目前法律與法庭判例的限制來規範寬頻網際網路服務。一個提案是重新將寬頻網際網路服務歸類為電信服務，如此 FCC 就可以採用對傳統電話網路使用數十年之久的規範。

在 2010 年 8 月，Verizon 與 Google 提出了一份政策提案，要求立法者強制規定有線連接網路的中立性，而非逐漸主導網際網路平台的無線網路。該提案嘗試找出在確保網路中立性的某種妥協，同時讓業者有所需的彈性在管理網路並從中獲利。在網路中立性爭議中主要角色沒有表示支持，而雙方仍在僵持。

資料來源：Joe Nocera, “The Struggle for What We Already Have,” *The New York Times*, September 4, 2010; Claire Cain Miller, “Web Plan is Dividing Companies,” *The New York Times*, August 11, 2010; Wayne Rash, “Net Neutrality Looks Dead in the Clutches of Congress,” *eWeek*, June 13, 2010; Amy Schatz and Spencer E. Ante, “FCC Web Rules Create Pushback,” *The Wall Street Journal*, May 6, 2010; Amy Schatz, “New U.S. Push to Regulate Internet Access,” *The Wall Street Journal*, May 5, 2010; and Joanie Wexler: “Net Neutrality: Can We Find Common Ground?” *Network World*, April 1, 2009.

個案研究問題

1. 什麼是網路中立性？為何在網路中立性運作下的網際網路於這個時間點會出現爭議？
2. 誰贊成網路中立性？誰反對？為什麼？
3. 如果網際網路供應商改變為服務層級模式，對個別用戶、企業與政府有什麼影響？
4. 你贊成立法強制網路中立性嗎？為什麼是或不是？

個案 5

監視員工上網：是不道德還是好主意？

當你在工作時，一天有多少分鐘（或小時）花在 Facebook 上？ 你曾經傳送個人電子郵件或瀏覽一些運動網站嗎？ 如果有，你並不寂寞。根據 Nucleus Research 的研究，77% 有 Facebook 帳號的員工在上班時間內使用帳號。一項 IDC Research 研究顯示在工作時間內有多達 40% 的網際網路瀏覽是個人性的，而其他研究指出多達 90% 的員工工作時接收與傳送個人電子郵件。

這些活動引起了嚴重的商業問題。檢查電子郵件、回覆即時訊息或偷偷的觀看簡短的 YouTube 影片造成了連續性的中斷，使員工的注意力離開他們應該執行的工作上。根據紐約市的商業研究公司 Basex 指出，這些分心占了美國工作者平均一天的 28% 時間之多，並造成了每年 6,500 億美元生產力損失！

許多公司常在沒有知會員工下，開始對員工使用電子郵件、部落格與網際網路做監控。最近美國管理協會（American Management Association, AMA）訪問 304 家各類型美國公司的研究指出，超過 66% 的美國公司會檢視員工電子郵件訊息與網路連線。雖然美國公司有合法權利可以監視員工在工作時的網際網路與電子郵件活動，但是這樣的監視是不道德的或是好主意？

管理者擔心員工將注意力放在個人而非公司業務上時，會在時間與員工生產力上造成損失。花太多時間於個人事務上，不論是否在網際網路上，都代表著收入減少。有些員工甚至會將花在網上買賣股票或處理其他私人事務的時間也向客戶收費，造成對客戶超額收費。

如果在公司網路上的個人流量太高，會阻塞了公司網路而使得正常的商業工作無法被執行。位於內布拉斯加州 Omaha 的建築公司 Schemmer Associates 與維吉尼亞州 Woodridge 的 Potomac 醫院發現它們的運算資源因缺乏頻寬而受限，原因是員工使用醫院的網際網路連線觀看與下載影片檔案。

當員工利用雇主的設備或是其他裝備來使用電子郵件或網路，包括社群網路時，任何他們的所作所為，包括任何非法行為，都會掛上公司的名字。因此，雇主可以被追蹤到，也會負有責任。許多公司的管理階層憂慮公司員工對種族主義、露骨的性愛內容，或是其他可能具攻擊性題材的存取或是相關交易，都可能導致公司負面的公眾形象，甚至訴訟。即使公司被發現是無辜的，但也將會使公司至少付出數萬美元的訴訟費用。

公司也害怕電子郵件與部落格會洩漏機密資訊與交易秘密。一份最近由美國管理協會與 ePolicy Institute 進行的調查發現，14% 的員工在調查中承認曾經寄出機密性或可能危害公司的電子郵件給外界。

在上班時間內，美國公司有合法的權利監控員工在上班時間利用公司的設備所做的任何行為。問題是電子化的監控是否是維持效率與正面的辦公環境的工具？有些公司嘗試禁止所有在企業網路上的個人行為——也就是零容忍。其他的公司阻擋員工瀏覽特定網站或社交網站，或限制上網的個人時間。

例如，Enterprise Rent-A-Car 阻止員工使用某些社群網站並監視員工在網路上對該公司的線上貼文。加州 Santa Ana 的 Ajax Boiler 使用 SpectorSoft 公司的軟體記錄所有員工瀏覽的網站、在每一個網站所花的時間與所有寄出的電子郵件。Flushing Finanical Corporation 安裝軟體避免員工寄送電子郵件到特定地址並掃描電子郵件附檔是否有敏感資訊。Schemmer Associates 公司使用 OpenDNS 分類與過濾網站內容並禁止不需要的影片。

一些公司曾經解雇踰越限制條件的人。在 AMA 的研究中，有近三分之一的公司曾經開除在工作上不正當使用網際網路的員工。在開除這些員工的管理者中，有 64% 會這麼做的原因是員工的電子郵件包含了不適當或是攻擊性的言論，並且有超過 25% 被開除的員工是過度使用電子郵件於私人事務上。

沒有任何解決方案是沒有問題的，但是有許多顧問相信公司應該要制定員工使用電子郵件與網際網路的公司政策。這些政策應該要包括清楚的基本規則，以職位與層級規範在何種情況下，員工可以使用公司的設備在電子郵件、部落格與上網瀏覽。政策要知會員工哪些活動被監控並解釋原因。

IBM 現在的「社交運算準則」涵蓋了員工在如 Facebook 與 Twitter 網站上的行為。該準則建議員工不要隱瞞他們的身分，記得要為言論負個人責任，並避免討論與他們 IBM 角色無關的爭議性主題。

這些規則也可能需要依據公司特定的業務需求與組織文化進行調整。舉例來說，雖然有些公司會禁止任何人使用有明顯性愛內容的網站，然而法律事務所或醫院員工可能需要使用此類網站。另外，投資公司也需要允許員工使用其他的投資網站。一家依賴廣泛的資訊共享、創新與獨立思考的公司可能會發現，監控所產生的問題遠比它本身解決的問題多。

資料來源：Joan Goodchild, "Not Safe for Work: What's Acceptable for Office Computer Use," *CIO Australia*, June 17, 2010; Sarah E. Needleman, "Monitoring the Monitors," *The Wall Street Journal*, August 16, 2010; Michelle Conline and Douglas MacMillian, "Web 2.0: Managing Corporate Reputations," *Business Week*, May 20, 2009, James Wong, "Drafting Trouble-Free Social Media Policies," *Law.com*, June 15, 2009; and Maggie Jackson, "May We Have Your Attention, Please?" *Business Week*, June 23, 2008.

個案研究問題

1. 管理者應該監視員工的電子郵件與網際網路的使用情形嗎？為什麼可以或不可以？
2. 描述一家公司有效的電子郵件與網路使用政策。
3. 管理者應該如何告知員工他們的上網行為是被監控的？或是管理者應該秘密監視？為什麼可以或不可以？

個案 6

Google、蘋果與微軟爭奪你的網際網路經驗

這看起來就像大學在搶學生，三大網際網路巨人——Google、微軟與蘋果，正激烈爭奪主宰你的網際網路經驗。賭注是你的搜尋、購物、尋找你的音樂和影片與當你做以上事情時所用的設備。獎品是預估在 2015 年達 4,000 億美元的電子商務市場，而主要使用設備為行動智慧型手機或平板電腦。每家公司依據不同的商業模式而賺到非常多的錢，每家公司也投入數十億美元在此戰爭中。

在這場三角戰鬥中，在任一邊上的每家公司都會是另一家公司的朋友，以對抗另一家公司。其中兩家公司 Google 與蘋果決定避免微軟將主宰力從 PC 上擴張出來，因此 Google 與蘋果是朋友。但在行動電話與應用軟體上，Google 與蘋果卻是敵人，雙方都想主宰行動電話市場。蘋果與微軟要避免 Google 從他主宰的搜尋與廣告上擴張出來，因此蘋果與微軟是朋友。但在行動設備與軟體市場上，蘋果與微軟是敵對的，而 Google 與微軟在多場戰役中也是敵對的。Google 嘗試削弱微軟在 PC 軟體的主宰力，而微軟也嘗試利用 Bing 突破進入搜尋廣告市場。

今日的網際網路、硬體設備與軟體應用程式正朝向急速地擴張。有先進功能與整合網際網路接取的行動裝置快速的取代傳統桌上型運算，成為最受歡迎的運算模式，改變了產業中的競爭。來自 Gartner 的報告預測 2013 年行動電話會超過個人電腦成為大多數人們使用網際網路的方式。今日行動設備占所有網際網路上搜尋活動的 5%，到 2016 年預測會占所有搜尋的 23.5%。

這些行動網際網路設備使得興起的雲端運算功能可以讓持有可上網智慧型手機的人們使用。如果你可以全天候聆聽音樂與看影片的話，誰還需要桌上型電腦？ 因此不令人意外的，今日的科技巨人會如此積極爭取控制嶄新的行動世界。

蘋果、Google 與微軟已經在各方面競爭。Google 在廣告上巨大的優勢來自於對網際網路搜尋的主導性。微軟的產品 Bing 已經在搜尋市場中成長至約 10%，其仍遠遠落後 Google。Apple 是行動軟體應用的領導者，歸功於 iPhone 上 App Store 的受歡迎，Google 與微軟仍缺少在網路上受歡迎的程式產品。

微軟仍然是 PC 作業系統與桌上生產力軟體的領導者，但仍在智慧型手機硬體及軟體、行動運算、雲端軟體應用、網際網路入口網站，甚至是遊戲機與軟體上陷入痛苦的失敗中。以上所有對微軟營收的貢獻少於 5%（其餘來自 Windows、Office 與網路軟體）。不過 Windows 仍是世界上 20 億台個人電腦中 95% 的作業系統，Google 的 Android OS 與蘋果的 iOS 則是在行動運算市場中的主導角色。這些公司在音樂、瀏覽器、線上影音與社群網路上競爭。

對於蘋果與 Google 來說，最關鍵的戰場是行動運算。蘋果有幾項優勢可以讓它足以應付此行動主權的戰役。網際網路在規模與普及上的激增並不令人意外，該公司的營收也是如此，在 2009 年總計超過了 400 億美元。iMac、iPod 與 iPhone 對於該公司在網際網路世界的巨大勝利都有貢獻，而該公司希望 iPad

會跟上這些產品帶來的營收趨勢。蘋果的忠實的用戶群已經大幅成長，並很可能購買未來的產品。Apple 希望 iPad 會如同占蘋果營收超過 30% 的 iPhone 一般成功。目前看來 iPad 顯然符合此期望。

蘋果 iPhone 的流行與對可上網智慧型手機的樂觀心態，其部分原因是 App Store 的成功。有多樣選擇性的應用軟體（apps）使得蘋果的產品與其他競爭者產生差異，並使該公司在此市場中有顯著的領先。蘋果在它的裝置上已經提供超過 25 萬個程式，並且蘋果收取應用軟體銷售金額的 30%。蘋果大幅豐富了使用行動設備的經驗，如果沒有它們，對於行動網際網路未來的預測不會如此光明。誰可以創造出最有吸引力的設備與應用，將可以比對手公司擁有更明顯的競爭優勢，目前該公司就是蘋果。

但智慧型手機與行動網際網路仍在初始階段。Google 已經迅速進入這場它仍可「獲勝」的行動主權之爭，而在過程中無可避免的損害了與前任盟友蘋果的關係。只要有愈多人改用行動運算作為主要上網的方式，Google 就會積極的跟隨這些眼光。Google 與他的網路廣告規模一樣強壯。隨著轉向行動運算情況的逼近，該公司不確定能維持在搜尋上的主宰地位，這也是為什麼這家主宰線上搜尋的公司開始發展行動作業系統與自己的 Nexus One 進入智慧型手機市場。Google 希望可以在不斷增加的行動世界中控制自己的命運。

Google 與蘋果的較量開始於購併 Android, Inc.，是同一名字行動作業系統的開發商。Google 原來的目標是對抗微軟進入行動設備市場的意圖，但微軟在這塊市場卻是非常不成功。相反地，蘋果與知名黑莓機智慧型手機系列製造商 Research In Motion 則填補了空缺。Google 持續開發 Android，加入了蘋果產品缺乏的功能，如同時執行多個程式的能力。在一開始一連串笨重且不很吸引人的原型機之後，現在配有 Android 的手機在功能上與外觀上都可與 iPhone 競爭。例如 Motorola Droid 大量的宣傳就是使用標語 "Everything iDon't ... Droid Does"。

Google 在進入行動運算市場上特別積極，因為蘋果偏好在手機上使用「封閉」專屬標準。而它的智慧型手機則是開放非專屬的平台，使用者可以自由的在網路上瀏覽並使用在不同設備上運作的軟體。

蘋果相信像是智慧型電話與平板電腦的設備應該有專屬的標準並被緊密控制，而客戶在這些設備上使用的軟體是從 App Store 下載。所以蘋果保留手機使用者是否可以使用網路上不同服務的決定權，包括 Google 提供的服務。但 Google 不想讓蘋果阻止它在 iPhone 或其他智慧型手機上提供服務。一個明確的例子是，蘋果在 Google 嘗試將語音郵件管理軟體 Google Voice 放在 iPhone 時阻擋了 Google。蘋果提出了隱私權上的顧慮而拒絕了 Google 的產品。

不久之後，Google 執行長 Eric Schmidt 離開了蘋果董事會。從 Schmidt 離開董事會開始，這兩家公司開啟了全面性的戰爭。他們開始了明確的併購，包括行動廣告商 AdMob，該公司備受這兩家公司的追求。AdMob 銷售出現在行動軟體裡的標題廣告，而該公司在開發新的行動廣告方式上是領先的。蘋果與這家新興公司幾乎達成交易時，Google 突然進入並以 7 億 5,000 萬美元購買 AdMob 的股票。Google 並不期望可以從此交易中獲利，但它很樂意付出一些代價以搗亂蘋果在行動廣告上的行動。

蘋果沒有放棄，並且在 2010 年 1 月以 2

億 7,500 萬美元併購了其頭號競爭者 Quattro Wireless。接著在同年 9 月該服務就被關閉並轉為自己的 iAd 廣告平台。iAd 讓蘋果 iPhone、iPad 與 iPod Touch 的 App Store 中的程式開發者可以在軟體中加入廣告，蘋果會銷售這些廣告，並給予開發者廣告收入的 60%。

蘋果也十分樂意採用好戰的手段來減少競爭。蘋果控告臺灣 Android 手機製造商 HTC，指控其侵犯了專利。蘋果執行長 Steve Jobs 持續在媒體上攻擊 Google，將這家公司形容為霸道並質疑其道德。許多分析師推測蘋果可能會與在數年之前會難以想像的夥伴——微軟，結盟起來以攻擊 Google。新聞報導猜測蘋果考慮與微軟達成一項協議，在 iPhone 與蘋果的網頁瀏覽器上採用 Bing 作為預設搜尋引擎。這對 Google 會是一次打擊，而對微軟則是坐收漁利，它可以得到對新生搜尋服務所需的成長。

如果不是攸關如此多潛在的利益，蘋果與 Google 的對抗也不會這麼頻繁，可能的利益高達數十億美元，且主要來自於廣告。而應用軟體的銷售是另一個重點，特別是對蘋果來說。蘋果在軟體的數量與品質上占有優勢，但是當銷售變得蓬勃，開發者則是抱怨更難賺到錢。2010 年時，25 萬個程式中有四分之一是免費的，對於開發者或蘋果而言都沒有賺到錢，但他們可以為蘋果的市場帶來消費者，並銷售其他軟體或娛樂服務。

Google 同時更積極的支援執行 Android 作業系統手機的製造商，並可以線上使用它的服務。蘋果依賴設備的銷售以維持收益，截至目前為止這沒什麼問題，但 Google 只需要在這些設備上擴大它的網路廣告就可以獲利。事實上，有些分析師推測 Google 想像的是未來手機的價格會比今天還低，甚至免費，只有透過這些設備所產生的廣告收入可以獲利，而蘋果需要努力才能維持在此環境中的競爭力。Jobs 保持蘋果花園是封閉的只為了一個簡單的原因：你需要蘋果的設備才能加入。

微軟、蘋果與 Google 三方之間的戰爭在運算平台的歷史上是沒有先例的。之前的競爭中，通常是單一企業趁著新科技的浪潮而成為主導者。例子有 IBM 主導大型主機市場、Digital Equipment 主宰迷你電腦、微軟主宰個人電腦作業系統與生產力應用軟體，及 Cisco System 主宰網際網路路由器市場。目前的戰爭是三家公司試著主導客戶的網際網路經驗，而每家公司都有某些長處與弱點。是否有一家公司會「勝利」，或者三者都會在這場消費者網際網路經驗的競賽中存活？現在下定論還太早。

資料來源：Jennifer LeClaire, "Quattro Wireless to be Closed as Apple Focus on IAd," *Top Tech New*, August 20, 2010; Yukari Iwatani Kane and Emily Steel, "Apple Fights Rival Google on New Turf," *The Wall Street Journal*, April 8, 2010; Brad Stone and Miguel Helft, "Apple's Spat with Google Is Getting Personal," *The New York Times*, March 12, 2010; Peter Burrows, "Apple vs. Google," Business Week, January 14, 2010; Holman W. Jenkins, Jr. "The Microsofting of Apple?", *The Wall Street Journal*, February 10, 2010, Jessica E. Vascellaro and Ethan Smith, "Google and Microsoft Crank Up Rivalry," *The Wall Street Journal*, October 21, 2009; Jessica E. Vascellaro and Don Clark, "Google Targets Microsoft's Turf," *The Wall Street Journal*, July 9, 2009; Miguel Helft, "Google Set to Acquire AdMob for $750 Million," *The New York Times*, November 10, 2009, Jessica E. Vascellaro, "Google Rolls Out New Tools as it Battles Rival," *The Wall Street Journal*, December 8, 2009; and Jessica E. Vascellaro and Yukari Iwatani Kane, "Apple, Google Rivalry Heats UP," *The Wall Street Journal*, December 10, 2009.

個案研究問題

1. 比較蘋果、Google 與微軟的商業策略與擅長的領域。

2. 為什麼行動運算對此三家公司如此重要？評估每家公司提供的行動平台。
3. 應用軟體與軟體商店對於在行動運算上的成功與失敗有什麼重要性？
4. 你認為哪一家公司與商業模式會在此激烈競爭中戰勝？解釋你的答案。
5. 身為管理者或個人消費者，如果蘋果、Google 與微軟主導了網際網路經驗對你有什麼不同？解釋你的答案。

個案 7

當防毒軟體癱瘓你的電腦

McAfee 是一家坐落於加州 Santa Clara 的傑出防毒軟體與電腦安全公司。該公司最有名的防毒軟體 VirusScan（現更名為 AntiVirus Plus）廣泛地為世界各地的個人與公司所採用，並且在 2009 年為公司創造了 19 億 3,000 萬美元的營收。

身為一家真正的全球性公司，McAfee 在北美、歐洲與亞洲有超過 6,000 名員工。VirusScan 及其他 McAfee 的安全防護產品著重於端點防護、網路安全與風險及法規遵循。該公司一直致力於維持良好的客戶服務以及堅強的軟體品質保證。

在 2010 年 4 月 21 日太平洋時區早上 6 點，McAfee 犯了一個幾乎要毀掉過去良好紀錄，並且讓數百個重要客戶出走的愚蠢錯誤。公司針對旗下旗艦級產品 VirusScan 釋出一個例行性的更新程式，其原意是為了要對付一個名為 “W32/wecorl.a” 的強力新病毒。但是，該更新程式卻造成了數十萬台在 Windows XP 上面安裝 McAfee 產品的機器當機，而且無法重新開機。身為專注於保護與救援電腦的公司，為何 McAfee 卻對其大部分的客戶做出完全與其宗旨背道而馳的糗事？

這個問題正是 4 月 21 日早上 McAfee 暴怒的客戶們想要問的，當時他們所使用的電腦不是癱瘓就是完全無法使用。出錯的更新程式更動了 Windows 系統裡面一個非常重要的檔案 svchost.exe，其用途是控制電腦裡面不同程式使用到的各種系統服務。一般情況下，在任何的時間該程式會有多個同時執行，若終止這些執行程序將會癱瘓整個系統。雖然很多的病毒，包括 W32/wecorl.a，把自己偽裝成 svchost.exe 以免被偵測到，但是過去 McAfee 對付使用這種詭計的病毒從未出錯。

更糟糕的是，沒有 svchost.exe，Windows 將無法正常開機。VirusScan 的使用者更新程式並嘗試重新開機時，系統開始混亂而無法控制且不斷重複開機，連不上網路，更糟的是偵測不到 USB 裝置，而受影響的電腦卻必須利用 USB 裝置來進行修復，而且這是唯一可以進行修復的方法。普遍採用 Windows XP 系統並且安裝 McAfee 產品的公司，則忙著與大量突然間無法使用的電腦奮戰。

憤怒的網路管理員要求 McAfee 給個答案，一開始該公司和客戶一樣，對於如此重大的錯誤滿頭霧水。很快的 McAfee 得知大部分受到影響的電腦都是使用 Windows XP Service Pack 3 與 McAfee VirusScan 8.7 版。同時他們也注意到，在大部分安裝過程中預設成關閉的「啟用時掃描程序」選項，在大部分受波及的電腦中是被打開的。

McAfee 針對該錯誤執行更徹底的調查並且發行了一份常見問題集，其中解釋為何該公司犯下如此大錯，以及哪些客戶受到波及。其中最重要的兩個問題如下：第一，使用者應該要收到提示訊息，警告 svchost.exe 將被隔離或刪除，而非自動刪除該檔案而未告知。第二，McAfee 自動化的軟體保證測試程序無法偵測出如此重大的錯誤，原因是該公司所謂的「測試系統所涵蓋的產品以及作業系統範圍不適當」。

公司內部的技術人員僅能以手動的方式逐

台修復有問題的電腦。McAfee 釋出一個名為 “SuperDAT Remediation Tool” 的工具，其使用方式必須先下載到正常運作的電腦後複製到隨身碟上，接著再將發生問題的電腦以 Windows 安全模式開機後執行該工具程式。由於受影響的電腦無法連上網路，故此修復程序必須一台一台進行，直到所有電腦都修復完成為止。此次事件中受到影響的確切電腦數量無法得知，但肯定超過幾萬台。無庸置疑的，網路管理員以及企業內部的技術支援部門肯定氣炸了。

至於 McAfee 軟體保證程序中的錯誤，該公司在常見問題集中表示是因為在測試個案中未包含安裝了 VirusScan 8.7 版的 Windows XP Service Pack 3。這種說法讓客戶及產業分析師啞口無言，因為 XP Service Pack 3 是個人電腦廣為使用的作業系統。Vista 與 Windows 7 一般都安裝在新出貨的電腦上，很少安裝在已經使用 XP 的電腦上。

另一個造成此問題快速蔓延而未被察覺的原因是因為防毒軟體被要求快速更新。大部分的公司都會積極地部署更新程式，以儘量縮短機器暴露在新病毒威脅下的時間。McAfee 的更新程式快速地影響為數眾多的電腦而沒有察覺有異的原因，是因為大部分的公司都相信防毒軟體公司會把事情做好。

但對 McAfee 來說，很不幸的是，一時的疏忽與不察讓一家防毒軟體公司的商譽蒙受極大的損失。該公司因對於此危機回應緩慢，且在第一時間試圖淡化此一問題對於客戶的影響而飽受嚴厲批評。在公司發佈的聲明中表示，只有一部分的客戶受到影響，但很快地此說法就被證明是錯的。在有問題的更新程式釋出後兩天，McAfee 的高階主管 Barry McPherson 終於在公司的部落格上對客戶正式道歉。其後，執行長 David DeWalt 錄製了一段影片對客戶道歉，並解釋此一事件始末，該影片現在仍然可以在 McAfee 的網站上看到。

資料來源：Peter Svensson, “McAfee Antivirus Program Goes Berserk, Freezes PCs,” *Associated Press*, April 21, 2010; Gregg Keizer, “McAfee Apologizes for Crippling PCs with Bad Update,” *Computerworld*, April 23, 2010; “McAfee Update Mess Explained,” *Computerworld*, April 22, 2010; Ed Bott, “McAfee Admits ‘Inadequate’ Quality Control Caused PC Meltdown,” *ZDNet*, April 22, 2010; and Barry McPherson, “An Update on False Positive Remediation,” http://siblog.mcafee.com/support/an-update-on-false-positive-remediation, April 22, 2010.

個案研究問題

1. 哪些管理、組織與技術上的因素造成此次 McAfee 的軟體問題？
2. 對 McAfee 及其客戶來說，此次的軟體問題在企業經營上造成什麼衝擊？
3. 假設你是 McAfee 的企業客戶，你覺得該公司對於此一問題的回應是可接受的嗎？可接受或不可接受的原因為何？
4. McAfee 未來該採取什麼措施以避免類似問題再發生？

個案 8

MWEB 事業部：被駭

MWEB 成立於 1997 年，在 1993 年成為南非網路服務供應商（ISP）龍頭。它將自己打造成提供劃時代網路與服務基礎建設與傑出客戶服務的企業。目前 MWEB 的 32 萬客戶群包括家庭用戶、大中小型商用客戶與企業用戶。該公司在 2010 年於約翰尼斯堡舉行的 MyBroadband 研討會贏得年度最佳 ISP 獎項。該獎項係以各類不同的寬頻服務和客戶滿意程度為評比標準。

該公司的 MWEB 事業部於 1998 年 1 月成立。該事業部因自己被完美地定位成在組織中的各個領域成功應用網路技術的企業夥伴而相當自豪。MWEB 事業部幫助企業：

- 以增加作業流程中的價值與潛在用途的方式管理企業內部資料。
- 整合網際網路與現有系統，以縮短技術、策略與企業基礎運作的差距。
- 發展、管理與維護包括各種網際網路連接、網站開發與代管、寬頻與無線應用電子商務與顧問服務的完整解決方案。
- 管理公司內部與外部供應商與企業夥伴的訊息流通。

MWEB 已經正式宣告進軍南非的網際網路市場。據其執行長 Rudi Jansen 表示：「我們必須改善網路品質，但這不只是 MWEB 的問題，Telkom 網路公司也必須努力。」儘管網路基礎建設不甚理想，MWEB 使用 AVG Internet Security 以提供客戶最好的線上安全防護。該系統提供 MWEB 客戶以下的功能：

- 安全地進行銀行與購物交易的身分保護機制。
- 以 LinkScanner 保障搜尋與瀏覽的安全性。
- 以 WebShield 保障社群網路、聊天室與下載的安全。
- 以 Antiphishing 與 Antispam 以保障郵件信箱安全。
- 高速且自動更新的防毒／防間諜程式軟體。
- 增強功能的防火牆。

此外，MWEB 也為使用者提供了自動防護功能以過濾垃圾郵件及電子郵件中所夾帶的病毒。病毒過濾機制自動辨識並清除病毒，以確保只有乾淨的郵件會進到使用者的郵件信箱。MWEB 也建議為免遭受竊取頻寬以及帳戶濫用等安全問題，其用戶應該阻絕來自於駭客常用的某些網路連線埠的連線要求。

儘管該公司提供了許多安全防護服務，該公司的許多用戶仍因其登入的帳號密碼被駭客公布在網路上而造成個人機密資料外洩。一開始的報告指出，有 2,390 個來自 DSL 企業用戶的使用者受到影響。2010 年 10 月 25 日該公司承認安全系統被突破。駭客取得可以存取 Internet Solution 自助服務管理系統的權限，此系統是用來建立及管理企業用戶的帳號，但該系統尚未升級到 MWEB 的網路平台。

回顧過去歷史，MWEB 事業部曾是 Internet Solutions 中的固定 IP 上網吃到飽 ADSL 服務的經銷商，並且以 Internet Solutions 所提供的 Web 管理平台來進行相關業務的提供與管理。所有 2010 年 4 月以後所提供的 Business ADSL 服務與許多經過升級的傳統服務項目，由於採用的是 MWEB 自己的認證系統，故在此次駭客入侵的意外中完全未受影響。

MWEB 對於此次被駭的意外迅速回應。根據 Jansen 的說法：「我們仍然有 1,000 個客戶還在使用 Internet Solutions 的網路，現在我們正忙於把這些客戶從這次被駭的舊伺服器中升級至新環境……這樣一來就安全了。過去幾個月大部分的客戶都已經轉移到我們自己的 IPC 網路，我們將會持續通知這些客戶重設密碼以進一步保障安全。」Jansen 很快地注意到 MWEB 客戶資料沒有洩漏，客戶本身也因為已經重建及變更了帳號密碼而沒有遭受損失。他也進一步指出，MWEB 現在每天成功抵擋了 5,000 次的攻擊。

MWEB 的總經理 Andre Joubert 強調，只有 ADSL 驗證用的帳號密碼資料洩漏，與這些帳號相關的個人或者隱私資料則仍然完整無缺，放置在每一個客戶端的路由器上的認證資料也安全無虞。Joubert 知道這次遭駭的嚴重性，說道：「我們很嚴肅地看待這次的安全漏洞事件，而對於因這次事件所造成客戶不便深感抱歉。」他繼續表示：「我們注意到這個安全漏洞時，立即採取行動確認資料外洩範圍有多大，並且馬上進行損害管制以控制影響範圍。」在 MWEB 的防護措施方面，Jansen 表示該公司經常提醒客戶對於線上資料以及其安全性要保持警覺。根據他的說法，最重要的是「MWEB 與 Internet Solutions 正在合作調查資料外洩的原因與源頭以確保相同的事情不會再發生。」

資料來源："2010 MyBroadband Awards: The Winners and Loses," MyBroadband, October 19, 2010 (http://mybroadband.co.za/news/broadband/15951-2010-My-Broadband-Awards-The-winners-and-losers.html, accessed November 17, 2010); "About MWEB," MWEB (www.mweb.co.za/productspricing/MWEBBusiness/AboutMWEBBusiness.aspx, accessed November 17, 2010); "Hacker Target MWEB," NewsTime, October 25, 2010 (www.netstime.co.za/ScienceandTech/Hackers_Target _M-Web/13618/, accessed November 17, 2010); "MWEB Business Takles 'ADSL Hacking' Incident," MyBroadband, October 25, 2010 (http://mybroadband.co.za/news/adsl/16077-MWEB-Business-tackles-ADSL-hacking-incident.html, accessed Nov 17, 2010); "MWEB Business Takes Action in 'Hacking' Incident," Moneyweb, October 25, 2010 (www.moneyweb.co.za/mw/view/mw/en/page295027?oid=512545&sn=2009+Detail&pid=287226, accessed November 17, 2010); "MWeb hacked, users' details exposed," TechCentral, October 26, 2010 (www.techcentral.co.za/mweb- hacked-users-details-exposed/18336/, accessed November 17, 2010).

個案研究問題

1. 何種技術議題導致 MWEB 的安全漏洞？
2. 對 MWEB 及其客戶來說，此次安全漏洞事件可能對企業造成什麼影響？
3. 如果您是 MWEB 的客戶，您認為 MWEB 對這次安全性漏洞的回應是可接受的嗎？可接受或不可接受的原因為何？
4. MWEB 應該採取什麼措施以防止類似事件再次發生？

本個案由 KwaZulu-Natal 大學的 Upasana Singh 所提供。

個案 9

歐洲的資訊安全威脅與政策

資訊科技是整個歐洲經濟的主要驅動力之一。據估計 60% 的歐洲人經常使用網際網路。此外，87% 擁有或者可以使用行動電話。2009 年歐洲是世界上最大的寬頻網路市場。這些事實說明了為了維持歐洲經濟發展的榮景，確保網際網路安全與穩定的運作有多麼重要。由於基於網際網路的攻擊行為愈來愈複雜，網際網路的安全以及保密性過去幾年遭受重大威脅。

2007 年，愛沙尼亞經歷了針對政府、銀行系統、媒體與其他服務的大規模網路攻擊。該次攻擊使用了各式各樣的技巧，包含從最簡單的 ping 指令與大量訊息傳遞到複雜的分散式阻斷服務攻擊。駭客們利用某個殭屍網路位於世界各地的大量電腦發動此次行動。殭屍網路是由一群受制於殭屍病毒控制者的惡意軟體代理程式所組成的網路。此種網路係利用 Web 伺服器、作業系統或應用程式的弱點，安裝惡意程式並掌控系統後所組成。電腦一旦被感染，將成為網路中數以千計的「殭屍」(zombies) 機器之一，接受指令發動攻擊。

愛沙尼亞的網路攻擊事件開始於 2007 年 4 月底，持續了將近三週。在此期間，愛沙尼亞部分關鍵性網際網路與國外的連線被迫關閉，導致數百萬美元的經濟損失。

於此同時，一家重要的西班牙網域註冊公司 Arsys 也被國際駭客們鎖定。Arsys 指出，駭客竊取部分程式碼後在其部分客戶的網頁上植入含有惡意程式的外部伺服器連結。

2009 年，據估計全世界約有 1,000 萬台電腦感染了 Conflicker 蠕蟲。法國、英國與德國是歐洲國家中受害最深的。發現網路遭受感染後，法國海軍被迫停飛所有軍機。在英國，蠕蟲感染了國防部、曼徹斯特市議會與警察局的資訊網路、雪菲爾市的部分醫院，以及全國的其他政府機構。德國陸軍的電腦網路也受到感染。一旦裝到電腦上，Conflicker 能從受控制的網站下載並安裝其他惡意軟體，駭客們就可以完全控制受感染的電腦。

最近一種以工業用電腦系統為目標的複雜惡意軟體在德國、挪威、中國、伊朗、印度、印尼與其他國家被發現。此一名為 Stuxnet 的惡意軟體感染由德國西門子公司開發，在 Windows 個人電腦上執行的 Supervisory Control and Data Acquisition (SCADA) 控制系統。Stuxnet 透過 USB 裝置傳播，專家預估在感染高峰期每天約有 1,000 台遭殃。當受感染的 USB 裝置內容被顯示的時候，此一隱藏在可執行檔捷徑（附檔名為 .lnk）的惡意軟體就自動執行。採用相同的手法，此蠕蟲程式也能安裝其他的惡意程式。一開始安全專家以為 Stuxnet 是用來竊取西門子公司的視覺及控制系統 SIMATIC WinCC 的工業機密。但隨後其他專家蒐集的資料卻發現，它的搜尋目標其實是用在某些特定工廠裡面的可程式控制器 (PLC)，是經過縝密籌劃的破壞行動的一部分。即使受感染的單位沒有遭受實質損失，對歐洲及世界其他地區的工業用資源來說，如此精密複雜的威脅所帶來的顯著影響不容小覷。

2001 年，歐盟各國組成了負責回應資訊安全意外事件的獨立專家小組。但小組之間缺乏協同合作機制且很少交換訊息。有鑑於此，2004 年歐盟執行委員會成立歐盟網路與資訊安全機構（ENISA），其目標是共同努力以更有效率地防止與回應有潛在重大危害的安全威脅。ENISA 的主要宗旨是保障歐洲的資訊基礎建設、推動安全標準和教育一般大眾有關安全性的議題。

ENISA 在 2010 年 11 月發起第一次泛歐洲關鍵資訊基礎建設防護（CIIP）演習。此次演習測試了在發生足以影響網際網路正常運作的意外事件時，各項程序以及各成員國之間聯繫管道的效率。ENISA 在歐盟各成員國內公私領域運作的電腦網路危機處理小組（CERT）間，扮演促進與中介者的角色。

歐盟執行委員會最近公布了歐洲數位化進程（Digital Agenda for Europe）。此倡議的目標是定義 2020 年時資訊與通訊科技應該扮演的關鍵角色。而此目標需要單一且開放的歐洲數位市場。另一個目標則是 2020 年時每一個歐洲人都有 30Mbps 的寬頻網路可以使用。從安全性方面來看，此倡議的目標在於考慮採取某些措施以保障隱私，並建立運作良好的 CERT 網路以對抗網路犯罪和有效回應網路攻擊。

資料來源：“Digital Agenda for Europe,” European Commission, August 2010 (http://ec.europa.eu/information_society/digital-agenda/index_en.html, accessed October 20, 2010); “The Cyber Raiders Hitting Estonia,” BBC News, May 17, 2007 (http://news.bbc.co.uk/2/hi/europe/6665195.stm, accessed November 17, 2010); Robert McMillan, “Estonia Ready for the Next Cyberattach,” *Computerworld*, April 7, 2010 (www.computerworld.com/s/article/9174923/Estonia_readies_for_the_next_cyberattack, accessed November 17, 2010); “Another Cyber Attack Hits Europe,” Internet Business Law Services, June 17, 2007 (www.ibls.com/internet_law_news_portal_view.aspx?id=1782&s=latestnews, accessed November 17, 2010); “New Cyber Attach Hits Norway,” Views and News from Norway, August 30, 2010 (www.newsinenglish.no/2010/08/30/new-cyber-attacks-hit-norway, accessed November 17, 2010); Gregg Keiser, “Is Stuxnet the ’Best’ Malware Ever?” *Computerworld*, September 16, 2010; Robert McMillan, “Was Stuxnet Build to Attach Iran’s Nuclear Program,” *Computerworld*, September 21, 2010 (www.computerworld.com/s/article/9186920/Was_Stuxnet_built_to_attach_Iran_s_nuclear_program, accessed November 17, 2010); Ellen Messmer, “Downadup/Conflicker Worm. When Will the Next Shoe Fail?” *Network World*, January 23, 2009 (www.networkworld.com/news/2009/012309-downadup-com-flicker-worm-html?hpg1=bn, accessed November 17, 2010); Erik Larkin, “Protecting Against the Rampant Conflicker Wrom,” *PCWorld*, January 16, 2009; “War in the Fifth Domain,” The Economist, July 1, 2010 (www.economist.com/node/16478792, accessed November 17, 2010).

個案研究問題

1. 何謂殭屍網路？
2. 描述歐洲數位化進程中的某些重點項目。
3. 解釋如何發動網路攻擊。
4. 描述一些惡意軟體所利用的系統弱點。

本個案由 Aalborg 大學的 Daniel Ortiz-Arroyo 所提供。

個案 10

擴增實境：真實世界變得更美好

許多人對於虛擬實境的概念並不陌生，不論是因為電影阿凡達（Avatar）與駭客任務（The Matrix）或是因為科幻小說和電玩遊戲。虛擬實境是由電腦產生的一個互動式三度空間立體的環境，人們融入於其中。但過去幾年，延伸自虛擬實境被稱為擴增實境的新技術已嶄露頭角，成為許多公司行銷行動的一大焦點。不是科幻小說，擴增實境是一種令人感到興奮的新方法，用以創造使用者及未來消費者更豐富、更具互動性的體驗。

擴增實境與傳統的虛擬實境不同，因為擴增實境（也稱為 AR）工具的使用者仍保持存在於真實世界。在虛擬實境中，使用者完全融入電腦產生的環境中，而且常需使用頭戴式顯示器以協助融入其中，並消除任何來自真實世界的干擾。擴增實境則將真實生活的影像與圖像或其他效果混合，而且能夠用於三種主要的顯示器上——如同虛擬實境使用的頭戴式顯示器、將圖表資訊顯示在實質物體上的空間顯示器，以及手持顯示器。

幾乎每個人都已經接觸過某種形式的 AR 技術。運動迷們對於電視轉播足球賽中出現第一次觸地的黃色記號，以及冰上曲棍球賽中標示圓盤位置與方向的特殊標記十分熟悉。這些就是擴增實境的例子。其他常見的 AR 應用包括醫療過程如影像導航手術，從電腦斷層掃描（CT）與核磁共振攝影（MRI）掃描或超音波顯影取得的資料，在手術室裡會重疊顯示於病患身上。其他採用 AR 的產業包括軍事訓練、工程設計、機器人產業與消費行為設計。

當許多公司對擴增實境感到愈來愈熟悉，行銷人員便會去開發應用這項技術有創意的新方法。印刷傳媒公司認為 AR 是一種方法，能夠以嶄新的方式讓產品變得令人興奮不已。君子（Esquire）雜誌在 2009 年 12 月發行版中密集使用 AR，雜誌中加入數個設計好的標籤，當你將這些標籤對準網路攝影機就會啟動特別報導封面人物 Robert Downey Jr. 的互動式影片。將雜誌轉到不同角度就會出現不同的影像。一則描述層次性穿著的時尚報導就展示演員 Jeremy Renner 隨著季節變化添加更多層衣物的影像。該雜誌「對準網路攝影機」的定位造就了這個旺季。

凌志汽車（Lexus）在雜誌中刊登了一幅廣告，在該頁展示由附近物體反彈回來的「雷達波」。同樣地，調整雜誌的角度會影響廣告的內容。凌志汽車行銷部門副總裁 David Nordstrom 說明他被 AR 吸引的原因：「身為行銷人員的任務就是要以與人們切身相關又具娛樂性的有趣方式傳遞訊息。」使用者對於雜誌的反應都是肯定的，顯示 AR 已達成這個目標。其他用 AR 來吸引並娛樂客戶手法的公司還有 Papa John's，它將 AR 標籤加在披薩盒上。當你以網路攝影機對準這些標籤時，會啟動公司創辦人駕車的影片。公司總裁相信 AR 是「以一種比單單閱讀或看廣告更具互動性的方式將客戶置身於促銷方案中極好的方法。」

行動電話應用程式開發人員也對 AR 技術漸漸增加的需求感到興奮。大部分的行動電話都有攝影機、全球定位系統（GPS）、網際網路與羅盤等功能，這使得智慧型手機成為手持 AR 顯示器完美的選擇。AR 主要的一塊新興市場是在房地產交易，協助使用者隨時隨地尋找房地產一覽表與資訊的應用程式已經開始使用了。一家位於阿姆斯特丹市（Amsterdam）正在起步的應用程式開發公司 Layar，已經為法國房地產仲介商 MeilleursAgents.com 設計了一套應用程式，使用者能夠在行動電話上點選巴黎任何一棟建築物，幾秒鐘內行動電話上就會顯示該房產每平方公尺的價格與該房產的小照片，還有建築物的現場影像透過行動電話攝影機傳入。

在其他國家中也已開發超過 30 種類似的應用程式，包括美國房地產公司 ZipRealty 的應用程式 HomeScan 已獲得初步的成功。儘管這項技術尚屬新穎還需要一些時間發展，但使用者已經能夠站在要出售的房產前，在他們行動電話上點選該房產可以在螢幕上顯示詳細的重疊影像。如果房產位於遙遠的地方，使用者能夠將行動電話切換到互動式地圖找到該房產以及附近其他待售的房產。初期 HomeScan 獲得的反應使 ZipRealty 受到鼓舞，因此計畫在應用程式中加入餐廳、咖啡廳與其他鄰近地區特色的資料。另一個廣為人知的應用程式 Wikitude，允許使用者瀏覽其他使用者以行動電話提供於網頁上有關其所在地附近的資訊。

抱持懷疑態度的人認為這項技術只是個噱頭而非有用的工具，但是 Layar 的應用程式從問市以來每週都被下載超過 1,000 次。能夠用來尋找房地產資訊並不是個噱頭——它是隨時隨地為買方提供協助的合理實用的工具。行銷人員發現愈來愈多使用者希望他們的行動電話擁有桌上型電腦所有的功能，同時有更多混搭 AR 的產品已經發表，在觀光景點展示資訊、以圖示標出地鐵站與餐廳，以及允許室內設計師將新家具的擺放位置重疊至房間的影像上，使得潛在客戶能夠更簡便地選擇他們最想要的樣式。分析師認為 AR 得到普遍的認同，預計行動 AR 市場至 2014 年將成長到 7 億 3,200 萬美元。

資料來源：R. Scott MacIntosh, "Portable Real Estate Listings-with a Difference," *The New York Times*, March 25, 2010; Alex Viega, "Augmented Reality for Real Estate Search," *Associated Press*, April 16, 2010; "Augmented Reality – 5 More Examples of This 3D Virtual Experience," http://www.nickburcher.com/2009/05/augmented-reality-5-more-examples-of.html, May 30, 2009; Shira Ovide, "Esquire Flirts with Digital Reality," *The Wall Street Journal*, October 29, 2009.

個案問題研究

1. 虛擬實境與擴增實境的差異為何？
2. 為何擴增實境對行銷人員而言充滿吸引力？
3. 擴增實境對於房地產交易應用程式有助益的原因為何？
4. 請提出擴增實境於一些其他知識工作應用程式的建議。

個案 11

資訊科技使 Albassami 的工作成為可行

如果你住在一個多樣的地形、環境氣候惡劣，有乾燥的沙漠與很大的溫差，如沙烏地阿拉伯（面積 210 萬平方公里），當你必須由一個城市移動到另外一個城市，而這些城市的距離都有上千公里的時候，你有兩個選擇：開車或是搭飛機，並將你的汽車交給運輸汽車的陸運拖車運到目的地。許多沙烏地阿拉伯人傾向於選擇後者。這使得沙烏地阿拉伯成為中東最大的汽車運輸市場。Albassami 就是為滿足這個市場而成立的公司。Albassami 國際集團被認為是中東內陸運輸業的領導者。

沙烏地阿拉伯與鄰近國家的汽車運輸業務市場大約有 20 億利雅（沙烏地阿拉伯的貨幣單位）的規模，且預估每年都會持續的成長。超過 100 萬輛的車子在沙烏地阿拉伯的境內或是境外運輸。Albassami 國際集團擁有全中東最大的運輸車隊。

至今，集團的業務遍及整個沙烏地阿拉伯、波斯灣合作理事會（Gulf Cooperation Council, GCC）的會員國、敘利亞、黎巴嫩與約旦等。公司在這幾年間專注於如何維持產業的領導地位，以達成安全與快速的運輸服務。

公司每天有超過 1,000 張的運送合約，包含 2,000 到 2,500 張在各地主要分支機構的提貨單。隨著新的快速運輸部門在 2003 年成立，公司擁有與分派 170 輛重型、中型與小型車等不同類型的車輛做運送到府的服務，在整個沙烏地阿拉伯境內有超過 45 個據點。因此，如果沒有強而有力的電腦系統，公司要處理與控制每天這些各式各樣的工作與訂單，同時還要提供完美的服務幾乎是不可能的。電腦系統除了必須處理組織內各個單位的資訊，還需要提供集團所需的資訊。

整個系統採用戴爾公司的群集伺服器，搭配微軟的 Windows 2003 作業系統，連結 270 個微軟 Windows XP 的用戶端。資料庫管理系統採用 Sybase Adaptive 伺服器作為系統的骨幹，用戶端均使用 SQL。在總部的伺服器與分公司的伺服器之間相互的複製。在複製的過程中，分公司的資料被傳送到總部的伺服器，同時進行資料整合以產生最新的資料庫版本，再回傳到分公司。這代表每一個分公司都能即時掌握最新的客戶資料、可運用的卡車與新的運送合約，所以客戶可以在任何時間與任何一個分公司來進行交易。

整個生意的流程開始於當客戶到達分公司要求將他的車子運送到指定的運送地點，然後分公司會產生運送合約。每隔三十分鐘，分公司的資訊會上傳至總部的資料庫，總部的資料庫會整合所有分公司的資訊並且再回傳給分公司。當卡車到達後，送達地點分公司的系統會產生一筆收到的資訊，然後系統會產生一封文字簡訊（SMS）並送給客戶，客戶可以到送達地點領取車子。

Albassami 運送資訊系統記錄所有運送者的資料，如被運送的車子、卡車車牌號碼、寄貨人與收貨的分公司，同時寄發文字簡訊通知客戶車輛已經送達目的地。系統也記錄客戶的資料與保留維護的資訊。由於車輛維護中心的資料與運送服務連結，能協助公司提升整體績效並達成更好的客戶服務。這套系統也能夠提供給高階管理者與總管理處每一個分公司生產力的分析報表，以準確的掌握不同地區的需求和相關的預算分派。另外，系統透過車輛追蹤資訊對於運送司機的行為提供一個較好的審核制度。適當的績效監控可以帶來適當的員工考績評量與必然的員工忠誠度。

運送系統輔助公司所有的商業流程，由資料庫分析萃取的知識使得管理團隊可以制定合宜的投資與經營決策，以幫助企業在沙烏地阿拉伯維持成功與領導地位。

資料來源：Michael Fitzgerald, "Predicting Where You'll Go and What You'll like," *The New York Times*, June 22, 2008; Erick Schonfeld, "Location-Tracking Startup Sense Networks Emerges from Stealth to Answer the Question: Where Is Everybody?" *TechCrunch.com*, June 9, 2008; "Macrosense," sensenetworks.com, accessed July 2008; Caroline McCarthy, "Meet Sense Networks, the Latest Player in the Hot 'Geo' Market," news.cnet.com, June 9, 2008.

個案研究問題

1. 個案中描述什麼系統？它提供了哪些有價值的資訊？

2. 資訊科技與電腦系統的投資為 Albassami 帶來了哪些價值？

3. 導入運送資訊系統如何滿足 Albassami 的企業需求與資訊需求？

本個案由德國大學開羅分校的 Ahmed Elragal 博士所提供。

個案 12

塔塔顧問服務公司的知識管理與協同合作

塔塔顧問服務公司（Tata Consultancy Services, TCS）是一個提供資訊科技服務、企業解決方案與委外服務的公司，提供全球客戶垂直、水平與跨區域在專業領域上的資訊科技服務組合與科技應用服務。身為全印度最大的工業集團——塔塔集團的一份子，塔塔顧問服務公司在全球 47 個國家擁有超過 10 萬 8,000 名科技顧問。

知識管理的概念於 1995 年開始引進塔塔顧問服務公司，1998 年成立知識管理團隊叫做公司群組（Corporate Groupware）。1999 年中正式發表 KM-pilot 系統。這個系統專案計畫由公司成立的專案團隊負責導入，專案的成員包含督導委員會、公司群組建置小組、分公司與部門的所有人、應用系統的使用者，以及基礎建設團隊等人員。

在當時，塔塔顧問服務公司的 KM 系統幾乎涵蓋各種功能，由品質保證到人力資源管理。在印度的 50 間辦公室使用專線連結 KM 系統，海外的辦公室則是透過網路系統與 Lotus Notes Domino Servers 連結 KM 系統。公司的員工可以透過企業內部網路、前端瀏覽器與 Notes 的用戶端來存取屬於總部與分公司伺服器上的知識庫。塔塔顧問服務公司的知識庫，也稱為 KBases，存放廣大範圍的資訊，包含了企業流程、企業營業項目、技術項目與專案資料等。

塔塔顧問服務公司於 1980 年就存在一個非正式、嚴密的實務社群 CoPs（communities of practices），當加入社群的員工到約 1,000 位的時候，正式的 KM 系統也於 1990 年後期開始推動。最早的「群組」是以探討技術的轉移為基礎。之後，群組是以討論大型電腦、Unix、資料庫等議題。群組由一、兩位專家在各自擅長的領域所構成，開始帶領成員以正式文件練習寫下最佳實務範例。當時的一個科技顧問 K. Ananth Krishnan 回憶起最初團體在練習的時候說：「在 1980 年代中期，我們開始將這些問題與解決方案文件化。在大型電腦的議題上，我們擁有超過 1,500 個研究個案。同樣地，在品質方面，我們擁有大約 40 個已經審核過的研究個案，這些文件可以追溯至 1993 年。」

公司的下一個階段則是建立流程資產庫（Process Asset Libraries, PALs），它包含技術、流程與專案領導者的個案研究等資訊，所有開發中心都可以透過公司內部網路取得這些資訊。

一個以網頁架構為主的電子知識管理（electronic knowledge management, EKM）入口網站 Ultimatix 的開發成立，使得員工可以在世界各地取得知識。並且將企業內部網路上的 PALs 與 KBases 的系統整合到 Ultimatix 之中。Ultimatix 包含品質管理系統、軟體生產力改善、訓練教材與工具資訊等子網站。EKM 系統上每一個實務與主題的群組管理者都有明確的責任，如編輯文件與核准文件公開刊登。Krishnan 對於實務社群（CoPs）的成功下了這樣的註解：「在 2003 年 1 月到 2003 年 6 月間，實務社群的成員透過 Ultimatix 系統已經交換大約 10,000 份與產業實務相關的文件，以及 21,000 份服務實務為主題的文件。電信主題的實務社群擁有 6,000 份會談紀錄，這還不包含企業內部網路下的社群活動。」

為了鼓勵員工之間的交談，塔塔顧問服務公司仔細地考量跨國研發中心的架構。公司位在 Chennai 的 Sholinganallur 研發中心採用一個全新的設計，財務長 S. Mahalingam 說：「這個中心由數個模組所組成，每一個模組都屬於一個特殊技術，或者是一個客戶又或是一個產業實務。這些結構通往屋頂花園，員工可以在那裡休息或是非正式交談……。當員工與其他同事對談時，通常能因此獲得那些惱人問題的解決方案。」

塔塔顧問服務公司也正式推出了一連串的訓練課程，如新進員工的入門學習課程、資深員工的持續學習課程，以及提供超過五年工作經驗員工的領導才能發展課程。全球塔塔顧問服務公司的辦公室都已經導入整合能力與學習管理系統（integrated competency and learning management systems, iCALMS），推動公司的學習文化與組織的成長。系統的資料包含能力的定義、角色定義與線上／教室的學習目標，這些幫助顧問提升他們在客製化上的技巧。為了取得跨產業的經驗，塔塔顧問服務公司讓員工定期輪流調動到不同功能的部門或是其他集團所屬的公司。鼓勵員工參加外部的學會，如電機電子工程師學會（IEEE），並且取得相關證照。

在 2007 年時，使用微軟的 SharePoint Portal Server 開發一套名為 Knowmax 的知識管理系統，使塔塔顧問服務公司的顧問可以使用這套系統存取過去將近四十年的經驗與最佳實務範例，它是以專案類型、使用的技術與客戶需求等來分類。系統支援將近 60 種知識資產，公司同事可以透過 Ultimatix 存取系統。任何一個同事都可以貢獻經驗給知識銀行（K-Bank），而知識管理員則是負責管理維護系統知識的品質。

為了使得員工能在工作與生活兩者兼顧，塔塔顧問服務公司開始推動團體活動，讓那些有相同興趣的人去從事各種活動，例如讀書會。之後，在每一季舉辦研討會與露營活動，這些創新活動也鼓舞了員工之間知識的轉移。在專案階層的知識分享則是透過 LiveMeeting 應用系統來完成，所有專案的會議都會被記錄在專案資料庫中。如果專案成員無法參加會議，或是任何一個新進的專案成員，都可以去聽取會議紀錄，以便能儘快趕上其他專案成員。更進一步，在知識轉移的部分則由「主題專家」（Subject Matter Expert）於每週召集，幫助專案團隊從有經驗的專家進行學習。「每日箴言」的電子郵件，匯集了技術上、觀念上或者是人際關係上的精華，幾乎是每天在組織成員間進行傳遞分享。

2002 年開始上線的 Ultimatix 系統，將公司從頭到尾的變成一個數位化的組織，並改善了企業流程的效率。儘管如此，公司始終無法更有效的儲存員工的知識。為了改善員工之間的協同合作，在 2007 年推出了 Infinity 專案；該系統包含了一些技術，如 IBM 的 Sametime、QuickPlace、Lotus Donimo 協同工具、Avaya VOIP 網路電話與 Ploycom IP 視訊會議。

由於採用了 Infinity 這套系統，海外與本地之間的協同合作獲得改善，如即時通訊（instant messaging, IM）消除了那些經由電話溝通可能發生文化與口音上的差異。

還有公司通訊能透過內部 24 小時新聞廣播傳給全世界塔塔顧問公司的辦公室。另外，差旅與通訊的成本各自降低了 40% 與 6%。

除了這些管道，公司還使用 JustAsk 系統

（整合到 KM 系統）、部落格平台、創意風暴（IdeaStorm）、TIP 與 My Site。自從 2006 年開始引進部落格，撰寫網誌文章快速的在公司裡流行。有 40,000 到 50,000 名塔塔顧問服務公司的員工在企業內部網路發表網誌文章。當 JustAsk 系統允許員工發表問題，其他人就可以提供解答。創意風暴（Idea Storm）則是一個每年一次的事件，公司的團隊提出兩到三個議題，邀請每一個人提出創意。TIP，一個關於產品創新與有潛力的新構想的開放性入口網站，正式的啟用以促進創意的分享。整合到 KM 入口網站的 MySite 則是允許每一個同事擁有個人網頁，如 Facebook 或是 Orkut。

資料來源：Sankaranarayanan G, "Building Communities, the TCS way," expressitpeople.com, September 2003; Kavita Kaur, "Give and Take," indian-today.com, January 2000; Sunil Shah, "Network Wonder: Collaborative Tools Help TCS Grow," cio.com, July 2007; Shivani Shinde, "TCS Sees Synergy in Gen X Tools," rediff.com, July 2008.

個案研究問題

1. 請分析塔塔顧問服務公司使用知識管理價值鏈在知識管理上的努力。請問哪些工具或是活動是用來管理內隱的知識？哪一些是用來管理外顯的知識？
2. 描述知識管理系統在塔塔顧問服務公司的成長。這些系統如何在商業上幫助塔塔顧問服務公司？
3. 描述協同合作工具在塔塔顧問服務公司的使用情形。塔塔顧問服務公司由這些工具獲得哪些效益？
4. WEB 2.0 工具如何幫助塔塔顧問服務公司管理知識與員工之間的協同合作？
5. 你認為知識管理工具如何改變塔塔顧問服務公司某些關鍵的運作流程，如投標新的專案、專案開發與導入、客戶服務等等？

本個案由南洋科技大學的 Neerja Sethi 和 Vijay Sethi 所提供。

個案 13

資料導向的學校

愈來愈多的報告都顯示美國學童的表現落後其他國家，因此改善學校教育便成了國家的當務之急。要達成教育的改善是一項很艱難的任務。一個比較具有影響力的方法是加強資訊系統的運用，在個人與學區的層面來評估教育成效，並藉以找出需要額外的資源或是介入解決的問題區塊。

馬里蘭州 Rockville，擁有 139,000 名學生的 Montgomery 郡公立學校系統是推動資料導向的決策支援系統 DSS 的第一批學校。學區責任共享辦公室裡的四十位員工，正針對有多少學生在中學修習過代數或是閱讀能力低於同級生來製作報告。學區的 Edline 與 M-Stat 系統會通知校長個人的不及格類型，讓這些不及格的學生可以多接受一些額外的教學資源，如課後輔導、學習講座或是與家長進行特別的會議。

早在十年前，Montgomery 郡學校的督察長 Jerry Weast 就預期到他稱之為「綠色地帶」的學生（白人與富有的學生）與「紅色地帶」的學生（貧窮與少數族群的學生）之間的差距正在增加，這種情形會讓他對整個學區更憂心忡忡。已經用盡其他的方法，行政官員才開始啟動一項計畫，建立一套資料蒐集系統，蒐集考試分數、成績與其他可以用來找出問題學生，並可以加速補救以改善他們的學習表現與教育成效的有用資料。

校長們可以存取並分析這些學生的表現資料，以協助制定該年度課程教學決策，而不只是何時可以達到年度標準測驗的資料。透過這個方式，老師可以滿足需要額外指導的學生的需求，或是在學生落後太多之前，就以其他方式來補救。考試的分數、成績與其他資料即時輸入到系統中，也可以即時存取。過去，學校的資料是沒有整理的，而個別學生與全體學生的表現傾向難以判別。

幼稚園的老師現在可以透過手持行動裝置如 Palm Pilot 掌上型電腦，監看他們的學生成功地讀出文字、注意到每一個學生對哪個字的發音比較有困難。這些手持行動裝置甚至還可以計算學生讀每一段的正確性，而且經過一段時間，還可以提供有關這個學生一直遇到哪一類型問題的資料。而且，當學生脫離正常的學術曲線，像是突然考了很差的分數，這套系統還會傳送警告通知給家長跟學校的行政人員。在很多的個案中，快速地回應可以幫助學生在不及格之前改變學習方法。

Montgomery 郡的許多家長也表達過對新系統的顧慮，認為這套系統是過度且不必要的花費。短期內，總統歐巴馬的振興計畫在未來兩年都可以提供學校這筆資金。如果資料導向的方法可以產生量化成果的話，像這類的專案有可能變得更普遍。但是這種作法是否會成為美國學校的標準？這些系統是否能長期持續還是未知數。

在 Montgomery 郡，導入資料導向的資訊系統的主要目的之一是為了要縮短白人與成績較差的少數族群學生之間的成就落差。老師與行政人員可以運用 DSS 協助組成的各種不同資訊，早點找出有天賦的學生，並安排適量的先修課程（advanced placement, AP）給他們。針對每一個孩子所蒐集的資料，也讓老師能夠深入地了解什麼樣的教學方式對每一個孩子最好。

這個系統的成果非常令人驚訝。Montgomery 郡 90% 的幼稚園學童都可以讀出符合標準測驗的水準，而在各種族與社經地位的族群之間僅有微小的差異。原本七年前達到標準的非洲裔美籍的學生只有 52%，拉丁裔學生只有 42%，而低收入學生也只有 44% 達到標準，而且，這套系統可以在學生年紀還小的時候就有效地發掘學生的能力。在 Montgomery 郡，非洲裔美籍學生通過至少一科先修科目測驗的人數從十年前的 199 人，提高到今年的 1,152 人；拉丁裔學生通過測驗的人數也從 218 人提高到 1,336 人。

有些評論家認為縮短不同學生族群之間的成就落差是在欺騙那些有天賦的與無能的學生。「綠色地帶」的家長質疑，當這麼多的焦點與注意力都放在改善紅色地帶學生的表現，他們的孩子是不是有得到足夠的關心與資源？Montgomery 郡綠色地帶學區每一個學生的經費是 13,000 美元，紅色地帶學區每個學生的經費是 15,000 美元。紅色地帶學區的幼稚園每班只有 15 名學童，低年級每班只有 17 名學童，相較於綠色地帶幼稚園的班級有 25 名，低年級每班有 26 名。學校的行政人員認為這個系統不只為表現不佳的學生提供適當的協助，更重要的是它更為有天分的學生提供額外的挑戰，協助他們發展。

其他證據也顯示，縮短幼年時期的成就落差所得到的成效會隨著孩童長大而遞減。在 Montgomery 郡八年級的學生中，接近有 90% 的白人與亞洲裔的八年級生在馬里蘭州數學競賽中得到優等或高等，相較之下，非裔與西班牙裔的學生只有一半拿到類似的成績。非裔與西班牙裔學生的 SAT 成績超過 300 分的人數低於白人與亞洲裔的學生。不過，資料導向系統的導入是造成學生成績與以往的統計數字相比大幅改善的主要原因。我們也發現有些紅色地帶的學校因為導入這套系統，在考試成績與學生畢業率上有大幅地改善。

資料導向系統是運用布希時代通過的「把每一個孩子帶上來法案」(No Child Left Behind Act) 所設定的一些標準化測試的資訊，透過很多方法而建立的一套系統。有些家長與教育工作者抱怨標準化測試的次數與頻率過高，而認為孩子應該要花更多時間在一些專案和具創造性的事情上。但是，其實很難發展出讓這些陷入困境的學區，產生大幅改善且實際可行的替代策略。

不只學生受限於這套資訊導向的方法。Montgomery 郡的教師也被納入相似的方案中，找出表現不佳的教師，然後提供一些資料以協助他們做改善。在許多案例中，因為合約與終身職的關係很難遣散或解雇表現不佳的老師。為了解決這個問題，教師聯盟與行政人員組成一個團隊，發展出一套同儕評鑑計畫，由一位引導者負責指引並支援兩位表現不佳的教師。

兩年之後，沒達到教學成果的教師，在由老師與校長們所組成的大型教評會中，便會對該位老師該終止合約，或是給予機會延到下一年的同儕評鑑再做決定。但在這個計畫中，很少有老師被解雇——同儕評鑑會會根據老師們日常表現、學生的成就率與其他許多因素交叉所蒐集來的資料，提出他們表現得好的證據，以及他們有哪些部分要改進。

並不是所有的老師都欣然接受資訊導向的作法。Montgomery 教育協會，也是這個郡最主要的教師聯盟估計，對學生的閱讀評估與其他考試表現持續做「連續性的記錄」，會讓老師每一週的工作量增加三到四小時。根據 Silver Spring Highland 小學校長 Raymond Myrtle 的看法：「這其實是項很艱難的工作。很多老師不想這麼做。對於那些不喜歡這一套作法的老師，我們建議他們可以採用別的方式。」直到今天，Highland 小學 33 位教師中的 11 位，離開這個學區或是到 Montgomery 郡其他的學校任教。

資料來源：www.montgomeryschoolsmd.org, accessed October 15, 2010; www.datadrivenclassroom.com, accessed October 15, 2010; John Hechinger, "Data-Driven Schools See Rising Scores," *The Wall Street Journal*, June 12, 2009; and Daniel de Vise, "Throwing a Lifeline to Struggling Teachers," *Washington Post*, June 29, 2009.

個案研究問題

1. 找出並描述本個案所討論的問題。
2. 商業智慧系統如何對問題提出解決方案？這個系統的輸入與輸出為何？
3. 這個解決方案解決了哪些管理、組織與技術的問題？
4. 這個解決方案有多成功？試解釋你的答案。
5. 是不是所有的學區都應該使用這類資料導向的方式來進行教育？為什麼是或不是？

個案 14

領先的 Valero 運用即時管理

如果你沒聽過 Valero，不用擔心。很多投資者都知道這是美國最大的石油煉油公司之一，但是大部分的民眾都不知道這家公司。Valero 能源公司為財星 500 大企業的前 50 大企業，總部位於德州的聖安東尼奧（San Antonio, Texas），年營收 700 億美元。Valero 在美國、加拿大與阿魯巴（Aruba）擁有 16 座煉油廠，生產汽油、蒸餾液、飛機燃料、瀝青、石化製品與其他石油精煉的產品。這家公司在美國中西部也擁有 10 座乙醇工廠，每年乙醇總產量約為 11 億加侖。

2008 年，Valero 的營運長（COO）計畫發展一個煉油儀表板（Refining Dashboard），可以顯示與煉油廠和設備可信度、庫存管理、安全性與能源消耗等情形相關的即時資料。在總部營運中心辦公室的牆上，掛上一個超大型的中央監視螢幕，運用一系列的監視器，即時顯示公司的煉油儀表板，營運長與其他工廠的管理者可以檢視公司位於美國和加拿大 16 座煉油廠的績效。

營運長與他的團隊將每一座廠房的績效與公司其他的生產計畫相比較，來檢視每一座煉油廠的績效。只要與計畫有一點偏差，不論多或少，工廠的管理者就必須對此團隊提出解釋，並說明修正的行動。這個位於總部的團隊所要求顯示出來的績效可以從高階管理者開始一直向下探究到煉油廠和個人系統作業員層級。

Valero 的煉油儀表板也可以讓位在不同地點的煉油廠管理者透過網路存取。這些資料每五分鐘更新一次。這個儀表板的資料也會直接轉入公司的 SAP 製造整合與智慧應用系統，每一座煉油廠過去與現在的生產資料也都存放在這個 SAP 系統中。Valero 的管理階層估計在 16 座煉油廠運用這個煉油儀表板，每年可以為公司省下 2.3 億美元。

Valero 的煉油儀表板已經很成功，因此公司計畫再開發不同的儀表板，用來顯示公司和每一個煉油廠的每個單位能源消耗量的詳細統計數字。運用這些共享的資料，管理者可以與另一位管理者分享最佳的作法，調整設備，在維持生產目標不變的情況下，減少能源的消耗。這套儀表板系統也帶來非預期中的結果，它可以協助管理者了解更多有關公司實際的營運狀況，並試著改善。

但是，Valero 的高階管理儀表板實際上造成了多少的差異呢？即時管理系統的危險之一是無法評估正確的事物。展示資訊的儀表板雖然看起來很棒，但是這些資訊與企業的策略目標並不相關，甚至大部分資訊都與策略目標無關。Valero 會開始做目標與績效的評估是因為 Solomon 公司針對石油業與天然氣業做了一些標準績效的研究。這些作法多有用呢？

Valero 的股價從 2008 年 6 月的高點 80 美元，跌到 2010 年 11 月只剩約 20 美元。因此，Valero 的利潤與煉油效率微小的改變並沒有強烈的關聯。它的利潤率反而主要是決定於精煉產品與原油之間價格的差距，也就是所謂的「精煉產品利潤」。全球經濟不景氣始於 2008 年，而且一直持續到 2010 年。因為不景氣減弱了對於石油精煉產品的需求，也壓縮到 2009 年至 2010 年精煉產品的利潤。需求的減低，結合庫存的增加，也導致柴油與飛機燃料邊際利潤嚴重降低。

原油的價格與石油總需求量並不是 Valero 的管理階層所能掌控的。煉油的成本隨著時間會在極為狹窄的範圍之內波動，煉油技術也沒有突破性的進展。雖然，Valero 的儀表板著重於管理階層在極小的範圍內（就是煉油成本）可以控制的一件事情上，這個儀表板並沒有顯示非公司所能控制的一大堆策略因素，但這些因素反而對公司的績效具有強力的影響與衝擊。結果是一套功能強大的儀表板系統並不能將獲利不佳的營運模式轉化為能夠獲利的營運模式。

即時管理的另一個限制是它最適合像煉油這樣流程相對而言變化極少、流程已知且充分理解，而且公司利潤集中化的流程產業。儀表板系統並沒有對產品、行銷、銷售或任何公司其他很重視創新的領域進行變革。蘋果公司並沒有運用績效儀表板來發明 iPhone，雖然蘋果今日或許也有運用這樣的儀表板來監控 iPhone 的製造與銷售。管理者必須對所有造就企業成功的因素很敏感，即使這些變化並沒有顯示在公司的儀表板上，管理者也必須懂得對這些因素的變化做因應。

資料來源：Chris Kahn, "Valero Energy Posts 3Q Profit, Reverses Loss," *Business Week*, October 26, 2010; Valero Energy Corporation, Form 10K Annual Report for the fiscal year ended December 31, 2009, filed with the Securities and Exchange Commission, February 28, 2010; and Doug Henderson, "Execs Want Focus on Goals, Not Just Metrics," *Information Week*, November 13, 2009.

個案研究問題

1. 在開發 Valero 的儀表板時，哪些管理、組織與技術的問題應該被處理？
2. 這個儀表板顯示了哪些績效的評估？舉一些藉由 Valero 的儀表板所提供的資訊而獲益的管理決策的例子。
3. Valero 需要哪一類的資訊系統以維護並使其煉油儀表板繼續運作？
4. Valero 的儀表板對於協助管理者領導公司發揮多少效用？試解釋你的答案。
5. Valero 應該開發其他的儀表板以用於監測環境中無法被控制的許多因素嗎？為什麼是或不是？

個案 15

CompStat 將犯罪減少了嗎？

CompStat（COMPuter STATistics 或 COMParative STATistics 的縮寫）1994 年發源於紐約市警察局（NYPD），當時的警察局長是 William Bratton。CompStat 是一個記錄全市 76 個轄區公布的所有通報犯罪或指控、逮捕與法院傳喚之全市綜合的資料庫。市政府官員先前認為更好的資訊與分析工具無法防範犯罪，反而應該以努力加強社區團體參與的「社區警政」概念在附近地區多進行步行巡邏。相反的，Bratton 與當時的紐約市長 Rudy Giuliani 相信警察在減少犯罪方面能夠更有效率，只要操作型決策由轄區層級制定，以及決策制定者擁有較佳的資訊。比起警察總部，轄區分局長所在位置較容易了解所服務社區的特殊需求，也較容易指揮他們所管理的 200 至 400 名警員。CompStat 賦予轄區指揮官更多權力與義務，但責任也更大。

來自 NYPD 每一個轄區、服務區、交通運輸區的代表，在警察總部每週例行的會議中備受煎熬，不但要提供每週犯罪案件、逮捕與法院傳喚事件的統計摘要表，還有重大案件、犯罪模式與警方行動。分局長必須解釋做了什麼來減少轄區內的犯罪，而如果犯罪增加了他們必須解釋原因。分局長對減少本身轄區內的犯罪直接負責。過去對他們的評估主要都是以其行政管理技能為基準，例如預算不超支及有效地分配資源。

這些分局長所提供的資料，包括犯罪的特定時間與地點和採取的行動，會傳送到 NYPD 的 CompStat Unit 再輸送至全市的資料庫。系統分析這些資料，分別產生轄區、巡邏行政區與全市三種層級的犯罪案件與逮捕行動之 CompStat 週報。這些資料分別以一週、前三十天以及本年度到今天為止三種不同期間來彙總，與去年同期事件進行比較，並以此建立趨勢。CompStat Unit 也會發布分局長側寫週報，用來測量轄區分局長的績效。

分局長側寫週報中的資訊包含分局長到職日期、年資排行、教育程度與特殊訓練、最近一次的績效評估等級、過去曾經管轄的單位、所管轄的員警產生的加班費、缺席率、社區人口統計資料與民眾投訴。

使用 MapInfo 地理資訊系統（GIS）軟體，CompStat 的資料得以展示在地圖上，以顯示犯罪與逮捕之地點、犯罪「熱點」與其他相關的資訊。比較的曲線圖、表格、圖形能夠立刻投影出來。這些視覺化的呈現方式協助轄區分局長與 NYPD 行政機構成員很快地找出模式與趨勢。靠著從系統點滴蒐集來的智慧，警長與隊長發展出一個打擊犯罪的針對性策略，例如派送更多步行巡邏警力至犯罪率高的區域，或是某一特定車款容易失竊時向民眾發布警告。

在 Bratton 任職的 27 個月期間，紐約的重大犯罪降低 25%，而謀殺案減少 44%。過去 12 年來紐約的犯罪降低了 69%。抱持懷疑態度的人不相信這些成果是因為 CompStat。他們認為的原因是：年輕的窮人數量減少、經濟情況改善、刪減社會救濟同時讓窮人獲得較好的居住環境之計畫、紐約市警力增加，以及給予轄區分局長更多決策制定的義務與責任。

不僅如此，深信 CompStat 是紐約犯罪率下降因素的 Bratton，在洛杉磯導入這個系統再一次證明它的價值。自從引進 CompStat，洛杉磯結合暴力及財物的犯罪連續六年下降，而警員數與居民數的比例僅僅是紐約與芝加哥的一半。CompStat 也被費城（Philadelphia）、奧斯汀（Austin）、舊金山（San Francisco）、巴爾的摩（Baltimore），以及加拿大英屬哥倫比亞省（British Columbia）的溫哥華（Vancouver）所採用。

懷疑論者指出自從 1990 年來美國所有城市地區的犯罪率都下降，不論那個城市是否採用 CompStat。事實上，警察基金會（Police Foundation）所做有關 CompStat 的重要研究發現，CompStat 鼓勵警察對抗犯罪要採取被動而非主動。將警察派到犯罪已經成為問題的地方，換句話說，太遲了。CompStat 鼓勵警方採取警察基金會稱為「打地鼠」的理論，類似在遊樂場中玩的遊戲。並非將警察局變成敏捷的犯罪打擊者，基金會發現資料庫只是被加在本身並沒有改變的傳統組織上。

因為重點擺在減少犯罪上，以及因為新發現犯罪統計資料對警官職業的重要性，CompStat 對一些轄區分局長造成壓力導致他們竄改犯罪統計資料以得到有利的結果。儘管預算縮水還有警官人數減少，警官必須要持續改善他們的犯罪統計資料。2009 年一項經由發送問卷給 1,200 位退休的警察隊長與更多的資深警官所進行的研究，結果發現將近三分之一的問卷回答者知曉不道德的犯罪資料偽造。

超過 100 個問卷受訪者說，產生年度犯罪降低率的強大壓力導致一些監督人與轄區分局長竄改犯罪統計資料。舉例來說，大家都知道警官查閱目錄手冊、eBay 與其他網站，搜尋與竊盜案中失竊物品相似品項較低的價格，以減少竊盜案中失竊物品的價值，這都是為了要保持紀錄。失竊物品價值達 1,000 美元或更多的重大竊盜案是一種重罪，而失竊物品價值低於 1,000 美元的就屬於輕罪。藉由這種方法，各轄區能夠減少屬於會被 CompStat 追蹤的「指數犯罪」之重大竊盜案數。調查與傳聞證據也指出，某些區域的部分警察沒有接受報案的資料，可能是想要減少回報的犯罪事件數量。

有些問卷受訪者說被派到犯罪現場的轄區分局長或助理，有時候會試著說服被害人不要報案，或慫恿他們以能夠將犯罪行為等級降低的方式改變他們對於事件發生過程的陳述。

之前有關 CompStat 的研究，NYPD 都不願意公開他們資料報告的方式。一位教授執行一個研究，最終被讚賞的 CompStat 對於紐約市犯罪的影響是得以完全存取 NYPD 犯罪的資料，但是 NYPD 不願意與對抗警察貪腐委員會（Commission to Combat Police Corruption, CCPC）合作。CCPC 是監管警察貪腐的獨立委員會。該委員會尋求法院傳喚權要求 NYPD 公開它的資料及資料蒐集的程序，以發現警察潛在的錯誤行為。很不幸的，該委員會在警察局強力的反對下被拒絕存取這項資料。

另一方面，CompStat 的許多版本被全美國其他數百個警察局所採用，而且在許多城市警察任務改善都被歸功於 CompStat。而在紐約市本身，許多民眾認為犯罪減少，這個城市變成住起來更安全也更愉悅的一個地方。

資料來源：William K. Rashbaum, "Retired Officers Raise Questions on Crime Data," *The New York Times*, February 6, 2010; A.G. Sulzberger and Karen Zraick, "Forget Police Data, New Yorkers Rely on Own Eyes," *The New York Times*, February 7, 2010; Luis Garicano, "How Dose Information Technology Help Police Reduce Crime?" TNIT Newsletter 3 (December, 2009); and New York City Police Department, "COMPSTAT Process," www.nyc.gov/html/nypd/html, accessed October 9, 2006.

個案問題研究

1. 哪些管理、組織與技術因素使得 CompStat 奏效？
2. 警察局能夠不靠 CompStat 系統而有效地打擊犯罪嗎？社區警政與 CompStat 無法共存嗎？請解釋你的答案。
3. 為何警官要虛報某些資料至 CompStat 系統？關於資料的虛報應該要做什麼？它要如何被偵測出來？

個案 16

企業流程管理有什麼不一樣嗎？

如果你是一間規模很大而且十分成功的公司，企業流程管理或許正是你所要尋找的。這裡舉出兩個例子：Amerisource Bergen 與 Diebold Inc.。Amerisource Bergen 是全球最大的藥品服務公司之一，名列財星雜誌前 25 大公司，2009 年的營收達 700 億美元。除了藥品配送銷售外，還提供藥廠與醫療照護單位降低成本並改善病患效果的相關服務。

Amerisource Bergen 規模如此龐大，因此與許多藥廠、藥局及醫院之間有著錯綜複雜的關係。生意狀態變化頻繁導致契約價格波動。當價格一有波動，批發商與藥廠就必須分析這個變動並確認沒有違反企業規則及聯邦法規。與所有相關單位聯繫處理這些合約和訂價細節十分費時又需要很多紙本文件，同時還要依靠大量的電子郵件、電話、傳真與實體郵件。許多流程根本是贅餘的。

Amerisource Bergen 的管理階層相信公司存在許多老舊又沒有效率的企業流程。經過廣泛的分析多家 BPM 業者，該公司選擇使用 Metastorm BPM 軟體。Metastorm BPM 提供一套完整可分析、管理與重新設計企業流程的工具。業界專業人士、經理人與資訊系統專家都可以藉此建立擁有豐富圖表的企業流程模型，也可以創造新的使用者介面與企業規則。Metastorm 設有專為推展重新設計的流程所用的引擎工具，也能夠將它處理的流程與外部系統整合。

在首次推行的 BPM 專案中，Amerisource Bergen 決定自動化和導入線上協同合作契約與拒付退單流程，每年經由該流程處理的現金流達 100 億美元。與每家製造商之間價格及條件的制定由這個流程啟動。當公司為了競爭而被迫以低價銷售時，這個流程也能夠掌控價格條件與製造商的折扣貼現款項。任何有爭議或不正確的價格資料，都會於公司所欠退款入帳時間造成嚴重的延遲。

Metastorm BPM 將所有合約的改變都記錄於系統中，並與企業內部規則比對確認，也使得 Amerisource Bergen 能夠與貿易夥伴在合作的 BPM 部分產生連結。所有的合約資訊皆儲存於單一的位置，這使得查閱拒付退單或與貿易夥伴及內部部門溝通合約及價格資訊時變得容易許多。

BPM 專案十分成功，結果不但員工人數降低、爭議減少、價格資訊更正確，而且投資收益更高。這個專案初步的成功促使公司將 BPM 擴展至企業的其他範圍，並運用 BPM 來支援更廣泛的企業轉換計畫。Amerisource Bergen 運用 Metastorm BPM 建立了六個新的專用流程來管理與自動化大量且高度信用風險的供應商，並且有介面與 SAP 企業系統介接。

Amerisource Bergen 必須十分仔細地將撥付產品的流入數和流出數，與所有直接的、非直接的與第三方的貨款追蹤比對，以符合聯邦法規與產業特殊規定。公司運用 Metastorm BPM 建立以 SAP 為介面的專用流程，如發票品項與訂購單不符而造成的貨款變動，此專用流程都能夠接收、追蹤並調整至一致並迅速執行。SAP 系統發現貨款變動時會將此訊息傳到 Metastorm BPM，以進行特例處理、分析並調整使之與總信用額度相符。調整後的信用額度資料會被送回 SAP 系統。此方法能夠讓超過 120 萬筆信用額度／貨款調整文件以及紙本為主的信用額度資料在 Metastorm 和 SAP 之間無縫地傳遞。

到目前為止，Amerisource Bergen 已經把將近 300 個流程自動化。帶來的好處有：更有效率且精確的紀錄追蹤、更快速的周轉時間、更好的關鍵績效指標管理與所有活動都有線上審核過程紀錄。Amerisource Bergen 的 BPM 專案結果十分成功，因此該公司在 2009 年贏得全球 BPM 與工作流程傑出獎。

Diebold 公司則是企業流程管理的新進者。Diebold 在整合自助服務運送與保全系統服務方面是全球的龍頭，擁有橫跨 90 個國家達 17,000 個事業夥伴。該公司製造、安裝並維修保養 ATM、金庫、貨幣處理系統，以及其他運用於金融業、零售業及政府股票市場的保全設備。Diebold 希望利用企業流程管理來了解並改善其訂單交貨流程。該公司選擇了 Progress Savvion 公司的 BusinessManager BPM 作為此項任務的解決方案。

BusinessManager 提供一個平台用以定義組織企業流程並將這些流程以網頁應用方式推展。此平台能夠讓管理階層獲得即時的資料以監測、分析、控制與改善流程執行，同時也能夠將這些流程與現行作業系統整合。BusinessManager 從不同的來源接收並分析資料，提供對 Diebold 訂單處理更完整的觀點。Diebold 管理階層可透過平台即時追蹤訂單處理流程的任一步驟，也可經由過去的資料預測未來的績效。這項工具讓管理階層了解流程中每一個步驟正常所需的時間，因此他們能夠預測訂單進行到何處，並且將之與系統顯示訂單所在相比較。BusinessManager 可以偵測單一產品的生產是否完成，以及找出特定品項位於流程中的位置。

Diebold 對於 BusinessManager 的功能感到滿意，因而立刻將之應用到其他流程上，如問題的排解。此系統蒐集許多不同來源的資料，例如來自專業領域別的員工與各個工廠的員工。Diebold 現在能夠快速確認職員與客戶提出的問題，並且判定解決這些問題所需花費的時間。

資料來源：Judith Lamont, "BPM, Enterprisewide and Beyond," *KMWorld*, February 1, 2010; "Customer Success Story: AmerisourceBergen," www.metastorm.com, accessed November 4, 2010; and www.progress.com, accessed November 4, 2010.

個案研究問題

1. 為何如 AmerisourceBergen 和 Diebold 這類大型公司適合進行企業流程管理？
2. 每家公司重新設計與管理其企業流程能夠獲得的生意上的好處為何？
3. BPM 如何改變這些公司的營運方式？
4. 於數量龐大的企業流程之間廣泛地推展 BPM 軟體可能產生的一些問題為何？
5. 哪些公司經由實施 BPM 獲益最多？

個案 17

Zimbra 藉著 OneView 迅速取得領先

Zimbra 是一家軟體公司，旗艦產品是名為 Zimbra Collaboration Suite（ZCS）的開放程式碼通訊套裝軟體，靠 Ajax 技術提供各式各樣的企業功能。這家公司在 2007 年被 Yahoo! 收購，現在已經累積了 5,000 萬個付費信箱。除了電子郵件以外，ZCS 將聯絡人名單、分享式行事曆、即時訊息、共用文件、搜尋與網路電話（VoIP）結合在同一個套裝軟體中，可以透過任何一種行動網頁瀏覽器使用。

身為開放程式碼軟體公司，Zimbra 採用病毒式行銷模式、口碑行銷與開放標準來推展業務。客戶能夠隨意批評 Zimbra 與 ZCS，同樣也能夠稱讚公司及其旗艦產品。最重要的是到目前為止這個策略對公司來說十分的成功。

Zimbra 在自己的網頁上銷售產品，同時提供免費試用版與商業註冊版。Zimbra 的經營模式取決於促使大量訪客造訪公司網頁，允許訪客免費試用僅具基本功能的軟體版本，然後說服這些訪客購買完整功能的商業註冊版。每一個星期都有超過 20 萬名訪客造訪 Zimbra 的網頁。

當每週的 20 萬名訪客中有一位下載 60 天使用期的試用版本，Zimbra 的銷售過程就此展開。業務代表試著找出哪些使用試用版的人最有可能升級到商業註冊版，進而藉由電子郵件及電話嘗試完成銷售。為了完成這項工作，Zimbra 的業務團隊需要能夠從數量龐大的網頁訪客中過濾出有興趣的買家。Zimbra 行銷部經理 Greg Armanini 指出，除非業務與行銷自動化工具能夠將業務代表集中在能夠產生利潤的潛在客戶上，否則業務團隊將會被一大堆沒有用的潛在客戶名單所淹沒。

Zimbra 利用它的網頁來追蹤訪客行為，並將此網頁與 Salesforce.com 客戶關係管理（CRM）系統中的潛在客戶資訊連結。從經常到訪網頁的訪客中辨識出可能成為主顧的人，並在這些人到訪網頁時通知業務代表，藉此可幫助業務團隊選擇以電話聯絡的對象與時間。

Zimbra 一開始使用 Eloqua 的行銷自動化軟體，它擁有許多功能但是對於行銷人員與業務代表來說使用上太複雜了。舉例來說，Eloqua 系統要求業務人員對於任何含有他們要蒐集的資料之欄位編寫條件邏輯。儘管可以做得到，但對 Zimbra 的業務代表來說卻是浪費時間。Eloqua 僅能使用 Microsoft IE 瀏覽器作業，但 Zimbra 有三分之二的業務部門使用 Mozilla Firefox。同時 Eloqua 的價格太貴了，Zimbra 只買得起最基本的套裝軟體版本，但這只能夠提供五位業務代表與一位行銷人員存取資料。

Eloqua 有許多功能是 Zimbra 不需要的，它需要的是一個更簡化的解決方案，且能夠聚焦在公司行銷策略核心領域，包括產生潛在客戶名單、電子郵件行銷與網頁分析。新的行銷自動化系統必須容易安裝及維護。許多可用的選擇方案都需要好幾位受過良好訓練的管理者，為了這個目的，即使是多分派一位員工對 Zimbra 來說都是負擔不起的。

在測試了數個軟體產品之後，Zimbra 選擇了 OneView。它是由總部位於喬治亞州，專門針對銷售與行銷自動化的 LoopFuse 軟體公司所銷售的隨選行銷自動化解決方案。相較於

Eloqua 軟體，OneView 更能夠命中目標。還不只是這樣，OneView 大部分的自動化流程能夠讓 Zimbra 迅速導入解決方案，而且不需要投入一位全職員工來維護。OneView 的核心功能包括網頁訪客追蹤、自動化行銷方案交流、客戶活動預警與 CRM 整合。

Zimbra 也對 LoopFuse 便利的價格選擇方案感到滿意，例如「無限座位數」與「每次使用才付費」方案，Zimbra 僅需支付必要使用者人數所需要的服務費用。因為有了這些選擇方案，Zimbra 能夠將 LoopFuse 推展至全部 30 名的銷售人力上。

其他使用 OneView 的好處還包括：容易與 Zimbra 偏好的 CRM 解決方案 Saleforce.com 整合、簡化的回報流程與擁有處理大量潛在客戶資料的能力，讓較多的人力與時間可以投入需求產生機制。OneView 能夠與多種網頁瀏覽器作業，包括 Firefox。原先的解決方案使用太多步驟來處理及彙整資料，導致需要花很長的時間產生報告，而 OneView 簡化的報告流程使得業務人員能夠在短時間內產生報告。

OneView 是否改善了 Zimbra 的最低需求狀態？ OneView 將 Zimbra 花在使用與維護行銷系統的時間減少了 50%。自從更換了軟體供應商，Zimbra 符合資格的潛在客戶銷售完成率有了大躍進，從 10% 增加到 15%，這是很大的增加量。這個問題的答案看來像是一聲非常響亮的「是！」

資料來源：Jessica Tsai, "Less is More," *Customer Relationship Management*, August 2009, www.destinationCRM.com; and "LoopFuse OneView Helps Zimbra Raise Sales and Marketing Efficiency by 50 Percent," www.loopfuse.com, May 2009.

個案研究問題

1. 請描述 Zimbra 銷售流程的步驟。原有的行銷自動化系統如何支援此流程？它產生什麼問題？這些問題對企業的影響為何？
2. 列出並描述 Zimbra 對新的行銷套裝軟體的需求？假設你正在為 Zimbra 的新系統籌劃 RFP，你會問什麼樣的問題？
3. 新的行銷系統如何改變 Zimbra 企業營運方式？獲得多大的成功？

個案 18

電子病歷是醫療照護制度的一帖良方嗎？

近幾十年來，建立更有效率的醫療照護系統在美國已經成為一個迫切的醫療、社會與政治的議題。儘管事實上有 15% 的美國人民沒有保險，而且有保險的人民中投保額低於實際價值或付不起必要醫療照護費用的占了 20%，美國人花在每個人醫療照護上的金額卻是全世界所有國家最高的。2009 年美國在醫療照護制度上花了 2.5 兆美元，占美國國內生產毛額（GDP）的 17.6%。這筆錢大約 12% 花在行政管理成本上，而主要是用於維持電子病歷。

在醫療照護上花費天文數字的金錢肇因於沒效率、失誤與詐欺。好消息是資訊技術能夠讓醫療照護機構有一個省錢與提供更佳服務的機會。在政府的強烈要求下，醫療照護機構開始建立電子病歷（electronic medical record, EMR）系統，努力消除保存紙本紀錄而產生的無效率之處。許多保險公司也提供支援以發展 EMR 系統。

電子病歷系統涵蓋個人所有重要的醫療資料，包括個人資訊、完整的醫療史、檢驗結果、診斷、治療法、處方藥品與這些治療的成果。醫師能夠即時並直接從 EMR 系統存取需要的資訊，而不需要研讀紙本檔案。當紀錄持有人到醫院就診，則任何在此醫院執行的檢驗紀錄與結果都能夠立刻在線上查閱。

許多專家相信電子病歷將會減少醫療失誤、改善醫療照護、減少紙本作業並提供更快速的服務，而這些都能夠在未來省下可觀的支出，估計每年可減少 778 億美元。政府設立的短程目標是在 2015 年以前，美國所有醫療照護機構在適當的地方都設立符合基本功能標準的 EMR 系統。長程目標則是擁有完整功能的全國電子病歷保存網路。

現今使用的 EMR 系統清楚顯示上述的好處對於醫師與醫院而言是可能發生的，但是設立單一的系統所面臨的挑戰（更遑論是全國性的系統）卻是令人感到氣餒的。即使有刺激方案的補助款，許多較小型的執業診所認為將病歷保存系統升級所要投入的金錢與時間對他們來說是負擔不起的。2010 年在美國有 80% 的醫師與 90% 的醫院仍在使用紙本病歷。

2010 年所發展執行的系統是否能夠與 2015 年及未來的系統相容還是個未知數，這使得所有醫療照護機構能夠分享全國性系統中的資訊之目標岌岌可危。還有許多其他較小的障礙，如醫療照護機構、健康資訊技術開發人員，以及保險公司必須克服電子病歷在全國各地的適用問題，包括病患私人的顧慮、資料品質問題與醫療照護工作者的抗拒。

政府計畫將美國復甦與再投資法案（the American Recovery and Reinvestment Act）提供的刺激方案款項依兩種方式給付給醫療照護機構。一開始先提供 20 億美元來幫助醫院及醫師建立電子病歷。其他 170 億美元也將當作獎金頒發給於 2015 年以前成功執行電子病歷的機構。為了符合領取這些獎金的資格，此刺激方案明確規定機構必須要示範操作電子病歷系統「有意義的用途」。此方案定義成功執行認證的 e 紀錄產品為：至少有 40%的處方箋透過電子開立，而且能夠與政府醫療照護署交換及回報資料。若執行導入，獨立的執業診所最高可領取 64,000 美元，而醫院則可領取多達

1,150 萬美元。

除了刺激方案所發的獎金之外，政府也會對無法達到新電子病歷保存標準的執業診所施以處罰。無法於 2015 年以前達到標準的機構，將每年被扣減 1% 的醫療保險與醫療補助的醫療償還費用直到 2018 年。更進一步，若之後僅有少數的機構使用電子病歷，則將會有更嚴厲的處罰方式。

電子病歷保存系統的成本大約是每位醫生 3 萬到 5 萬美元。雖然刺激方案款項最終應該足以支付該成本，但最初僅有少部分的金額釋出使用。對許多機構來說，尤其是醫師少於 4 位的醫療診所與病床低於 50 床的醫院，這將造成很嚴重的問題。徹底修正病歷保存系統的支出會造成小型醫療照護機構短期內的預算及工作份量大幅增加。相較於大型機構，小型機構比較不可能開始著手將他們的病歷數位化。

因為這些原因，許多較小的診所與醫院對於轉換至 EMR 系統的過渡期感到猶豫不前，但已實行 EMR 系統的結果顯示，投入這個行動的努力可能會非常值得。現今所使用的電子病歷最著名的例子就是醫師與醫院的 Veterans Affairs（VA）系統。VA 系統於幾年前轉換成數位紀錄，而且在預防性服務與慢性病照護的品質方面遠遠超越私人部門與醫療保險。1,400 個 VA 設施採用 VistA，VistA 是由政府開發出來的病歷分享軟體，可供醫師與護士分享病患的病史。典型的 VistA 紀錄會列出開始使用 VA 治療時病患的健康問題、體重與血壓，以及病患的 X 光片、實驗結果與其他檢驗結果、藥物治療列表，同時還能提醒下次的預約看診時間。

VistA 不只是資料庫，它還擁有許多能夠改善醫療照護品質的功能。舉例來說，護士掃描病患與藥物的標籤，以確保病患獲得正確的藥品與劑量。這項功能可以減少用藥失誤（這是最常見且成本最高的醫療疏失之一），也可以加快診療的速度。這個系統也能夠根據特定的指標自動產生警告。它能在某病患的血壓高於某個程度，或某病患未於定期時間回診（如施打流感預防針或癌症篩檢）時通知醫療院所。測量病患生命跡象的儀器能夠自動將結果傳送至 VistA 系統，並將出現問題的第一時間的訊號立刻回報給醫師。

結果顯示電子病歷為醫院以及病患帶來相當大的好處。VA 的居家監測方案的 40,000 名病患中，入院人次減少 25%，而住院天數也減少 20%。愈來愈多病患在 VistA 的管理之下接受必要的定期治療（施打流感疫苗由 27% 增加至 83%、結腸癌症篩檢由 34% 增加至 84%）。

病患也反應經由 VA 診療的流程相較於運用紙本的機構來說是容易的。原因為立即處理保險求償與支付款項是 EMR 系統眾多優點其中之一。傳統上保險公司大約會在收到求償後兩週才付款，儘管他們在收到求償不久就快速地處理完畢。除此之外，現在使用紙本的醫療照護機構針對每份保險求償都必須指定適當的診療代碼與程序代碼。因為這些代碼有數千個，導致處理流程更慢，大部分的機構甚至聘請專人執行這項工作。電子系統保證能夠立即處理或即時保險求償判定，就像你使用信用卡付款一樣，保險求償的資料會立刻被送出，診療與程序代碼資訊也會自動帶入。

VistA 並非醫師與醫院開始以電腦處理更新紀錄的唯一選擇方案。許多醫療資訊技術公司熱切地期盼對他們 EMR 產品即將來臨的需求高峰，而且已經開發了許多種不同的醫療紀錄架構。Humana、Aetna 與其他保險公司會幫一些醫師與醫院支付設立 EMR 系統的費用。Humana 與醫療資訊技術公司 Athenahealth 合作，補助 Humana 合作網路中將近 100 家主要的照護業者設立 EMR 系統。Humana 支付大部分的費用同時提供獎金給符合政府績效標準的執業診所。另一方面，Aetna 與 IBM 發行了一套匯集病歷資料的雲端系統，授權給 Aetna 內部與外部的醫師使用。

對醫療照護機構而言，太多的選擇方案產生兩個問題。第一，在不同系統間分享病歷可能會有很多問題。最主要的 EMR 系統能夠符合政府單位所要求電子化回報資料的特定標準，但可能無法回報相同的資料給其他單位，這是全國化系統重要的基本要件。許多剛開始設計的系統會以 VistA 為指南，不過也有許多系統並不是。就算病歷很容易共享，對全部的醫師來說，如何迅速且方便地找到他們真正所需的資訊又是另一個問題。多數的 EMR 系統無法深入鑽探更特定的資料，迫使醫師要花費許多時間找遍龐大的資訊儲存庫以獲得他們需要的一小部分資料。EMR 廠商正打算研發運用於病歷的搜尋引擎技術。只有在 EMR 系統更為普遍之後，資料分享與存取的問題範圍才會更明朗。

第二個問題是參與創設病歷系統的保險公司有潛在的利益衝突。保險業者常常被控訴找很多方法以避免提供該有的照護給生病的人。大多數的保險業者立場都是很堅定的，而且只有醫師與病患能夠在這些系統中存取資料，很多有可能生病的患者都感到很懷疑。2009 年一項由國家公共廣播電台（National Public Radio）所做的民意調查顯示，59% 的受訪者表示他們對線上病歷的機密性感到質疑；即使系統是安全的，薄弱的隱私權觀念可能會影響系統的成功以及系統提供的醫療照護品質。每八位美國人中就有一位曾經省略醫師診察或定期檢驗、要求醫師改變檢驗結果或自費進行檢驗，最主要都是有隱私上的顧慮。設計不良的 EMR 網路會加深人民的顧慮。

資料來源：Katherine Gammon, "Connecting Electronic Medical Records," *Technology Review*, August 9, 2010; Avery Johnson, "Doctors Get Dose of Technology From Insurers," *The Wall Street Journal*, August 8, 2010; David Talbot, "The Doctor Will Record Your Date Now," *Technology Review*, July 23, 2010; Tony Fisher and Joyce Norris-Montanari, "The Current State of Data in Health Care," *Imformation-Management.com*, June 15, 2010; Laura Landro, "Breaking Down the Barriers," *The Wall Street Journal*, April 13, 2010; Jacob Goldstein, "Can Technology Cure Health Care?" *The Wall Street Journal*, April 13, 2010; Deborah C. Peel, "Your Medical Records Aren't Secure," *The Wall Street Journal*, March 23, 2010; Jane E. Brody, "Medical Paper Trail Takes Electronic Turn," *The New York Times*, February 23, 2010; and Laura Landro, "An Affordable Fix for Modernizing Medical Records," *The Wall Street Journal*, April 30, 2009.

個案研究問題

1. 在建置電子病歷系統所遭遇的困難中，其管理、組織與技術的因素各為何？請解釋你的答案。
2. 設立電子病歷系統時，系統建置最困難的階段為何？請解釋你的答案。
3. 病歷未數位化在企業方面以及社會方面的影響為何？（對於個別的醫師、醫院、保險公司、病患而言）
4. 病歷保存數位化在企業方面以及社會方面的利益為何？
5. 分別針對醫師、病患與醫院，各列出兩項電子病歷系統應該要被滿足的重要資訊需求。
6. 請畫出執行 EMR 系統之前與之後，針對病患開立藥物處方箋的「現狀」流程與「未來」流程。

個案 19

DST Systems 靠著 Scrum 與應用系統生命週期管理而成功

像 DST Systems 這樣的公司都知道 Scrum 開發方法對他們收益的價值，但由傳統的開發方法轉換成為 Scrum 開發方法卻是艱鉅的任務。DST Systems 是一間軟體開發公司，旗艦產品為 Automated Work Distribution（AWD），能夠提升後勤部門的效率並且協助辦公室達到無紙化。DST 於 1969 年創立，總部位於密蘇里州的堪薩斯市（Kansas City）。DST 員工人數大約有 10,000 名，其中 1,200 名是軟體開發工程師。

DST 的開發團隊使用各種工具、流程與原始碼控制系統，而不使用任何程式碼的統一儲存庫或標準化的開發工具組。組織中不同團隊使用完全不同的工具進行軟體開發，例如 Serena PVCS、Eclipse 或其他原始碼套裝軟體。過程中常常需要人工作業而且很浪費時間。管理者沒有辦法很容易決定資源如何分配、哪一位員工應進行哪項專案，或判斷特定資產的狀態。

以上所述都表示 DST 正在努力要於適當的時間內更新它最重要的產品 AWD。原訂正常的開發時程為每兩年發行一次新版本，但是競爭對手發行新版本的速度更快。DST 知道他們需要比傳統「瀑布型」方法更好的方法來設計、撰寫程式、測試、然後整合產品。在軟體開發的瀑布型方法中，過程進展就像瀑布一般由一個步驟流向下一個步驟，前面的步驟沒有完成就無法開始下一個步驟。儘管 DST 曾經採用這種方法而獲得極大的成功，DST 現在也開始尋求其他可實行的替代方案。

開發團隊開始試用 Scrum，這是一種敏捷式軟體開發架構，在此架構中專案經由一系列稱為「衝刺」的反覆過程進行。Scrum 專案經由一系列的「衝刺」來往前推進，「衝刺」是指時間區段不超過一個月的反覆過程。每一個「衝刺」開始時，團隊成員都要承諾會發表出列在專案產品清單中的數項功能。這些功能在「衝刺」結束前應該要完成——編寫程式、測試並整合至逐步成型的產品或系統中。每一個「衝刺」結束時，團隊會透過衝刺檢討向產品業主或其他有興趣的投資人展示新功能，而這些人將會提供足以影響下一個衝刺的回饋意見。

Scrum 依靠 ScrumMaster 與產品業主所支援的自我組成跨功能團隊運作。在產品業主代表企業、客戶或使用者時，ScrumMaster 扮演團隊教練的角色指引團隊發展出適當的產品。

DST 試著將 Scrum 與現行軟體開發工具併用而得到極佳的成果。公司將軟體開發週期由 24 個月加速到 6 個月，開發工程師的生產力增加了 20%，但其實同時使用 Scrum 與現行工具的成果並沒有像 DST 預期的一樣好。流程出了問題，還有 DST 使用的工具與流程間缺乏統一的標準，這使得 Scrum 無法為公司帶來最大的效益。DST 需要能夠統一軟體開發環境的應用系統生命週期管理（ALM）產品。

DST 成立一個專案評估小組替他們確認適當的開發環境。關鍵的因素包括成本效益、易用性與功能有效度。DST 想要不需特別訓練就能使用的新軟體，而且希望新軟體能夠在不妨礙 AWD 開發週期的前提下迅速引進使用。考慮過好幾項 ALM 產品並針對每項產品進行測試專案之後，DST 選定 CollabNet 提供的 TeamForge 作為公司 ALM 之平台。

CollabNet 專門設計能夠和 Scrum 這類敏捷式軟體開發方法相容的軟體。它的核心產品稱為 TeamForge，是一套以網路為介面的開發與協同作業工具，用於集中管理使用者、專案、流程與資產的敏捷式軟體開發方法。DST 同時也採用 CollabNet 的 Subversion 產品來協助處理管控專案文件、計畫與其他以電腦檔案形式儲存的檔案。DST 引進使用 CollabNet 的產品十分快速，只花了 10 個星期，現在 DST 所有的開發工程師都在這個 ALM 平台上工作。公司並沒有強迫開發工程師使用 TeamForge，但與 DST 之前的工作環境相比，ALM 平台實在太好用了，開發工程師像感染病毒般紛紛使用這個產品。

DST Systems 的系統開發經理 Jerry Tubbs 表示，因為一些因素使得 DST 在試圖改造軟體團隊方面非常成功。首先，公司尋求簡單明瞭而不是複雜、全包式的方案。對 DST 而言，愈簡單不只是愈好而已，與其他替代方案相比還更便宜。DST 在決策過程中也將開發工程師納入，以確保變革能夠被由衷的接受。最後，讓開發工程師自行決定是否採用 ALM 軟體，DST 避免了因強制命令接受變革而引起的忿恨情緒。DST 由瀑布型方式轉換為 Scrum 開發順利成功，因為公司選擇了正確的開發架構與適當的軟體使得此變革成真，而且十分有技巧地管理變革過程。

資料來源：Jerry Tubbs, "Team Building Goes Viral," *Information Week*, February 22, 2010; www.collab.net, accessed August 2010; Mountain Goat Software, "Introduction to Scrum – An Agile Process," www.mountaingoatsoftware.com/topics/scrum, accessed August 2010.

個案研究問題

1. DST Systems 舊有的軟體開發環境有哪些問題？
2. Scrum 開發方法如何協助解決那些問題中的一部分？
3. DST 還做了哪些調整，能夠在軟體專案中更有效率地運用 Scrum？處理了哪些管理、組織與技術面的問題？

個案 20

Motorola 向專案組合管理求助

Motorola Inc. 是一家大型的跨國科技公司，總部位於伊利諾州的 Schaumburg，專營寬頻通信基礎設施、企業行動、公共安全解決方案、高解析度影音設備、行動裝置與其他各式各樣的行動通訊技術。Motorola 在 2009 年收入為 220 億美元，全世界共有 53,000 名員工。Motorola 透過併購與收購使得組織日漸龐大，結果整個企業體中總計有數千個系統在執行各種不同的功能。Motorola 深知如果能夠將它的系統及專案管理地更好，將會大大地降低營運成本。在今日脆弱的經濟氣候下，節省開支與增加效率變得比以往更重要。

Motorola 將組織分為三大部門。企業中的行動裝置部門負責設計、製造、銷售與維修包括智慧型手機在內的無線話機產品。Motorola 打算勇敢面對這個部門中由愈來愈多挑戰所帶來日益激烈的競爭，以期搭上智慧型手機熱潮而獲利。家用與網路部門發展有線電視業者、無線網路供應商與其他通信業者所用的基礎設施與設備，它的企業行動解決方案部門開發並行銷語音與數據通信產品、無線寬頻系統、應用程式的主機與各類企業客戶需要的設備。

低迷的經濟狀況使得 Motorola 企業所有主要部門的營收數據下降。Motorola 利用這次衰退來深入檢討企業以找出哪些地方能夠更有效率。Motorola 首先就各個事業部功能的重要性以及其對企業的價值進行分析，然後再分析這些功能的複雜度與成本。例如，Motorola 的工程部門對於公司成功與否十分重要，分析工程部門與其競爭者的差異性。工程部門同時也是 Motorola 中最複雜且成本最高的企業部門。

Motorola 對所有企業的功能重複進行這項分析，然後決定哪個部門需要做調整。對公司成功不具有關鍵影響，但十分複雜又高成本的流程成為縮減的首要目標。而對於公司有關鍵影響卻資金不足的流程，則須給予更好的支援。開始實行這個行動以後，Motorola 希望能將被歸類為不複雜的管理任務自動化，但純粹考量公司規模這個因素，就讓這項自動化任務變得很艱難。

Motorola 擁有 1,800 個資訊系統，而且有 1,500 個資訊系統人員每年要負責 1,000 個專案。該公司也將 IT 業務外包給外部承包商，更增加其系統固定的使用者人數。管理這麼多的員工十分困難並且常常淪為無效率。公司許多員工都在進行相似的專案或編譯相同的資料集，但卻不知道公司內部其他的團隊也正在進行相同的作業。Motorola 希望找出並消除這些公司中稱為「多餘穀倉」的團隊，以節省成本同時增加生產力。管理階層同時也希望訂出資源使用的優先順序，確保對公司最有價值的專案優先得到其成功所需的資源。

Motorola 的經理人希望藉由採用 HP 的專案組合管理軟體（Project and Portfolio Management Center, HP PPM）來達成流程自動化與降低營運成本兩項目標。這項軟體能夠協助經理人用預算與需求資源容量程度來比較計畫提案、專案與營運活動。所有 Motorola 從流程分析中蒐集的資料都用 HP PPM 儲存於集中的位置，這也當作其他重要資訊的集中來源，如某流程所耗用的投資金額以及來自 Motorola 系統之企業需求的優先順序。HP PPM 讓 Motorola

資訊技術員工與經理人能夠迅速簡便地存取任何或所有與公司企業流程相關的資料。

HP PPM 提供 Motorola 多樣的工具陣列以管控整個資訊技術組合，包括客觀的優先順序，多層級的資料輸入、審查、核准與企業所有範圍即時可見之資料。HP PPM 使用者擁有每分鐘更新的資源、預算、預測、成本、計畫、專案與全部資訊技術需求的資料。HP PPM 能夠讓 Motorola 員工在辦公室內存取或透過網路軟體即時服務（SaaS）來存取。Motorola 選擇的是現場版本，但轉換成 SaaS 在使用上完全沒有影響。Motorola 的員工極力讚揚 HP 的服務與客戶支援回應快速而且十分可靠。採用 SaaS 使得 Motorola 的支援成降低約 50%。

HP PPM 利用一系列圖表顯示與高度接近目標的資料，十分有效率地獲取即時的資訊技術計畫與專案狀況。它還有一個特色功能，即進行各種「假設的」情境規劃，自動產生各專案、計畫提案與資產的最佳化組合。這代表著使用者可以利用 HP PPM 執行與 Motorola 一開始推行資訊技術全面檢查時所做相同的企業流程分析，並依據這些分析提出建議。使用者也能夠利用假設狀態規劃工具來預測新專案的價值及有效程度。

結果正是 Motorola 所想要的。兩年內公司的成本縮減了 40%，而且在採用 HP PPM 的大型專案上，Motorola 達成平均 150% 的投資收益。Motorola 的資訊技術支援成本減少了 25%。執行相同作業的「多餘穀倉」員工幾乎都消除了，去除公司 25% 無效的工作。Motorola 也希望能夠將 HP PPM 用於資源管理與應用程式支援。

資料來源：HP, "Motorola: Excellence in Cost Optimization" (2010) and "HP Project and Portfolio Management (PPM) Portfolio Management Module Data Sheet," www.hp.com, accessed November 9, 2010; Dana Gardner, "Motorola Shows Dramatic Savings in IT Operations Costs with 'ERP for IT' Tools," *ZD Net*, June 18, 2010; "Motorola Inc. Form 10-K," for the fiscal year ended Dec 31, 2009, accessed via www.sec.gov.

個案研究問題

1. Motorola 身為一家企業要面對哪些挑戰？為何專案管理在這家公司十分要緊？
2. 對 Motorola 而言，HP PPM 哪些功能最為有用？
3. Motorola 導入並成功使用 HP PPM 之前，有哪些管理、組織與技術的因素需要處理？
4. 請評估 Motorola 採用 HP PPM 對企業的影響。

個案 21

JetBlue 與 WestJet：兩個資訊系統專案的故事

最近幾年，航空客運業中可以看到幾家低成本高效率的航空公司，靠著極具競爭力的票價與卓越的客戶服務竄紅。以這類企業模式經營的兩個例子為 JetBlue 和 WestJet。這兩家航空都是在過去二十年內成立的，並且迅速成長成為航空客運業中極具勢力的公司。這些公司執行資訊技術升級時如果出了問題，他們與客戶的關係以及品牌商譽都會被破壞。兩家公司都在 2009 年進行航班訂位系統的升級，其中一家經過一番艱難困苦學到了教訓。

JetBlue 是 1998 年籌組，1999 年由 David Neeleman 成立的公司。總部位於紐約市的皇后區（Queens）。公司目標是提供享有獨特便利措施（如每一個座位都有電視）的低成本旅行，而達成該目標的關鍵因素是整個企業中發展出的最先進之資訊技術。JetBlue 在公司成立初期即十分成功，它也是少數幾家於 911 攻擊事件後仍然獲利的航空公司之一。JetBlue 持續以快速的步伐成長，並且一直維持獲利直到 2005 年某季虧損，這是公司上市以來第一次。JetBlue 並沒有因此而感到恐懼，隔年在導入「恢復獲利」計畫後即快速回到獲利狀態，並且一貫地在美國的航空公司顧客滿意度調查與排名中名列前茅。

企業總部設在加拿大 Calgary 的 WestJet，是由一群航空界退休的人於 1996 年創立，這其中也包括 Neeleman，但他在不久後離開自行設立 JetBlue。公司一開始只有大約 40 名員工與 3 架飛機。而今天公司已擁有 7,700 名員工，每天有 380 個航班飛行。2000 年年初，WestJet 在早期成功的鼓舞下急速擴張，開始在航班時刻表中加入更多加拿大與美國的航點。截至 2010 年，WestJet 在加拿大航空業市場占有率將近 40%，而加拿大航空（Air Canada）降到 55%。

與 WestJet 相比，JetBlue 規模稍大一些，現役機隊有 151 架飛機，而 WestJet 僅有 88 架。但兩家公司都是使用成本低、服務好的模式，在沒有客戶忠誠度可言的航空客運業市場中達成獲利目標。這兩家航空公司的快速成長使得他們現有的資訊系統有些老舊，包括它的訂位系統。

將訂位系統升級會面臨特別的風險。從客戶面來看，不外乎兩個結果會發生：一是航空公司成功完成升級檢修，而客戶在預定航班機位時並沒有感到什麼不同；要不然就是導入不順利，惹惱客戶也傷害航空公司商譽。

JetBlue 與 WestJet 已到了必須將他們訂位系統升級的時候。這兩家公司最初都是使用為起步階段規模較小的航空公司設計之系統，現在需要更強的處理能力以應付更大量的客戶人數。他們也需要能夠將票價及剩餘座位資訊與其他合作航空公司連結的能力。

JetBlue 與 WestJet 都和 Sabre Holdings 簽約，將他們的航班訂位系統升級，Sabre Holdings 是最為廣泛採用的航空業資訊技術供應商之一。WestJet 與 JetBlue 進行 Sabre-Sonic CSS 訂位系統導入過程的不同，說明了大規模資訊技術翻修時存在的風險。到現在為止，這也成為一個警訊，無論事先計畫如何成功，新技術的導入就像技術本身一樣重要。

SabreSonic CSS 為所有航空公司提供各式各樣的服務。銷售座位、收取帳款、允許客戶於航空公司網頁選擇航班，同時提供與代理訂位旅行社溝通的介面。客戶還能夠透過此系統連結至機場自助報到機、選取特定座位、檢核行李、登機、重新訂位與收到航班取消的退款。客戶所有這些行為所產生的交易資料都集中儲存於系統中。JetBlue 選擇 SabreSonic CSS 取代原本由 Sabre 對手 Navitaire 開發出來的舊系統，而 WestJet 則是將原有的 Sabre 訂位系統升級。

這兩家航空公司中先導入 SabreSonic CSS 的 是 WestJet。2009 年 10 月，WestJet 使用新系統，客戶執行訂位時十分困難，而且 WestJet 網站不斷的當機。WestJet 的客服中心也不知所措，客戶卡在機場。對生意建立在良好客戶服務的公司而言，這簡直是一場惡夢。WestJet 怎麼會讓這種事情發生呢？

關鍵的問題是因為將 WestJet 位於 Calgary 舊訂位系統伺服器上 84 萬個含有已購票客戶交易紀錄的檔案，傳送至 Sabre 位於 Oklahoma 的伺服器上。這項搬遷計畫要求 WestJet 的代理訂位旅行社必須經由錯綜複雜的步驟處理資料。WestJet 事先沒有預計遷移這些檔案所需的時間，而沒有將轉換後馬上要飛行的航班客戶運載量減少。成千上萬筆系統轉換前預訂未來航班的訂位資料，在檔案搬遷期間，以及之後的一段時間完全無法存取，因為 Sabre 必須使用新系統調整航班資料。

這項延誤引起大量客戶的不滿，這對 WestJet 來說是很罕見的。除了客戶抱怨電話增加外，客戶也到網路上表達他們的不滿。氣憤的旅客在 Facebook 上表達憤怒，並大量湧入 WestJet 網站，導致網站一再當機。WestJet 迅速在每一次網頁修復後立刻向客戶道歉，並解釋為何會發生這樣的失誤。在系統升級之前，WestJet 的員工都以新系統進行訓練達 150,000 個小時，但 WestJet 發言人 Robert Palmer 解釋：「公司實際遭遇到的一些問題在測試環境中並沒有發生。」最主要的問題還是在於大量檔案的搬遷。

WestJet 最新的營收報告顯示公司成功度過這場風暴而持續獲利，但這場意外迫使公司縮減它的擴展計畫。WestJet 暫緩推行飛行常客計畫與聯名卡（RBC WestJet MasterCard）。除此之外，暫緩的還有與 Southwest、KLM 與 British 三家航空公司共用訂位代號計畫。這個計畫讓航空公司能夠以本身公司的名稱販售其他航空公司經營的航班機位。在推行這些措施之前，目前 WeatJet 希望能夠恢復成長。

相反地，JetBlue 占有優勢。目睹 WestJet 在幾個月前開始進行導入，所以它能夠避免許多 WestJet 經歷過意想不到的困難。例如建立一個備用網站為最壞的情況做好準備。公司還聘請了 500 位臨時客服人員來應付可能發生的大量客戶服務電話。（WestJet 最後也聘請了臨時的海外客服中心員工，但卻是在問題發展到無法控制之後。）JetBlue 設法確保在星期五晚上將檔案移轉至 Sabre 的伺服器，因為星期六航班交通量通常很低。當天起飛的航班，JetBlue 也銷售較少的機位。

JetBlue 僅發生一些小的差錯——電話等待時間增加，以及並非所有機場自助報到機與機票印表機都能夠立刻連線。除此之外，JetBlue 還需要增加一些訂位功能。不過比起 WestJet 所發生的事，JetBlue 已經做好極佳的準備來處理這些問題。最後 JetBlue 還是啟用了備用網站好幾次。

然而，JetBlue 在過去也曾經歷過公司客服危機。2007 年 2 月，JetBlue 嘗試著在大風雪中讓航班起飛，而當時其他所有主要航空公司都已經取消它們的班機。結果證明這是一個錯誤的決策，當時的天候條件使得航班無法起飛，而乘客困在機場長達 10 小時。在接下來的幾天 JetBlue 必須持續取消航班，總計 1,100 個航班被取消，損失達 3,000 萬美元。JetBlue 管理階層了解接下來的危機就是航空公司資訊技術的設備，這些設備足以應付正常每天的狀況，但卻不夠用以處理這種規模的危機。這個經驗加上觀察到 WestJet 導入新系統時艱難費力的情況，促使 JetBlue 進行資訊技術導入時十分謹慎小心。

資料來源：Susan Carey, "Two Paths to Software Upgrade," *The Wall Street Journal*, April 13, 2010; Aaron Karp, "WestJet Offers 'Heartfelt Apologies' on Res System Snafus; Posts C$31 Million Profit," *Air Transport World*, November 5, 2009; Ellen Roseman, "WestJet Reservation Change Frustrates," thestar.com, December 2, 2009; Calgary Herald, "WestJet Reservation-System Problems affecting Sales," Kelowna.com; "JetBlue Selects SabreSonic CSS for Revenue and Operational Systems," Shepard.com, February 17, 2009; "Jilted by JetBlue for Sabre," Tnooz.com, February 5, 2010.

個案研究問題

1. 訂位系統在 WestJet 與 JetBlue 這樣的航空公司中有多重要？它如何影響營運活動與決策制定？
2. 請評估 WestJet 與 JetBlue 訂位系統升級專案的關鍵風險因素。
3. 請分類並描述各個航空公司於導入新訂位系統時遭遇的問題。哪些管理、組織與技術的因素導致這些問題？
4. 請描述要在這些專案中控制風險，你應採行的步驟。

個案 22

Fonterra：管理世界的乳品貿易

過去二十年來全球貿易量每年增加超過 9%，許多國際性公司仍仰賴過時的人工流程與紙本作業處理他們的國際貿易業務。在 2010 年全球貨物與服務貿易總額將達到驚人的 15 兆美元。比整個美國經濟（14 兆美元）稍多一些。經理人在處理國際化規模的業務時會面臨許多複雜的挑戰，其中最複雜的挑戰是管理進口與出口業務流程。管理進出口業務流程意味著要管理三項流程：遵循外國與本國的法律、報關程序與風險管理。你出口貨物的每一個國家都有不同的法律管控進口產品，並有不同的報關程序。跨國貿易提升了財務與契約的風險。假設你出口至某間國外的公司，而它卻沒有付款呢？在各個不同的國家你要採取何種信用評估呢？萬一你的貨物因為缺少適當的文件而滯留在國外的港口怎麼辦？適當的文件是指哪一些呢？可能發生意想不到的困難真是數不清。

過去，耗時又容易發生錯誤的人工作業方式無法應付全球貿易複雜的挑戰。在其他國家經營企業，公司必須遵循當地的法令、滿足貿易安全措施的要求、符合文件的規定、了解複雜的稅率與各項稅捐，還要協調所有的相關單位。以人工處理這些事務會增加錯誤發生的風險。根據一項聯合國的研究，沒有效率的關稅規定與文件行政工作占了國際貿易成本的 7%。那可是每年全球共損失 1 兆美元在無效率地處理關稅文件。對於法規遵循與風險無能的管理甚至導致更大的損失。

愈來愈多國際性的公司求助於企業軟體以及商業智慧應用程式來管理他們全球化規模的進出口業務流程。一個世界、一家企業、一套軟體工具內建預先定義好且全世界都一樣的商業流程。這是個夢想。Fonterra 提供一個公司（事實上是合作企業）導入進出口流程控管系統的例子。

Fonterra 是世界乳製品出口業者的龍頭。Fonterra 由 11,000 位紐西蘭酪農所擁有，是一間合作企業，其 95% 的產品出口至 140 個國家——它所有製造的乳製品僅有 5% 於國內市場消費。Fonterra 基本上是一家出口型公司。Fonterra 擁有 100 億美元的資產，年收入 121 億美元，每年生產 36 億加侖的牛奶。如果你懷疑這怎麼可能，答案是 Fonterra 依靠 430 萬頭紐西蘭乳牛與超過 15,000 位員工的貢獻。Fonterra 占紐西蘭出口貿易金額超過 25%，占全球牛奶與乳製品貿易量大約 30%。

Fonterra 的營運產生大量的交易資料。「經過此平台的量不論以美元或交易數來看都相當大。」Fonterra 文件中心經理 Clyde Fletcher 說：「但是我們不只是依賴紐西蘭。我們從多個國家採購產品以試圖分攤風險。我們也出口至澳洲、美國、拉丁美洲、歐洲與亞洲。」為使管理階層能夠監控公司營運，資料需要被蒐集至企業資料庫然後移入資料倉儲。Fonterra 求助於 SAP 的 BusinessObjects Global Trade Services 解決方案以應付更複雜的進出口流程。

SAP Global Trade Services（SAP GTS）將進出口流程自動化，同時確保交易皆遵循所有關稅與安全規定。SAP GTS 協助公司將整個企業與事業單位的交易流程標準化並平順地銜接。它促進資料共享與分享合作知識的運用，取代需要高維護費的人工流程。

因為採用 SAP GTS，Fonterra 得以降低成本、減低風險，並在全球做生意。迄今為止，SAP GTS 已經協助 Fonterra 將整個企業與事業單位的交易流程標準化並平順地銜接。同時它也促進資料共享、強化合作關係，並於整個企業中分享知識。SAP GTS 管理全球化貿易複雜的事務並確保完全遵循法規。這項解決方案藉由改善整個供應鏈的透明度。(與所有合作夥伴分享跨國貿易資訊，包括貨運承攬商、保險經紀人、銀行與監管機構。) 協助減少了中間的庫存。SAP GTS 幫助 Fonterra 避免了供應鏈的瓶頸、高成本的生產線停工與會導致高額罰款的錯誤——更甚者進出口許可權會被取消。

資料來源：David Barboza, "Supply Chain for iPhone Highlights Costs in China," *New York Times*, July 5, 2010; Lauren Bonneau, "Mastering Global Trade at Fonterra," CustomProfiles, SAP.com, July 1, 2010; Kevin Keller, "iPhone Carries Bill of Materials of $187.51," iSuppli.com/Teardowns, June 28, 2010.

個案研究問題

1. 請描述 SAP GTS 的各種功能。使用這個軟體如何協助 Fonterra 管理出口貿易？這個系統提供哪些可以量化的效益？
2. 你會如何描述 Fonterra 的全球化企業策略與架構的特性？它是何種全球化企業？Fonterra 的架構與策略是否修改 SAP GTS 的應用？跨國型公司會選擇不同的解決方案嗎？
3. 全球企業環境對於如 Fonterra 這類的公司有什麼影響？而這些影響如何左右這類公司對系統的選擇？

個案 23

行動電話如何支援經濟發展

當行動電話、網際網路、快速上網與其他資訊和溝通技術愈來愈普及，也有愈來愈多的人體驗過這些技術帶來的好處。但多數這些技術並無法拉近將已開發國家跟未開發國家區隔開來的「數位落差」。有些國家，像美國，已經在使用這些最新科技了，但是貧窮國家的多數居民還是要面對如何獲得穩定的電力供應與貧窮的挑戰。最近行動電話的設計趨勢與消費者研究都指出行動電話可以用來跨越數位落差，它也成為真正無所不在的技術（遠超過個人電腦），不但提升了數百萬人的生活品質，也強化了全球的經濟。如同現在美國的情形，到 2015 年行動電話將成為開發中國家主要連結上網的方式。

舉例來說，行動電話的使用在非洲是前景看好的。儘管價格昂貴（在尼日一支行動電話的價格相當於 5 天的薪資），非洲的行動電話用戶從 2000 年的 1,600 萬至 2008 年增加到了 3.76 億。世界上 68％的行動電話用戶在開發中國家，但開發中國家的網路使用者只占有世界網際網路使用者的 20％。因為行動電話結合了手錶、鬧鐘、相機與攝影機、音響與電視的特性，不久的將來，行動銀行普及的話，甚至還有錢包的功能，儘管行動電話的價格下降，但是它的功能仍持續成長。更重要的是，行動電話逐漸成為連結上網與執行其他傳統上和電腦相關的工作最方便也最負擔得起的方式。行動電話遠比個人電腦來得便宜。

擁有行動電話大幅改善了生活的效率與品質，所以全球經濟也同樣地受益。許多經濟學家相信，開發中國家普遍使用行動電話對其經濟福利會造成某種程度深遠且具革命性的影響，而這是傳統上使用外國援助所無法達到的。

行動電話公司像 Nokia 派出他們稱為「人類行為的研究者」或「研究使用者的人類學者」，盡可能蒐集有關消費者習慣與手機潛在購買者生活的有用資訊。他們將這些訊息轉給行動電話設計者與科技建構者。這個過程代表了設計行動電話的新方法，稱為「人本設計」。人本設計對高科技公司而言是非常重要，它們製造的產品要讓人們覺得渴望擁有又容易使用，人們才可能購買。

Nokia 與其他公司面對的重大挑戰是將他們的電話行銷到非洲與亞洲人口中最貧窮的區域。他們會面臨的障礙包括很多地區沒有電、人們收入太少而買不起行動電話與非城市地區沒有電信服務。現在印度行動電話用戶數居於領先，目前用戶數達到令人訝異的 7.56 億（占印度總人口的 63％），其他許多國家在行動電話的使用與上網率兩方面還是遠遠落後。比方說，非洲的摩洛哥在行動電話與網際網路使用上算是領先者之一，宣稱擁有 2,000 萬網路使用者，占人口的 58％。相較於美國有 2.21 億網路使用者，為總人口數的 79%，還是有很大的差距。

世界資源機構發行一份報告，詳述了開發中國家的窮人如何分配他們的金錢。即使是最貧窮的家庭也都會在他們少少的預算裡撥出很重要的一部分用於像是行動電話等傳播科技。擁有行動電話對於因戰爭、旱災、天然災害或極度貧窮而必須一直遷移的人們有極大的好處，因為它可以讓人們不管實際上處在任何環境都可以聯絡得上。在這些國家，行動電話也具有醫療上的意義：病患可以更容易找到醫生，醫生也更容易取得與疾病、病痛相關治療所需的資訊。

除了可以與他人保持聯絡這個好處之外，行動電話也是事業工具。證據顯示擁有行動電話在個人層面可以增加利潤，讓人更容易找到事業機會且從中獲益。經濟政策研究中心（Center for Economic Policy Research）最近的一份研究也指出：一個國家中每 100 人中增加 10 支行動電話，國民生產毛額（gross domestic product, GDP）會提高 0.5%。

在尼日，小米是普遍的主要作物，在遍及數千平方英哩的傳統村落市集上販賣。根據經濟學家的說法，行動電話普及率成長將各市集間穀類 2001 年的價格與 2007 年的價格差異減少了 15%，對因距離與道路品質不佳而被孤立的市集影響更大。商人能夠在市場上對生產過剩與歉收情況做出反應，制定有關價格與貨物運送更佳的決策。結果商人的利潤增加而價格下跌。

哈佛大學經濟學家 Robert Jensen 發現在印度靠海的 Kerala 州引進行動電話，將整個魚市場 1997 年的價格與 2001 年的價格差異減少了 60%。這為「單一價格法則」提供了一個幾近完美的例子：在有效率的市場中單一貨品的價格相同。另外，行動電話也幾乎完全消除浪費——當天結束還沒賣出的漁獲，漁民還在海上時就會開始打電話給不同的市集，選擇價格最好的市集銷售貨品。行動電話改善了漁民與客戶的財務狀況：漁民的利潤提高了 8%，而客戶價格卻下降 4%。

許多人都認為行動電話與其他資訊技術能為未開發國家帶來正面的影響，包括經濟學家、認為貧窮國家為了發展必須快速改革經濟架構的人，以及不贊同仰賴國際對衰退經濟援助的人。在政府壟斷所有媒體的開發中國家，透過行動電話上網也會帶來社會與政治上的改變。

資料來源：Worldwide Worx, "Business Across Africa Are Expecting a Revolution in Internet Access, Technology and Costs as a Result of the Rush of New Undersea Cables Connecting the Continent," *Telecom Trends in Africa Report 2010*, September 16, 2010; Jenny C. Aker and Isaac M. Mbiti, "Mobile Phones and Economic Development in Africa," *Center for Global Development*, June 1, 2010; Jenny Aker and Isaac Mbiti, "Africa Calling: Can Mobile Phones Make a Miracle," *Boston Review*, March/April 2010; "Top 20 Countries – Internet Usage," Internetworldstats.com, November 2010.

個案研究問題

1. 行動電話公司運用什麼策略「縮小數位落差」？並將電話行銷到世界人口中最貧窮的群體？
2. 為什麼經濟學家預測在開發中國家行動電話的普及對這些國家的成長會產生一些超乎預期的效果？
3. 哪些例子可以說明行動電話如何提升開發中國家居民的生活品質？
4. 你相信行動電話在非洲與亞洲會快速地增加嗎？為什麼是或不是？

個案 24

WR Grace 重整總帳系統

WR Grace 是一家化學品製造商，總部設在馬里蘭州的 Columbia。成立於 1854 年，公司開發並銷售特殊化學品和建築用品，並已成為這些領域的全球領導者。Grace 擁有超過 6,300 名員工，2009 年營收為 28 億美元。公司有兩個營運事業群：Grace Davison 專營特殊化學品與配方技術，Grace Construction Products 專營特色建築材料、系統與服務。這兩個事業群之間有超過 200 家個別的子公司和數家不同的法人機構來形成完整的企業。Grace 在世界各地 45 個國家擁有營運據點。

雖然 Grace 是一間有實力而且成功的公司，但擁有獨立部門的全球化公司要將它們的資訊系統整合仍需一番努力。Grace 並不是單一且凝聚的企業單位——它是由許多營運部門、子公司與事業單位組成的混合物，所有這些單位使用的財務資料、報表與調整的方法皆不同。這種「破碎的」架構在大部分全球化公司中很常見，可是它卻會對公司的總帳造成問題。企業的總帳是最重要的會計紀錄。總帳使用複式簿記法，所有公司進行的交易都要輸入至兩個不同的會計科目中：借方與貸方。總帳包含的會計科目有流動資產、固定資產、負債、收入與費用項目、利得和損失。

收入達數十億美元的全球化公司擁有複雜的分類帳系統並不令人驚訝，但是 Grace 的總帳結構還不僅僅是複雜而已。它是由好幾個分類帳、多餘冗長的資料與無效率的流程所組成一團雜亂無章的混亂。該公司有三個各自獨立的 SAP 分類帳系統：一個用於法定報表團隊，還有兩個分別用於兩個主要的營運事業群 Grace Davison 與 Grace Construction Products。但這三個系統的導入時間差了數年之久，因此這些系統間存在著相當大的差異。這三個分類帳系統有不同的配置，報告功能也有不同程度的組成差異，而且這三個分類帳系統分別由不同的資料來源所驅動。

「標準的」總帳是用於報告所有子公司、帳戶與業務範圍的收入與支出。Grace Davion 分類帳將資訊依公司編碼（子公司 ID 號碼）、帳戶、利潤中心、工廠與貿易夥伴分別儲存。Grace Construction Products 管理的分類帳依公司編碼、帳戶、業務範圍、利潤中心、貿易夥伴與銷售國家分別儲存。Grace Davison 的管理報告使用利潤中心會計，Grace Construction Products 則以特殊目的分類帳蒐集相同的財務資訊。如果這種安排聽起來令人感到困惑，那是因為事實就是這樣。

要將橫跨兩個事業部門及其下許多子部門的資料合併起來十分困難，編製公司財務報表是一項艱辛又費時的工作。將三份不同報告來源的財務資料調整成一致，使得財務結帳週期拖得很長，並且消耗大量的員工時間與資源。Grace 的財務生產力部門主管 Michael Brown 說：「從財務的角度來看，基本上我們是三家不同的公司。」Grace 的管理階層決定公司必須消除財務報告各自的「穀倉」，創設一個適合 Grace 企業所有單位的系統。

WR Grace 希望建立全球化的財務標準以供財務報表系統使用，利用「一個 Grace」的口號鼓舞公司朝向這個標準努力。Grace 想要達成這個目標所要具備的能力，最重要的就是

SAP General Ledger。Grace 對 SAP General Ledger 有興趣是因為它有許多獨特而實用的功能。它能夠自動同步地將所有子分類帳項目記入適當的總帳戶中，也能夠同步更新總帳與成本會計範圍，並且即時評估及報告最新的會計資料。Grace 也喜歡 SAP 採集中的方式處理總帳，可作為所有部門帳戶情形的最新參考資料。

合併數個分類帳系統是一項困難的任務。SAP General Ledger 協助 Grace 將其過程簡化。SAP Consulting 及一個 SAP General Ledger 遷移小組會一直協助該公司。SAP 導入由一位 SAP 小組組長與專案經理負責，還有「遷移駕駛艙」(migration cockpit)。「遷移駕駛艙」是 SAP 導入的一項特色，它能夠將總帳系統遷移過程概況以圖表呈現。「駕駛艙」會按順序顯示遷移的步驟，管理日誌、附件與其他對總帳系統很重要的資料。「遷移駕駛艙」協助公司確保總帳合併流程經過充分的計畫，也確保導入單一總帳系統之技術變革所伴隨必要的企業流程改變。

SAP 與 Grace 將專案分成兩個主要部分：總帳資料遷移（General Ledger Data Migration）與企業流程測試（Business Process Testing）。總帳資料遷移包括從 Grace 分別獨立的三個分類帳系統取得所有相關資料，將它們合併後消除多餘重複的部分，然後將資料提供給 SAP General Ledger。這部分的專案由一個小組執行。Grace 決定將利潤中心會計的報告流程標準化，並建置以此標準設計的總帳系統。企業流程測試是由一組全球化的 SAP 團隊進行數個完整週期的測試。換句話說，SAP 測試者會間接進入系統並測試所有 SAP General Ledger 的功能，以確保系統得以如計畫般運作。SAP General Ledger 經理負責監督專案的這兩部分。

測試過程中 SAP 測試者使用一種稱為「單位測試」的技術，在許多這類型的系統升級上很常用。測試者會以總帳系統原型版本架一個「虛擬」系統，並且使用它來測試不同種類的會計文件。Grace 想要修改總帳系統的結構以符合公司獨特的需求與情況，並確定由了解需求的人來建置系統與設計規格。因為這些調整，要確保結構變革不影響整體系統完善度，單位測試是十分重要的。

SAP 測試者也會分別進行基本的與複雜的情境測試，並在特別的會計文件種類上做測試，以努力確保總帳系統已做好萬全的準備處理 Grace 希望它執行的任務。他們同時也測試輸入資料的財務介面，如人力資源介面、銀行對帳單、上傳程式，還有這些介面會使用到的特殊文件種類。SAP 和 Grace 都知道適當地對總帳系統進行測試需要很多努力，SAP 過去進行類似升級的經驗對於 SAP 執行正確數量的測試相當有幫助。

資料遷移完成以後 Grace 必須停用舊的分類帳系統，但它仍是公司定期產生許多關稅報表的重要來源。例如，由特殊目的分類帳系統自動產生的報表，或列出所有去年發生在某一國家交易活動的報表等等。為了停用舊分類帳系統，Grace 必須儘量減少那些關稅報表，同時將極為重要的報表移到新的總帳系統去。Grace 從所有企業單位的財務部門召集員工來確認出最重要的報表。

隨著總帳系統遷移完成，所有 WR Grace 共用相同的會計基礎，管理階層能夠快速產生公司財務狀態的整體情況，而大部分的分類帳都可以即時存取與更新。每一個財報週期結束前進行的財務調節過程完全消失了，使得 Grace 不必投入那麼多精力處理分類帳，而將更多精力用在真正地經營企業上。企業所有單位實際節省下的金額足夠於短期內支付安裝新系統的費用。Grace 的會計人員與財務規劃人員變得更有效率。經理人獲取所需資訊的時間縮短了。維護單一分類帳系統的資訊技術成本遠低於維護三個，總帳系統中的錯誤也減少了。對 Grace 而言，最成功的是新系統導入在預定的時間與預算內完成。

Grace 希望運用 General Ledger 平台持續以 SAP 進行其他改善措施。Grace 計畫將其合併後的系統、財務規劃與分析功能升級到 SAP 系統。Grace 已經和 SAP 建立密不可分的關係了。1997 年，Grace 第一次安裝 SAP 軟體，而在總帳系統遷移之前，Grace 就已經在全球各地使用 SAP Business Information Warehouse 與 NetWeaver Portal。這個本來就存在的關係使得導入 SAP General Ledger 容易許多。這也是 Grace 對於轉換至 SAP 解決方案會為企業其他部門帶來相同的收益一事如此樂觀的原因。

資料來源： Christ Maxcer, "Global Enterprise Unites as One: W.R. Grace Migrates to SAP General Ledger," insiderPROFILES 5, no. 1, January 2, 2009; SAP AG, "One Grace Project Builds Single Source of Truth Using SAP General Ledger," 2008; and Ed Taylor, "The Business Benefits of a General Ledger Migration at W.R. Grace & Co." May 6, 2008.

個案研究問題

1. WR Grace 的總帳系統為何需要翻修？
2. 什麼原因使得 SAP 成為 Grace 系統升級時必然的合作對象？
3. SAP 與 Grace 試圖合併 Grace 的分類帳系統時遭遇哪些障礙？
4. 總帳系統遷移有多成功？採用單一軟體供應商的單一總帳系統來經營全球化企業的風險為何？